软件工程专业职教师资培养系列教材

"十三五"江苏省高等学校重点教材（编号：2016-2-031）

数 据 结 构

叶飞跃　朱广萍　柳益君　李红卫　主编

科学出版社

北 京

内 容 简 介

本书介绍数据结构的基本内容,包括线性表、栈和队列、串、数组和广义表、树和二叉树、图,以及排序、查找等。书中详细介绍了各种数据结构及其在相应结构下数据运算的实现方法和性能分析。

本书遵循理实一体化的编写理念,通过问题导入法,引入教学的重点内容,以激发读者的学习兴趣。用通俗的语言讲述基础理论,通过举例表述算法的设计思想,用 C 语言描述算法,并通过算法的设计与实现解决引入的问题,强化读者使用数据结构与算法解决实际问题的能力。

本书可作为高等学校职教师资软件工程本科专业的教材、高等学校计算机类专业和相关专业的教材,也可以作为计算机应用和开发工作者的参考书。

图书在版编目(CIP)数据

数据结构 / 叶飞跃等主编. —北京:科学出版社,2017.6
软件工程专业职教师资培养系列教材
ISBN 978-7-03-053377-7

Ⅰ. ①数… Ⅱ. ①叶… Ⅲ. ①数据结构－师资培养－教材 Ⅳ. ①TP303

中国版本图书馆 CIP 数据核字(2017)第 134836 号

责任编辑:邹 杰 张丽花 / 责任校对:桂伟利
责任印制:吴兆东 / 封面设计:迷底书装

科 学 出 版 社 出版
北京东黄城根北街 16 号
邮政编码:100717
http://www.sciencep.com

北京中科印刷有限公司 印刷
科学出版社发行 各地新华书店经销

*

2017 年 6 月第 一 版 开本:787×1092 1/16
2020 年 3 月第四次印刷 印张:24
字数:545 000

定价:79.00元
(如有印装质量问题,我社负责调换)

《教育部财政部职业院校教师素质提高计划成果系列丛书》

《软件工程专业职教师资培养系列教材》

项目牵头单位：江苏理工学院

项目负责人：叶飞跃

项目专家指导委员会

主　　任： 刘来泉

副主任： 王宪成　郭春鸣

成　　员： （按姓氏笔画排列）

习哲军　王继平　王乐夫　邓泽民　石伟平　卢双盈　汤生玲

米　靖　刘正安　刘君义　孟庆国　沈　希　李仲阳　李栋学

李梦卿　吴全全　张元利　张建荣　周泽扬　姜大源　郭杰忠

夏金星　徐　流　徐　朔　曹　晔　崔世钢　韩亚兰

丛 书 序

《国家中长期教育改革和发展规划纲要（2010－2020 年）》颁布实施以来，我国职业教育进入加快构建现代职业教育体系、全面提高技能型人才培养质量的新阶段。加快发展现代职业教育，实现职业教育改革发展新跨越，对职业学校"双师型"教师队伍建设提出了更高的要求。为此，教育部明确提出，要以推动教师专业化为引领，以加强"双师型"教师队伍建设为重点，以创新制度和机制为动力，以完善培养培训体系为保障，以实施素质提高计划为抓手，统筹规划，突出重点，改革创新，狠抓落实，切实提升职业院校教师队伍整体素质和水平，加快建成一支师德高尚、素质优良、技艺精湛、结构合理、专兼结合的高素质专业化的"双师型"教师队伍，为建设具有中国特色、世界水平的现代职业教育体系提供强有力的师资保障。

目前，我国共有 60 余所高校正在开展职教师资培养，但由于教师培养标准的缺失和培养课程资源的匮乏，制约了"双师型"教师培养质量的提高。为完善教师培养标准和课程体系，教育部、财政部在"职业院校教师素质提高计划"框架内专门设置了职教师资培养资源开发项目，中央财政划拨 1.5 亿元，系统开发用于本科专业职教师资培养标准、培养方案、核心课程和特色教材等系列资源，其中包括 88 个专业项目、12 个资格考试制度开发等公共项目。该项目由 42 家开设职业技术师范专业的高等学校牵头，组织近千家科研院所、职业学校、行业企业共同研发，一大批专家学者、优秀校长、一线教师、企业工程技术人员参与其中。

经过 3 年的努力，培养资源开发项目取得了丰硕成果：一是开发了中等职业学校 88 个专业（类）职教师资本科培养资源项目，内容包括专业教师标准、专业教师培养标准、评价方案，以及一系列专业课程大纲、主干课程教材及数字化资源；二是取得了 6 项公共基础研究成果，内容包括职教师资培养模式、国际职教师资培养、教育理论课程、质量保障体系、教学资源中心建设和学习平台开发等；三是完成了 18 个专业大类职教师资资格标准及认证考试标准开发。已将上述成果编辑成 800 多本正式出版物。总体来说，培养资源开发项目实现了高效益：形成了一大批资源，填补了相关标准和资源的空白；凝聚了一支研发队伍，强化了教师培养的"校-企-校"协同；引领了一批高校的教学改革，带动了"双师型"教师的专业化培养。职教师资培养资源开发项目是支撑专业化培养的一项系统化、基础性工程，是加强职教教师培养培训一体化建设的关键环节，也是对职教师资培养培训基地教师专业化培养实践、教师教育研究能力的系统检阅。

自 2013 年项目立项开题以来，各项目承担单位、项目负责人及全体开发人员做了大量深入细致的工作，结合职教教师培养实践，研发出很多填补空白、体现科学性和前瞻性的成果，有力推进了"双师型"教师专门化培养向更深层次发展。同时，专家指导委员会的各位专家以及项目管理办公室的各位同志，克服了许多困难，按照两部对项目开发工作的总体要求，为实施项目管理、研发、检查等投入了大量时间和心血，也为各个项目提供了专业的咨询和指导，有力地保障了项目实施和质量成果。在此，我们一并表示衷心的感谢。

编写委员会

2016 年 3 月

前　　言

数据结构是计算机类专业的核心课程。它是操作系统、软件工程、数据库等课程的基础。对于初学者来说，数据结构这门课程可能会存在两个方面的困惑，一方面不清楚为何要学习数据结构，学习数据结构有何用处；另一方面，会感觉数据结构抽象难懂。

对于第一方面的困惑，编者认为如果你将来要从事与软件相关的工作，那就必须学好数据结构这门课程。学习数据结构对于一个从事计算机及软件工程的人来说，相当于一个练武功的人苦练内功，练好内功，才能成就高深的武功。掌握了数据结构的精髓，你才有可能编写出高效率的软件系统。

对于第二方面的困惑，本教材采用问题引入和解决来加深对数据结构抽象概念的理解和理论的学习。

本教材的主要特色如下：

（1）遵循理实一体化教学法和问题教学法的编写理念，每章均通过"引例"引出问题，引导学生思考解决问题的方法。在此基础上，阐述解决相关问题所需的理论知识，设计有关算法，最后通过算法的应用来解决实际问题。重点体现理论与算法设计实践相融合的思想。

（2）所涉及的实际算法问题均使用 C 语言设计、实现并开发相应的应用程序，且所有的程序都进行了调试。为方便教师教学和学生学习使用，随书配有所有源程序代码。

（3）每一章开始设有内容提要和学习目标，学习目标包括能力目标和知识目标；每一章结束对知识点进行总结，并给出知识结构图，以供教学过程参考。

（4）在附录中设置了关键词索引，为读者检索重要的概念提供方便。

全书共 10 章。

第 1 章为绪论，首先引入几个通俗易懂的例子，来说明常见的数据结构类型以及数据结构的主要内容，随后介绍数据结构与算法的一些基本概念。

第 2 章针对数据结构学习中较为困难的 C 语言知识点，如指针、结构体、共用体等进行补充学习和复习，并介绍内存动态申请与释放等 C++ 运算符，以方便算法实现。

第 3 章首先通过一个读书兴趣小组活动管理的引例引出线性表相关的问题；然后介绍线性表的概念及运算，以及线性表的顺序表示与实现，并给出引例问题的顺序表解决方案；最后介绍线性表的链式表示与实现，并给出引例问题的链表解决方案。

第 4 章首先通过行编辑、数制转换、银行个人业务模拟等引例引入栈和队列问题；然后分别讨论栈和队列的定义及运算、顺序存储表示和实现、链式存储表示和实现；最后利用栈和队列方法解决引例问题。

第 5 章首先通过名和姓对换、文本文件中单词计数和查找引出串相关问题，然后介绍串的概念及运算、顺序串和链串的实现、模式匹配算法；最后用串解决引例问题。

第 6 章首先引入求矩阵的马鞍点、求对称矩阵的和与乘积、求下三角矩阵的和与乘积、m 元多项式的表示这 4 个问题，然后介绍数组、特殊矩阵的压缩存储、广义表的概念及运算；

最后给出引例的解决方案。

　　第7章首先提出字符编码和译码、报文编码和译码两个问题；然后介绍树与二叉树的概念及运算、存储结构，以及树与二叉树的遍历和相互转换；最后采用哈夫曼树解决引例问题。

　　第8章首先引入了通信网络建立、交通咨询、医院选址、课程计划制定、工程工期计算等几个引例；然后介绍图的概念及运算、图的存储结构、图的遍历；最后，运用图中几个重要算法解决引例问题。

　　第9章首先引入手机选择、火车票信息查询、学生课程成绩管理、手机通讯录4个引例；并介绍几个查找方法。

　　最后利用第9章中介绍的查找方法和第10章中介绍的排序方法解决引例中提出的问题。

　　本教材参考学时64学时。本教材配有教学课件、所有程序代码和教学示范课录像资料，有需要的读者可与科学出版社联系。

　　本教材在编写过程中，参考了大量国内外资料，其中主要参考教材已经在参考文献中列出。在此，对有关作者表示衷心的感谢。

　　本教材针对本科职教师资软件工程专业而编写，也可作为应用型本科计算机类专业的教材或参考书。

编　者

2016 年 8 月

目　　录

第1章 绪 论

内容提要

数据结构主要研究 3 个方面的问题:(1)数据的逻辑结构,即数据之间的逻辑关系;(2)数据的存储结构,即数据在计算机内的存储方式;(3)对数据的运算,即基于某种存储方式对数据的操作。本章重点介绍数据结构研究的对象、基本概念,以及算法的描述和算法的性能分析。

学习目标

能力目标:能对算法进行时间复杂度和空间复杂度分析。

知识目标:了解数据结构概貌,了解数据结构研究的问题,理解数据结构的基本概念,掌握描述算法的方法,以及算法的时间复杂度和空间复杂度概念。

1.1 引 例

早期的计算机主要用于科学计算,它所处理的数据是数值型数据,对于数值问题抽象出的模型通常是数学方程式,比如计算三角形面积公式、球体体积公式、银行存款利息计算公式等。随着计算机科学与技术的飞速发展,计算机的应用领域已不再局限于科学计算,而更多地应用于控制、管理等非数值型数据处理领域。计算机可处理的数据除数值型数据外,还有字符、表格、图形、图像、声音等具有一定结构的数据,并且处理的数据量也越来越大。这就给程序设计带来一个问题:应如何组织、存储、处理这些数据呢?在这种情况下人们提出了数据结构,并逐步发展,形成了计算学科中一门最基础、最核心的课程,它以数据表示和数据处理的基本问题为研究的主要内容。下面以引例 1.1~1.5 说明本课程研究的对象。

引例 1.1:公园散步的人

给定一批数据,数据元素之间除了具有相同属性外没有其他任何关系。比如,在公园散步的人,他们除具有同一个特征——"散步的人"外,没有其他任何关系。我们把这些数据元素之间没有任何关系的数据结构称为集合结构。

引例 1.2:学生基本情况登记表

如表 1.1 所示为一张简单的学生基本信息表。该表中的每一列称为一个属性,列属性的每个值表示一个学生的一个特征。表中的每一行称为一个记录,描述某个学生对象的多个特征。

在数据结构中,将记录称为数据元素或结点。表中的数据元素按照一定的顺序排列,其排列的规则既可以按输入时的先后顺序排列,也可以按某个或某些属性值大小的升序或降序排列。这种定义了元素之间的完全顺序关系的数据结构称为线性数据结构,简称线性表。例如,买"狗不理"包子的人一个接着一个排成队,这样就形成了线性关系。

表 1.1   学生基本信息表

学号	姓名	性别	出生日期	身高体重
1001	吴承志	男	1992/09/12	{178, 72}
1002	李淑芳	女	1993/03/24	{165, 52}
1003	刘丽	女	1992/12/25	{171, 49}
…	…	…	…	…

引例 1.3：计算机系统中文件的组织

计算机可处理的信息是多种多样的，在通常情况下，这些信息以文件的形式存放在外存中，当计算机处理这些信息时才从外存装入内存进行加工处理。操作系统中的文件系统的功能就是专门负责文件在外存中的存放、读写、目录管理等。一般情况下，文件系统采用多级目录结构对文件实施管理，图 1.1 所示是一个文件系统的目录结构示意图。

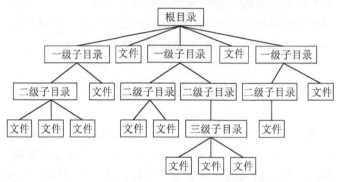

图 1.1   文件系统目录结构

这种多级目录结构形成一棵倒立的树，树中的目录或文件抽象成数据元素，称为结点，结点之间的关系是一对多的关系，通常称此类具有一对多关系的数据结构为树型结构，简称树结构或树。

引例 1.4：教学计划编排

一个教学计划包含许多课程，有些课程必须按规定的先后次序进行排课。表 1.2 列出了计算机软件专业的部分课程以及它们之间的开课先后次序，其中，C_1、C_2 是独立于其他课程

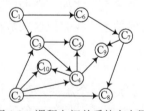

图 1.2   课程之间关系的有向图

的基础课，其他课程都需要有先修课程，比如，《数据结构》课程就必须安排在《程序设计基础》和《离散数学》两门课程之后。这些先决条件规定了课程安排的优先关系，这种优先关系可以用如图 1.2 所示的有向图来表示，其中，顶点表示课程，有向边表示前提条件。若课程 i 为课程 j 的先修课程，则必然存在有向边$<i, j>$。在制订教学计划时，必须保证学生在学习某门课之前已学过其先修课程。

从图 1.2 中可以看出，一门课程可以有多门先修课程，也可以有多门后继课程。这种元素之间存在着多对多关系的数据结构称为图结构。

由以上 4 个例子可见，描述非数值问题的模型不再是数学方程式，而是集合、线性表、树和图等数据结构。数据结构的主要任务是在对问题进行抽象形成模型后对模型进行求解。因此，数据结构是研究非数值问题中计算机的操作对象以及操作对象之间的关系和操作的学科。

表 1.2 软件专业部分课程设置及其开课先后次序表

课程编号	课程名	先修课程编号
C_1	高等数学	无
C_2	程序设计基础	无
C_3	离散数学	C_1, C_2
C_4	数据结构	C_2, C_3
C_5	编译原理	C_3, C_4
C_6	电子电路基础	C_1
C_7	计算机组成原理	C_6
C_8	汇编语言	C_2, C_7
C_9	操作系统	C_4, C_7
C_{10}	数据库	C_2, C_4

引例 1.5：通讯录程序设计

设计一个通讯录程序时需要考虑哪些问题？当我们着手建立一个通讯录时，需要考虑以下问题。

（1）确定数据元素的结构：记录一个人员的信息时需要哪些信息项，由这些信息项构成通讯录中的数据元素。

（2）数据的逻辑结构：以何种形式把数据元素组织在一起构成一个通迅录，即选择数据的逻辑结构。一般可以选择线性表或树结构。

（3）数据在逻辑结构上的运算：定义在数据的逻辑结构上可进行的运算，比如查找、增加、删除、修改数据元素，或按一定的规则对数据元素进行排序等。

（4）数据存储结构的选择：当需要把通迅录存入计算机时，确定以何种方式存储数据元素，何种存储方式有利于运算的实现以及高效率地运行。

（5）算法的设计：在确定的存储结构上实现数据的运算。

（6）算法的实现：采用程序设计语言实现算法。

1.2 基 本 概 念

1.2.1 数据、数据元素、数据项和数据对象

数据（Data）是一个抽象的概念，它是对客观事物的符号表示且能被计算机存储、处理。数据是信息的载体，信息是数据的内涵。数据包含的内容非常广泛，包括数值、文字、字符、声音、图像、图形、音频、视频等各种媒体。

数据项（Data Item）是具有独立逻辑含义且不能再分解的数据。例如，学生基本信息中的学号、姓名、性别、出生日期、身高、体重等信息都是数据项。若数据项的值能唯一标识一个数据元素，则称该数据项为**关键字**，如学生基本信息表中的数据项"学号"就是一个关键字。

数据元素（Data Element）是数据的基本单位，它由若干个数据项构成。在数据处理的过程中通常将数据元素作为整体进行考虑和处理。例如，每个学生的基本信息就是一个数据元

素。在讨论数据结构时所涉及的最小的数据单位就是数据元素。根据应用情境的不同，也称数据元素为元素、记录、结点或顶点。

数据对象（Data Object）是具有相同性质的数据元素的集合，是数据的子集。例如，所有学生的基本信息对应的数据元素构成的集合就是一个数据对象。在计算机数据存储管理中，一个数据对象被组织成一个文件（或表）的形式进行整体存储、维护，并永久保存，因此，数据对象是数据存储管理单位。

1.2.2 数据结构

数据结构（Data Structure）是指数据元素之间的相互关系及数据的组织形式。它一般包括以下 3 方面的内容。

1. 数据的逻辑结构

数据的逻辑结构是从数据元素之间的逻辑关系（主要是相邻关系）上描述数据的，它独立于计算机且与数据的存储无关。因此，数据的逻辑结构可以看作从具体问题抽象出来的数学模型。

我们常用逻辑结构图来描述数据的逻辑结构，其描述方法是将每一个数据元素看作一个结点，用圆圈表示；元素之间的逻辑关系用结点之间的连线表示，如果强调关系的方向性，则用带箭头的连线表示。

通常，数据元素有下列 4 种形式的逻辑关系。

（1）集合结构。所有数据元素除了属于同一个集合之外没有任何关系，每个元素都是孤立的。由于集合结构中数据元素之间没有任何关系，一般情况下，不对集合结构进行研究。引例 1.1 是一个与集合结构相关的例子，其结构示意图如图 1.3（a）所示。

（2）线性结构。数据元素之间存在着一对一的关系，即所谓的线性关系。引例 1.2 是一个线性结构的例子，在该例中数据元素的逻辑结构可用图 1.3（b）示意。在讨论线性表时将涉及一些与线性结构有关的问题，例如哪个元素是表中的第一个元素；哪个元素是表中的最后一个元素；对于表中一个给定的元素而言，哪些元素在它之前，哪些元素在它之后；在一个线性表中总共有多少个元素等。

（3）树结构。数据元素之间存在着一对多的层次关系。引例 1.3 是一个树结构的例子，其逻辑结构可用图 1.3（c）示意。

（4）图结构。数据元素之间存在着多对多的任意关系。引例 1.4 是一个图结构的例子，再如，公路交通网、电力网等，其逻辑结构示意如图 1.3（d）所示。

有时也把除线性结构以外的其他 3 种结构称为非线性结构。由于我们不对集合结构进行研究，因此，一般情况下，我们所说的非线性结构常指树结构和图结构。

注意：①逻辑结构与数据元素本身的内容无关。例如，在家谱管理系统中，不管如何描述一个人，比如用姓名、性别、出生年月等描述，或用姓名、性别、出生年月、照片等描述，人和人之间的关系总是树的关系。②逻辑结构与数据元素的个数无关。例如，在家谱中增加或删除某些人，整个家谱还是一个树结构。

2. 数据的存储结构

数据的逻辑结构可以看作从具体问题抽象出来的数学模型，它与数据的存储无关。我们把数据的逻辑结构在计算机存储器中的表示称为数据的存储结构，也称为数据的物理结构。

它是数据的逻辑结构在计算机存储器中的映射，必须依赖于计算机。

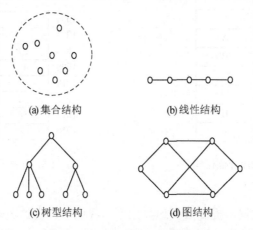

(a) 集合结构　　　　　　　(b) 线性结构

(c) 树型结构　　　　　　　(d) 图结构

图 1.3　4 种基本数据结构的示意图

数据的存储结构包括数据元素本身的存储表示及其逻辑关系的存储表示。常见的存储结构有顺序存储结构、链式存储结构、索引存储结构和散列存储结构。

（1）顺序存储结构是指把逻辑上相邻的结点存储在物理上相邻的存储单元里，结点之间的逻辑关系由存储单元位置的邻接关系来体现。这种存储方式的优点是数据存储紧凑，数据元素所需空间与实际分配空间相等；缺点是由于只能使用相邻的一整块存储单元，因此需要预先分配连续的存储空间，即静态分配存储空间。另外，在顺序存储结构中，插入和删除结点可能需要移动大量的数据元素，从而花费较多的时间。

在程序设计语言中，通常借助于数组来描述顺序存储结构。例如，图 1.4 所示 5 个字符'A'、'B'、'C'、'D'和'E'存储在从地址 3000 起始的连续的存储空间中。

（2）链式存储结构是把逻辑上相邻的结点存储在物理上任意的存储单元里，结点之间的逻辑关系由附加的指针域来体现。每个结点所占的存储单元包括两部分：一部分存放结点本身的信息，即数据域；另一部分存放后继结点的地址，即指针域。结点间的逻辑关系由附加的指针域表示。这种存储结构的优点是：可按需动态申请和释放存储空间，而且在进行插入和删除结点操作时只需修改指针，无需移动数据元素；缺点是：每个结点在存储时都要附加指针域，占用较多的存储空间。链式存储结构常借助于程序设计语言中的指针类型来描述。例如，图 1.5 表示 5 个元素（12、45、56、57、70）构成的有序表的链式存储结构，从地址 1000 开始存放第一个元素，下一个元素存放的位置在数据域后面的地址域中指明。

（3）索引存储结构是用结点的索引号来确定结点的存储地址。在储存结点信息的同时，要建立附加的索引表。其优点是检索速度快；缺点是增加了附加的索引表，占用较多的存储空间，在进行插入和删除结点的操作时需要花费一定的时间来维护索引表。

（4）散列存储结构，也称哈希（Hash）存储结构，它是根据结点的关键字值直接计算出该结点的存储地址，即通过散列函数把结点间的逻辑关系对应到不同的物理空间。其优点是检索、插入和删除结点的操作都很快；缺点是散列函数会产生若干不同结点的散列值相等的情况，即散列函数会发生冲突，为解决冲突需要附加时间和空间的开销。

数据的存储结构是研究数据结构的重要方面，熟练地掌握好各种存储结构，是设计高效程序和大型的应用软件的前提条件。

地址	
	...
3000	'A'
3001	'B'
3002	'C'
3003	'D'
3004	'E'
	...

图 1.4　顺序存储结构

地址	数据域	地址域
	...	...
1000	12	1008
1004	...	...
1006	57	1012
1008	45	1014
1010	...	...
1012	70	^
1014	56	1006
1016	...	...

图 1.5　链式存储结构

3. 数据的运算

为了更有效地处理数据，提高数据运算效率，我们按一定的逻辑结构把数据组织起来，并选择适当的存储表示方法把按逻辑结构组织好的数据存储到计算机的存储器中。数据的运算通常也称为数据的操作，是定义在数据的逻辑结构上的，但运算的具体实现要在存储结构上进行。这里介绍几种常用的运算。

（1）查找：也称为检索，即在数据结构里查找满足一定条件的结点，一般是给定某字段的值，找具有该字段值的结点。

（2）插入：往数据结构里增加新的结点。

（3）删除：把指定的结点从数据结构里去掉。

（4）更新：改变指定结点的一个或多个字段的值。

插入、删除、更新运算都包含着查找运算，以确定插入、删除、更新的确切位置。

数据的逻辑结构、数据的存储结构及数据的运算这 3 个方面构成一个数据结构的整体。存储结构是数据及其关系在计算机内的存储表示。同一逻辑结构可以采用不同的存储方式，即可对应不同的数据结构。例如，线性表若采用顺序存储方式，可以称为顺序表；若采用链式存储方式，可以称为链表；若采用散列存储方式，可以称为散列表。在实际应用中，应根据需要选择合适的存储结构。

综上所述，数据结构是一门讨论"描述现实世界实体的数学模型（通常为非数值计算）及其之上的运算在计算机中如何表示和实现"的学科。

数据结构研究的问题是获得用计算机处理数据的有效方法，其研究的对象是包括非数值信息在内的数据，研究的内容是对数据的计算处理，具体可分为如下 4 个方面的问题：

（1）数据本身的结构和数据间存在的逻辑关系，即数据的逻辑结构。

（2）对在各种具有不同逻辑结构的数据上可能进行的处理操作，提供相应的处理方式和方法，即算法设计与分析。

（3）根据数据的逻辑结构和可能进行的处理操作，设计有利于处理操作的、在计算机中存储这些数据的存储方式，即数据的物理结构。

（4）把与数据的逻辑结构和物理结构相关的处理算法转化为高级程序设计语言的相应代码。

1.2.3　数据类型和抽象数据类型

1. 数据类型

在程序设计语言中，不同类型的数据占用的存储空间、存储格式、取值范围都不相同，编译程序需要根据数据的类型为数据分配存储空间，确定它的存储格式和取值范围。另外，不同类型的数据可允许进行的运算以及运算规则也不相同。数据类型（Data Type）定义了数据的取值范围以及对数据的运算。

在 C 程序设计语言中，数据类型分为两类：一类是原子类型，另一类则是构造类型。原子类型的值是不可分解的。如 C 语言中整型、字符型、浮点型、双精度型等都属于原子类型，分别用保留字 int、char、float、double 标识。而构造类型的值是由若干成分按某种结构组成的，是可分解的，并且它的成分可以是原子类型，也可以是构造类型。例如，学生基本信息表中的数据元素的类型是构造类型，其成员类型是整型（学号）、字符型（姓名、性别、出生日期）或构造类型（身高、体重）。

2. 抽象数据类型

抽象数据类型（Abstract Data Type，ADT）定义了一个数据对象和数据对象中各元素之间的结构关系，以及一组处理数据的运算。它的形式化定义如下：

ADT=(D,R,P)

其中：D 表示数据对象，R 表示在数据对象 D 上的关系集，P 表示对数据对象 D 的基本运算集。

抽象数据类型定义的一般形式为：

```
ADT 抽象数据类型名{
    数据对象：<数据对象的定义>
    数据关系：<数据关系的定义>
    基本运算：<基本运算的定义>
}ADT 抽象数据类型名
```

其中，采用数学符号和自然语言描述数据对象和数据关系的定义，而对于基本操作一般按以下格式定义：

```
基本运算名(参数表)
    初始条件：<初始条件描述>
    运算结果：<运算结果描述>
```

参数表中可有两种参数：一是赋值参数，只为操作提供输入值；二是引用参数，它以"&"开头，除可提供输入值外，还可以返回运算结果；"初始条件"描述了运算执行之前数据结构和参数应满足的条件，若初始条件为空，则省略；"运算结果"说明了运算正常完成之后，数据结构的变化状况和应返回的结果。

3. 抽象数据类型的实现

抽象数据类型的概念与面向对象方法的思想是一致的。抽象数据类型独立于具体实现，将数据和操作封装在一起，用户程序只能通过抽象数据类型定义的某些操作来访问其中的数据，从而实现了信息隐藏。因此，在学习数据结构时，更适合采用面向对象的方法来表示和实现抽象数据类型。但是，一般情况下，在学习本课程之前，还没有开设面向对象的程序设计课程，所以，采用 C 语言的描述方法更符合本科学生的实际情况。下面以复数为例，给出一个完整的抽象数据类型的定义和实现。

例 1.1　用抽象数据类型定义一个复数运算，其数据对象是两个任意实数构成的集合，该集合内的两个元素之间的关系描述为：第一个实数是复数的实部，第二个实数是复数的虚部。基本运算有：构造一个复数，求复数的实部和虚部，计算两个复数之和，计算两个复数之差。

1）定义 ADT

```
ADT Complex{
    数据对象：D={e1, e2 | e1,e2∈R，R 是实数集}
    数据关系：R={<e1, e2> | e1 是复数的实部，e2 是复数的虚部}
    基本运算：
        Create(&C,x,y)
            初始条件：复数 C 不存在
            运算结果：构造复数 C，其实部和虚部分别被赋予参数 x 和 y 的值
        GetReal(C)
            初始条件：复数 C 已存在
            运算结果：返回复数 C 的实部值
        GetImage(C)
            初始条件：复数 C 已存在
            运算结果：返回复数 C 的虚部值
        Add(C1, C2)
            初始条件：复数 C1 和 C2 已存在
            运算结果：返回 C1 和 C2 的和
        Sub(C1, C2)
            初始条件：复数 C1 和 C2 已存在
            运算结果：返回 C1 和 C2 的差
}ADT Complex
```

2）复数数据类型的定义

```
typedef struct{           //定义复数类型
    double RealPart;    //实部
    double ImagePart;  //虚部
} Complex;
```

3）复数基本运算的实现

```
void Create(Complex &C, double x, double y){ //构造一个复数
    C.RealPart = x;
    C.ImagePart = y;
}

double GetReal(Complex C){ //取复数 C=x+yi 的实部
    return C.RealPart;
}

double GetImage(Complex C){ //取复数 C=x+yi 的虚部
    return C.ImagePart;
}

Complex Add(Complex C1, Complex C2){ //求两个复数 C1 和 C2 的和
    Complex sum;
    sum.RealPart = C1.RealPart+C2.RealPart;
    sum.ImagePart = C1.ImagePart+C2.ImagePart;
    return sum;
}

Complex Sub(Complex C1, Complex C2){ //求两个复数 C1 和 C2 的差
    Complex difference;
    difference.RealPart = C1.RealPart-C2.RealPart;
    difference.ImagePart = C1.ImagePart-C2.ImagePart;
    return difference;
}
```

我们可以编制主程序，在主程序中可以调用 Create 函数构造一个复数，调用 Add 或 Sub 函数实现复数的加、减法运算。

1.3　算法和算法分析

瑞士计算机科学家 N.Wirth 提出：程序=算法+数据结构。此处的程序概念是逻辑层面上的定义，我们在编写程序时，使用存储结构表示数据，使用程序设计语言实现算法。可以用不同的数据结构表示相同的数据对象，可以选用不同的算法解决相同的问题。为了以高效的方式解决问题，在设计程序时需要选择高效的算法和合理的数据结构。

1.3.1　算法的定义及算法描述

人们常说："软件的主体是程序，程序的主体是算法。"这是因为要使计算机解决某个问题，首先需要确定该问题的解决方法与步骤，然后再据此编写程序并交给计算机执行。这里所说的解题方法与步骤就是"算法"，采用某种程序设计语言对问题的对象和解题步骤进行的描述就是程序。

算法（Algorithm）是对特定问题求解步骤的一种描述，是指令的有限序列，其中每条指令表示一个或多个操作。通常一个给定算法解决一个特定的问题，一个特定的问题可以有多种算法。例如，已知 n 个无序的整数，可采用冒泡排序算法或快速排序算法对它们进行排序。

一个算法必须具有下列 5 个特性：

（1）有穷性。一个算法对于任何合法的输入必须在执行有穷步骤之后结束，且每步都可在有限时间内完成。

（2）确定性。算法的每一步必须有确切的含义，并且，在任何条件下，对于相同的输入只能得出相同的输出。

（3）可行性。算法中执行的任何计算步骤都是可以被分解为基本的可执行的操作步，即每个计算步都可以在有限时间内完成。

（4）输入。一个算法可以有零到多个输入，这些输入来自于算法加工对象的集合。

（5）输出。一个算法应具有一个或多个输出，以反映算法对输入数据加工后的结果，没有输出的算法是毫无意义的。

算法对于计算机特别重要。首先，计算机不是为解决某一个或某一类问题而专门设计的，它是一个通用的信息处理工具。因此，人们既要告诉计算机解决的是什么问题。还要告诉它解决问题的方法——算法。其次。计算机硬件是一个被动的执行者，硬件本身完成的操作非常原始和简单，数目也相当有限，如果不告诉硬件如何去做，它其实什么也不会做。通过把算法表示为程序，程序在计算机中运行时计算机就有了"智能"。由于计算机运算速度极快、存储容量大，因而它能执行非常复杂的算法，很好地解决各种复杂的问题。但是，如果某个问题（例如股市中某只股票明天是涨还是跌）的解决无法表示为计算机算法，那么计算机也无能为力。所以计算机不是万能的。

开发计算机应用的核心内容是研究实际应用问题的算法并将其在计算机上实现，即开发成为软件。关于算法需要考虑以下 3 个方面的问题：如何确定算法，即算法设计；如何表示算法，即算法表示；如何使算法更有效，需要进行算法复杂性分析。

描述算法的方法主要有以下几种方式：

（1）自然语言。使用日常的自然语言，如中文、英文、中英文结合等来描述算法，其特点是简单易懂，但不能直接在计算机上执行。

例 1.2 输入一个正整数，然后按它的数字逆序输出。

用自然语言描述该算法：

第一步，输入一个正整数送给 x。

第二步，输出 x 除以 10 的余数。

第三步，求 x 除以 10 的整数商，结果送给 x。

第四步，重复第二步和第三步，直到 x 变为 0 时终止。

（2）算法流程图、N-S 图等算法描述工具。其特点是描述过程简洁，算法流程直观，但要在计算机上运行还需要转变成程序才行。如图 1.6 所示为例 1.2 的程序流程图，其中"！="表示不等于。

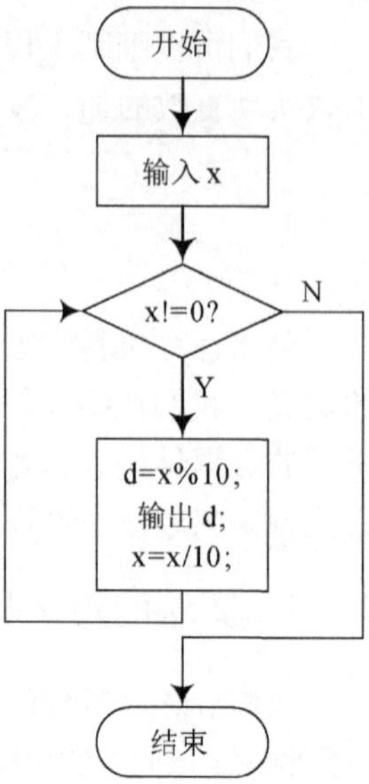

（3）高级程序设计语言。使用程序设计语言（如 C 或 C++）描述算法，可以直接在计算机上编译执行，但设计算法的过程不太容易且描述的算法不直观，需要借助于注释加以说明。下面是例 1.2 的 C 语言描述。

图 1.6　例 1.2 程序流程图

```c
void function( ){int x;
    scanf("%d",&x);
    while (x!=0){
      d=x%10;
      printf("%d",d);
      x=x/10;
    }
    printf("\n");
}
```

（4）类语言。为解决理解与执行的矛盾，常使用一种称为伪代码（即类语言）的语言来描述算法。类语言介于高级程序设计语言和自然语言之间，它忽略高级程序设计语言中一些严格的语法规则与描述细节，因此它比高级程序设计语言更容易描述和被人理解，而且比自然语言更接近高级程序设计语言。它虽然不能直接执行，但很容易被转换成高级语言。使用类 C 语言描述例 1.2 如下：

```
输入一个整数送 x;
while (x≠0) do{
      d=x%10;
      输出 d;
      x=x/10;
}
```

本书主要采用 C 语言作为描述数据结构和算法的工具，但在具体描述时有所简化，如有时省略类型定义和变量定义。

1.3.2　算法评价

对于数据的任何一种运算，如果数据的存储结构不同，则其算法描述一般也不相同，即使在存储结构相同的情况下，由于可以采用不同的求解策略，其算法也往往不相同。通过对算法的评价，我们可以从解决同一问题的多个算法中选择一个较好的算法，也可以对现有的算法进行改进，提出更好的算法。评价算法的准则有很多，例如，算法是否正确，是否易于理解、易于编码、易于测试，以及算法是否节省时间和空间等。那么，如何选择一个好的算法呢？通常按正确性、可读性、健壮性、时空效率这 4 个指标来衡量一个算法的优劣。

（1）正确性。正确性是衡量一个算法的首要指标。设计一个算法首先要保证算法的正确性。一个正确的算法是指在合理的数据输入下，能在有限的运行时间内得出正确的结果。要从理论上证明一个算法的正确性并不是一件容易的事，但我们可以通过对数据输入的所有可能的分析和上机测试来验证算法的正确性。

（2）可读性。算法首先是为了人们阅读与交流，其次才是让机器执行。可读性好的算法有助于人们理解算法的思想；晦涩难懂的算法容易隐藏较多错误且难以调试与修改。

在设计算法时，为了提高算法的可读性，可以按下列要求书写算法，以便人们阅读与理解。

① 注释。在设计算法时，在重要的语句后面加上注释内容，除了方便自己阅读和排错以外，还可以让合作人员能够理解你的设计思想。

② 变量命名。在设计算法时，常常需要定义变量，变量的取名不可随意。假设我们想要写一个计算学生成绩的程序，程序中需要用户输入学生学号、语文成绩、英语成绩、数学成绩，最后再计算出三科的平均成绩。此时如果程序中的变量声明为：

```
int  X;
int  A,B, C;
double  D;
```

没有人会看懂这几个变量代表什么，即使在定义变量之前注明 X 代表学生学号，A 代表语文成绩，B 代表英语成绩，C 代表数学成绩，D 代表三科平均成绩，在程序编写或维护过程中，也很容易忘记它们的含义。如果把这 5 个变量声明为：

```
int  studentnum;       //学生学号
int  chinese;          //语文成绩
int  english;          //英语成绩
int  math;             //数学成绩
double  average;       //三科平均成绩
```

这样就容易读懂，如果在变量之后再加上一些注释说明，程序就会更加易读。

③ 语句缩进。在设计算法时经常会用到一些条件语句或循环结构，在这种语句当中，包含了 C 语言中区块（Block），也就是一组单一语句的集合，通常以"{"及"}"来划分。"{"表示区块的开始，"}"表示区块的结束，在区块划分上有两种设计风格。

一种是把开头的"{"与语句放在同一行，"}"要与第一行语句对齐，如：

```
for (i=0; i<10; i++){
    printf("%d ", data [i]);    //输出数据
    if (key == data[i])         //查找到数据时
        return i;
    counter++;                  //计数器递增
}
```

另一种是不把开头的"{"与语句放在同一行，而是"}"与"{"对齐，如：

```
for (i=0; i<10; i++)
{
    printf("%d ", data [i]);    //输出数据
    if (key == data[i])         //查找到数据时
    return i;
    counter++;                  //计数器递增
```

```
    }
```

　　这两种格式都可以，读者可根据自己的喜好任意使用这两种格式。

　　在书写算法时建议使用缩进方式进行排版。采用缩排不但可以增加算法的可读性、美观性，而且在排错时可减少设计者的排错时间。缩进通常在一些区块条件语句、循环结构上产生出层次的关系，通常空 2 个空格、4 个空格或 8 个空格，其中以 4 个空格最佳。在输入程序代码时，一般编程环境提供了缩进功能，可完成自动缩进排版。

　　④ 段落。在算法中除了子过程以外，还有一些专为某一个目的所写的语句，这些语句的个数不等。在设计算法时，不同目的语句之间最好插入一个空白行，再加上注释，这可让算法有段落的感觉，在排错时也较容易找出错误。

　　（3）健壮性。当输入数据非法时，算法能适当地做出反应或进行处理，而不会产生莫名其妙的输出结果。例如，一个求凸多边形面积的算法，采用求各三角形面积之和的策略来解决问题。当输入的坐标集合表示的是一个凹多边形时，不应继续计算，而应报告输入出错。

　　（4）时空效率。要求算法的执行时间尽可能短，占用的存储空间尽可能少。但这两者往往相互矛盾，节省了时间可能牺牲了空间，反之亦然。设计者应在时间与空间两方面有所平衡。

　　评价算法优劣的 4 个指标，除"正确性"外，其他目标都不是硬性指标，有时指标间甚至互相抵触，很难做到完美，因此我们只能根据具体情况有所侧重。例如，若算法使用次数少，则力求可读性；若算法需重复多次使用，则力求节省时间；若问题的数据量很大，机器的存储量又较小，则力求节省空间。

1.3.3　算法的时间复杂度

　　算法与数据结构紧密相关，数据结构是算法的基础，直接影响算法的效率。反之，一种数据结构的优劣可由各种算法的执行效率来体现。

　　例 1.3　排序问题。

　　下面我们分别采用冒泡排序和快速排序算法对若干数据进行排序，实测采用这两种算法对不同数据规模的数据进行排序所用时间。

　　冒泡排序和快速排序算法描述如下：

```
// 冒泡排序
void BubbleSort(SqList &L){
//对顺序表 L 以冒泡排序算法进行排序
    int m,j,flag=1;
    RecordType x;
    m=L.length-1;
    while(m>0 && flag){
        flag=0;  //flag 置为 0，如果本趟排序没有发生交换，则不会执行下一趟排序
        for(j=1; j<=m; j++){
            if (L.r[j].key>L.r[j+1].key) {
                flag=1;  //flag 置为 1，表示本趟排序发生了交换
                x=L.r[j]; L.r[j]=L.r[j+1]; L.r[j+1]=x;  //交换前后两个记录
            }
        }
        m--;
    }
}

//快速排序
```

```
void QuickSort(SqList &L, int low, int high){
//对顺序表 L 以快速排序算法进行排序
    int left=low, right=high;
    RecordType temp=L.r[low];   //用子表的第一个记录做枢轴记录
    while (low<high) {   //从表的两端交替地向中间扫描
        while((L.r[high].key >= temp.key) && (low<high))
            high--;
        if (low<high)
            L.r[low++].key=L.r[high].key;   //将比枢轴记录小的记录移到低端
        while((L.r[low].key<=temp.key) && (low<high))
            low++;
        if (low<high)
            L.r[high--].key=L.r[low].key;   //将比枢轴记录大的记录移到高端
    }
    L.r[low]=temp;   //一次划分得到枢轴记录的正确位置，存枢轴记录
    if(left<low-1)
        QuickSort(L,left,low-1);   //递归调用，排序左子表
    if(low+1<right)
        QuickSort(L,low+1,right);   //递归调用，排序右子表
}
```

实验所用硬件环境：Intel(R) Core(TM) i5.3470 CPU 3.20GHz，内存 4GB。软件环境：Windows 7 64 位。表 1.3 为两种算法在不同数据规模下实际运行的时间。图 1.7 为两种排序算法的数据规模与运行时间图。

表 1.3 排序算法运行时间表

数据规模	冒泡排序运行时间/ms	快速排序运行时间/ms
5000	63.87	0.44
10000	275.57	0.97
15000	644.01	1.5
20000	1164.42	2.16
25000	1842.01	2.76
30000	2675.76	3.54
35000	3667.74	4.39
40000	4822.59	5.15
45000	6110.96	5.85
50000	7568.01	6.79

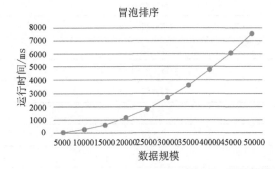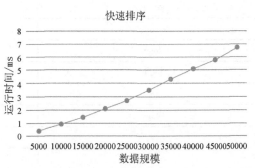

图 1.7 两种排序算法执行时间图

　　从例 1.3 可以看出，一个程序在计算机上执行时所需要的时间取决于下列因素：硬件和软件的配置；问题的规模；算法的选择。另外，编写程序所用的语言对程序的执行效率影响也较大，比如用汇编语言编写的程序其执行效率要比用 C 语言编写的程序执行效率高；编译程序所生成目标代码的质量也会影响程序的执行效率。

　　如果在计算机硬件和软件都确定的情况下，一个特定程序的运行时间的长短主要依赖于问题的规模，或者说程序的运行效率是问题规模的函数。

　　通常，我们主要从时间复杂度（Time Complexity）和空间复杂度（Space Complexity）来评价一个算法的优劣。一个算法是由控制结构和原操作构成的，其执行时间取决于两者的综合效果。为了便于比较同一问题的不同的算法，通常以该算法执行的原操作的次数作为算法的时间度量。用 n 表示问题的规模，它是一个正整数。一般情况下，算法中原操作执行的次数是问题规模 n 的某个函数 $T(n)$。但在多数情况下要精确地计算 $T(n)$ 是困难的，因此，常常给出一个估值，我们把这种方法称为渐进表示法。大 O 表示法是最常用的渐进表示法，O 是单词 Order 的首字母，表示"数量级"。

　　定义：设问题的规模为 n，算法执行的原操作的次数为 $g(n)$，如果存在 $f(n)$ 和正常数 c，使得：当 n 趋向于无穷大时，$g(n)/f(n)$ 的极限为 c，即 $g(n) \leqslant cf(n)$，则称 $cf(n)$ 为算法的时间复杂度，记为：$T(n)=O(f(n))$，它表示算法的时间复杂度与 $f(n)$ 同阶。

　　大 O 表示法给出了算法在问题规模 n 达到一定程度后运行时间增长率的上界，因此被称为渐进时间复杂度（Asymptotic Time Complexity），简称为时间复杂度。

　　例如，完成两个 $n \times n$ 阶的矩阵乘法运算，假定加法与乘法所用时间相等，则需要进行 $g(n)=n^3$ 次乘法运算 $+n^2(n-1)$ 次加减法运算 $=2n^3-n^2$。取 $f(n)=n^3$，则当 n 趋向于无穷大时，$g(n)/f(n)$ 的极限为 2，所以 $T(n)=O(n^3)$，即时间复杂度与 n^3 是同阶。

　　通常用 O(1) 表示常数计算时间。且有：

$$O(1)<O(\log n)<O(n)<O(n\log n)<O(n^2)<O(n^3)<O(2^n)$$

　　表 1.4 列出了典型的增长率，有了这些增长率，就可以将算法进行分类。例如，当 $T(n)=O(n^2)$ 时，常说这个算法是平方级的。例 1.3 中的冒泡排序算法时间复杂度为 $O(n^2)$，快速排序算法时间复杂度为 $O(n\log n)$。表 1.5 列出了时间复杂度中常用函数随 n 的增长函数值的变化情况。

表 1.4　典型的增长率

函　数	名　称
c	常数级
$\log n$	对数级
$\log^2 n$	对数平方级
n	线性级
$n\log n$	次线性级
N^2	平方级
N^3	立方级
2^n	指数级

表 1.5　常用函数随 n 的增长函数值的变化情况

n	$\log_2 n$	$n\log_2 n$	n^2	n^3	2^n
1	0	0	1	1	2
2	1	2	4	8	4
4	2	8	16	64	16
8	3	24	64	512	256
16	4	64	256	4096	65 536
32	5	160	1024	32 768	4 294 967 296

若算法的时间复杂度为前 3 种，则可以实现。后 3 种虽然在理论上是可以实现的，但实际上只有当 n 限制在较小的范围时才有意义。当 n 较大时，最后一种基本上不能实现

在特定的软硬件环境下，假设每条语句执行一次所需的时间均是单位时间，称一条语句的执行次数为频度，一个算法的时间耗费就是该算法中所有语句的频度之和。

例 1.4　下列程序是求 1 至 n 整数之和，试分析该算法的时间复杂度。

```
    s=0;
    for(i=1;i<=n;++i)
s+=i;
```

解：分析如下。

s=0；执行频度为 1；

i=1；执行频度为 1；

i<=n；执行频度为 $n+1$；

++i；执行频度为 n；

s+=i；执行频度为 n。

该程序的频度为：$T(n)=1+1+n+1+n+n=3n+3$，

当 n 趋向无穷大时，显然有

$$\lim_{n \to \infty} \frac{3n+3}{n} = 3$$

这表明，当 n 充分大时，$T(n)$ 和 n 之比是一个不等于零的常数。即 $T(n)$ 和 n 是同阶的，或者说 $T(n)$ 和 n 的数量级相同，记作 $T(n)=\mathrm{O}(n)$，表明该算法的渐近时间复杂度是 $\mathrm{O}(n)$。

在分析算法的时间复杂度时，可以把低次项、常量项，以及高次项的系数省略，直接用高次项的大 O 表示即可。

例 1.5　分析以下程序的时间复杂度。

```
x = n;  //n>1
y = 0;
while(y < x){
    y = y + 1;  //①
}
```

解：这是一个单循环程序段，while 的循环次数为 n，所以，该程序段中语句①的频度是 n，则程序段的时间复杂度是 $T(n)=\mathrm{O}(n)$。

例 1.6　分析以下程序的时间复杂度。

```
for(i =1; i<n;++i){
    for(j=0; j<n;++j){
        A[i][j]=i*j;  //①
    }
}
```

解：这是一个双重循环的程序段，外层 for 的循环次数是 n，内层 for 的循环次数也为 n，所以，该程序段中语句①的频度为 $n×n$，则程序段的时间复杂度为 $T(n)=O(n^2)$。

例 1.7　分析以下程序的时间复杂度。

```
x = n;  //n>1
y = 0;
while(x >= (y+1)*(y+1)){
    y = y + 1;  //①
}
```

解：这是一个单循环程序段，while 的循环次数为 $\sqrt{n}$，所以，该程序段中语句①的频度是 $\sqrt{n}$，则程序段的时间复杂度是 $T(n)=O(\sqrt{n})$。

例 1.8　分析以下程序的时间复杂度。

```
for(i=0; i<m; ++i){
    for(j=0; j<t; ++j){
        for(k=0; k<n; ++k){
            c[i][j]=c[i][j]+a[i][k]*b[k][j];  //①
        }
    }
}
```

解：这是一个三重循环的程序段，最外层 for 的循环次数为 m，中间层 for 的循环次数为 t，最里层 for 的循环次数为 n，所以，该程序段中语句①的频度是 $m×t×n$，则程序段的时间复杂度是 $T(n)=O(m×t×n)$。

通常情况下，算法的时间复杂度是问题规模的函数，但有一些算法的时间复杂度不但与问题的规模有关，也与算法的输入数据集有关。例如，在冒泡排序算法中，最好情况下算法的时间复杂度为 $O(n)$，最坏情况下为 $O(n^2)$。对于这一类算法，我们通常需要分析其平均时间复杂度。

1.3.4　算法的空间复杂度

算法的空间复杂度是指算法从开始运行到运行结束所需的存储空间，即算法执行过程中所需的最大存储空间。

类似于算法的时间复杂度，算法的空间复杂度通常也采用一个数量级来度量。记作：$S(n)=O(g(n))$，称 $S(n)$ 为算法的渐近空间复杂度（Asymptotic SpaceComplexity），简称为空间复杂度。

一般情况下，一个程序在机器上执行时，除了需要存储程序本身所用的指令、常数、变量和输入数据外，还需要一些对数据进行操作的辅助存储空间。其中对于输入数据所占的具体存储量取决于问题本身，与算法无关，这样只需分析该算法在实现时所需要的辅助空间就可以了。若算法执行时所需要的辅助空间相对于输入数据量而言是个常数，则该算法的空间复杂度为 $O(1)$。若算法执行时所需要的辅助空间与输入数据量成正比例关系，则该算法的空间复杂度为 $O(n)$。空间复杂度的分析与时间复杂度类似。

一般情况下，算法的时间效率和空间效率是一对矛盾体。有时算法的时间效率高是以使用了更多的存储空间为代价的。有时候又因内存空间不足，需要将数据压缩存储，从而会增加算法的运行时间。

小 结

本章介绍了数据结构和算法的基本概念，以及算法时间复杂度和空间复杂度的分析方法。本章知识结构见图 1.8。

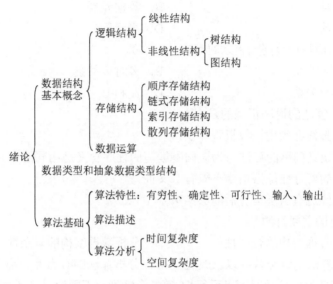

图 1.8 第 1 章绪论的知识结构

（1）数据结构是一门研究非数值计算程序设计中操作对象，以及这些对象之间的关系和操作的学科。

（2）数据结构包括两个方面的内容：数据的逻辑结构和存储结构。同一逻辑结构采用不同的存储方法，可以得到不同的存储结构。

① 逻辑结构是从具体问题抽象出来的数学模型，从逻辑关系上描述数据，它与数据的存储无关。根据数据元素之间关系的不同特性，通常有 4 种基本逻辑结构：集合结构、线性结构、树结构和图结构。

② 存储结构是逻辑结构在计算机中的存储表示，有 4 种存储结构：顺序存储结构、链式存储结构、索引存储结构和散列存储结构。

（3）抽象数据类型是指由用户定义的、表示应用问题的数学模型，以及定义在这个模型上的一组运算的总称，具体包括三部分：数据对象、数据对象上关系的集合，以及对数据对象的基本运算的集合。

（4）算法是为了解决某类问题而规定的一个有限长的操作序列。算法具有 5 个特性：有穷性、确定性、可行性、输入和输出。一个算法的优劣应该从以下 4 个方面来评价：正确性、可读性、健壮性和高效性。

（5）算法分析的两个主要方面是算法的时间复杂度和空间复杂度，以考察算法的时间和空间效率。一般情况下，鉴于运算空间较为充足，故将算法的时间复杂度作为分析的重点。算法执行时间 $T(n)$ 的数量级称为算法的渐近时间复杂度，$T(n)=O(f(n))$，它表示随着问题规模 n 的增大，算法执行时间的增长率和 $f(n)$ 的增长率相同，简称时间复杂度。

习　　题

1. 选择题

（1）数据处理的最小单位是（　　），数据的基本单位是（　　）。
　　A. 数据项　　　　　　　　　　B. 数据元素
　　C. 信息项　　　　　　　　　　D. 表元素
（2）非线性结构是指数据元素之间存在（　　）。
　　A. 一对多关系　　　　　　　　B. 多对多关系
　　C. 一对一关系　　　　　　　　D. A 和 B
（3）下列关于算法的说法正确的是（　　）。
　　A. 算法最终必须由计算机程序实现
　　B. 为解决某问题的算法与为该问题编写的程序含义是相同的
　　C. 算法的可行性是指指令不能有二义性
　　D. 算法经过有穷步运算后能够结束
（4）算法分析的主要目的是（　　）。
　　A. 分析数据结构的合理性　　　B. 分析数据结构的复杂性
　　C. 分析算法的时空效率以求改进　　D. 分析算法的有穷性和确定性
（5）一个正确的算法应该具有"可行性"等 5 个特性，下面对另外 4 个特性描述不正确的是（　　）。
　　A. 有穷性　　　　　　　　　　B. 确定性
　　C. 有零个或多个输入　　　　　D. 有零个或多个输出
（6）与数据元素本身的形式、内容、相对位置、个数无关的是数据的（　　）。
　　A. 存储结构　　　　　　　　　B. 存储实现
　　C. 逻辑结构　　　　　　　　　D. 运算实现
（7）设 n 是描述问题规模的非负整数，下面程序片段的时间复杂度是（　　）。

```
x = 2;
while ( x < n/2 )
    x = 2*x;
```

　　A. O($\log_2 n$)　　　B. O(n)　　　C. O($n\log_2 n$)　　　D. O(n^2)

（8）求整数 $n(n \geq 0)$ 阶乘的算法如下，其时间复杂度是（　　）。

```
int fact(int n){
    if (n<=1) return 1;
    return n*fact(n-1);
}
```

　　A. O($\log_2 n$)　　　B. O(n)　　　C. O($n\log_2 n$)　　　D. O(n^2)

2. 时间复杂度分析

设问题的输入规模为 n，分析下列程序段的渐近时间复杂度。

（1）

```
void f1(int n){
    int i=1,k=0;
```

```
    while(i<n){
        k+=10*i;
        i++;
    }
}
```
（2）
```
void f2(int n){
    int i=91,j=100;
    while(j>0)
        if(i>100){
            i-=10;
            j--;
        }else
        i++;
}
```
（3）
```
void f3(int n){
    int i=1;
    while(i<n)
        i*=3;
}
```
（4）
```
for (i=0; i<n; i++)
    for (j=0; j<m; j++)
        a[i][j]=0;
```
（5）
```
s=0;
for i=0; i<n; i++)
    for(j=0; j<n; j++)
        s+=B[i][j];
sum=s;
```
（6）
```
x=0;
for(i=1; i<n; i++)
    for (j=1; j<=n-i; j++)
        x++;
```
（7）
```
x=n;  //n>1
y=0;
while(x≥(y+1)*(y+1))
    y++;
```
（8）
```
void fun(int n){
    int i=0; s=0;
    while (s<n){
        ++i;
        s=s+i;
    }
}
```

（9）

```
sum=0;
for (i=1; i<n; i++)
    for (j=1; j<i*i;j++)
        if (j%i==0)
            for (k=0; k<j; k++)
                sum++;
```

上机实验题

1. 构造一个乘法口诀表，要求按下列形式输出。

```
1*1= 1
2*1= 2   2*2= 4
3*1= 3   3*2= 6   3*3= 9
4*1= 4   4*2= 8   4*3=12   4*4=16
5*1= 5   5*2=10   5*3=15   5*4=20   5*5=25
6*1= 6   6*2=12   6*3=18   6*4=24   6*5=30   6*6=36
7*1= 7   7*2=14   7*3=21   7*4=28   7*5=35   7*6=42   7*7=49
8*1= 8   8*2=16   8*3=24   8*4=32   8*5=40   8*6=48   8*7=56   8*8=64
9*1= 9   9*2=18   9*3=27   9*4=36   9*5=45   9*6=54   9*7=63   9*8=72   9*9=81
```

2. 随机产生 1000 个随机整数，用冒泡排序法对这 1000 个整数进行排序。

第 2 章　C/C++语言知识

内容提要

在用 C 语言描述算法时，常用到指针、结构体、共用体等内容，而这部分内容是 C 语言的难点，因此，本书用一些篇幅介绍这部分知识。另外，在 C++中有一些语言成分比 C 语言简练、易用，因此，本章也将介绍 C++中的动态存储分配运算符 new 和 delete 以及变量的引用等内容。

学习目标

知识目标：掌握 C/C++语言中与数据结构描述相关的一些重要内容，为后面的学习中能熟练应用指针、结构体、共用体、动态存储分配和引用实现算法做好准备。

在数据结构算法描述中常常用到 C 语言中的指针、结构体、共用体等类型，本章详细介绍 C 语言中这部分内容。另外，为了节省篇幅使算法简明易读，我们不追求对每个算法都用标准的 C 语言描述算法，而使用 C++语言中的一些成分，比如用 new 和 delete 两个运算符替代 C 语言中的 malloc( )和 free( )两个函数，以及在函数定义中形参使用引用类型等。

2.1　指　　针

指针是一种很特殊的数据类型。利用指针变量可以表示各种数据结构；可以方便地使用数组和字符串；并能像汇编语言一样处理内存地址，使得程序员能编写出简洁、紧凑、高效的程序。

2.1.1　指针变量

1. 指针变量的定义

在计算机系统中存储器是按字节（8 位二进制）排列的存储空间，每个字节都有一个编号，就像一栋大楼里的每个房间都有一个门牌号一样，该编号称为存储器的地址。当访问某个数据时，必须知道该数据在存储器中的地址。就像你要到某栋大楼拜访某人时，必须知道他/她所在的门牌号一样。

变量在存储器中占用一定的空间，变量名就是其占用的内存空间的名称。比如，有两个整型变量 i 和 j，假定 i 占用的存储空间是从地址 0x2700 开始的 4 个字节，j 占用的存储空间是从地址 0x26FC 开始的 4 个字节，如图 2.1 所示。i 和 j 就是相应存储空间的名称。变量的地址就是存储该变量的存储空间的首地址，如变量 i 的首地址是 0x2700，从 0x2700 开始的 4 个字节中存放变量 i 的值。

对变量的访问通常有两种方式：直接访问和间接访问。我们把按变量名访问变量的方式称为直接访问。程序编译后，变量名和变量地址之间就建立了对应关系。程序中访问变量，就是对与变量对应的存储空间的访问。例如，赋值语句 i=5，就是把 5 存储到与 i 相对应的存储空间中，即将 5 存入地址为 0x2700 开始的 4 个字节的存储空间中。

变量的地址也可以存放在另一个变量中，则存放该地址的变量称为**指针变量**。这时访问数据变量时，先经指针变量获得该数据变量的地址，再由数据变量地址实现对数据变量的存取，这称为间接访问。由于指针变量的值是另一个变量的地址，习惯上形象地称指针变量指向该变量。

如图 2.2 所示，变量 i 中存放数据 5，将变量 i 的地址存放在指针变量 ip 中，ip 的值就是变量 i 的地址，通常称 ip 指向 i。通过 ip 访问 i 就是间接访问。

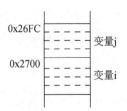　　　　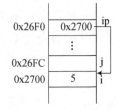

图 2.1　内存变量与地址的关系　　　　图 2.2　变量的间接访问

2. 指针变量的定义格式

指针变量的定义格式如下：

类型标识符　*指针变量名 1 [,*指针变量名 2 [, *指针变量名 3…]] ;

例如：

```
int  *ip1, *ip2;
```

对指针变量定义说明如下：

（1）定义中的"*"表示其后的标识符为指针类型，它不是指针变量名的一部分，若没有它，则该标识符就成普通变量名了。如写成：

```
int  *ip1, ip2;
```

则编译程序认为 ip1 是指针变量，ip2 是整型变量。

（2）定义中的"类型标识符"表示指针所指数据的类型，简称指针类型，而不是指针变量本身的类型。在 C 语言中，所有指针变量都是 unsigned long int 类型，指针变量占用字节数是 sizeof(unsigned long int)。

指针变量可以指向基本类型数据，也可以指向各种自定义类型数据，如结构体、数组等。下面是一些常见的指针变量的定义：

```
int *p;    //定义了一个指向 int 型变量的指针变量 p
char *pch;  //定义了一个指向 char 型变量的指针变量 pch
float *pf;  //定义了一个指向 float 型变量的指针变量 pf
```

2.1.2　指针运算

1. 指针运算符

C 语言提供了两个与指针操作有关的运算符"&"和"*"，它们都是单目运算符。"&"运算符称为取地址运算符，可获取一个变量或一个数组元素在内存存放的首地址。"*"运算符称为间接访问运算符，作用于一个指针类型的变量，其作用是访问该指针所指变量的值。例如：

```
int  m, n;
int  *p=&m;  //p 指向 m
*p=3;  //给 p 指向的变量赋值为 3，等价于 m=3
```

```
n=*p;   //将 p 指向的变量的值赋值给 n, 等价于 n=m
```

　　要特别注意：上面两条语句"int *p=&m;"和"*p=3;"中出现的两个"*"号含义是不相同的。"int *p=&m;"中的"*"号表示 p 是一个指针变量，在这个"*"号前面一定会有一个类型名。而"*p=3;"中的"*"号是一个单目运算符，它与 p 结合完成间接访问运算，代表 p 所指向的变量。

　　在本节中介绍的两个运算符"&"和"*"在不同的表达式中代表不同的运算符。当"&"作为取地址运算符，它是单目运算符，它的操作对象一定是指针变量；当"&"作为按位与运算符时，它是双目运算符，它的操作对象可以是整型数、字符型数。当"*"作为间接访问运算符时，它是单目运算符，它的操作对象一定是指针变量；而"*"作为乘运算符，它是双目运算符，它的操作对象可以是整型数、字符型数或浮点数。

　　2. 指针变量的初始化与运算

　　在 C 语言中，可以把 NULL 赋值给任意类型的指针变量，表示该指针不指向任何内存单元。在程序运行时，若全局指针变量未赋初值则被初始化为 NULL，但不会对局部变量进行初始化，因此局部指针变量的值在未赋初值时是一个随机值。在使用局部指针变量前必须先对其赋初值，确定指向的地址后，才能进行间接访问运算。

　　1）指针变量的初始化和赋值运算

　　和定义一个普通变量一样，在定义指针变量时可以同时进行初始化。语法格式为：

类型标识符　*指针变量名=地址表达式;

　　在定义指针变量后，也可以使用赋值语句给指针变量赋值，语法格式为：

指针变量名=地址表达式;

　　例如：

```
int i, j,*ip1=&i, *ip2;
ip2=&j;
```

　　定义指针变量 ip1 的同时用变量 i 的地址初始化 ip1，&i 表示变量 i 的地址，ip1 指向了 i。对指针变量 ip2，用赋值语句将 j 的地址赋给 ip2，也就是 ip2 指向了 j。

　　除了可以将一个变量的地址赋给指针外，同类型的指针变量可以相互赋值，也可以用一个已经赋值的指针初始化另一个同类型的指针。例如：

```
int v1=3,v2=5;
int *p_v1=&v1, *p_v2=&v2;
p_v1=p_v2;
```

　　上述运算后，p_v1 和 p_v2 指向了同一个变量，如图 2.3 所示。

　　注意，使用变量地址给指针变量初始化或赋值，该变量必须在赋值之前已经定义或声明过，类型也应该和指针变量的类型一致。并且不能将一个整型量赋值给一个指针变量。例如：

```
int   *p=0x304a;   //错误
```

　　因为内存的管理是由操作系统负责，程序员不能直接使用某一具体的内存空间，当然也就绝对不能给指针变量随意赋一个地址常量值。

　　2）指针的算术运算

　　由于指针变量的值表示存储单元的地址，所以指针变量的算术运算都是整数运算。

　　一个指针变量可以自增、自减，也可以加上或减去一个整数值，但指针变量加（减）一个整数并不是简单地将其地址值加（减）一个整数，而是加（减）该整数倍指针变量指向的数据类型的长度。例如，p+n 实际表示的地址是 p 所指存储单元的地址+n*sizeof(指针指向的数据类型)。

图 2.4 给出了指针加减一个整数的示意图。从图中可以看出，同样是+n 或-n，不同类型的指针实际加减的字节数是不同的，这也是在定义指针时必须指定指针类型的一个原因。

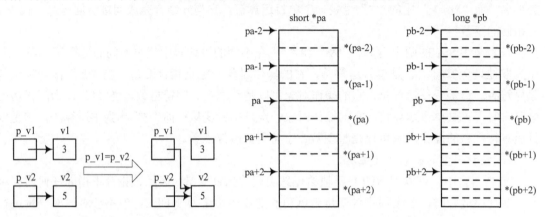

图 2.3　指针间赋值前后的变化　　　　　　　图 2.4　指针的算术运算

此外，如果两个指针所指的数据类型相同，在某些情况下，这两个指针可以相减。例如，指向同一个数组的不同元素的两个指针可以相减，其差便是这两个指针之间相隔元素的个数。又例如，在一个字符串里面，让指向字符串尾的指针和指向字符串首的指针相减，就可以得到这个字符串的长度。

必须注意的是，编译器可以保证将一个数组中的所有元素存放在连续的存储空间中，若两个指针指向数组中不同元素时，它们可以进行减运算。但是编译器不能保证多个普通变量在内存中一定连续存放，因此两个指向普通变量的指针进行减运算无任何意义。

两个指针相加也是无意义的，一般也不允许相加。例如，p1 和 p2 指向同一数组中前后两个不同的元素，要计算位于这两个元素中间的元素的地址，不能写成 p=(p1+p2)/2，必须写成 p=p1+(p2-p1)/2。

3）指针的关系运算

指针可以进行关系运算。指针间的关系运算包括：>、>=、<、<=、==、!= 。当两个指向相同数据类型的指针相等时，就说明它们指向同一个内存单元。例如：

```
if (p_v1==p_v2)
printf("两个指针相等.\n");
```

但两个指向同类型普通变量的指针进行小于、大于等比较没有任何意义。相反两个指针指向同一数组的不同元素时，经常对指针进行小于、等于、大于等关系运算。

例如：

```
double d[10]={…};
*pd1=&d[0], *pd2=&d[9];
```

则 pd1<pd2 为真。

一个指针可以同 NULL 作相等或不等的关系运算，用来判断该指针是否为空。

例 2.1　指针的简单应用。

```
#include <stdio.h>
int main(){
    int  *p1, *p2, *p, a,b;
```

```
        printf("请输入 a 和 b 的值:");
        scanf("%d %d",&a, &b);
        p1=&a;  p2=&b;  //p1 指向 a, p2 指向 b
        printf("%d\t%d\n", *p1, *p2);  //间接访问 a、b,输出 a、b 的值
        if (a<b){  //如果 a<b, 交换 p1 和 p2 的值, 使 p1 指向 b, p2 指向 a
             p=p1;  p1=p2;  p2=p;
        }
        printf("%d\t%d\n", a, b);  //直接访问, a、b, 输出 a、b 的值
        printf("%d\t%d\n", *p1, *p2);  //间接访问 p1 指向的变量和 p2 指向的变量
        return 0;
    }
```

程序运行结果如下：

```
4        5
4        5
5        4
```

本例实现从大到小输出两个数。但程序中没
有直接交换 a、b 变量的值，而是交换指向 a、b
变量的指针 p1 和 p2 的值，使 p1 指向值较大的变
量，p2 指向值较小的变量。交换过程见图 2.5。

3．指针数组

如果数组的元素类型是指针，则称这个数
组为指针数组。指针数组中的每个元素都是同
一类型的指针。

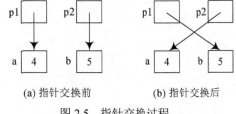

(a) 指针交换前　　　　(b) 指针交换后

图 2.5　指针交换过程

定义一维指针数组的语法格式为：

数据类型 *数组名[常量表达式];

常量表达式同样指出数组元素的个数，类型名确定数组中每个元素的类型，即指针类型。
例如，下列语句：

int *p_line[3];

声明了一个 int 类型的指针数组 p_line，数组中有 3 个元素，每个元素都是一个指向 int
类型数据的指针。

由于指针数组的每个元素都是一个指针，必须先赋值，后引用，因此，声明数组之后，
对指针元素赋初值是必不可少的。例如：

int a,b,c;
int *p_line[3]={&a,&b,&c}; //p_line[0]指向 a, p_line[1]指向 b, p_line[2]指向 c

指针数组可以应用于处理矩阵或多个字符串。

4．指针作为函数参数

函数用 return 只能返回一个值，如果要求函数返回多个值，解决办法就是将变量的地址
作为函数的参数进行传递，也就是把指针作为函数的参数。

指针作为形参，在调用时将实参的地址值传递给形参，使形参指针指向主调函数中的数
据。这样在被调函数运行过程中，通过形参指针对数据的访问就是对主调函数中实参指针所
指向的数据的访问。

当需要在函数之间传递存放在连续内存区域的大量数据时，可将这块区域的起始地址作

为函数实参，传递给形参。函数形参指针获得数据的起始地址，间接访问数据区，对数据进行操作，这样就比传递数据本身的效率高得多。

例 2.2 采用指针实现两个变量值的互换。

```c
#include <stdio.h>
void swap(int *ia, int *ib);
int main(){
    int a,b;
    printf("请输入两整数: ");
    scanf("%d %d", &a,&b);
    printf("调用前: 实参a=%d, b=%d\n",a,b);
    swap(&a,&b);
    printf("调用后: 实参a=%d, b=%d\n",a,b);
    return 0;
}

void swap(int *ia, int *ib){
    printf("在 swap 函数中…\n");
    printf("交换前: *ia=%d, *ib=%d\n", *ia, *ib);
    int t=*ia;*ia=*ib;*ib=t;
    printf("交换后: *ia=%d, *ib=%d\n", *ia, *ib);
    printf("退出 swap 函数.\n");
}
```

程序运行结果如下：

```
请输入两整数: 3 6
调用前: 实参a=3, b=6
在swap函数中…
交换前: *ia=3, *ib=6
交换后: *ia=6, *ib=3
退出swap函数.
调用后: 实参a=6, b=3
```

在此例中，swap 函数的参数为指针，主函数调用 swap 函数时，通过&a 和&b 运算求得变量 a 和 b 的地址，传递给形参 ia 和 ib，即形参 ia 和 ib 指向了 a 和 b，见图 2.6。因此，在 swap 函数中可以通过*ia 和*ib 间接修改 a 和 b 的值。

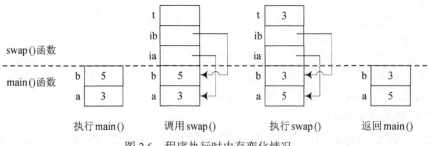

图 2.6　程序执行时内存变化情况

5. 指针型函数

函数在调用结束之后都要有返回值，返回值可以是指针。我们把返回指针的函数称为指针型函数。使用指针型函数的最主要用途就是，在函数结束时可以通过指针把连续内存区域的大量数据从被调函数返回到主调函数中，而非指针型函数一般只能返回一个值。

定义指针型函数的语法格式是：

```
数据类型　*函数名(参数表){
    函数体
}
```

函数名前的"*"表示该函数是一个指针型的函数，数据类型表明函数返回指针的类型。

2.1.3　数组与指针

在 C 语言中，指针和数组的关系十分密切，通过指针可以访问数组中的元素，数组名代表数组在内存中的首地址，这样数组名可以用指针来代替，非常方便。

1. 一维数组与指针

数组名表示数组首元素的地址。若 f 是数组名，它代表数组在内存中的首地址，也是数组的首元素，即第 0 个元素 f[0]的地址，因此有 f=&f[0], *f=f[0]；f+1=&f[1],*(f+1)=f[1];…f+i=&f[i], *(f+i)=f[i]。因此，在程序中，既可以采用下标形式，也可以采用地址形式访问数组元素。

实际上，无论是以下标形式还是地址形式访问数组元素，编译器都转换为地址的方法实现。比如，访问 f[i]时，编译器解释为*(f+i)，即表示 f 后面的第 i 个元素。注意，f+i 并不是简单地进行 f 加 i 就可得出第 i 个元素的地址，而是 f 加 i 个元素占用的字节数。

由于一维数组名是首元素的地址，以 f 数组为例，f 的类型就和 int *相同。因此，可以将一维数组名赋给 int *类型的指针，例如：

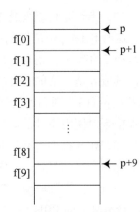

图 2.7　指针指向一维数组元素

```
int *p=f;
```

这时 p 指向了 f[0], p+1 指向了 f[1]…, p+9 就指向了 f[9]，如图 2.7 所示。依据指针运算，很容易得出*p=f[0],*(p+1)=f[1], *(p+i)=f[i]。由此可见，*(p+i)和 f[i]是等价的。因此，甚至可以将*(p+i)写成下标形式 p[i]。数组 f、数组元素和指针 p 的关系见表 2.1。

表 2.1　一维数组元素与地址、指针的等价关系

表示形式	含　义
f	数组名，数组第 0 个元素的地址
f+0,p+0,&f[0],&p[0]	数组第 0 个元素的地址
f+i,p+i, &f[i],&p[i]	数组第 i 个元素的地址
f[0],p[0],*(f+0),*(p+0)	数组第 0 个元素的值
f[i],p[i],*(f+i),*(p+i)	数组第 i 个元素的值

例 2.3　用 4 种不同方法访问一维数组 f 的元素。

```
#include <stdio.h>
int main(){
    int f[10]={0,1,1,2,3,5,8,13,21,34};
    int *p=f,i;
    for(i=0;i<10;i++)
        printf("%d\t%d\t%d\t%d\n", f[i], *(f+i), p[i],*(p+i));
```

```
        return 0;
    }
```

程序运行结果如下：

```
0          0          0          0
1          1          1          1
1          1          1          1
2          2          2          2
3          3          3          3
5          5          5          5
8          8          8          8
13         13         13         13
21         21         21         21
34         34         34         34
```

本例中的输出语句还可以用下面的语句代替：

```
printf("%d\n",*p++);
```

需要说明的是，虽然数组名和指针有相同之处，但两者还是有区别的。

（1）数组名是地址常量，其值为编译器分配所得，不可改变。所以数组名不能作为左值，诸如 f++、f=p 等操作都是非法的。而指针是变量，可以作为左值，诸如 p++、p=f 等操作都是合法的。

（2）指针是可以变化的。当定义了 int f[10], *p=f 后，指针 p 就指向了数组 f 的第 0 个元素，这时 f[i]和 p[i]是相同的。但 i 的含义是有区别的，因为 f 是一个地址常量，所以 f[2]始终是数组 f 的第 2 个元素，这里的 2 是一个绝对值。数组中不存在 f[-1]的元素。而指针 p 是变量，其值 p 是可变的，p[2]表示的是 p 当前所指地址后的第 2 个元素，这里 2 是一个相对值。如果有 p=f+3；则 p[2]就是数组元素 f[5]，p[-1]就是数组元素 f[2]。由于编译器不对数组进行边界检查，使用指针的时候要特别注意不能超越数组的边界。

（3）如 p 指向 f[0]，下列表达式的含义如下：

p++　　　即(p++)，先操作*p（即 f[0]），再 p=p+1 指向 f[1]；

++p　　　即(++p)，先操作 p=p+1（指向 f[1]），再*p（即 f[1]）；

(*p)++　　即 f[0]++。

2. 二维数组与指针

使用指针可以指向一维数组中的元素，也可以指向多维数组中的元素。但是在概念和使用上要比一维数组复杂得多。

1）二维数组中元素的地址

C 语言中对多维数组的定义是一种嵌套定义，将二维及多维数组看成是"数组的数组"。例如，二维数组 mat 的定义为：

```
int mat[3][6]={{1,3,5,7,9,11}, {2,4,6,8,10,12}, {3,5,7,11,13,17}};
```

对于 mat 来说，它是由 3 个元素组成的数组，这 3 个元素分别是 mat[0]、mat[1]、mat[2]。mat 是首元素 mat[0]的地址，即

mat=&mat[0], *mat=mat[0];

mat+1=&mat[1], *(mat+1)=mat[1];

mat+2=&mat[2], *(mat+2)=mat[2];

以此类推，

$$mat+i=\&mat[i], *(mat+i)=mat[i]. \tag{2-1}$$

而 mat[0]、mat[1]、mat[2]并不是一个 int 类型的元素，它们都是由 6 个 int 类型元素组成的一维数组，可以将它们看成 6 个 int 类型元素组成的一维数组名，因此 mat[0]、mat[1]、mat[2]分别表示 3 个一维数组的首元素的地址，因此有：

mat[0] = &mat[0][0],*mat[0]= mat[0][0];

mat[0]+1 = &mat[0][1], *(mat[0]+1)=mat[0][1];

…

mat[0]+5 =&mat[0][5], *(mat[0]+5)=mat[0][5];

以此类推，

$$mat[i]+j =\&mat[i][j], *(mat[i]+j)=mat[i][j]。 \tag{2-2}$$

综合式（2-1）和式（2-2），得出数组名 mat 和数组中元素的关系如下：

mat[i][j]=*(&mat[i][0]+j)=*(mat[i]+j)=*(*(mat+i)+j)

&mat[i][j]=&mat[i][0]+j=mat[i]+j=*(mat+i)+j

二维数组 mat 与地址的关系见图 2.8 和表 2.2。

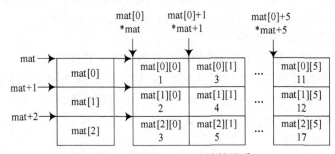

图 2.8　二维数组 mat 与地址的关系

表 2.2　二维数组地址与元素的等价关系

表示形式	含　义
mat	数组名，首元素即第 0 行的地址
mat+0, &mat[0]	数组第 0 行的地址
mat+i, &mat[i]	数组第 i 行的地址
*(mat+0), mat[0], &mat[0][0]	数组第 0 行第 0 列元素的地址
*(mat+0)+1, mat[0]+1, &mat[0][0]+1, &mat[0][1]	数组第 0 行第 1 列元素的地址
*(mat+i)+j, mat[i]+j, &mat[i][0]+j, &mat[i][j]	数组第 i 行第 j 列元素的地址
((mat+0)+0), *(mat[0]+0), *(&mat[0][0]+0), mat[0][0]	数组第 0 行第 0 列的元素
((mat+i)+j),*(mat[i]+j), *(&mat[i][0]+j), mat[i][j]	数组第 i 行第 j 列的元素

有了上述的元素和地址等价关系后，就可以采用地址的方法访问二维数组 mat 中的每个元素。

例 2.4　使用二维数组名访问数组元素。

```c
#include <stdio.h>
int main(){
    int mat[3][6]={{1,3,5,7,9,11},{2,4,6,8,10,12},{3,5,7,11,13,17}};
    int i,j;
    for(i=0;i<3;i++){
```

```
        for(j=0;j<6;j++)
                printf("%d\t", *(*(mat+i)+j));
        printf("\n");
    }
    return 0;
}
```

程序运行结果如下。

1	3	5	7	9	11
2	4	6	8	10	12
3	5	7	11	13	17

2）指向一维数组的指针

从上面的讨论中可以知道，二维数组名 mat 是其首元素 mat[0]的地址，该地址的类型不是 int *，而应该是一个由 6 个 int 类型变量组成的一维数组的地址，即和(*)[6]类型的指针等价。因此要定义一个指针，指向 mat，指针类型应该是 int (*)[6]。例如：

```
int  (*p)[6]=mat;
```

p 是一个指向由 6 个 int 类型变量组成的一维数组的指针，并指向了 mat 的第一个元素 mat[0]。称 p 为数组指针。定义二维数组的指针变量的语法格式为：

```
数据类型(*指针变量名)[常量表达式];
```

其中"常量表达式"是二维数组中的第二维的长度，即列的大小。

注意，定义中指针变量名前后的括号不能少，如果写成 int *p[6]，由于[]运算优先级高于*，p 先与[6]结合，成为数组。再与前面*结合，p 就成了指针数组。

例 2.5　使用数组指针访问二维数组元素。

```
#include <stdio.h>
int main(){
    int mat[3][6]={{2,4,6,8,10,12},{1,3,5,7,9,11},{3,5,7,11,13,17}};
    int i,j,(*p)[6]=mat;
    for(i=0;i<3;i++){
            for(j=0;j<6;j++)
                printf("%d\t", *(*(p+i)+j));
            printf("\n");
    }
    return 0;
}
```

从上面的讨论中还可以得知，只要二维数组的列长度相同，地址类型就相同。例如，数组 int mat[3][6]和 int t[4][6]具有相同的地址类型，可以使用 int (*)[6]类型的指针指向 mat 或 t。而 int mat[3][6]和 int t[6][3]地址类型不相同。

指向一维数组的指针主要用在函数参数中。例如如下函数：

```
void  display(int a[3][6]){…}
```

则函数调用 display(mat)时，传给 display 的是 mat 的地址。编译程序实际上将该地址处理成指向一维数组的指针。在函数 display 中，数组的最高维 3 可以不写。display 的定义可以写成：

```
void  display(int a[][6]){…}
```

或：

```
void display(int (*a)[6]){…}
```

a 就可以理解为指向由 6 个 int 类型变量组成的一维数组的指针。很显然，display 函数就可以处理所有列长度为 6 的二维数组。

3）指向数组元素的指针

由于数组元素和普通变量相同，因此定义一个普通变量的指针就可以指向数组元素。

例 2.6　定义 int 类型的指针变量，输出二维数组元素。

```
#include <stdio.h>
int main(){
    int mat[3][6]={ {1,3,5,7,9,11},{2,4,6,8,10,12},{3,5,7,11,13,17}};
    int *p=&mat[0][0];  //或 int *p=mat[0];
    int i,j;
    for(i=0;i<3;i++){
        for(j=0;j<6;j++)
            printf("%d\t", *(p+i*6+j));
        printf("\n");
    }
    return 0;
}
```

指针 p 是指向 int 类型的指针。&mat[i][j]可以表示成 p+i*数组列数+j。也可以用下面的循环输出数组元素：

```
for(i=0;i<18;i++)
    printf("%d\t",*(p+i));   //或者 printf("%d\t",*p++);
```

2.2　结　构　体

2.2.1　结构体的定义

1. 结构体类型的定义

在很多实际应用中，需要将一些不同类型的数据组合成一个整体。例如，要记录儿童的姓名、出生年份、性别、身高和体重等数据时，就可以定义一个结构体类型。结构体是由不同类型的数据（称为结构体类型的成员）组成的集合体，属于用户自定义数据类型。其定义形式如下：

```
struct 结构体类型名{
    类型名成员名 1；
    [类型名成员名 2；…]
};
```

例如：

```
struct Child{       //儿童信息结构体
  int id;           //编号
  int year;         //出生年份
  char sex;         //性别
  float height;     //身高
  float weight;     //体重
};                  //最后的分号不可少
```

结构体类型中的成员类型还可以是结构体类型。例如：

```
struct Date{
      int year,month,day;
};
struct Person{
```

```
    int id;
    char name[20];
    char sex;
    Date birthday;  //birthday 是结构体 Date 类型
};
```

2. 结构体变量的定义

结构体类型仅仅定义了一种新的数据类型，就像 int、float 类型一样，要使用结构体则必须定义结构体类型变量。结构体变量的定义具有 3 种形式：

（1）先定义结构体类型，再定义结构体类型变量。其一般形式是：

struct 结构体类型名 结构体变量名 1 [,结构体变量名 2 [,结构体变量名 3…]]；

例如：

```
struct Child kid1,kid2;
```

注：在 C++中可以省略 struct 关键词。例如：

```
Child kid1,kid2;
```

（2）在定义结构体类型的同时定义结构体变量。例如：

```
struct Child{
    int id;
    int year;
    char sex;
    float height;
    float weight;
}kid1, kid2={1,2014, 'f', 0.8, 10};  //定义结构体变量的同时初始化变量
```

（3）定义无名结构体类型同时说明结构体变量，其一般形式为：

```
struct{
    成员列表;
}变量名列表;
```

这种方法与方法（2）的区别在于：省去了结构体类型名，而直接给出结构体变量。由于它不便于使用，一般很少用这种方法定义结构体变量。

一般来说，结构体类型变量在内存中所占的存储空间大于或等于变量各成员在内存中所占空间的总和。

除同类型的结构体变量可以进行赋值运算外，结构体变量不能直接进行其他运算，包括输入和输出。对结构体变量的使用，一般通过结构体变量的成员来实现。访问结构体变量成员的语法形式为：

```
结构体变量.成员名
```

此处的"."称为成员访问运算符。

例如：

```
Person boy;
```

对于 boy 中 id 成员的访问形式为：

```
boy.id
```

对于其中 birthday 的成员 year 的访问形式为：

```
boy.birthday.year
```

例 2.7 对结构体变量的访问。

```
#include <stdio.h>
struct Child{
    int id;
```

```
        int year;
        char sex;
        float height;
        float weight;
}kid1,kid2={1,2009, 'f',0.8,10};

int main(){
        printf("请输入小孩的编号,出生年,性别(f/m),身高,体重: ");
        scanf("%d,%d,%c,%f,%f",&kid1.id,&kid1.year,&kid1.sex,&kid1.height,&kid1.
weight);
        if(kid1.weight>kid2.weight)  {
            Child t;
            t=kid1; kid1=kid2; kid2=t;
        }
        printf("%d \t%d\t%c\t", kid1.id, kid1.year, kid1.sex);
        printf("%6.1f \t%6.1f\n", kid1.height, kid1.weight);
        printf("%d \t%d\t%c\t", kid2.id, kid2.year, kid2.sex);
        printf("%6.1f \t%6.1f\n", kid2.height, kid2.weight);
        return 0;
}
```

程序运行结果如下：

```
请输入小孩的编号,出生年,性别(f/m),身高,体重: 2,2016,m,0.9,10.5
1       2009      f          0.8      10.0
2       2016      m          0.9      10.5
```

2.2.2　结构体数组

若给定学生成绩如表 2.3 所示。每个学生的考试科目相同，现在要求计算三门课的平均成绩。

表 2.3　学生成绩登记表

学号	姓名	性别	语文	数学	英语	平均成绩
112101	胡秋印	F	90	98	99	
112102	王月红	F	78	95	78	
112103	陈祎良	M	64	89	94	
112104	姚婷	F	78	95	68	
112105	陈龙	M	98	89	78	
112106	吴静	F	76	79	98	
112107	顾新荣	M	88	98	76	
112109	刘康	M	78	90	78	

对表 2.3 的数据我们需要使用数组来处理，且数组元素的类型为结构体类型，这样的数组就是结构体数组。结构体数组的一般形式为：

```
struct 结构体名 结构体数组名[整型常量表达式];
```

例如：

```
struct Child kid[10];
```

定义一个结构体数组 kid，共有 10 个元素，kid[0]~kid[9]。每个元素都含有结构体 Child 类型的各个成员项。

结构体数组在说明时，可以对数组的部分或全部元素赋初值，即对数组元素的各个成员项初始化。初始化的方法与对二维数组初始化的方法相似，如：

```
struct Child kid[ ] = { {…}, {…},{…}};
```

例2.8 利用结构体数组计算表 2.3 中给定的每个学生三门课程的平均成绩，最后输出成绩单。程序如下：

```c
#include <stdio.h>
struct student {
    int num;
    char name[10];
    char gender;
    float score[3];
    float average;
};
int main(){
    int i;
    struct student stu[8]={{112101,"胡秋印",'F',90,98,99},
                           {112102,"王月红",'F',78,95,78},
                           {112103,"陈祎良",'M',64,89,94},
                           {112104,"姚婷", 'F',78,95,68},
                           {112105,"陈龙", 'M',98,89,78},
                           {112106,"吴静", 'F',76,79,98},
                           {112107,"顾新荣",'M',88,98,76},
                           {112109,"刘康", 'M',78,90,78}
    };
    for(i=0; i<8; i++) {
        stu[i].average=(stu[i].score[0] + stu[i].score[1] + stu[i].score[2]) /3;
        printf("%8d %10s %2c %5.1f %5.1f %5.1f %5.1f\n", stu[i].num, stu[i].name,
        stu[i].gender,stu[i].score[0],stu[i].score[1],stu[i].score[2],stu[i].
average);
    }
    return 0;
}
```

程序运行结果如下：

```
112101      胡秋印   F   90.0   98.0   99.0   95.7
112102      王月红   F   78.0   95.0   78.0   83.7
112103      陈祎良   M   64.0   89.0   94.0   82.3
112104       姚婷   F   78.0   95.0   68.0   80.3
112105       陈龙   M   98.0   89.0   78.0   88.3
112106       吴静   F   76.0   79.0   98.0   84.3
112107      顾新荣   M   88.0   98.0   76.0   87.3
112109       刘康   M   78.0   90.0   78.0   82.0
```

分析：程序开始定义了一个名为 student 的结构类型。在主函数中定义了结构体 student 类型的一个数组，共有 8 个数组元素，并对部分数组元素进行了初始化。利用 for 循环逐个计算每个学生三门课程的平均成绩，并输出每个学生的全部信息。

2.2.3 结构体指针

结构体指针即指向结构体变量的指针，它是一个指针变量，而且其目标变量是一个结构体变量，其内容是结构体变量的首地址。

1．结构体指针变量

定义结构体指针变量的一般形式为：

```
struct   结构体名 *结构体指针变量名；
```

例如：

```
struct   student  *p1, *p2 ；//定义 p1、p2 分别指向结构体类型的指针变量
```

说明指向结构体指针变量后，必须让结构体指针变量指向同类型的结构体变量或数组，才能通过指针引用所指对象的成员项。

```
struct student stu1;  //说明结构体变量 stu1
struct student  *p;  //说明指向结构体的指针 p
p = &stu1;  //p 指向结构体变量 stu1
```

通过结构体指针变量访问所指向变量的成员项有以下两种方式：

方式 1：(*结构体指针变量名).成员项名称

例如：(*p).average，即 stu1.average。

注意：( )是不能省略的，原因是 "." 运算符的优先级比 "*" 的高，如果没有括号( )，表达式的含义将变为*(p.age)，即求 p.age 作为地址所指向的内容，显然与语法不符。

方式 2：结构体指针变量->成员项名称

例如：p-> average，即 stu1.average。

其中 "->" 运算符表示取结构体指针变量所指向的结构体变量的成员项。

实际上，以下 3 条语句功能是等价的：

```
stu1.average=(stu1.score[0] + stu1.score[1] + stu1.score[2])/3;
(*p).average=(stu1.score[0] + stu1.score[1] + stu1.score[2])/3;
p->average=(stu1.score[0] + stu1.score[1] + stu1.score[2])/3;
```

例 2.9　指向结构体变量的指针变量的使用。

```c
#include <stdio.h>
int main(){
    struct test {
        int i,j;
        char m,n;
    };
    struct test a,b;
    struct test *pa,*pb;
    pa=&a;
    pb=&b;
    pa->i=pa->j=10;
    pa->m=pa->n='H';
    printf("%d, %d, %c, %c\n", pa->i, pa->j, pa->m, pa->n);
    b=a;  //将结构体变量 a 赋给另一个具有相同结构的结构体变量 b
    printf("%d, %d, %c, %c\n", pb->i, pb->j, pb->m, pb->n);
    printf("%d, %d, %c, %c\n", ++pa->i, pa->j--, --pa->m, pa->n++);
    printf("%d, %d, %c, %c\n", pb->i, pb->j, pb->m, pb->n);
    pb=pa;  //将指针 pb 也指向结构体变量
    printf("%d, %d, %c, %c\n", ++pa->i, pa->j--, --pa->m, pa->n++);
    printf("%d, %d, %c, %c\n", pb->i, pb->j, pb->m, pb->n);
    return 0;
}
```

程序运行结果如下：

```
10, 10, H, H
10, 10, H, H
11, 10, G, H
10, 10, H, H
12, 9, F, I
12, 8, F, J
```

说明：应注意 pa->i++和++pa->i 所表示的意思。其中，pa->i++是指先得到 pa 指向的结构体变量中成员 i 的值，用完该值后使成员 i 的值加 1；++pa->i 是指，先将 pa 指向的结构体变量中成员 i 的值加 1，然后使用成员 i 的现在值。

2. 指向结构体数组的指针

使用结构数组，可以通过数组下标来访问结构体数组中的各个元素，也可以通过指向结构体数组的指针来访问结构体数组中各元素，且使用起来更为方便。

例如：

```
struct student stu[4], *p;  // 定义结构体数组及指向结构体类型的指针
```

执行赋值语句：

```
p=stu;
```

此时指针 p 就指向了结构体数组 stu。p 是指向一维结构体数组的指针，对数组元素的引用可采用三种方法。

1）地址法

stu+i 和 p+i 均表示数组第 i 个元素的地址，数组元素各成员的引用形式为：(stu+i)->name、(stu+i)->number 和(p+i)->name、(p+i)->number 等。stu+i 和 p+i 与&stu[i]意义相同。

2）指针法

若 p 指向数组的某一个元素，则 p++就指向其后继元素。

3）指针的数组表示法

若 p=stu，我们说指针 p 指向数组 stu，p[i]表示数组的第 i 个元素，其效果与 stu[i]等同。对数组成员的引用描述为：p[i].name、p[i].number 等。

例 2.10 指向结构体数组的指针变量的使用。

```c
#include <stdio.h>
struct data{  //定义结构体类型
    int year,month,day;
};
struct stu{  //定义结构体类型
    char name[20];
    long num;
    struct data birthday;
};

int main(){
    int i;
    struct stu *p,student[4]={  {"zhou ping",1,1983,7,2},
                {"wang ling",2,1984,3,24},
                {"hu bo",3,1982,5,16},
                {"hua qiang",4,1982,7,21}};//定义结构体数组并初始化
    p=student; //将数组的首地址赋值给指针p, p指向了一维数组student
```

```
    printf("\n1----Output name,number,year,month,day\n");
    for(i=0;i<4;i++)   //采用指针法输出数组元素的各成员
        printf("%16s%7ld%8d/%d/%d\n",(p+i)->name,(p+i)->num,
         (p+i)->birthday.year,(p+i)->birthday.month,(p+i)->birthday.day);

    printf("\n2----Output name,number,year,month,day\n");
    for(i=0;i<4;i++,p++)   //采用指针法输出数组元素的各成员
        printf("%16s%7ld%8d/%d/%d\n",p->name,p->num,p->birthday.year,
         p->birthday.month,p->birthday.day);

    printf("\n3-----Out putname,number,year,month,day\n");
    for(i=0;i<4;i++)   //采用地址法输出数组元素的各成员
        printf("%16s%7ld%8d/%d/%d\n",(student+i)->name,(student+i)->num,
         (student+i)->birthday.year,(student+i)->birthday.month,(student+i)
->birthday.day);
    p=student;

    printf("\n4-----Outputname,number,year,month,day\n");
    for(i=0;i<4;i++)   //采用指针的数组描述法输出数组元素的各成员
        printf("%16s%7ld%8d/%d/%d\n",p[i].name,p[i].num,p[i].birthday.year,
         p[i].birthday.month,p[i].birthday.day);
    return 0;
}
```

程序运行结果如下：

```
1----Output name,number,year,month,day
      zhou ping        1    1983/7/2
      wang ling        2    1984/3/24
         hu bo         3    1982/5/16
      hua qiang        4    1982/7/21

2----Output name,number,year,month,day
      zhou ping        1    1983/7/2
      wang ling        2    1984/3/24
         hu bo         3    1982/5/16
      hua qiang        4    1982/7/21

3-----Out putname,number,year,month,day
      zhou ping        1    1983/7/2
      wang ling        2    1984/3/24
         hu bo         3    1982/5/16
      hua qiang        4    1982/7/21

4-----Outputname,number,year,month,day
      zhou ping        1    1983/7/2
      wang ling        2    1984/3/24
         hu bo         3    1982/5/16
      hua qiang        4    1982/7/21
```

2.3　共　用　体

在某些应用中，若多个不同类型的变量共享同一块存储空间时，可以定义一个共用体类型。共用体类型定义的语法格式为：

```
union 共用体类型名{
    类型名  成员名1;
```

```
    [类型名  成员名2; …; ]
};
```
例如：
```
union utype{
   char  u_char;
   short  u_short;
   int  u_int;
};
```
共用体类型变量的定义和结构体类型变量一样，也有 3 种形式，其中先定义类型，后定义变量的语法格式为：
```
union 共用体类型名共用体变量名 1 [, 共用体变量名 2 [, 共用体变量名 3…]];
```
例如：
```
union utype u1,u2;
```
在 C++中可以省略 union 关键词，例如：
```
utype  u1,u2;
```
对共用体变量中成员的访问语法形式为：
共用体变量名.成员名
例如：
```
u1.u_int=97;
printf("%c\n", u1.u_char);  //输出 u_char
```

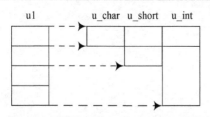

图 2.9　共用体变量 u1 存储结构示意图

共用体和结构体两者的主要区别是：结构体变量的各成员各自占有独立的存储空间，而共用体变量各成员共享一个存储空间。共用体类型变量所占用的存储空间是其最大类型成员占用的存储空间。如共用体 utype 中最大类型成员为 u_int，因此 u1 占用 4 个字节，其存储结构见图 2.9。

如果把一个适当的共用体变量建立在寄存器组上，就可方便地按字节、按字、按双字、按四字来访问寄存器组了。根据应用的特殊需求，共用体在进行计算机底层程序设计时非常有用。

例 2.11　有一兴趣小组，有 m 个老师和 n 个学生，用结构体类型数组存放师生数据。结构体由 3 个成员组成，其中：

（1）name，姓名，字符数组。

（2）flag，师生标识，字符，1 为老师，2 为学生。

（3）study，课程/班级，共用体类型，若是老师，此成员存放该老师任教的课程名（字符数组），若是学生，此成员存放该学生的班级（整型）。

要求在程序中输入相关数据，输出所有老师的信息。

```
#include <stdio.h>
#include <string.h>
union choice{
    char course[20];        //老师的课程信息
    int num;  //学生的班级信息
};
struct inter{
    char name[20];          //姓名
```

```
        char flag;              //描述信息
        union choice study;     //课程或班级信息
}array[100];

int main(){
        int i,t,s;
        printf("请输入老师人数:"); scanf("%d",&t);
        printf("请输入学生人数:"); scanf("%d",&s);
        for(i=1; i<=t+s;i++) {
                printf("请输入名字:");
                fflush(stdin); gets(array[i].name);
                printf("请输入描述信息(1-老师, 2-学生):");
                fflush(stdin); array[i].flag=getchar();
                if(array[i].flag=='1') {
                        printf("请输入老师所任课程名称: ");
                        fflush(stdin); gets(array[i].study.course);
                }
                if(array[i].flag =='2') {
                        printf("请输入学生所在班级信息: ");
                        scanf("%d",&array[i].study.num);
                }
        }
        for(i=1;i<=t+s;i++)
                if(array[i].flag=='1')
                        printf("%s,%s\n",array[i].name,array[i].study.course);
        return 0;
}
```

程序运行结果如下：

```
请输入老师人数:2
请输入学生人数:2
请输入名字:王强
请输入描述信息(1-老师, 2-学生):1
请输入老师所任课程名称: C
请输入名字:李浩然
请输入描述信息(1-老师, 2-学生):2
请输入学生所在班级信息: 151401
请输入名字:马双
请输入描述信息(1-老师, 2-学生):1
请输入老师所任课程名称: 数据结构
请输入名字:张无忌
请输入描述信息(1-老师, 2-学生):2
请输入学生所在班级信息: 151402
王强,C
马双,数据结构
```

2.4　C++运算符

2.4.1　动态申请与释放内存运算符

所谓动态存储分配是指程序在执行的过程中，根据实际需要随时申请内存空间，当不需要时释放。动态存储分配不像数组等静态内存分配方法那样需要预先分配存储空间，而是由系统根据程序的需要及时分配，且分配的大小就是程序要求的大小。

在 C 语言中一般使用标准函数 malloc()和 free()动态分配和释放内存，而在 C++语言中使用 new 和 delete 运算符来实现同样的功能。由于 C++ 中的 new 和 delete 运算符用起来比 C 语言提供的标准函数 malloc() 和 free() 更加方便,因此,本书采用 C++ 中的 new 和 delete 运算符动态申请与释放内存空间。

new 和 delete 运算符使用的格式如下:

```
指针变量名 = new 类型名[(初始化值)];
delete 指针变量名;
```

new 表达式的操作是:从存储堆中为变量分配内存,并用初始值初始化变量。new 运算返回分配存储区域的首地址。

例如:

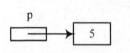

```
int *p=new int(5);
```

动态分配了用于存放一个 int 类型数据的内存空间,其初始值为 5,然后将首地址返回给 p。动态内存分配过程见图 2.10。

图 2.10　动态内存分配示意图

需要说明的是:

(1)由于动态创建的变量没有名字,以后对该变量的操作都是通过指针来间接访问的,因此在程序中必须保护好该指针。下面 4 步操作的结果会造成内存的泄漏,如图 2.11 所示。

```
int *p,a[10];
p=new int;
*p=5;    //给动态分配的整数赋值为 5
p=a;     //该操作引起内存泄漏
```

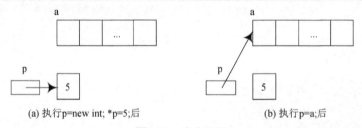

　　(a) 执行 p=new int; *p=5;后　　　　　　　(b) 执行 p=a;后

图 2.11　内存泄漏

指针 p 的值改变,动态分配的存储空间的地址丢失,则该空间无法回收,这种情况称为内存泄漏。程序执行结束后,这部分内存空间将从系统中丢失。泄漏的内存只有重新启动计算机才能收回。

(2)系统不会对动态申请的存储空间进行初始化的,除非显式地表示出来。

(3)如果动态内存分配不成功,new 操作符返回一个空指针(NULL),表示发生了异常或存储堆的资源不足,分配失败。因此 new 运算后,一般要对返回值进行判断,以保证程序的正确执行。

(4)动态分配的无名变量的生命期并不依赖于建立它的作用域,比如,在函数中建立的动态变量在函数运行结束后仍然存在,仍可使用。必须通过 delete 操作才会释放。因此稍不注意就会产生内存泄漏。

当不再需要使用所申请的存储空间时,则使用 delete 操作释放该空间。

```
delete p;
```

delete 操作释放了 p 所指目标的内存空间,也就是撤销了该目标。这个过程称为动态内存释放。注意这一过程中指针 p 本身并没有撤销,仍然存在。

重复释放同一空间也会使程序产生不可预料的错误。因此释放指针目标所占的存储空间后，应及时把该指针置为 NULL。

对一维数组进行动态分配和撤销的语法格式为：

```
指针变量名=new 类型名[下标表达式1];
delete[]指针变量名;
```

两式中的"[]"是非常重要的，两者必须配对使用，如果 delete 语句中少了方括号，则因编译器认为该指针是指向数组第 1 个元素的指针，就会产生回收不彻底的问题（只回收第 1 个元素所占空间），加了"[]"后就转化为指向数组整体的指针，回收整个数组所占全部内存空间。delete 表达式中的"[]"中不需要填数组元素个数，系统能自行判断。

注意，"下标表达式"可以不是常量表达式，即它的值不必在编译时确定，可以在运行时确定，参见下例。

例 2.12　动态数组的建立与撤销。

```c
#include <stdio.h>
int main(){
    int *p,n,i;
    printf("输入整数个数:");
    scanf("%d",&n);
    p=new int[n];
    if(p==NULL){
        printf("动态内存申请失败\n");
        return -1;
    }
    printf("输入%d 个整数: ",n);
    for(i=0;i<n;i++)
        scanf("%d", p+i);
    for(i=0;i<n;i++)
        printf("%d\t", p[i]);
    delete[] p;
    return 0;
}
```

2.4.2　引用

在 C 语言中，函数调用时的参数传递有值传递和地址传递两种方式，在 C++中，除提供上述两种参数传递方式外，还提供了引用，我们可以认为引用是地址传递方式的另一种形式的定义，它简化了语法，使得程序易读、易表达。

引用是某一变量（目标）的一个别名，对引用的操作与对变量直接操作完全一样。引用的声明方法：

```
类型标识符&引用名=目标变量名;
```

说明：

（1）&在此不是求地址运算，而是起标识作用。

（2）类型标识符是指目标变量的类型。

（3）声明引用时，必须同时对其进行初始化。

（4）引用声明完毕后，相当于目标变量名有两个名称，即该目标原名称和引用名，且不能再把该引用名作为其他变量名的别名。

```
int a, &ra=a;
```

a 为目标原名称，ra 为目标引用名。给 ra 赋值：ra=1;，等价于 a=1;。

（5）对引用求地址，就是对目标变量求地址。&ra 与&a 相等。即我们常说引用名是目标变量名的一个别名。别名一词好像是说引用不占据任何内存空间，但是编译器一般将其设置为 const 指针，即指向位置不可变的指针。即引用实际上与一般指针同样占用内存。

（6）不能建立引用的数组。因为数组是一个由若干个元素所组成的集合，所以无法建立一个由引用组成的集合。但是可以建立数组的引用。

在函数定义中，形参被说明为引用参数后，当发生函数调用时，C++编译器就自动地使实参与形参共用同一个地址。

例如，函数 f()的形参是一个引用类型，类型说明为 int &。

```
void f(int &v){
        v+=100;
}
```

对函数 f()调用如下：

```
int val = 10;
f(val);
printf("val = %d\n",val);
```

在上述函数调用语句执行时，函数 f()的形参 v 就是对其相应的实参 val 的引用，即形参 v 是其对应实参 val 的别名，它们共用同一个地址。因此，函数 f()对形参 v 的操作就是对实参 val 的操作。上述程序段执行后，输出 val 的值为 110。

例 2.13　在函数的形参中使用引用。

```
#include <stdio.h>
void swap(int &a, int &b){ //形参为引用类型的函数声明形式
    int t;
    t = a; a = b; b = t;
}

int main(){
    int a=3, b=5;
    printf("交换前:\ta= %d,b= %d\n",a,b);
    swap(a, b);   //交换
    printf("交换后:\ta= %d,b= %d\n",a,b);
    return 0;
}
```

可以看出，使用引用后，程序变得简单多了。

2.5　C 程序分析

要想提高设计程序能力，必须先读懂程序并学会分析程序。对程序进行分析的过程也是学习程序设计的过程。程序分析的基本方法是通过记录程序在运行时的行为，并对其行为进行分析，然后得出程序实现的功能。下面通过一个实例，说明分析程序的过程。

例 2.14　分析下面的程序，说明其功能。

```
#include <stdio.h>
int sum, multiple=10;
int compute(int x[],int n){
    int i, sum=0;
    for (i=0; i<n; i++)  //B行
```

```
            sum +=x[i]++;
        sum *= multiple ++;
        return sum;  //C行
}

int main(){
    int r, a[5]={0,1,2,3,4};
    sum = compute(a, 5);  //A行
    printf("\nSum=%d\n",sum);  //输出 sum 的值
    for (r=0; r<5; r++)
            printf("%d ",a[r]);  //输出数组 a 各元素的值
    printf("\nMultiple = %d\n", multiple);  //输出倍数 multiple 的值
    return 0;
}
```

分析：程序从 main()函数开始执行，在执行 A 行之前，程序可以看到的变量有局部变量 r 和 a，全局变量 sum 和 multiple。此时，局部变量 r 未赋初值，其值为随机数，用 "--" 表示。局部变量 a 是一个数组变量，它存储的是数组元素 a[0]的地址，它的各元素已赋值，分别为 0，1，2，3，4。全局变量 sum 未赋初值，其值为 0，全局变量 multiple 的初值为 10。如图 2.12（a）所示为执行 A 行前各变量的状况，从该图可以看出 a 存储单元的值是它的首元素的地址，它含有多少个元素的信息不得而知。由此可见，C 语言不检查数组是否越界，需要程序员小心使用数组变量，避免越界。

主函数调用 compute 函数，在执行 B 行之前，程序可以看到的变量有局部变量 i、sum、x 和 n，全局变量 multiple。此时，局部变量 i 未赋初值，其值为随机数。局部变量 sum 的初值为 0，因其名与全局变量 sum 同名，此时，程序看不到全局变量 sum。形参 n 的值为实参值 5。形参 x 的值为实参 a 的值，实参 a 是数组，其值为数组元素 a[0]存储的地址，因此 x 的值也就是数组元素 a[0]存储的地址。在函数 compute 中通过 x 访问 main 函数中的局部变量 a。图 2.12（b）所示为执行 B 行前各变量的状况。

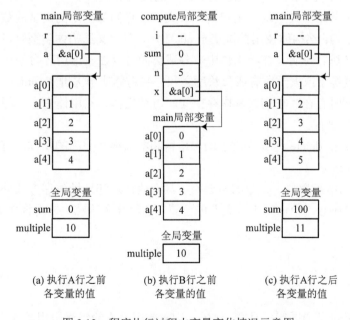

图 2.12　程序执行过程中变量变化情况示意图

　　程序执行到 C 行时，完成了以下操作：①将数组 x 的 n 个元素的值相加存储在局部变量 sum 中，且使数组 x 中的每个元素值加 1。②将累加和 sum 扩大 multiple 倍。③全局变量 multiple 加 1。执行 C 行将 sum 值返回给调用函数。

　　主函数调用 compute 函数返回后，将返回值赋值给全局变量 sum，此时，程序看到的变量状况如图 2.12（c）所示。

　　最后输出数组 a 各元素的值以及数组 a 原各元素值的累加和扩大 multiple 倍的值。

　　通过上述分析可知，本程序的功能是将数组 a 中各元素值累加后扩大 multiple 倍，并使数组各元素值增加 1，同时扩大倍数 multiple 的值也增加 1。程序运行结果如下：

```
Sum=100
1  2  3   4  5
Multiple = 11
```

小　结

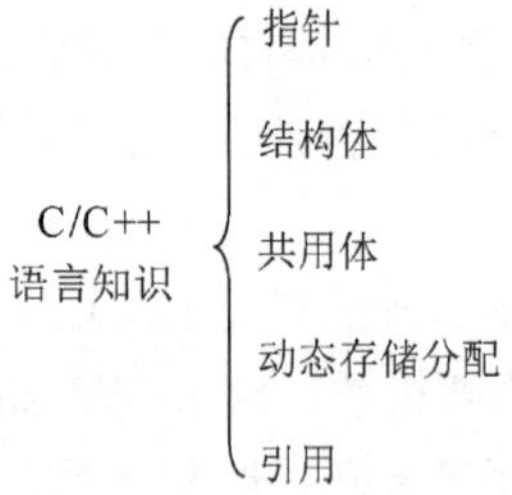

　　本章介绍了 C/C++语言中与数据结构描述相关的一些重要内容。本章知识结构见图 2.13。

　　数据的地址称为指针。它是 C 语言中重要的数据类型，它提供了一种较为直接的地址操作手段。指针变量是存放地址的变量，地址值绝不是普通整数。变量的地址是由编译程序产生的，不能将任意的整数赋予指针变量，也不能像对普通整数那样对指针变量进行任意的运算。正确使用指针，可以方便、灵活而有效地组织和表示复杂的数据结构。通过相关指针，可以访问数组、函数，可以作为函数参数、函数返回值等。

```
          ┌ 指针
          │ 结构体
C/C++     │ 共用体
语言知识   │ 动态存储分配
          └ 引用
```

图 2.13　第 2 章 C/C++语言知识的知识结构

　　结构体类型和共用体类型均为用户自定义类型。它们是把不同类型的数据放在一起作为整体考虑的数据结构。结构体使用关键字 struct 表示，在定义结构体类型时可以同时说明结构变量，也可以分开进行说明。在结构体中，各成员同时存在，占用各自的内存空间。一个结构体变量的总长度等于或大于所有成员长度之和。共用体使用关键字 union 表示，在共用体中，各成员不能同时存在，它们共享内存空间。对结构体、共用体变量中的各成员的访问通过成员运算符"."进行。

　　C++中的 new 和 delete 运算提供了动态申请和释放内存空间的操作。有了这些操作，可实现内存的动态管理。

　　在 C++中，调用函数时，参数的传递除了具有值传递和地址传递方式外，还支持引用的参数传递方式，它在 C++中占有十分重要的位置，它简化了语法，使得程序更加简洁、高效。

习　题

1. 选择题

（1）若有以下定义和语句，且 $0 \leqslant i < 10$，则对数组元素的错误引用是（　　　）。

```
int a[10]={1,2,3,4,5,6,7,8,9,10},*p,i;
p=a;
```

  A. *(a+i)   B. a[p-a]   C. p+i   D. *(&a[i])

（2）数组 a 的两个元素中各自存放了字符'a'、'A'的地址。

```
char *s="\t\\Name\\Address\n";
```

  指针 s 所指字符串的长度为（　　　）。

  A. 说明不合法 B. 19   C. 18   D. 15

（3）分析下面函数，以下说法正确的是（　　　）。

```
swap(int *p1,int *p2){
    int *p;
    *p=*p1; *p1=*p2; *p2=*p;
}
```

  A. 交换*p1 和*p2 的值   B. 正确，但无法改变*p1 和*p2 的值

  C. 交换*p1 和*p2 的地址   D. 可能造成系统故障，因为使用了空指针

（4）有如下程序段：

```
int *p, a=10, b=1;
p=&a; a=*p+b;
```

  执行该程序段后，a 的值为（　　　）。

  A. 12   B. 11   C. 10   D. 编译出错

（5）若已定义如下的共用体类型变量 x，则 x 所占用的内存字节数为（　　　）。

```
union data{
    int i;
    char ch;
    double f;
}x;
```

  A. 2   B. 4   C. 7   D. 8

（6）以下（　　　）是对 C 语言中共用体类型数据的正确叙述。

  A. 一旦定义了一个共用体变量后，即可引用该变量或该变量中的任意成员

  B. 一个共用体变量中可以同时存放其所有成员

  C. 一个共用体变量中不能同时存放其所有成员

  D. 共用体类型数据可以出现在结构类型定义中，但结构类型数据不能出现在共用体类型定义中

（7）程序中有下面的说明和定义：

```
struct abc { int x; char y; }
struct abc s1, s2;
```

则会发生的情况是（　　　）。

  A. 编译出错

  B. 程序将顺利编译、连接、执行

  C. 能顺利通过编译、连接，但不能执行

  D. 能顺利通过编译，但连接出错

（8）有如下定义：

```
struct person { char name[9]; int age; };
struct person class[10]={ "John", 17, "Paul", 19, "Mary", 18, "Adam", 16};
```

根据上述定义，能输出字母 M 的语句是（　　　）。

    A．printf(" %c\n", class[3].name);

    B．printf(" %c\n", class[3].name[1]);

    C．printf(" %c\n", class[2].name[1]);

    D．printf(" %c\n", class[2].name[0]);

（9）下面程序的输出是（　　　）。

```
main(){
    struct cmplx { int x; int y; } cnum[2]={1, 3, 2, 7};
    printf("%d\n", cnum[0].y/cnum[0].x*cnum[1].x);
}
```

    A．0　　　　　　　　　　B．1　　　　　　　　　　C．3　　　　　　　　　　D．6

2．填空题

（1）若有以下定义的结构体变量 stud，则它在内存中将占_____个字节。

```
struck student{
    int num;
    char name[20],gender;
    int age;
}stud;
```

（2）设已定义：

```
union{
    char c[2];
    int x;
}s;
```

若执行"s.x＝0x4241;"语句后，s.c[0]的十进制值为_____，s.c[l]的十进制值为_____。

（3）下面程序的运行结果为_____。

```
int main(){
    union{
        long i;
        int k;
        unsigned char s;
    }abc;
    abc.i=0x12345678;
    printf("%x\n", abc.k);
    printf("%x\n", abc.s);
    return 0;
}
```

（4）下面程序的运行结果为_____。

```
int main(){
    union mum{
        struct {int x;int y;}in;
        int a, b;
    }n;
    n.a=1;n.b=2;
    n.in.x=n.a*n.b;
    n.in.y=n.a+n.b;
    printf("%d, %d\n",n.in.x,n.in.y);
    return 0;
}
```

3. 编程题

（1）写一函数，将一个 3×3 的矩阵转置。

（2）定义一个函数结构如下：

```
struct complex { int real; int im;};
```

利用结构变量，求解两个复数之积。

（3）定义一个有关时间的结构（包括时、分、秒），编程实现从键盘输入数据，然后显示输出。

（4）有 10 个学生，每个学生的数据包括：学号、姓名、三门课的成绩，显示输出。

（5）定义一个有关日期（包括年、月、日）和时间（包括时、分、秒）的共用体，编程实现从键盘输入数据 1，然后输入日期，并输出日期；从键盘输入数据 2，然后输入时间，并输出时间。

上机实验题

1. 编写函数 newcopy(char *new, char *old)，它的功能是删除 old 所指向的字符串中的小写字母，并将所得到的新串存入 new 中。要求：

（1）在主函数中以初始化方式输入一个字符串；

（2）调用 newcopy( )函数；

（3）在主函数中输出处理后的结果。

2. 使用结构体设计一个学生综合考评排序程序。每名学生信息包含姓名、学号、年级和综合考评成绩 4 项数据，要求通过键盘输入上述各项数据，按成绩的高低排序输出。

第3章 线 性 表

内容提要

如果数据元素按照一个接着一个的规律排列在一起，则数据元素间的这种排列关系称为线性关系。线性表是最基本、最常用的数据结构。在本章中我们将学习线性表的概念、线性表的顺序存储方式与链式存储方式、在不同存储方式下线性表的运算实现，并用线性表解决读书兴趣小组活动管理问题。

学习目标

能力目标：能够针对具体应用问题的要求和性质，选择合适的存储结构，设计出相应的有效算法，解决与线性表相关的实际问题，如读书兴趣小组活动管理问题。

知识目标：了解线性表的逻辑结构特征，即数据元素之间的线性关系，熟练掌握线性表的两类存储结构及其基本运算实现。

3.1 引 例

引例 3.1：读书兴趣小组活动管理

校学生会成立一个读书兴趣小组，它有 N 位组员。读书兴趣小组实时公布组员参加读书活动次数排行榜，并以参加读书活动次数的降序方式存储这 N 位组员的信息，如表 3.1 所示。

在表 3.1 中，每个组员的信息可以看作一条记录，也称为数据元素。每条记录是一个结点，每个结点均由名次、学号、姓名、专业和活动次数 5 个数据项组成。对于整个表来说，除第一条记录和最后一个记录外，其他记录都有一个直接前驱和一个直接后继，即数据元素按照一个接一个的规律排列在一起，我们把具有这种特点的数据结构称为线性表。

表 3.1 读书兴趣小组活动次数表

名次	学号	姓名	专业	活动次数
1	141101007	张丽萍	计算机	54
2	130202002	李淑芳	会计	42
3	140202009	汪肇源	会计	40
4	150804020	张子怡	应用数学	39
5	120404001	吴承志	电子工程	35
6	131101032	刘壮楠	计算机	24
7	140802003	刘丽	生物工程	15
…	…	…	…	…

现设计一个算法，实现如下的功能：

（1）按活动次数的降序显示组员信息；

（2）按给定的学号查询指定组员的信息；

（3）如果有一位组员来参加读书活动，则其活动次数加 1，如其活动次数超过前一位组员的活动次数，则调整其位置，以保持按降序存储这 N 位组员的信息；

（4）如果有一位组员退出兴趣小组，则删除该组员的信息；

（5）如有新组员加入，则将该组员加到表中，活动次数为 1。

由于该问题用到线性表的知识，因此，我们在解决这个问题前先学习线性表的相关知识，然后给出问题的解决方案。

3.2　线性表的概念及运算

3.2.1　线性表的定义

线性表（Linear List）是由 n（$n \geq 0$）个相同类型的数据元素 $a_1, a_2, \cdots, a_n$ 组成的有限序列，记作：

$$L = (a_1, a_2, \cdots, a_n)$$

其中，L 为线性表的名称，a_i 为组成该线性表的数据元素（$i = 1, 2, \cdots, n$），n 为线性表的长度。

当 $n = 0$ 时，线性表称为空表，即该线性表不包含任何数据元素。当 $n > 0$ 时，线性表中的每一个数据元素都有一个确定的位置，即线性表中数据元素在位置上是有序的。

数据元素的类型可以用高级语言提供的简单类型，如整型、实型、字符型，或用户定义的任何类型，如结构类型、共用体类型等表示。

从线性表的定义可以看出，非空线性表（$n \geq 1$）有以下特点：

（1）有且仅有一个开始数据元素 a_1，它没有前驱，仅有一个后继 a_2；

（2）有且仅有一个最后数据元素 a_n，它没有后继，仅有一个前驱 a_{n-1}；

（3）其余的数据元素 a_i（$1 < i < n$）有且仅有一个前驱 a_{i-1} 和一个后继 a_{i+1}。

对于仅有一个数据元素的线性表（$n = 1$），数据元素 a_1 既是开始数据元素又是最后数据元素，它没有前驱也没有后继。

例如，某班级星期一的课表(大学英语，数据结构，程序设计，统计原理)是一个线性表，表中的数据元素是课程名，该线性表长度为 4。又如，大写英文字母(A,B,C,...,Z)是一个线性表，表中的数据元素是大写英文字母，数据元素按照字母顺序排列，该线性表长度为 26。

3.2.2　线性表的抽象数据类型定义

线性表的抽象数据类型的定义如下：

```
ADT List{
    数据对象: D={ aᵢ| aᵢ∈Elementset, i=1,2,…,n,n≥0}  //任意数据元素的集合
    数据关系: R={<aᵢ, aᵢ₊₁>| aᵢ,aᵢ₊₁∈D, i=1,2,…,n-1} //除第一个和最后一个外，每个
                                                      //元素都有唯一的前驱和唯一的后继
    基本运算:
        InitList(&L)
            初始条件: 线性表 L 不存在。
            运算结果: 构造一个空的线性表 L。
        DestroyList(&L)
            初始条件: 线性表 L 已存在。
            运算结果: 销毁线性表 L。
        ClearList(&L)
```

　　　　　　　初始条件：线性表 L 已存在。

　　　　　　　运算结果：将 L 重置为空表。

　　　　　ListEmpty(L)

　　　　　　　初始条件：线性表 L 已存在。

　　　　　　　运算结果：若 L 为空表，则返回 true，否则返回 false。

　　　　　ListLength(L)

　　　　　　　初始条件：线性表 L 已存在。

　　　　　　　运算结果：返回 L 中数据元素个数。

　　　　　GetElem(L, i, &e)

　　　　　　　初始条件：线性表 L 已存在，1≤i≤ListLength(L)。

　　　　　　　运算结果：用 e 返回 L 中第 i 个数据元素的值。

　　　　　LocateElem(L, e)

　　　　　　　初始条件：线性表 L 已存在。

　　　　　　　运算结果：返回 L 中第 1 个与 e 相等的数据元素的位序。若这样的数据元素不存在，否
　　　　　　　　　　　　则返回 0 表示。

　　　　　PriorElem(L, cur_e, &pre_e)

　　　　　　　初始条件：线性表 L 已存在。

　　　　　　　运算结果：若 cur_e 是 L 的数据元素，且不是第 1 个，则用 pre_e 返回它的前驱，否
　　　　　　　　　　　　则操作失败，pre_e 无定义。

　　　　　NextElem(L,cur_e, &next_e)

　　　　　　　初始条件：线性表 L 已存在。

　　　　　　　运算结果：若 cur_e 是 L 的数据元素，且不是最后一个，则用 next_e 返回它的后继，
　　　　　　　　　　　　否则操作失败，next_e 无定义。

　　　　　ListInsert(&L,i,e)

　　　　　　　初始条件：线性表 L 已存在，1≤i≤ListLength(L)+1。

　　　　　　　运算结果：在 L 中第 i 个位置插入新的数据元素 e，L 的长度加 1。

　　　　　ListDelete(&L,i,&e)

　　　　　　　初始条件：线性表 L 已存在且非空，1≤i≤ListLength(L)。

　　　　　　　运算结果：删除 L 的第 i 个数据元素，并用 e 返回其值，L 的长度减 1。

　　　}ADT List

　　需要注意的是，在抽象数据类型中定义的运算都是一些基本的运算，但在实际问题中可能有很多复杂的运算没有在抽象数据类型中定义，例如将两个或两个以上的线性表合并成一个线性表，或将一个线性表分拆成两个或两个以上的线性表，或对线性表按某个数据项排序等运算，我们可以利用这些基本运算的组合来实现这些复杂的运算。

　　在线性表的抽象数据类型定义中给出的各种运算是定义在线性表的逻辑结构上的，用户只需了解各种运算的功能，而无需知道它们的具体实现。运算的具体实现与线性表采用哪种存储结构有关。下面我们先介绍采用顺序存储结构的线性表。

3.3　线性表的顺序表示和实现

3.3.1　线性表的顺序存储表示

　　计算机的内存是由有限多个存储单元组成的，每个存储单元都有唯一的地址，各存储单元的地址是连续编址的。线性表中各元素依次存储在连续的一块存储空间中，用这种存储形式存储的线性表称为顺序表（Sequential List）。即逻辑结构上相邻的数据元素，其在物理位置上也是

相邻的。如图 3.1 所示，设数据元素 a_1 的存储地址为 $\text{Loc}(a_1)$，通常将它作为顺序表的起始地址，又叫做基地址。每个数据元素占 c 个存储单元，则第 i 个数据元素的存储地址为：

$$\text{Loc}(a_i)=\text{Loc}(a_1)+(i-1)\times c \qquad (1\leqslant i\leqslant n)$$

由此可见，数据元素 a_i 的存储地址是其在线性表中的位序 i 的线性函数，由首元素地址和每个数据元素所占存储单元的个数就可求出第 i 个数据元素的存储地址。

由上述可知，顺序存储结构的特点如下：

（1）在顺序表中，逻辑上相邻的两个数据元素，在物理上也是相邻的。

（2）在访问线性表时，可以利用公式快

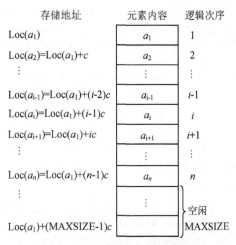

图 3.1 线性表的顺序存储结构

速地计算出任何一个数据元素的存储地址。因此，访问每个数据元素所花费的时间相等。具有这种特性的存储结构被称为随机存储结构，顺序表便是一种随机存储结构。

在程序设计语言中，一维数组在内存中占用的存储空间是一组连续的存储区域，因此，常常用一维数组来表示顺序表。由于对线性表可进行插入、删除等操作，所以，线性表的长度是可变的，因此在定义数组大小时要考虑到线性表的长度，数组的容量需满足最大长度的线性表。

在 C 语言中，实现线性表的顺序存储结构的类型可定义如下：

```
#define MAXSIZE100          //假定顺序表的最大容量可存储 100 个数据元素
typedef int ElemType;       //数据元素的类型设为整型
typedef struct {
    ElemType data[MAXSIZE];//存放顺序表的数组
    int length;             //存储顺序表数据元素的个数，即顺序表的长度
} SeqList;
```

从以上说明可知，顺序表是一个记录类型结构。它包括了两个域：数据域 data，表示线性表中数据元素所占用的存储空间；长度域 length，表示当前线性表的长度。ElemType 为线性表中数据元素的类型，它既可以是原子类型，如字符型、整型、实型，也可以是用户自定义类型。

我们已经在线性表的逻辑结构上定义了几种基本运算。下面讨论线性表在顺序存储结构下的主要运算。

3.3.2　顺序表基本运算的实现

1. 初始化顺序表

顺序表的初始化是指建立一个空的顺序表，即分配存储空间，但不包含任何数据元素。顺序表初始化的 C 语言描述如下：

```
/******************************************************/
/* 函数功能：创建一个顺序表并初始化                    */
/* 函数参数：L 指向顺序表                              */
/* 函数返回值：int 类型，OK 表示成功                   */
/*            ERROR 表示失败                          */
```

```
/********************************************************/
int InitList_Sq (SeqList *&L){
    L = new SeqList;  //为顺序表分配空间
    if(!L)                //存储分配失败
        return ERROR;   //初始化失败
    L->length=0;        //置空表长度为0
    return OK;          //初始化成功
}
```

　　动态分配线性表的存储区域可以更有效地利用系统的资源，当不需要该线性表时，可以使用销毁操作及时释放占用的存储空间。

　　2. 销毁顺序表

　　当完成任务不再使用顺序表时，即可销毁顺序表，释放它占用的存储空间。算法描述如下：

```
/********************************************************/
/* 函数功能：销毁顺序表                                 */
/* 函数参数：L指向顺序表                                */
/* 函数返回值：空                                       */
/********************************************************/
void DestroyList_Sq(SeqList *&L){
    delete L;
    L=NULL;
}
```

　　3. 清空顺序表

　　将顺序表L重置为空表。

```
/********************************************************/
/* 函数功能：将顺序表长度设置为0                        */
/* 函数参数：L指向顺序表                                */
/* 函数返回值：空                                       */
/********************************************************/
void ClearList_Sq (SeqList *&L){
    L->length=0;  //将线性表的长度置为0
}
```

　　4. 求顺序表的长度

　　返回顺序表L中数据元素个数。

```
/********************************************************/
/* 函数功能：求顺序表的长度                             */
/* 函数参数：L指向顺序表                                */
/* 函数返回值：int 类型，顺序表的长度                   */
/********************************************************/
int ListLength_Sq (SeqList *L){
    return (L->length);
}
```

　　5. 判断顺序表是否为空

　　若顺序表L为空表，则返回 true，否则返回 false。

```
/********************************************************/
/* 函数功能：判断顺序表是否为空                         */
/* 函数参数：L指向顺序表                                */
/* 函数返回值：bool 类型，true 表示顺序表为空           */
/*            false 表示顺序表不为空                    */
```

```
/*********************************************************/
bool ListEmpty_Sq (SeqList *L){
    if (L->length==0)
        return true;
    else
        return false;
}
```

6. 在顺序表中查找数据元素

在顺序表查找数据元素分两种情况：按值查找和按序号查找。

1）按值查找

对于给定的数据元素的值 e，判定顺序表中是否有值与 e 相同的数据元素，若有，则返回其在线性表中的位序，若无，则返回表示查找失败的标志。如果在顺序表中存在多个值为 e 的数据元素，则返回首次找到的数据元素的位序。

在顺序表中完成该运算最简单的方法是：从第一个元素 a_0 起依次与 e 比较，当找到第一个与 e 相等的元素时，立即返回该元素在顺序表中的位序；若查遍整个顺序表都没有发现与 e 相等的元素，则返回 ERROR，表示查找失败。算法描述如下：

```
/*********************************************************/
/* 函数功能：在顺序表中查找数据元素                        */
/* 函数参数：L指向顺序表，e 表示要查找的元素                */
/* 函数返回值：int 类型，ERROR 表示查找失败                 */
/*          其他，表示所查元素在顺序表中的位序              */
/*********************************************************/
int LocateElem_Sq (SeqList *L, ElemType e){
    for (int i=1; i< L->length+1; i++)
        if (L->data[i-1]==e)
            return i;       //返回位序
    return ERROR;           //常量 ERROR 的值为 0
}
```

在顺序表中按值查找数据元素的算法的时间复杂度分析：按值查找运算的主要操作是比较，比较的次数与 e 在表中的位置以及表长有关。当 a_1=e 时，比较一次；若查找的数据元素在最后一个位置，则比较了 n 次。设要查找的元素是 a_i 的概率为 p_i，则查找成功的平均比较次数为：

$$E_{se} = \sum_{i=1}^{n} i \times p_i$$

假设查找每个元素的概率是相等的，都是 $1/n$，则上式为：

$$E_{se} = \frac{1}{n} \sum_{i=1}^{n} i = \frac{n+1}{2}$$

当查找失败时，比较次数为 n 次，所以，查找运算的平均时间复杂度是 O(n)。

2）按序号查找

如果在顺序表中访问第 i 个数据元素的值，可直接通过数组下标定位得到。算法描述如下：

```
/*********************************************************/
/* 函数功能：在顺序表中查找指定位序的元素                  */
/* 函数参数：L指向顺序表，i 是所查元素的位序                */
/*          e 当查找成功时存放找到的元素的值               */
/* 函数返回值：int 类型，ERROR 表示查找失败                 */
```

```
/*          OK 表示查找成功                              */
/**************************************************/
int GetElem_Sq (SeqList *L, int i, ElemType &e){
     if ( i<1 || i>L->length)
            return ERROR;      //判断 i 值是否合理，若不合理，返回 ERRROR
     e = L->data[i-1];
     return OK;
}
```

该算法时间复杂度为 O(1)。

7. 在顺序表中插入数据元素

顺序表的插入是指在具有 n 个元素的线性表的第 i（$1 \leqslant i \leqslant n+1$）个位置上插入一个值为 e 的新元素，插入后顺序表的长度为 $n+1$。

图 3.2 是顺序表插入数据元素示意图。

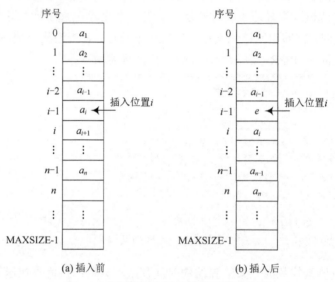

(a) 插入前　　　　　　　　　　　　　　(b) 插入后

图 3.2　在顺序表中插入数据元素示意图

在顺序表上完成插入元素的操作步骤如下：

（1）从第 n 个元素开始，一直到第 i 个元素，依次向后移动一个位置，空出第 i 个元素的位置；

（2）将 e 存入第 i 个位置；

（3）顺序表长度加 1。

算法描述如下：

```
/**************************************************/
/* 函数功能：在顺序表中指定位置插入元素              */
/* 函数参数：L 指向顺序表，i 是插入元素的位序          */
/*           e 是要插入的元素值                     */
/* 函数返回值：int 类型，ERROR 表示插入失败           */
/*           OK 表示插入成功                        */
/**************************************************/
int ListInsert_Sq (SeqList *&L,int i,ElemType e){
     if (L->length == MAXSIZE)
            return ERROR;  //检查是否有剩余空间
```

```
if ( i<1|| i>L->length+1)
       return ERROR;  //检查 i 值是否合理
for (int j=L->length-1; j>=i; j--)  //将顺序表第 i 个元素之后的所有元素向后移动
    L->data[j+1]=L->data[j];
L->data[i-1]=e;  //将新元素的内容放入顺序表的第 i 个位置
L->length++;       //表长增 1
return OK;
}
```

在设计算法时注意以下问题：

（1）检查顺序表是否已存满数据元素，若满则产生溢出错误。

（2）检查插入位置的有效性，这里 i 的有效范围是：$0 \leqslant i \leqslant n$，其中 n 为顺序表的长度。

（3）注意数据的移动方向，从最后一个元素开始依次向后移动一个位置，直到第 i 个元素为止。

插入算法的时间复杂度分析：在顺序表上插入数据元素的运算，其时间主要消耗在数据的移动上。在第 i 个位置上插入 e，从 a_i 到 a_n 都要向后移动一个位置，共需要移动 $n-i+1$ 个元素。i 的取值范围为 $1 \leqslant i \leqslant n+1$，即有 $n+1$ 个位置可以插入。假设在每个位置插入新元素的概率相等时，则在插入操作中数据元素的平均移动次数为：

$$E_{ins} = \frac{1}{n+1}\sum_{i=1}^{n+1}(n-i+1) = \frac{n}{2}$$

上式表明，在顺序表中插入一个新元素，平均要移动表中一半的数据元素，所以插入数据元素算法的平均时间复杂度为 O(n)。

8. 删除顺序表中的元素

删除线性表中第 i 个元素或者删除元素值为 e 的元素，这些操作都属于删除运算，本节以删除第 i 个元素为例介绍删除操作的运算。

从线性表中删除第 i 个元素后，原线性表长度为 n 的线性表变为长度为 $n-1$。图 3.3 是在顺序表中删除数据元素的示意图。

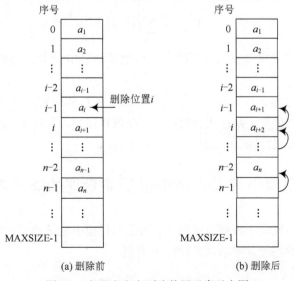

图 3.3　在顺序表中删除数据元素示意图

在顺序表上完成删除运算的主要步骤如下：

（1）从第 i+1 个元素开始，一直到最后一个元素，依次向前移动一个位置，

（2）顺序表长度减 1。

算法描述如下：

```
/***************************************************/
/* 函数功能：删除顺序表中第 i 个位置的元素              */
/* 函数参数：L 指向顺序表，i 要删除元素的位序           */
/*           e 存储将要删除元素的值                   */
/* 函数返回值：int 类型，ERROR 表示删除失败            */
/*            OK 表示删除成功                        */
/***************************************************/
int ListDelete_Sq (SeqList *&L, int i, ElemType &e){
    if (ListEmpty_Sq(L))  //检测顺序表是否为空
        return ERROR;
    if (i<1||i>L->length) //检查 i 值是否合理
        return ERROR;
    e = L->data[i-1]; //将欲删除的数据元素内容保留在变量 e 中
    for (int j=i; j<L->length;j++)//将线性表第 i+1 个元素之后的所有元素向前移动
        L->data[j-1]=L->data[j];
    L->length--; //顺序表长度减 1
    return OK;  //删除成功
}
```

实现删除运算算法应注意以下问题：

（1）当表空时，即 L->length 的值为 0 时，不能做删除，删除失败。

（2）i 的取值范围为 $1 \leqslant i \leqslant n$，否则表明第 i 个元素不存在，删除失败。

（3）删除 a_i 之后，顺序表长度减 1。

删除算法的时间复杂度分析：与插入运算相同，其时间主要消耗在数据的移动上，删除第 i 个元素时，其后面的元素 $a_{i+1} \sim a_n$ 都要向前移动一个位置，共移动了 $n-i$ 个元素。设删除任一元素的概率相等，则在删除操作中数据元素的平均移动次数为：

$$E_{del} = \frac{1}{n} \sum_{i=1}^{n} (n-i) = \frac{n-1}{2}$$

上式表明，在顺序表中做删除运算时大约需要移动表中一半的元素，故该算法的平均时间复杂度为 O(n)。

若删除值为 e 的数据元素，首先需要找到元素 e 所在的位置，然后将该位置后面的所有元素依次向前移动一个位置，顺序表长度减 1。在该算法中，若在第 i 次比较中找到元素 e，则数据移动次数为 $n-i$，算法的平均时间复杂度为 O(n)。

3.4　引例中读书兴趣小组活动管理的顺序表解决

我们按以下步骤，用顺序表解决引例 3.1 的读书兴趣小组活动管理问题。

（1）定义常量、数据元素类型以及顺序表类型。

```
/* 定义常量 */
#define ERROR -1
#define OK 0
```

```
#define MAXSIZE100

/* 定义组员活动次数表中数据元素的类型 */
typedef struct {
    int rank;  //名次
    int num;   //学号
    char name[10];//姓名
    char discipline[20];//专业
    int count;  //成绩
} MEMBER;

/*定义顺序表类型*/
typedef struct {
    MEMBER data[MAXSIZE];  //存放顺序表的数组
    int length;  //存储顺序表数据元素的个数，即顺序表的长度
} SeqList;
```

　　在 3.3.2 节中，我们使用动态分配的方式建立线性表，在本节中，我们直接用顺序表类型定义顺序表。

```
SeqList bookMember = {{{1, 141101007, "张丽萍", "计算机",54},
                       {2, 130202002, "李淑芳", "会计", 42},
                       {3, 140202009, "汪肇源", "会计",40},
                       {4, 150804020, "张子怡", "应用数学", 39},
                       {5, 120404001, "吴承志", "电子工程",35},
                       {6, 131101032, "刘壮楠","计算机", 24},
                       {7, 140802003, "刘丽", "生物工程", 15}},7};
```

　　在程序设计中，可将顺序表的定义放在主函数 main 中，也可以定义为全局变量，建议放在 main 函数中。
　　（2）按活动次数的降序显示组员信息。因组员信息是按照活动次数的降序存储的，因此，则需要按顺序表存储的顺序显示即可。算法描述如下：

```
/**********************************************************/
/* 函数功能：按存储顺序显示组员信息                        */
/* 函数参数：L 表示顺序表                                  */
/* 函数返回值：空                                          */
/**********************************************************/
void DispList_seq(SeqList L){
    int i;
    if (L.length==0){
            printf("表空! \n");
            return;
    }
    printf("名次学号姓名专业活动次数\n");
    for (i=0; i<L.length; i++)
        printf("%3d  %8d %8s %8s %6d\n",L.data[i].rank, L.data[i].num,
            L.data[i].name, L.data[i].discipline, L.data[i].count);
}
```

　　DispList_seq 显示所有组员信息，因此，该算法的时间复杂度为 $O(n)$，空间复杂度为 $O(1)$。
　　（3）按给定的学号查询指定组员的信息。在设计算法时需要考虑到输入的学号是否正确，若不正确则查找失败，否则显示该组员的信息。算法描述如下：

```
/**********************************************************/
```

```
/* 函数功能：按学号查找指定组员                           */
/* 函数参数：L 表示顺序表，number 表示组员的学号            */
/* 函数返回值：int 类型，找到，返回序号                    */
/*            没有找到，返回 ERROR                        */
/**********************************************************/
int LocateList_seq(SeqList L, int number){
    for (int i=0; i<L.length; i++)
        if (L.data[i].num == number)
            return i;  //找到指定的学号，则返回存储的序号
    return ERROR;  //查找失败，返回-1
}
```

LocateList_seq 平均时间复杂度为 $O(n)$，空间复杂度为 $O(1)$。

（4）有一位组员来参加读书活动，则其活动次数加 1，如其活动次数超过前面几位组员的活动次数，则调整其位置，以保持按降序存储这 N 位组员的信息。注意，在调整位置时，组员的名次也需要调整。算法描述如下：

```
/**********************************************************/
/* 函数功能：按学号修改组员的活动次数                      */
/* 函数参数：L 表示顺序表，number 表示组员的学号            */
/* 函数返回值：int 类型，修改成功，返回 OK                 */
/*            修改失败，返回 ERROR                        */
/**********************************************************/
int ChangeList_seq(SeqList &L, int number){
    int site;
    MEMBER member;
    if ((site = LocateList_seq(L,number))==ERROR)  // 在顺序表中查找学号为
                                                   // number 的组员
        return ERROR;    // 该组员不存在，返回 ERROR
    L.data[site].count++;
    while (site!=0 && L.data[site].count>L.data[site-1].count){
        //交换两条记录的位置
        member = L.data[site-1];
        L.data[site-1]=L.data[site];
        L.data[site]=member;
        //更改名次
        L.data[site-1].rank = site;
        L.data[site].rank = site+1;
        site--;
    }
    return OK;
}
```

因为该算法包含了查询算法，因此，算法的复杂度为 $O(n)$，空间复杂度为 $O(1)$。

（5）如果有一位组员退出兴趣小组，则删除该组员的信息。算法描述如下：

```
/**********************************************************/
/* 函数功能：组员退出时顺序表的调整                        */
/* 函数参数：L 表示顺序表，number 表示组员的学号            */
/* 函数返回值：int 类型，退出成功，返回 OK                 */
/*            退出失败，返回 ERROR                        */
/**********************************************************/
int LogoutList_seq(SeqList &L, int number){
    int site, i;
```

```
    if((site = LocateList_seq(L,number))==ERROR)    //在顺序表中查找学号为number的组员
        return ERROR;   //该组员不存在，返回ERROR
    for (i=site+1; i<L.length; i++){
        L.data[i-1]=L.data[i];
        L.data[i-1].rank--;
    }
    L.length--;   //顺序表长度减1
    return OK;
}
```

算法时间复杂度为 O(n)，空间复杂度为 O(1)。

（6）如有新组员加入，则将该组员加到表中，活动次数为1。其算法描述如下：

```
/*********************************************************/
/* 函数功能：增加新组员                                  */
/* 函数参数：L 表示顺序表，number 表示新组员的学号        */
/* 函数返回值：int 类型，增加成功，返回 OK               */
/*            增加失败，返回 ERROR                       */
/*********************************************************/
int InsertList_seq(SeqList &L, int number){
    int site;
    MEMBER newmember;
    if (L.length>=MAXSIZE){
        printf("顺序表满，无法加入新组员!\n");
        return ERROR;
    }
    if (LocateList_seq(L,number)!= ERROR){       // 在顺序表中查找学号为number的组员
        printf("该组员已存在!\n");
        return ERROR;
    }
    newmember.num = number;
    printf("请输入新组员的姓名：");
    scanf("%s",newmember.name);
    printf("请输入新组员的专业：");
    scanf("%s",newmember.discipline);
    L.data[L.length] =newmember;                 // 新组员插入表的尾部
    L.data[L.length].rank = L.length+1;          // 名次为最后一名
    L.data[L.length].count = 1;                  // 活动次数初始为1
    L.length ++;                                 // 表长度加1
    return OK;
}
```

本算法中包含了查找该生是否已在表中，因此算法时间复杂度为 O(n)，空间复杂度为 O(1)。
在以上算法的基础上，加上主函数就可以在 C 编译环境下编译运行。下面给出主函数。
注：在程序首部增加头文件：#include <stdio.h>

```
int main(){
    SeqList bookMember = {{{1, 141101007, "张丽萍","计算机",54},
                           {2, 130202002, "李淑芳", "会计", 42},
                           {3, 140202009, "汪肇源", "会计", 40},
                           {4, 150804020, "张子怡","应用数学", 39},
                           {5, 120404001, "吴承志", "电子工程",35},
                           {6, 131101032, "刘壮楠","计算机", 24},
                           {7, 140802003, "刘丽", "生物工程", 15}},7};
    int number, site;
```

```
char choice='N';
while (choice!='0'){
        printf("\n\n\n");
        printf("        --读书小组活动次数排行榜--            \n");
        printf("****************************************************\n");
        printf("*      1----按活动次数降序显示组员信息        *\n");
        printf("*      2----给定学号查询组员信息             *\n");
        printf("*      3----组员参加活动计数                *\n");
        printf("*      4----组员退出兴趣小组                *\n");
        printf("*      5----新组员参加兴趣小组              *\n");
        printf("*                                *\n");
        printf("*      0-------退出*\n");
        printf("****************************************************\n");
        printf("请选择菜单号(0--5): ");
        fflush(stdin);          //清空键盘缓冲区
        scanf("%c",&choice);    //接收键盘命令
        fflush(stdin);
        switch(choice){
        case '1':               //按活动次数降序显示组员信息
                DispList_seq(bookMember);
                break;
        case '2':               //给定学号查询组员信息
                printf("请输入学号:");
                scanf("%d",&number);
                if ((site=LocateList_seq(bookMember, number))==ERROR){
                        printf("该生不是本兴趣小组成员! \n");
                }
                else{
                        printf("名次学号姓名专业活动次数\n");
                        printf("%3d%8d%8s%8s  %6d\n",bookMember.data[site].rank,
                                bookMember.data[site].num, bookMember.data
                                [site].name,bookMember.data[site].discipline,
                                bookMember. data[site].count);
                }
                break;
        case '3':
                printf("请输入参加活动的组员学号:");
                scanf("%d",&number);
                if (ChangeList_seq(bookMember, number)==ERROR){
                        printf("该生不是本兴趣小组成员! \n");
                }
                else{
                        DispList_seq(bookMember);
                }
                break;
        case '4':
                printf("请输入退出兴趣小组组员的学号:");
                scanf("%d",&number);
                if (LogoutList_seq(bookMember, number)==ERROR){
                        printf("该生不是本兴趣小组成员! \n");
                }
```

```
        else{
            DispList_seq(bookMember);
        }
        break;
    case '5':
        printf("请输入新组员的学号:");
        scanf("%d",&number);
        if (InsertList_seq(bookMember, number)==ERROR)
            printf("加入新组员失败！\n");
        else
            DispList_seq(bookMember);
        break;
    case '0':
        printf("\n\t 程序结束！\n");
        break;
    default:
        printf("\n\t 选项错误，请重新输入选项！\n");
        break;
    }
}
return 0;
}
```

程序运行界面如图 3.4 所示，用户可根据屏幕提示进行操作。

我们用顺序表解决了引例 3.1 的问题，但用顺序表解决该问题存在一个最明显的缺陷，那就是当组员足够多时，顺序表存满数据后再也无法扩充。因此，我们需要用另外一种存储表示来解决该问题，即用链式结构来存储数据，只要有足够的存储空间它就能存储足够多的组员信息。

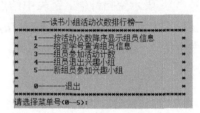

图 3.4　顺序表解决引例程序运行界面

3.5　线性表的链式表示和实现

由于顺序表的存储特点是逻辑关系上相邻的两个数据元素在物理存储位置上也是相邻的，这一特点使得顺序表结构简单、易于实现，并且能够对任何位置上的数据元素进行快速存取。但使用顺序存储结构存储数据元素时也存在不足的地方，比如：进行插入和删除运算时，需要移动大量的数据元素；在分配存储空间时，需要按最大可能长度分配，因此存储空间可能得不到充分利用。若数据元素个数动态增长，当数据元素已占满顺序表存储空间时，顺序表的容量将难以扩充。正因为顺序表存在这样的缺陷，因此，人们提出链式存储结构，它能很好地弥补顺序表的不足。

链式存储结构通过"链"建立起数据元素之间的逻辑关系，使得逻辑上相邻的两个数据元素在物理存储位置上可以不相邻。链式存储结构不仅可以用来表示线性表，而且还可以表示树和图等复杂的非线性数据结构。下面我们就学习链式存储结构的内容。

3.5.1　单链表的定义和表示

链表（Linked List）是用一组任意的存储单元来存储线性表中的数据元素。这组存储单元可以是连续的，也可以是不连续的。在存储数据元素时，除了存储数据元素本身的信息外，还要存储与它相邻的数据元素的存储地址信息。这两部分信息组成该数据元素的存储映像（Memory Image），称为结点（Node）。存储数据元素本身信息的域称为结点的数据域（Data Domain），存储与它相邻的数据元素的地址信息域称为地址域（Address Domain），在 C 语言中称为结点的指针域（Pointer Domain）。

线性表的链式存储结构是把线性表的数据元素存放在结点中，用链式存储方式存储的线性表称线性链表，简称链表。结点中只含有一个指针域的链表称单链表。图 3.5 是单链表的结点结构示意图。单链表各结点的指针域通常指向其后继结点。

在 C 语言中，单链表的类型定义如下：

```
typedef struct Node{
    ElemType data;
    struct Node *next;
} LNode, *LinkList;
```

指向链表第一个结点的指针称为链表的头指针。一个链表由头指针指向第一个结点，每个结点的指针域指向其后继结点，最后一个结点的指针域为空（NULL），在本书中约定用符号"^"表示空指针值。链表中结点个数称为链表的长度。当链表为空表时，头指针为空，链表长度为 0。图 3.6 是线性表(a_1, a_2, a_3, a_4, a_5, a_6)对应的链式存储结构示意图，图中 H 指向链表中第一个结点，称其为头指针。

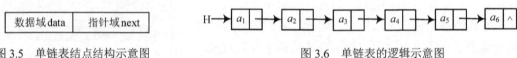

| 数据域data | 指针域next |

图 3.5　单链表结点结构示意图　　　　　　　　图 3.6　单链表的逻辑示意图

在链表的开头处，设置一表头结点，其结构与链表中的结点相同，只是在该表头结点的数据域中不存放数据，此时，头指针 L 指向头结点。如图 3.7 所示为带头结点的单链表逻辑示意图。

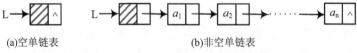

(a)空单链表　　　　　　　　　　　　(b)非空单链表

图 3.7　带头结点单链表的逻辑示意图

头结点的引入使得单链表的头指针永远不为空，从而给插入、删除的处理带来了方便，特别是在把链表作为参数传递时，带来的优点更多。判断带头结点的线性链表是否为空可以通过检查头结点的指针域是否为空来确定。下面在介绍单链表的基本运算时，均假定单链表为带头结点的单链表。

3.5.2　单链表基本运算的实现

1. 初始化

初始化单链表的步骤如下：

（1）申请一个结点作为头结点，用头指针 L 指向头结点。

（2）头结点的指针域置空。

算法描述如下：

```
/*****************************************************/
/* 函数功能：创建一个单链表                           */
/* 函数参数：L 表示链表                               */
/* 函数返回值：int 类型，创建成功，返回 OK            */
/*            创建失败，返回 ERROR                    */
/*****************************************************/
int InitList_L (LinkList &L){
//构造一个空的单链表 L
  L = new LNode;          //为头结点分配存储单元
  if (!L)
      return ERROR;       //无足够的内存空间，初始化失败
  L->next = NULL;
  return OK;
}
```

2. 销毁链表

销毁单链表的主要操作是释放单链表中所有结点所占用的存储空间。算法描述如下：

```
/*****************************************************/
/* 函数功能：销毁单链表，释放每个结点占用的空间        */
/* 函数参数：L 表示链表                               */
/* 函数返回值：空                                     */
/*****************************************************/
void DestroyList_L (LinkList &L){
//销毁一个单链表 L
    LNode *p;
    while(L) {
        p=L;
        L=L->next;
        delete p;   //释放结点占用的空间
    }
}
```

该算法的时间复杂度为 O(n)。

3. 清空链表

清空单链表的主要操作是释放单链表中所有元素结点所占用的存储空间，仅保留头结点，即将单链表设置为空表。算法描述如下：

```
/*******************************************************/
/* 函数功能：除头结点外，释放其他所用结点占用的空间      */
/* 函数参数：L 表示链表                                 */
/* 函数返回值：空                                       */
/*******************************************************/
void ClearList_L (LinkList &L){
//将 L 重置为空表
    LNode *p, *q;
    p=L->next;          //p 指向第一个结点
    while(p){           //没到表尾
      q=p->next;
      delete p;
```

```
        p=q;
    }
    L->next=NULL;   //头结点指针域为空
}
```

该算法的时间复杂度为 O(n)。

4. 求单链表表长

求单链表表长的算法描述如下：

```
/***********************************************/
/* 函数功能：求单链表的长度                    */
/* 函数参数：L 表示链表                        */
/* 函数返回值：int 类型，单链表长度            */
/***********************************************/
int  ListLength_L(LinkList L){
//返回 L 中数据元素个数
   LNode *p=L->next;  //p 指向第一个结点
   int i=0;
   while(p){ //遍历单链表，统计结点数
        i++;
        p=p->next;
   }
   return i;
}
```

由于单链表表示的线性表没有直接给出表的长度，因此必须通过一个循环语句来求结点的个数。算法中使用指针 p 跟踪每一个结点，p 的初始值指向第一个元素所在的结点，此时记录结点个数的变量 i 赋初始值 0，接下来变量 i 每做一次加 1 的操作，指针 p 就向下移动一个位置，直到单链表结束，最终 i 的值就是链表长度。算法的时间复杂度为 O(n)。

5. 判断单链表是否为空

判断单链表是否为空的算法描述如下：

```
/***********************************************/
/* 函数功能：判断单链表是否为空                */
/* 函数参数：L 表示链表                        */
/* 函数返回值：bool 类型，true 表示表空        */
/*            false 表示表非空                 */
/***********************************************/
bool ListEmpty_L (LinkList L){
//若 L 为空表，则返回 true，否则返回 false
   return (L->next==NULL);
}
```

6. 在单链表中查找数据元素

在单链表中查找数据元素分两种情况：按值查找和按序号查找。

（1）按值查找

在单链表中查找一个与给定值 e 相等的结点，若存在，返回该结点的位置，否则返回 NULL。查找过程可通过对各结点的值与给定值 e 进行比较来实现。

算法思路：从链表的第一个结点起，判断当前结点数据元素值是否等于 e，若是，返回该结点的位序，否则继续查找后一个，直到表结束为止。若找不到，则返回 ERROR。

算法描述如下：

```
/**************************************************************/
/* 函数功能：在单链表中查找元素                              */
/* 函数参数：L 表示链表，e 是要查找元素的值                  */
/* 函数返回值：int 类型，查找成功，返回找到元素的位序        */
/*             查找失败，返回 ERROR                          */
/**************************************************************/
Int LocateElem_L (LinkList L, ElemType e){
    int i=1;
    LNode *p=L->next;
    while(p &&p->data!=e){
            p=p->next;
            i++;
    }
    if (p!=NULL) return i;
    else return ERROR;    //返回 L 中值为 e 的数据元素的位序，查找失败返回 ERROR
}
```

该算法的时间复杂度为 O(n)。

（2）按序号查找

如果在链表中访问第 i（$1 \leqslant i \leqslant n$，$n$ 为数据元素个数）个数据元素的值，可从链表的首元素结点开始依次判断当前结点是否是第 i 个结点，若是，则由变量 e 带回该结点的值，函数返回 OK，否则继续查找下一个，直到表结束为止。若不存在第 i 个结点，则返回 ERROR。

算法描述如下：

```
/**************************************************/
/* 函数功能：在单链表中查找第 i 个元素           */
/* 函数参数：L 表示链表，i 表示第 i 个元素       */
/*           e 返回第 i 个元素的值               */
/* 函数返回值：int 类型，查找成功，返回 OK       */
/*             查找失败，返回 ERROR              */
/**************************************************/
int GetElem_L (LinkList L, int i, ElemType &e){
//在带头结点的单链表 L 中查找第 i 个元素
    LNode *p=L->next;
    int j=1;
    while (p != NULL && j<i ){
        p=p->next;
        j++;
    }
    if (!p || i<1 ) return ERROR;
    e = p->data;
    return OK;
}
```

该算法的基本操作是比较 j 和 i 并后移指针 p，while 循环体中的语句频度与被查元素在表中位置有关，若 $1 \leqslant i \leqslant n$，则频度为 i，若 $i > n$，则频度为 n，因此，该算法的平均时间复杂度为 O(n)。

7. 在单链表中插入数据元素

单链表的插入运算与顺序表的插入运算不同，在单链表中进行插入运算时，只需修改指针的内容，而不需要移动数据元素。

在单链表中，将值为 e 的新结点插入表的第 i 个结点的位置上，即插入 a_{i-1} 与 a_i 之间。其插入运算步骤是：首先建立一个新的结点，用来存储要插入数据的信息，然后查找位置 $i-1$，如果找到，则在位置 $i-1$ 之后插入数据元素；否则，给出相应的出错信息。图 3.8 所示为找到位置 $i-1$ 后插入数据元素的过程。

注意：在修改指针值时，操作的顺序不能交换。即先修改 q 所指结点的指针域（q->next=p->next;），然后修改 p 所指结点的指针域（p->next=q;）。

插入算法描述如下：

```
/***************************************************/
/* 函数功能：在单链表中指定位置插入数据元素        */
/* 函数参数：L 表示链表，i 表示第 i 个元素          */
/*          e 是要插入的元素的值                   */
/* 函数返回值：int 类型，插入成功，返回 OK          */
/*          插入失败，返回 ERROR                   */
/***************************************************/
int ListInsert_L (LinkList &L, int i, ElemType e){
//将值为 e 的新结点插入表的第 i 个位置上
    LNode*p=L, *q;
    int j=0;
    while (p&&j<i){                    //寻找第 i 个结点
        p=p->next;
        j++;
    }
    if( !p || i<0) return ERROR;       //i 大于表长或者小于 0
    q=new LNode;                       //生成新结点 q
    q->data=e;                         //将结点 q 的数据域置为 e
    q->next=p->next;                   //将结点 q 插入 L 中
    p->next=q;
    return OK;
}
```

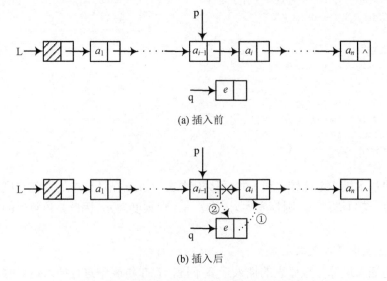

(a) 插入前

(b) 插入后

图 3.8   在单链表中插入新结点的过程示意图

查找结点位置的平均时间复杂度为 O(n)，插入元素到指定位置的时间复杂度为 O(1)，本算法的平均时间复杂度为 O(n)。

8. 删除单链表中的元素

1）按序号删除

按序号删除操作是指删除位置 i 处的数据元素。删除操作首先要查找第 $i-1$ 个结点，如果找到，则将第 i 个结点的数据元素值赋给变量 e，然后删除该结点。若没有找到第 $i-1$ 个结点，则给出错误信息。图 3.9 给出了在单链表中找到第 $i-1$ 个结点后，删除第 i 个结点的过程。

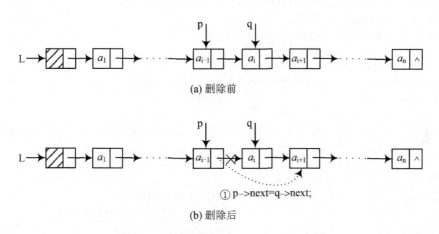

图 3.9　在单链表中删除结点 q 的过程示意图

按序号删除算法描述如下：

```
/*******************************************/
/* 函数功能：删除单链表中指定位置的数据元素           */
/* 函数参数：L 表示链表，i 表示第 i 个元素           */
/*          e 返回要删除的数据元素的值              */
/* 函数返回值：int 类型，删除成功，返回 OK           */
/*           删除失败，返回 ERROR               */
/*******************************************/
int ListDelete_L( LinkList &L, int i, ElemType &e){
    LNode *p=L, *q;
    int j=0;
    while (p->next && j<i){                  //寻找第 i 个结点，并令 p 指向其前驱
        p=p->next;
        j++;
    }
    if(!(p->next) || i<0)  return ERROR;      //删除位置不合理
    q=p->next;                               //临时保存被删结点的地址以备释放
    p->next=q->next;                         //改变被删结点前驱结点的指针域
    e = q->data;                             //保存被删结点的数据域
    delete q;                                //释放被删结点的空间
    return OK;
}
```

查找结点位置的平均时间复杂度为 O(n)，删除指定位置元素的时间复杂度为 O(1)，本算法的平均时间复杂度为 O(n)。

2）按值删除

删除单链表中数据元素值为 e 的结点。如果单链表中有若干个数据元素的值等于 e，则删除第 1 个匹配的结点。

算法思路：从单链表首元素结点开始，依次查找结点元素值为 e 的结点，若找到就删除该结点。在执行删除结点操作时，需要知道被删结点的前驱结点。设 p 和 q 是两个指针，q 指向将要删除的结点，p 指向 q 的前驱结点，删除成功返回 OK，删除失败返回 ERROR。删除链表中指定值的数据元素算法描述如下：

```
/******************************************************/
/* 函数功能：删除单链表中指定元素值的结点              */
/* 函数参数：L 表示链表，e 要删除的数据元素的值         */
/* 函数返回值：int 类型，删除成功返回 OK，             */
/*             删除失败返回 ERROR                      */
/******************************************************/
int ListDeleteValue_L(LinkList &L, ElemType e){
    LinkList p=L, q=L->next;
    while (q && q->data != e){  //寻找元素值等于 e 的结点，并令 p 指向其前驱
        p = q;
        q=q->next;
    }
    if(!q)  return ERROR;          //没找到值为 e 的结点
    p->next=q->next;               //改变被删除结点前驱结点的指针域
    delete q;                      //释放被删除结点的空间
    return OK;
}
```

删除链表中数据元素值为 e 的结点的算法时间复杂度为 O(n)。

9. 创建单链表

单链表的建立与顺序表的建立不同，它是一种动态管理的存储结构，链表中的每个结点占用的存储空间不是预先分配的，而是程序在运行时根据需要而动态申请。单链表的建立可分为两种方式：前插法和后插法。前插法也称为头插法，指在头部插入结点建立单链表；后插法也称为尾插法，指在尾部插入结点建立单链表。下面以字符型数据元素为例，分别对这两种建立单链表的方式进行介绍。

1）前插法

建立单链表从空表开始，每读入一个数据元素就申请一个结点，然后插在链表的头部。图 3.10 所示为线性表(a,b,c,d,e)前插法的创建过程，因为每次插入在链表的头部，所以读入数据的顺序为 e、d、c、b、a，和线性表中的逻辑顺序相反。

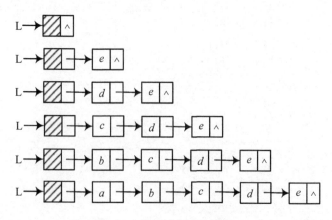

图 3.10　前插法创建单链表

前插法算法描述如下：

```
/***********************************************/
/* 函数功能：采用前插法建立单链表              */
/* 函数参数：L 表示链表，n 表示插入的元素个数  */
/* 函数返回值：空                              */
/***********************************************/
void CreateList_F_L ( LinkList &L, int n){
//逆位序输入 n 个元素的值，建立单链表 L
//要求：创建单链表之前需要执行 InitList_L()初始化单链表，即先建立一个带表头结点的空表
    LNode*p;
    int i;
    printf("请按逆序依次输入元素的值: ");
    for (i=0; i<n; i++){
        p= new LNode;              //生成新结点
        scanf("%c" , &p->data); //输入元素值
        p->next = L->next;
        L->next=p;                 //插入到表头
    }
}
```

该算法时间复杂度为 O(n)。

2）后插法

头部插入结点建立单链表简单，但读入的数据元素的顺序与生成的链表中元素的顺序正好相反。若希望次序一致，则用尾部插入的方法。因为每次是将新结点插入链表的尾部，所以需加入一个指针 r，用来始终指向链表中的尾结点，以便能够将新结点插入链表的尾部。图 3.11 展现了在链表的尾部插入结点建立单链表的过程。

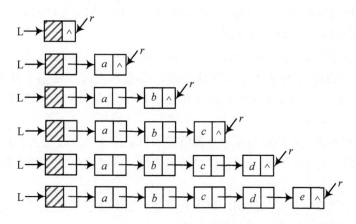

图 3.11　后插法创建单链表

后插法算法描述如下：

```
/***********************************************/
/* 函数功能：采用后插法建立单链表              */
/* 函数参数：L 表示链表，n 表示插入的元素个数  */
/* 函数返回值：空                              */
/***********************************************/
void CreateList_L_L ( LinkList &L, int n){
```

```
//正位序输入 n 个元素的值，建立带头结点的单链表 L
//要求：创建单链表之前需要执行 InitList_L()初始化单链表，即先建立一个带表头结点的空表
    LNode *p, *r=L;
    int i;
    printf("请按正序依次输入元素的值：");
    for (i=0; i<n; i++){
        p= new LNode;                 //生成新结点
        scanf("%c", &p->data);      //输入元素值
        p->next = NULL;
        r->next = p;                 //插入到表尾
        r = p;                        //r 指向新的尾结点
    }
}
```

该算法时间复杂度为 O(n)。

3.5.3　顺序表和链表的比较

顺序存储结构和链式存储结构是线性表的两种主要存储结构，这两种存储结构的优缺点总结如下。

顺序存储结构具有以下优点：

（1）方法简单。用物理位置上的邻接关系来表示结点间的逻辑关系，通过使用数组即可实现。

（2）存储密度高。存储密度是指一个结点中数据元素所占的存储单元量和整个结点所占的存储单元量之比。在顺序表中，结点所需空间主要存放数据元素，无须为表示结点间的逻辑关系而增加额外的存储开销。

（3）可以随机访问结点。顺序表具有按元素序号随机访问元素的特点。

顺序存储结构的缺点表现在以下两方面：

（1）在顺序表中做插入删除操作时，需平均移动表中一半的元素，其效率较低。

（2）由于顺序表要求占用连续的存储空间，需要预先分配足够大的存储空间，若事先对表长估计不足，可能出现顺序表后部存在大量闲置空间，或因顺序表空间不足而产生溢出。

链式存储结构的优缺点恰好与顺序存储结构的优缺点相反，在插入和删除操作时不需要移动大量数据，但它是以牺牲额外的存储空间为代价，同时也失去了顺序表可以随机存取的优点。

在实际应用中选哪一种存储结构，应根据具体问题的要求和性质来决定。通常应从存储空间、运算时间、程序设计语言 3 方面去考虑。

（1）基于存储空间的考虑

顺序表的存储空间是静态分配的，一般在程序设计中，要明确规定它的存储规模，若线性表的长度变化不大时，可以为其分配足够大的存储空间来满足需要。若线性表的长度无法预知，则存储规模难以确定，若分配过大则浪费，否则会发生溢出。当线性表的长度或存储规模难以估计时，则宜采用链表存储。链表的存储空间是动态分配，在使用链表前不用事先估计存储规模，但链表的存储密度较低，一般小于1。

（2）基于时间的考虑

在顺序表中按序号访问 a_i 的时间复杂度是 O(1)，而链表中按序号访问的时间复杂度为 O(n)。如果经常做的运算是按序号访问数据元素，则优先选择顺序表；而在顺序表中做插入、删除时平均移动表中一半的元素，当数据元素较多时，移动数据元素所用时间不容忽视；在链表中作插入、删除，虽然也要找插入位置，但操作主要是比较操作，从这个角度考虑，当插入和删除运算多时，应优先选择链表。

（3）基于环境的考虑

顺序表容易实现，链表的运算是基于指针的，而一些高级语言没有提供指针操作功能，无法采用链式存储结构。

总之，两种存储结构各有优劣，选择哪一种由实际问题中的主要因素决定。通常数据元素长度变化不大时，选择顺序存储结构，而频繁做插入、删除运算，以及数据元素长度不可预知时，可选择链式存储结构。

3.6 引例中读书兴趣小组活动管理的链表解决

下面我们用链表来实现引例 3.1 的读书兴趣小组活动管理问题。

（1）定义常量、数据元素类型以及顺序表类型。

```
/* 定义常量 */
#define ERROR -1
#define OK 0

/* 定义组员活动次数表中数据元素的类型 */
typedef struct {
    int rank;                //名次
    int num;                 //学号
    char name[10];           //姓名
    char discipline[20];     //专业
    int count;  //活动次数
} MEMBER;

/* 定义链表类型*/
typedef struct Node {
    MEMBER data;             //存放数据元素
    struct Node *next;       //指向结点的指针
} LNode, *LinkList;
```

在本节中，我们用动态申请存储空间的方式建立链表。先建立表头结点：

LinkList bookMember = new LNode;

bookMember->next = NULL;

其他组员结点可同过增加组员功能来完成。

（2）按活动次数的降序显示组员信息。算法描述如下：

```
/****************************************************/
/* 函数功能：按存储顺序显示组员信息                      */
/* 函数参数：L 指向链表                                */
/* 函数返回值：空                                      */
```

```
/**********************************************/
void DispList_Link(LinkList L){
    LNode *p;
    if (L->next==NULL) {
        printf("表空! \n");
        return;
    }
    printf("名次学号姓名专业活动次数\n");
    p=L->next;
    while (p) {
        printf("%3d  %8d %8s  %8s  %6d\n",p->data.rank, p->data.num,
            p->data.name, p->data.discipline, p->data.count);
        p=p->next;
    }
}
```

DispList_Link 显示所有组员信息，因此，该算法的时间复杂度为 O(n)，空间复杂度为 O(1)。

（3）按给定的学号查询指定组员的信息。在设计算法时需要考虑到输入的学号是否正确，若不正确则查找失败，否则显示该组员的信息。算法描述如下：

```
/********************************************************/
/* 函数功能：按学号查找指定组员                          */
/* 函数参数：L 指向链表，number 组员的学号                */
/* 函数返回值：LNode*类型，找到，返回指向结点的指针        */
/*            没有找到，返回 NULL                        */
/********************************************************/
LNode* LocateList_Link(LinkList L, int number){
    LNode*p=L->next;
    while (p != NULL && p->data.num!=number){
        p=p->next;
    }
    return p;
}
```

LocateList_Link 平均时间复杂度为 O(n)，空间复杂度为 O(1)。

（4）有一位组员来参加读书活动，则其活动次数加 1，如其活动次数超过前几位组员的活动次数，则调整其位置，以保持按降序存储这 N 位组员的信息。在该算法中，当调整该组员的活动次数后，该组员的名次可能会发生变化，因此，从表头开始查找直到该组员，判断其名次是否发生改变。若改变则从链表中移出来，插入正确的位置，然后修改链表中受到影响的其他组员的名次，即调整从插入位置到移出位置间的组员名次。算法描述如下：

```
/********************************************************/
/* 函数功能：按学号修改组员的活动次数                    */
/* 函数参数：L 表示顺序表，number 组员的学号             */
/* 函数返回值：int 类型，修改成功，返回 OK               */
/*            修改失败，返回 ERROR                      */
/********************************************************/
int ChangeList_Link(LinkList L, int number){
    LNode *p, *q, *r, *site;

    if((r=LocateList_Link(L,number))==NULL)   //在链表中查找学号为 number 的组员
        return ERROR;                          //该组员不存在，返回 ERROR
    r->data.count++;
```

```
    if (r!=L->next){                              //不是第1名，可能需要调整名次
        p=L;
        site = L;                    //如果需要调整位序，则将 r 插入到 site 之后
        q=p->next;
        while(q->next!=r){         //查找 r 之前的结点
            if (q->data.count >= r->data.count)
                site = q;      //记录 r 的插入位置
            p = q;
            q = q->next;
        }
        if (q->data.count < r->data.count){        //判断是否需要调整次序
            q->next = r->next;                      //删除 r 所指结点
            r->next = site->next;        //把 r 所指结点插入 site 所指结点之后
            site->next = r;
            if (site == L){
                r->data.rank = 1;
                site = r;
            }
            while (site->next != q->next){  //调整名次
                site->next->data.rank = site->data.rank + 1;
                site = site->next;
            }
        }
    }
    return OK;
}
```

该算法的复杂度为 O(*n*)，空间复杂度为 O(1)。

（5）如果有一位组员退出兴趣小组，则删除该组员的信息。算法描述如下：

```
/*****************************************************/
/* 函数功能：组员退出时调整链表                     */
/* 函数参数：L 指向链表，number 组员的学号           */
/* 函数返回值：int 类型，退出成功，返回 OK           */
/*            退出失败，返回 ERROR                   */
/*****************************************************/
int LogoutList_Link(LinkList L, int number){
    LNode *p, *q;
    p=L;
    q=p->next;
    while(q->data.num != number && q!=NULL){   //查找学号为 number 的组员
        p = q;
        q = q->next;
    }
    if (!q)                               //学号为 number 的组员不存在
        return ERROR;                     //返回 ERROR
    p->next = q->next;                    //删除 q 所指结点
    delete q;                             //释放 q 所占空间
    while(p->next!=NULL   ){              //调整名次
        p = p->next;
        p->data.rank--;
    }
```

```
        return OK;
}
```

算法时间复杂度为 O(n)，空间复杂度为 O(1)。

（6）如有新组员加入，则将该组员加到表中，活动次数为 1。其算法描述如下：

```
/***********************************************/
/* 函数功能：增加新组员                          */
/* 函数参数：L 指向链表，number 是新组员的学号    */
/* 函数返回值：int 类型，增加成功，返回 OK         */
/*            增加失败，返回 ERROR                */
/***********************************************/
int InsertList_Link(LinkList L, int number){

        LNode *p, *q;
        MEMBER newmember;

        if (LocateList_Link(L,number) != NULL){
        //判断在链表中是否存在学号为 number 的组员
            printf("该组员已存在!\n");
            return ERROR;
        }
        newmember.num = number;
        printf("请输入新组员的姓名") ;
        scanf("%s",newmember.name);
        printf("请输入新组员的专业") ;
        scanf("%s",newmember.discipline);
        p = L;
        while(p->next!=NULL)
            p = p->next;
        if (L->next == NULL)
            newmember.rank = 1;
        else
            newmember.rank = p->data.rank + 1;
        newmember.count = 1;  //活动次数初始为 1
        q = new LNode;
        q->data = newmember;
        q->next = NULL;
        p->next = q;
        return OK;
}
```

本算法中包含了查找该生是否已在表中，因此整个算法时间复杂度为 O(n)，空间复杂度为 O(1)。

在以上算法的基础上，加上主函数就可以在 C 编译环境下编译运行。下面给出主函数。

注：在程序首部增加头文件：#include <stdio.h>。

```
int main(){

    int number;
    char choice='N';
    LinkList bookMember = new LNode;  // 建立带头结点的单链表
    bookMember->next = NULL;
    LNode *p = NULL;
```

```
while (choice!='0'){
    printf("\n\n\n");
    printf("        --读书小组活动次数排行榜--        \n");
    printf("**************************************************\n");
    printf("*    1----按活动次数降序显示组员信息        *\n");
    printf("*    2----给定学号查询组员信息              *\n");
    printf("*    3----组员参加活动计数                  *\n");
    printf("*    4----组员退出兴趣小组                  *\n");
    printf("*    5----新组员参加兴趣小组                *\n");
    printf("*                                          *\n");
    printf("*    0-------退出                          *\n");
    printf("**************************************************\n");
    printf("请选择菜单号(0--5): ");
    fflush(stdin) ;    // 清空键盘缓冲区
    scanf("%c",&choice); // 接收键盘命令
    fflush(stdin);

    switch(choice){
    case '1':    // 按活动次数降序显示组员信息
        DispList_Link(bookMember);
        break;
    case '2':    // 给定学号查询组员信息
        printf("请输入学号:");
        scanf("%d",&number);
        if ((p=LocateList_Link(bookMember, number))==NULL)    {
            printf("该生不是本兴趣小组成员! \n");
        }
        else{
          printf("名次学号姓名专业活动次数\n");
          printf("%3d %8d  %8s %8s  %6d\n",p->data.rank, p->data.num,
                  p->data.name, p->data.discipline, p->data.coun t);
        }
        break;
    case '3':
        printf("请输入参加活动的组员学号:");
        scanf("%d",&number);
        if (ChangeList_Link(bookMember, number)==ERROR){
          printf("该生不是本兴趣小组成员! \n");
        }
        else{
          DispList_Link(bookMember);
        }
        break;
    case '4':
        printf("请输入退出兴趣小组组员的学号:");
        scanf("%d",&number);
        if (LogoutList_Link(bookMember, number)==ERROR){
          printf("该生不是本兴趣小组成员! \n");
        }
        else{
            DispList_Link(bookMember);
        }
```

```
            break;
        case '5':
            printf("请输入新组员的学号:");
            scanf("%d",&number);
            if (InsertList_Link(bookMember, number)==ERROR){
              printf("加入新组员失败! \n");
            }
            else{
              DispList_Link(bookMember);
            }
            break;
        case '0':
            //释放链表占用的存储空间
            p=bookMember;
            while (p){
              p = p->next;
              delete bookMember;
              bookMember = p;
            }
            printf("\n\t 程序结束! \n");
            break;
        default:
            printf("\n\t 选项错误，请重新输入选项! \n");
            break;
        }
    }
  return 0;
}
```

程序运行界面如图 3.12 所示。

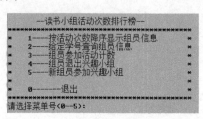

图 3.12　链表解决引例程序运行界面

3.7　链表知识的扩展

3.7.1　单循环链表

　　循环链表是一种首尾相接的链表。其特点是无需增加存储量，仅对表的链接方式稍作改变，即可方便灵活地对表进行处理。在单链表中，最后一个结点的指针域值为 NULL，表示该单链表的结束。如果将该指针域改为指向表头结点或开始结点，此时链表头尾结点相连，整个线性链表构成一个闭合的回路。我们把这种头尾相连的链表，叫作单循环链表。如图 3.13 所示是带头结点的单循环链表。

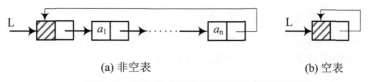

(a) 非空表 (b) 空表

图 3.13 带头结点的单循环链表逻辑示意图

单循环链表的运算与单链表基本上相同，只是算法中对链表是否到达表尾的条件判断不再是查找指针所指结点的指针域的值是否为空，而是判断是否等于头指针。

循环单链表的运算比单链表的运算更加简单方便，比如要遍历链表中的所有元素，对于单链表来说需要从头结点开始遍历整个链表，而对于单循环链表可以从表中任意结点开始遍历整个链表。

3.7.2 双向链表

以上讨论的单链表的结点中只有一个指向其后继结点的指针域 next，因此若已知指向某结点的指针为 p，则指向其后继结点的指针为 p->next。但要查找其前驱，只能从该链表的头指针开始，沿着各结点的 next 域进行，即查找某结点的后继仅需 O(1) 的时间，查找其前驱要耗费 O(n) 时间。如果希望查找前驱所耗费的时间也为 O(1)，那只能以空间为代价换取时间：为每个结点增加一个指向前驱的指针域，这样就构成了双向链表，简称双链表，如图 3.14（a）所示。如图 3.14（b）和（c）所示为带表头结点的双向链表示意图。另外，也可以使双向链表中的两条链均构成闭合回路，则形成循环双向链表。在实际应用中更多的使用循环双向链表，带头结点的循环双向链表示意图如图 3.14（d）和（e）所示。

在 C 语言中，双向链表结点的定义如下：

```
typedef struct DupNode{
    ElemType data;
    struct DupNode *prior, *next;
} DupNode, *DLinkList;
```

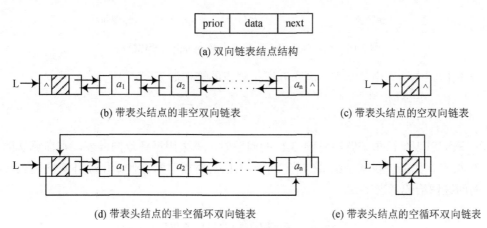

| prior | data | next |

(a) 双向链表结点结构

(b) 带表头结点的非空双向链表 (c) 带表头结点的空双向链表

(d) 带表头结点的非空循环双向链表 (e) 带表头结点的空循环双向链表

图 3.14 双向链表结构示意图

由于双向链表结点有两个指针域，既可以方便地找到其后继，也可以方便地找到其前驱。设 p 指向双向循环链表中的任一结点，则有：

$$p\text{->}prior\text{->}next = p = p\text{->}next\text{->}prior$$

这个公式反映了双向链表结点的对称特性。

在双向链表中，插入和删除运算与单链表有很大的不同，因为这些操作需要修改两个方向的指针。在双向链表中插入结点的操作如图 3.15 所示。

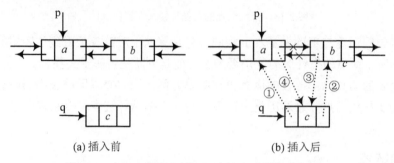

　　　　　(a) 插入前　　　　　　　　　　　　　　　(b) 插入后

图 3.15　在双向链表中插入一个结点时指针变化情况

将 q 结点插入 p 结点之后，正确的操作步骤为：

```
q->prior=p;          //①
q->next=p->next;     //②
p->next->prior=q;    //③
p->next=q;           //④
```

指针操作的顺序不是唯一的，但也不是任意的，比如操作③必须要放到操作④之前完成，否则会丢失后继结点信息，引起操作失败。

在双向链表中删除结点的操作如图 3.16 所示。

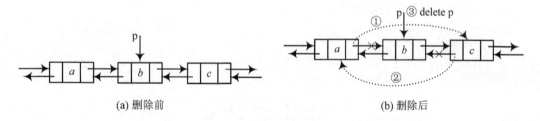

　　　　　(a) 删除前　　　　　　　　　　　　　　　(b) 删除后

图 3.16　在双向链表中删除一个结点时指针变化情况

设 p 指向双向链表中某结点，删除 p 所指结点的操作如下：

```
p->prior->next=p->next;    //①
p->next->prior=p->prior;   //②
delete p;                  //③
```

学了双向链表后，再来解决引例 3.1 的问题时，若采用循环双向链表，则在算法的设计上会简单很多，比如查找某个组员的前一个组员信息时就非常方便。用循环双向链表解决引例 3.1 的问题留给读者来完成。

3.8　线性表应用举例

例 3.1　已知顺序表 La 中的数据元素递增有序。把元素 x 插入 La 中，使 La 中结点仍然保持递增有序。

分析：因顺序表 La 中的数据元素递增有序，因此，可以从最后一个元素开始向第一个元素依次比较，如果所比较的元素的值大于 x，则该元素向后移动一个位置，继续比较下一个元素；否则，找到了 x 的位置，将 x 存入该元素的后面。如果所有元素的值均大于 x，则将 x 存入第一个位置。

算法描述如下：

```
/*******************************************************/
/* 函数功能：把 x 插入递增有序表 La 中                    */
/* 函数参数：La 指向顺序表，x 将要插入的值               */
/* 函数返回值：int 类型，插入成功，返回 OK               */
/*            插入失败，返回 ERROR                      */
/*******************************************************/
int Insert_SqList(SeqList *La, int x){
    if (La->length+1>MAXSIZE)
        return ERROR; //表满，无法增加新的数据元素，返回错误标志
    for (int i=La->length-1; La->data[i]>x && i>=0; i--)
        La->data[i+1]=La->data[i];  //往后移动数据元素
    La->data[i+1]=x;
    La->length++;
    return OK;  //成功插入
}
```

本算法平均时间复杂度为 O(n)。

例 3.2 有顺序表 A 和 B，其元素均按从小到大的升序排列，编写一个算法将它们合并成一个顺序表 C，要求 C 的元素也是从小到大的升序排列。

算法思路：依次扫描 A 和 B 的元素，比较当前的元素的值，将较小值的元素赋给 C，如此直到一个线性表扫描完毕，然后将未完的那个顺序表中余下部分赋给 C 即可。

算法描述如下：

```
/*******************************************************/
/* 函数功能：合并两个有序表，合并后仍为有序表           */
/* 函数参数：A 和 B 分别指向两个待合并顺序表            */
/*           C 指向合并后的顺序表                       */
/* 函数返回值：int 类型，合并成功，返回 OK              */
/*            合并失败，返回 ERROR                     */
/*******************************************************/
int Merge(SeqList *A, SeqList *B, SeqList *C){
    int i,j,k;
    i=0;j=0;k=0;
    if (A->length+B->length>MAXSIZE)
        return ERROR;  //两个表的长度之和大于 C 表的长度，溢出
    while (i<A->length && j<B->length){
        if (A->data[i]<B->data[j])
            C->data[k++]=A->data[i++];
        else
            C->data[k++] =B->data[j++];
    }
    while (i<A->length){
        C->data[k++]= A->data[i++];
    }
    while (j<B->length){
        C->data[k++]=B->data[j++];
    }
```

```
        C->length =k-1;
        return OK;
}
```

算法的时间性能是 O($m+n$)，其中 m 是 A 的表长，n 是 B 的表长。

例 3.3　已知一个整数序列 A=(a_1, a_2, ..., a_n)，其中 0≤a_i<n，1≤i≤n。若存在 a_{p1}=a_{p2}=...=a_{pm}=x，且 m>n/2（1≤pk≤n，1≤k≤m），则称 x 为 A 的主元素。例如 A=(0, 5, 5, 3, 5, 7, 5, 5)，则 5 为主元素；又如 A=(0, 5, 5, 3, 5, 1, 5, 7)，则 A 中没有主元素。假设 A 中的 n 个元素保存在一个一维数组中，请设计一个尽可能高效的算法，找出 A 的主元素。若存在主元素，则输出该元素；否则输出-1。

分析：从前向后扫描数组元素，标记出一个可能成为主元素的元素 Num。然后重新计数，确认 Num 是否是主元素。算法可分为以下两步：

（1）选取候选的主元素：依次扫描所给数组中的每个整数，将第一个遇到的整数 Num 保存到 c 中，记录 Num 的出现次数为 1；若遇到的下一个整数仍等于 Num，则计数加 1，否则计数减 1；当计数减到 0 时，将遇到的下一个整数保存到 c 中，计数重新记为 1，开始新一轮计数，即从当前位置开始重复上述过程，直到扫描完全部数组元素。

（2）判断 c 中元素是否是真正的主元素：再次扫描该数组，统计 c 中元素出现的次数，若大于 n/2，则为主元素；否则，序列中不存在主元素。

算法描述如下：

```
/*****************************************************/
/* 函数功能：寻找主元素                              */
/* 函数参数：A 顺序表，n 元素个数                    */
/* 函数返回值：int 类型，没找到主元素，返回-1        */
/*            找到主元素，返回主元素的位置           */
/*****************************************************/
int Majority(int A[ ], int n){

    int i, c, count=1;  //c用来保存候选主元素，count用来计数
    c = A[0];  //设置A[0]为候选主元素
    for ( i=1; i<n; i++ ){  //查找候选主元素
        if ( A[i] == c ) count++;  //对A中的候选主元素计数
        else{  //处理不是候选主元素的情况
            count--;
            if ( count == 0) {  //更换候选主元素，重新计数
                c = A[i];
                count = 1;
            }
        }
    }
    if (count>0){  //可能找到了主元素
        for(i=count=0; i<n; i++){  //统计候选主元素的实际出现次数
            if (A[i]==c)count++;
        }
        if ( count> n/2 ) return c;  //确认候选主元素
    }
    return -1;  //不存在主元素
}
```

该算法时间复杂度为 O(n)，空间复杂度为 O(1)。

例 3.4 设计一个算法，通过一趟遍历，将带头结点的单链表 L 逆置，要求不借助辅助结点空间来实现。

分析：单链表逆置算法的设计思想是，将该单链表 L 分成两个单链表，一个是带头结点的空单链表 L，一个是无头结点的单链表 p。从单链表 p 中依次删除元素，并将删除的元素按前插法依次插入 L 链表中，直到 p 为空为止，逆置单链表任务完成。如图 3.17 所示是带头结点的单链表的逆置过程示意图。

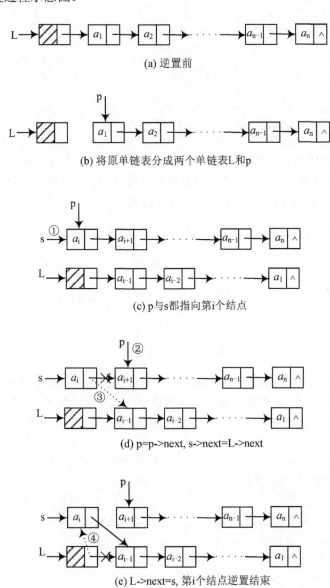

(a) 逆置前

(b) 将原单链表分成两个单链表L和p

(c) p与s都指向第i个结点

(d) p=p->next, s->next=L->next

(e) L->next=s, 第i个结点逆置结束

(f) 逆置后

图 3.17 带头结点的单链表逆置示意图

算法描述如下：

```
/********************************/
/* 函数功能：单链表逆置            */
/* 函数参数：L 指向单链表          */
/* 函数返回值：空                 */
/********************************/
void Inverse(LinkList &L){
//逆置带头结点的单链表 L
    LinkList p,s;
    p=L->next;
    L->next=NULL;
    while (p){
        s = p;
        p = p->next;  //p 指向*p 的后继
        s->next = L->next;
        L->next = s;  //*s 插入头结点之后
    }
}
```

该算法对链表顺序扫描一遍即完成了逆置，所以时间复杂度为 O(n)。

　　例 3.5　已知单链表 L，写一算法，删除元素值重复的结点。如图 3.18 所示，图 3.18（a）为删除前的单链表，图 3.18（b）为删除后的单链表。

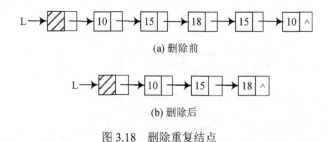

(a) 删除前

L→▨→[10|]→[15|]→[18|∧]

(b) 删除后

图 3.18　删除重复结点

　　算法思路：用指针 p 指向第 1 个数据结点，从它的后继结点开始到表的结束，找与其元素值相同的结点并删除之；p 再指向第 2 个数据结点，从它的后继结点开始到表的结束，找与其元素值相同的结点并删除之；依此类推，p 指向最后结点时算法结束。
　　算法描述如下：

```
/*****************************************************/
/* 函数功能：在单链表中删除元素值重复的结点              */
/* 函数参数：L 指向单链表                              */
/* 函数返回值：空                                     */
/*****************************************************/
void DupElemDelete(LinkList &L){
    LNode*p, *q, *r;
    p=L->next;          // p 指向第 1 个结点
    if (p==NULL) return;
    while (p->next){
        q=p;
        while (q->next){  //从*p 的后继开始找重复结点
            if (q->next->data==p->data){ //找到重复结点，用 r 指向，删除*r
                r=q->next;
```

```
                q->next=r->next;
                delete r;
            } else q=q->next;
        }
        p=p->next;  //p指向下一个,继续
    }
}
```

该算法的时间性能为 O(n^2)。

例 3.6 带头结点的循环单链表 L 如图 3.19 所示。其结点含有 3 个域：prior、data 和 next，其中 data 为数据域，存放数据元素；next 为指针域，指向后继结点；prior 为指针域，其值为 NULL。试设计一算法，将表 L 改造为一个循环双向链表。

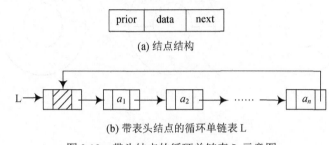

(a) 结点结构

(b) 带表头结点的循环单链表 L

图 3.19 带头结点的循环单链表 L 示意图

分析：设 p 指向某一结点，s 指向 p 所指结点的后继结点，将 p 赋值给 s 所指结点的 prior 指针域，即可实现将单链表改造为双向链表。

算法描述如下：

```
/********************************************************/
/* 函数功能：将循环单链表改造成循环双向链表              */
/* 函数参数：L 指向循环双向链表                          */
/* 函数返回值：空                                        */
/********************************************************/
void changeLtoD(DLinkList &L){
    DupNode*p=L, *s=L->next;
    while (s !=L) {
        s->prior = p;
        p = s;  s = s->next;
    }
    L->prior = p;
}
```

该算法对链表顺序扫描一遍即可实现将循环单链表改造成循环双链表，所以时间复杂度为 O(n)。

例 3.7 约瑟夫（Josephus）问题：设有 n 个人围成一圈，现从第 s 个人开始，按顺时针方向从 1 开始报数，数到 d 的人退出圆圈，然后从退出圆圈的下一个人开始重新报数，数到 d 的人又退出圆圈，依此重复下去，直到最后一个人出圈为止。对于任意给定的 n、s 和 d，求出按退出圆圈次序得到的 n 个人员的序列。试将 Josephus 问题的求解过程用链表结构实现。

分析：当 $n=6$，$s=1$，$d=5$ 时，问题的求解过程如图 3.20 所示。

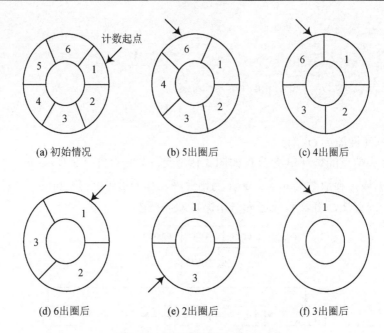

图 3.20 约瑟夫问题求解示意图

从 1 开始报数，报到 5 的人退出，相当于在这个环形队列中将 5 从环形队列中删除，就变成图 3.20（b）所示状态。从逻辑结构上看，该算法主要操作是删除运算，即当某人退出圆圈时，删除线性表相应位置的数据元素。

使用链表实现约瑟夫问题，比较简单的方法是采用不带头结点的单向循环链表，因为我们能用一个指针 p，沿循环链表不断地搜索报数，数到 d 的结点退出链表，即删除该结点。当 $n=6$，$s=1$，$d=5$ 时，用链表结构实现约瑟夫问题求解的示意图如图 3.21 所示。

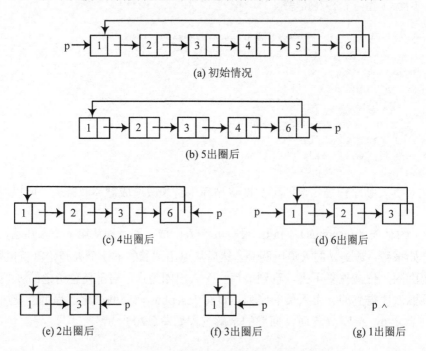

图 3.21 用链表结构实现约瑟夫问题求解示意图

约瑟夫问题算法描述如下：

```
/*****************************************************************/
/* 函数功能：用链表实现约瑟夫问题                                    */
/*          从 1 开始报数，数到 d 的人退出圆圈                        */
/* 函数参数：n 是圈中人数，s 是报数开始位置，d 是报数周期               */
/* 函数返回值：空                                                  */
/*****************************************************************/
void Josephus( int n, int s, int d){
    int i,count;
    LinkList p,q;
    //建立无头结点的单链表
    p=new LNode;  //申请一个结点
    p->data=1;
    p->next=p;
    for (i=2;i<=n;i++){
        q=new LNode;  //申请一个结点
        q->data=i;
        q->next=p->next;  p->next=q;  p=q;
    }
    //查找报数的起始结点
    for (i=1;i<=s;i++){
        p=q; q=q->next;  //q 指向报数的起点
    }
    //开始报数
    printf("退出圆圈的次序为：");
    while (q!=NULL){
        count=1;  //设置计数器初值为 1
        while (count!=d){
            count++;
            p=q;  q=q->next;
        }
        printf("%d   ", q->data);
        if (p!=q){
            p->next=q->next;
            delete q;  //释放结点所占存储空间
            q=p->next;
        }
        else{
            delete q;  //释放结点所占存储空间
            q=NULL;
        }
    }
    printf("\n");
}
```

小　结

本章介绍了线性表，本章知识结构如图 3.22 所示。

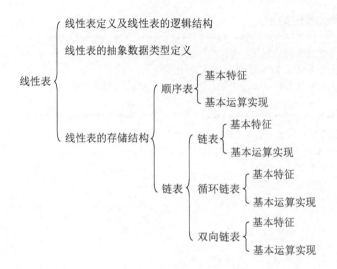

图 3.22　第 3 章线性表的知识结构

线性表是 $n(n \geqslant 0)$ 个数据元素的序列，通常写成 $(a_1, a_2, \cdots, a_n)$，因此线性表中除了第一个和最后一个元素之外，其他的每个元素都只有一个前驱和一个后继。线性表中每个元素都有自己确定的位置，即位序。$n=0$ 时的线性表称为空表，它是线性表的一种特殊状态，在设计对线性表的操作算法时一定要考虑该算法对空表是否适用。

线性表采用顺序存储结构的特点是以"存储位置相邻"表示两个元素之间的前驱后继关系。因此，顺序表的优点是可以随机存取表中任意一个元素，其缺点是每做一次插入或删除操作时，都有可能要移动表中大量数据元素。顺序表结构常应用于查询、很少做插入和删除操作且表长变化不大的线性表。

线性表采用链式存储结构的特点是以"指针"指示后继元素，因此线性表的元素可以存储在不相邻的存储器单元中。它的优点是便于进行插入和删除操作，但不能进行随机存取，每个元素的存储位置都存放在其前驱元素的指针域中，为取得表中任意一个数据元素都必须从第一个数据元素起查询。由于它是一种动态分配的结构，结点的存储空间可以随用随取，并在删除结点时随时释放，以便系统资源更有效地被利用。

为了提高查找速度，可采用循环链表或双向链表，将单链表的首尾相连接，形成循环单链表，将双向链表首尾相连接形成循环双向链表。链表结构不仅能表示线性结构，而且能有效地表示树、图等各种非线性结构。

习　　题

1．选择题

（1）一个向量第一个元素的存储地址是 100，每个元素的长度为 2，则第 5 个元素的地址是（　　）。

　　A. 110　　　　　　B. 108　　　　　　C. 100　　　　　　D. 120

（2）在 n 个结点的顺序表中，算法的时间复杂度是 O(1) 的操作是（　　）。

　　A. 访问第 i 个结点（$1 \leqslant i \leqslant n$）和求第 i 个结点的前驱（$2 \leqslant i \leqslant n$）

B．在第 i 个结点后插入一个新结点（$1 \leqslant i \leqslant n$）

C．删除第 i 个结点（$1 \leqslant i \leqslant n$）

D．将 n 个结点从小到大排序

（3）向一个有 127 个元素的顺序表中插入一个新元素并保持原来顺序不变，平均要移动的元素个数为（　　）。

　　　A．8　　　　　　　B．63.5　　　　　　C．63　　　　　　D．7

（4）链接存储的存储结构所占存储空间（　　）。

　　　A．分两部分，一部分存放结点值，另一部分存放表示结点间关系的指针

　　　B．只有一部分，存放结点值

　　　C．只有一部分，存储表示结点间关系的指针

　　　D．分两部分，一部分存放结点值，另一部分存放结点所占单元数

（5）线性表若采用链式存储结构时，要求内存中可用存储单元的地址（　　）。

　　　A．必须是连续的　　　　　　　　B．部分地址必须是连续的

　　　C．一定是不连续的　　　　　　　D．连续或不连续都可以

（6）线性表 L 在（　　）情况下适合使用链式结构实现。

　　　A．需经常修改 L 中的结点值　　　B．需不断对 L 进行删除、插入

　　　C．L 中含有大量的结点　　　　　D．L 中结点结构复杂

（7）单链表的存储密度（　　）。

　　　A．大于 1　　　　　B．等于 1　　　　C．小于 1　　　　D．不能确定

（8）将两个各有 n 个元素的有序表归并成一个有序表，其最少的比较次数是（　　）。

　　　A．n　　　　　　　B．$2n-1$　　　　　C．$2n$　　　　　D．$n-1$

（9）在一个长度为 n 的顺序表中，在第 i 个元素($1 \leqslant i \leqslant n+1$)之前插入一个新元素时，须向后移动（　　）个元素。

　　　A．$n-i$　　　　　B．$n-i+1$　　　　C．$n-i-1$　　　　D．i

（10）线性表 $L=(a_1,a_2,\cdots,a_n)$，下列说法正确的是（　　）。

　　　A．每个元素都有一个前驱和一个后继

　　　B．线性表中至少有一个元素

　　　C．表中诸元素的排列必须是由小到大或由大到小

　　　D．除第一个和最后一个元素外，其余每个元素都有一个且仅有一个前驱和后继

（11）若指定有 n 个元素的向量，则建立一个有序单链表的时间复杂性的量级是（　　）。

　　　A．O(1)　　　　　B．O(n)　　　　C．O(n^2)　　　　D．O($n\log_2 n$)

（12）以下说法错误的是（　　）。

　　　A．求表长、定位这两种运算在采用顺序存储结构时实现的效率不比采用链式存储结构时实现的效率低

　　　B．顺序存储的线性表可以随机存取

　　　C．由于顺序存储要求连续的存储区域，所以在存储管理上不够灵活

　　　D．线性表的链式存储结构优于顺序存储结构

（13）在单链表中，要将 s 所指结点插入 p 所指结点之后，其语句应为（　　）。

　　　A．s->next=p+1; p->next=s;

　　　　B．(*p).next=s; (*s).next=(*p).next;

　　　　C．s->next=p->next; p->next=s->next;

　　　　D．s->next=p->next; p->next=s;

（14）在双向链表存储结构中，删除 p 所指的结点时须修改指针的操作是（　　　）。

　　　　A．p->next->prior=p->prior; p->prior->next=p->next;

　　　　B．p->next=p->next->next; p->next->prior=p;

　　　　C．p->prior->next=p; p->prior=p->prior->prior;

　　　　D．p->prior=p->next->next; p->next=p->prior->prior;

（15）在双向循环链表中，在 p 指针所指的结点后插入 q 所指向的新结点，其修改指针的操作是（　　　）。

　　　　A．p->next=q; q->prior=p; p->next->prior=q; q->next=q;

　　　　B．p->next=q; p->next->prior=q; q->prior=p; q->next=p->next;

　　　　C．q->prior=p; q->next=p->next; p->next->prior=q; p->next=q;

　　　　D．q->prior=p; q->next=p->next; p->next=q; p->next->prior=q;

（16）已知两个长度分别为 m 和 n 的升序链表，若将它们合并为一个长度为 $m+n$ 的降序链表，则最坏情况下的时间复杂度是（　　　）。

　　　　A．O(n)　　　　　　　B．O($m+n$)　　　　C．O(min(m, n))　　　　D．O(max(m, n))

2．算法设计题

（1）将两个递增的有序链表合并为一个递增的有序链表。要求结果链表仍使用原来两个链表的存储空间，不另外占用其他的存储空间。表中不允许有重复的数据。

（2）将两个非递减的有序链表合并为一个非递增的有序链表。要求结果链表仍使用原来两个链表的存储空间，不另外占用其他的存储空间。表中允许有重复的数据。

（3）已知两个链表 A 和 B 分别表示两个集合，其元素递增排列。请设计算法求出 A 与 B 的交集，并存放于 A 链表中。

（4）已知两个链表 A 和 B 分别表示两个集合，其元素递增排列。请设计算法求出两个集合 A 和 B 的差集（即仅由在 A 中出现而不在 B 中出现的元素所构成的集合），并以同样的形式存储，同时返回该集合的元素个数。

（5）设计算法将一个带头结点的单链表 A 分解为两个具有相同结构的链表 B、C，其中 B 表的结点为 A 表中值小于零的结点，而 C 表的结点为 A 表中值不小于零的结点（链表 A 的元素类型为整型，要求 B、C 表利用 A 表的结点）。

（6）设计一个算法，通过一趟遍历在单链表中找到最大值。

（7）设计一个算法，删除递增有序链表中值大于 mink 且小于 maxk 的所有元素（mink 和 maxk 是给定的两个参数，其值可以与表中的元素相同，也可以不同）。

（8）已知 p 指向双向循环链表中的一个结点，其结点结构为 data、prior、next 三个域，写出算法 change(p)，交换 p 所指向的结点和它的前缀结点的顺序。

（9）已知长度为 n 的线性表 A 采用顺序存储结构，请写一时间复杂度为 O(n)、空间复杂度为 O(1)的算法，该算法删除线性表中所有值为 item 的数据元素。

（10）已知一个带有表头结点的单链表，结点结构为：

data	link

假设该链表只给出了头指针 list。在不改变链表的前提下，请设计一个尽可能高效的算法，查找链表中倒数第 k 个位置上的结点（k 为正整数）。若查找成功，算法输出该结点的 data 值，并返回 1；否则，只返回 0。要求：

① 描述算法的基本设计思想。

② 描述算法的详细实现步骤。

③ 根据设计思想和实现步骤，采用程序设计语言描述算法，关键之处请给出简要注释。

（11）一个长度为 L（L≥1）的升序序列 S，处在第（L/2）个位置的数称为 S 的中位数。例如，若序列 S1=(11, 13, 15, 17, 19)，则 S1 的中位数是 15。两个序列的中位数是含它们所有元素的升序序列的中位数。例如，若 S2=(2, 4, 6, 8, 20)，则 S1 和 S2 的中位数是 11。现有两个等长升序序列 A 和 B，试设计一个在时间和空间两方面都尽可能高效的算法，找出两个序列 A 和 B 的中位数。要求：

① 给出算法的基本设计思想。

② 根据设计思想，采用 C 语言描述算法，关键之处给出注释。

③ 说明所设计算法的时间复杂度和空间复杂度。

上机实验题

1. 请用顺序表实现如下操作：

（1）插入一个新元素到第 i 个位置。

（2）删除第 i 个位置的元素。

（3）显示线性表中所有元素的值。

（4）检索表中第 i 个元素。

（5）求表的长度。

要求：设计菜单，根据菜单提示进行操作。

2. 请用链表实现如下操作：

（1）插入一个新元素到第 i 个位置。

（2）删除第 i 个位置的元素。

（3）显示线性表中所有元素的值。

（4）检索表中第 i 个元素。

（5）求表的长度。

要求：设计菜单，根据菜单提示进行操作。

第4章 栈和队列

内容提要

栈和队列是两种特殊的线性表，也是非常基本、常用的数据结构。在本章中，我们将学习栈和队列的概念、栈和队列的顺序存储方式与链式存储方式及其在不同存储方式下的运算实现、栈和队列的典型相关问题的解决方法。

学习目标

能力目标：能够针对具体应用问题的特点，运用栈和队列解决问题，用栈解决行编辑、数制转换、表达式求值和程序设计语言中的递归机制实现这4个问题，借助队列编程模拟银行个人业务办理过程。

知识目标：了解栈和队列的基本概念，掌握栈和队列的两种存储结构及其基本运算实现。

4.1 引 例

栈和队列是两种特殊的线性表，它们的逻辑结构和线性表相同，只是其运算规则较线性表有更多的限制，故又称它们为运算受限的线性表。栈和队列被广泛应用于各种程序设计中。

引例 4.1：行编辑程序

编辑程序是指在计算机上实现编辑功能的程序。用户利用编辑程序对存储在计算机中的文件进行增加、删除、修改、剪贴等加工处理。用户在终端上进行输入时，不能保证不出差错。因此，在编辑程序中，采取每接收一个字符即存入用户数据区的做法显然不是很恰当。较好的做法是设立一个输入缓冲区，用以接收用户输入的一行字符，然后逐行存入用户数据区。应当允许用户输入时出差错，并在发现有误时可以及时更正。例如，当用户发现刚刚键入的一个字符是错的时，可以用退格符表示前一个字符无效；如果发现当前键入的行里面错误较多或难以补救，可以用退行符表示当前行中的字符均无效。

现在要实现一个简单的行编辑程序，接收用户从终端输入的程序或数据，并存入用户的数据区。退格符"#"为表示前一个字符无效，退行符"@"表示当前行中的字符均无效。假设从终端接受了如下3行字符：

```
s=1#0;
while@for(i=1;i<=n;i--##++)
  s=s+i;
```

则实际有效的是下列3行：

```
s=0;
for(i=1;i<=n;i++)
  s=s+i;
```

应该如何设计这个行编辑程序呢？

引例 4.2：数制转换

今天，计算机成为了人们生活中不可缺少的一部分，帮助人们解决通信、联络、互动等各方面的问题。"数制转换"是一个与计算机甚至日常生活都密切相关的问题。我们习惯以十进制计数,而计算机中广泛采用的一种数制是二进制。现在编程实现将非负十进制数转换成二进制数。转换的方法通常是将十进制数除以 2,得到的商再除以 2,依此类推直到商等于 0 时为止。各个余数的产生顺序正好是输出顺序的逆序,将除以 2 过程中顺序产生的余数逆序输出即得到转换结果。如果将余数顺序存放在某个存储区域,转换的结果就是"后进先出"的数字串。那么,程序设计时余数的保存和输出如何实现呢?

引例 4.3:表达式求值

表达式求值是程序设计语言编译中的一个基本问题。对于下列表达式:

x=9-2*2+5

我们可以很快计算出它的正确结果应该是 10。那么,编译程序是如何对表达式进行处理、求值呢?

引例 4.4:汉诺塔问题和递归实现

汉诺塔问题源于印度的一个古老的传说。传说梵天创造世界的时候做了 3 根金刚石柱子,在一根柱子上从下往上按照从大到小的顺序摆着 64 片黄金圆盘。梵天命令僧侣把圆盘从下面开始按大小顺序重新摆放在另一根柱子上,并且规定:一个圆盘上只能放比它小的圆盘,在 3 根柱子之间一次只能移动一个圆盘。应该如何移动圆盘呢?

假设 3 根柱子分别是 x、y 和 z。分析汉诺塔问题,将 n 个圆盘从柱子 x 移动到柱子 z 可以分解为以下 3 个步骤:

(1)将柱子 x 上的 $n-1$ 个圆盘借助柱子 z 移到柱子 y 上。

(2)把柱子 x 上剩下的一个圆盘移到柱子 z 上。

(3)将 $n-1$ 个圆盘从柱子 y 借助于柱子 x 移到柱子 z 上。

根据上述分解步骤,可以利用如下递归函数 hanoi 求解汉诺塔问题。

```
/****************************************************/
/* 函数功能:求解汉诺塔问题                          */
/* 函数参数:n 是圆盘数,x、y 和 z 是 3 根柱子        */
/* 函数返回值:空                                   */
/****************************************************/
void hanoi(int n, char x, char y, char z){          //行①
//将柱子 x 上的圆盘按由小到大、从上而下编号为 1 至 n
//以柱子 y 作为辅助,将 n 个圆盘按规则从柱子 x 移到柱子 z 上
  if (n==1)                     //行②
    move(x,1,z);                //行③将编号为 1 的圆盘从柱子 x 移到柱子 z
  else{                         //行④
    hanoi(n-1, x, z, y);        //行⑤以柱子 z 作为辅助,将柱子 x 上编号为 1 至 n-1 的圆盘
                                //移到柱子 y
    move(x,n,z);                //行⑥将编号为 n 的圆盘从柱子 x 移到柱子 z
    hanoi(n-1, y, x, z);        //行⑦以柱子 x 作为辅助,将柱子 y 上编号为 1 至 n-1 的圆盘
                                //移到柱子 z
  }                             //行⑧
}                               //行⑨
```

当 n 为 3 时,汉诺塔问题的求解结果如图 4.1 所示。

汉诺塔问题用递归函数解决非常简单,如果不用递归方法则令人感到无从下手。程序设计语言中的递归机制为我们编写程序提供了极大方便。那么递归在计算机中如何实现呢?

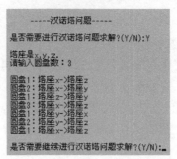

图 4.1　3 个圆盘的汉诺塔问题的求解结果

引例 4.5：银行个人业务模拟

在一些办事大厅如银行、电信、医院等公共服务场所，客户办理业务排长队的现象比较普遍。现场容易出现拥挤和混乱，而且长时间的站立会使客户感到疲惫。利用现代网络通信技术和计算机信息管理技术建立的排队系统可以改善传统排队管理所存在的拥挤、嘈杂、混乱现象，避免不必要的纠纷，真正创造舒适、公平、友好的等候环境。通过使用排队系统，由传统的客户站立排队变为取票进队、排队等待、叫号服务，使"先来先服务"的思想得到更好的贯彻。编写程序模拟一个银行柜员窗口的个人业务办理。顾客到达银行，取号并排队等待。柜员端窗口从等待队列中叫号，持有该号者出队，进入窗口办理业务并评价服务。

上述 5 个问题将在本章的学习过程中得以解决。本章将介绍栈和队列的概念和实现，采用栈结构和队列结构，可以方便地解决引例中的问题。

4.2　栈

4.2.1　栈的概念及运算

1. 栈的定义

栈（Stack）是一种操作受限的线性表，只能在表的一端进行插入和删除操作。允许插入和删除的一端称为栈顶（top），另一端称为栈底（bottom）。当栈中没有任何元素时则称为空栈。由于只允许在栈顶进行插入和删除，所以栈的操作是按"后进先出"的原则进行的，因此，栈又称为后进先出（Last In First Out，LIFO）的线性表。

若给定栈 $S=(a_1,a_2,\cdots,a_n)$，则称 a_1 为栈底元素，a_n 为栈顶元素，如图 4.2 所示。

2. 栈的抽象数据类型定义

栈的抽象数据类型的定义如下：

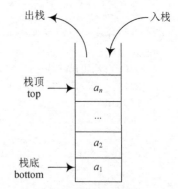

图 4.2　栈结构示意图

```
ADT Stack{
    数据对象: D={ a_i| a_i∈Elementset, i=1,2,…,n,n≥0, a_i是字符}  //任意数据元素的集合
    数据关系: R={<a_i,a_{i+1}>| a_i,a_{i+1}∈D, i=1,2,…,n-1}  //约定a_n端是栈顶,a_1端是栈底
    基本运算:
        InitStack(&S)
            初始条件: 栈S不存在。
```

　　　　运算结果：构造一个空栈 S。
　　DestroyList(&S)
　　　　初始条件：栈 S 已存在。
　　　　运算结果：销毁栈 S。
　　ClearStack(&S)
　　　　初始条件：栈 S 已存在。
　　　　运算结果：将 S 重置为空栈。
　　StackEmpty(S)
　　　　初始条件：栈 S 已存在。
　　　　运算结果：若 S 为空栈，则返回 true，否则返回 false。
　　StackFull(S)
　　　　初始条件：栈 S 已存在。
　　　　运算结果：若 S 已满，则返回 true，否则返回 false。
　　StackLength(L)
　　　　初始条件：栈 S 已存在。
　　　　运算结果：返回 S 的长度，即 S 中数据元素个数。
　　Push(&S, e)
　　　　初始条件：栈 S 已存在。
　　　　运算结果：将元素 e 插入 S 的栈顶，作为新的栈顶元素。
　　Pop(&S, &e)
　　　　初始条件：栈 S 已存在。
　　　　运算结果：删除 S 的栈顶元素，并用 e 返回其值。
　　GetTop(S, &e)
　　　　初始条件：栈 S 已存在且非空。
　　　　运算结果：用 e 返回 S 的栈顶元素。
}ADT Stack

　　需要注意的是，在抽象数据类型中定义的运算都是一些基本的运算，但在实际问题中可能有很多复杂的运算没有在抽象数据类型中定义，例如将两个或两个以上的栈合并成一个共享栈，以此可以充分利用空间实现这些基本运算或复杂的运算。

　　在栈的抽象数据类型定义中给出的各种运算是定义在线性表的逻辑结构上的，用户只需了解各种运算的功能，而无需知道它们的具体实现。运算的具体实现与栈采用哪种存储结构有关。

　　与线性表类似，栈也有两种存储表示方法：顺序存储结构和链式存储结构，下面介绍这两种存储结构。

4.2.2　栈的顺序表示和实现

　　用顺序存储结构实现的栈称为**顺序栈**（Sequential Stack）。顺序栈分配一块连续的存储区域来存放栈中元素。类似于顺序表，可以用足够大的一维数组表示顺序栈，栈底位置可以设置在数组的任意一端。栈顶随着插入和删除操作而变化，用一个整型变量 top 作为栈顶指针，指明当前栈顶的位置。

　　顺序栈的类型定义如下：

```
#define MAXSIZE 1024        //顺序栈的最大容量
typedef int SElemType;      //定义栈中元素类型，可调整
typedef struct{
  SElemTypedata[MAXSIZE];   //顺序栈
  int top;                  //栈顶指针
```

```
}SeqStack;
```

定义一个指向顺序栈的指针 S：

```
SeqStack *S;
```

需要注意的是，top 被称作栈顶指针，但它是一个整型变量，存储的是数组单元的序号，即数组的下标，而不是具体的物理地址。这一点一定要与 C 语言中的指针概念加以区别。

这里，top 始终指向栈顶元素的下一个位置，即栈中下一个入栈位置。top 的取值范围为 0～MAXSIZE。假设栈底在低地址端，top 的值就是栈的长度，即栈中数据元素的个数；当 top 值为 0 时，表示空栈；当 top 值为 MAXSIZE 时，表示栈满。顺序栈的结构及栈顶指针变化示意如图 4.3 所示。

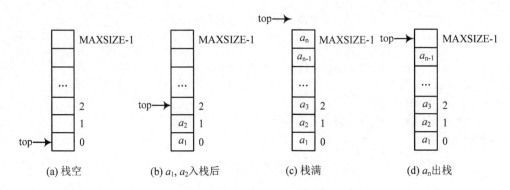

(a) 栈空　　　(b) a_1, a_2入栈后　　　(c) 栈满　　　(d) a_n出栈

图 4.3　顺序栈结构及栈顶指针变化示意图

下面给出顺序栈的部分基本运算实现。

1. 初始化顺序栈

在初始化一个基于动态存储的顺序栈时，首先为顺序栈动态分配初始容量为 MAXSIZE 的存储空间，然后初始化栈顶指针。

```
/***********************************************/
/* 函数功能：创建一个顺序栈并初始化              */
/* 函数参数：S 指向顺序栈                        */
/* 函数返回值：int 类型，OK 表示成功             */
/*             ERROR 表示失败                    */
/***********************************************/
int InitStack_Sq (SeqStack *&S){
//初始化顺序栈 S
  S=new SeqStack;          //申请栈空间
  if(!S) //存储分配失败
     return ERROR;         //初始化失败
  S->top = 0;              //设置栈顶指针值，空栈为 0
  return OK;               //初始化成功
}
```

2. 入栈

入栈首先要判断栈是否已满。在栈不满的前提下，先将新元素压入栈顶，然后栈顶指针增加 1。

```
/***********************************************/
/* 函数功能：入栈操作                            */
/* 函数参数：S 指向顺序栈，e 为入栈元素           */
```

```
/* 函数返回值: int 类型, OK 表示入栈成功              */
/*             ERROR 表示栈满, 入栈失败              */
/**************************************************/
int Push_Sq (SeqStack *&S, SElemType e){
//将元素 e 压入栈 S
  if (StackFull_Sq(S)) return ERROR;     //若栈满, 不能入栈
  S->data[S->top++] = e;
  return OK;
}
```

3. 出栈

出栈首先要判断栈是否为空。在栈不空的前提下, 先将栈顶元素赋给 e, 然后将栈顶指针减 1。

```
/**************************************************/
/* 函数功能: 出栈操作                              */
/* 函数参数: S 指向栈                              */
/*           e 为出栈变量, 用于存储出栈元素值        */
/* 函数返回值: int 类型, OK 表示出栈成功            */
/*             ERROR 表示栈空, 出栈失败            */
/**************************************************/
int Pop_Sq (SeqStack *&S, SElemType &e){
//弹出栈 S 的栈顶元素, 并用 e 返回
  if (StackEmpty_Sq(S)) return ERROR;          //若栈空, 不能出栈
  e = S->data[--S->top];
  return OK;
}
```

4. 取栈顶元素

取栈顶元素首先要判断栈是否为空。在栈不空的前提下, 将栈顶元素赋给 e。

```
/**************************************************/
/* 函数功能: 取栈顶元素                            */
/* 函数参数: S 指向栈, e 为存储栈顶元素的变量        */
/* 函数返回值: int 类型, OK 表示成功               */
/*             ERROR 表示栈空, 取栈顶元素失败       */
/**************************************************/
int GetTop_Sq (SeqStack *S, SElemType &e){
//用 e 返回栈 S 的栈顶元素
  if (StackEmpty_Sq(S)) return ERROR;          //若栈空, 取栈顶元素失败
  e = S->data[S->top-1];
  return OK;
}
```

说明:

(1) 对于顺序栈, 入栈时应首先判断栈是否已满, 栈满时, 不能进行入栈操作, 否则会出现空间溢出, 引起错误, 这种现象称为上溢。

(2) 出栈和读栈顶元素时, 先判断栈是否为空, 若为空, 说明无数据元素可用, 不进行操作。当栈为空时, 若进行出栈或读栈顶元素时将产生错误, 这种现象称作下溢。

4.2.3 栈的链式表示和实现

用链式存储结构实现的栈称为**链栈**(Linked Stack)。这里采用单链表实现链栈。因为栈

的主要运算是在栈顶插入、删除，将单链表的表头看作栈顶，操作起来非常方便。带头结点的链栈示意如图 4.4 所示。链表的头指针 S 实际上就是链栈的栈顶指针。若头结点中的指针域为空表示链栈为空栈，如图 4.4（a）所示。

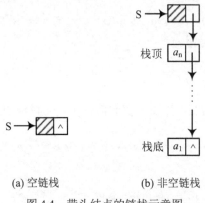

(a) 空链栈   (b) 非空链栈

图 4.4 带头结点的链栈示意图

采用单链表实现的链栈，其结点结构与单链表结点的结构相同。链栈的类型说明如下：

```
typedef int SElemType;      //定义栈中元素类型，可调整
typedef struct node{
  SElemType data;           //数据域
  struct node *next;        //指针域
} StackNode, *LinkStack;
```

定义一个链栈 S：

```
LinkStack S;                //定义栈顶指针
```

链栈中的结点是动态分配的，所以链栈不存在栈满上溢的情况。因此实现链栈基本操作时不需要考虑判断栈满。下面给出链栈的部分基本运算实现。

1. 初始化链栈

初始化链栈是建立一个空链栈。实际上是创建链栈的头结点，并将其 next 域置为 NULL。

```
/***************************************************/
/* 函数功能：初始化链栈                            */
/* 函数参数：S 是链栈                              */
/* 函数返回值：int 类型，OK 表示成功               */
/*            ERROR 表示失败                       */
/***************************************************/
int InitStack_L(LinkStack &S){
//初始化链栈 S
  S =new StackNode;          //申请头结点空间
  if(!S)                     //存储分配失败
    return ERROR;            //初始化失败
  S->next=NULL;              //设置头结点指针域为空
  return OK;                 //初始化成功
}
```

2. 入栈

将新数据结点插入单链表的头结点之后。

```
/***************************************************/
/* 函数功能：入栈操作                              */
/* 函数参数：S 是链栈，e 是入栈元素                */
```

```
/* 函数返回值：空                                              */
/***************************************************/
void Push_L (LinkStack &S, SElemType e){
//入栈操作
   StackNode *q;
   q= new StackNode;
   q->data=e;
   q->next=S->next;
   S->next=q;
}
```

3. 出栈

出栈首先要判断栈是否为空。在栈不空的前提下，先将栈顶元素，即头结点指针域所指结点的数据域赋给 e，然后删除头结点指针域所指的结点。

```
/***************************************************/
/* 函数功能：出栈操作                                          */
/* 函数参数：S 是链栈                                          */
/*           e 是出栈变量，用于存储出栈元素值                      */
/* 函数返回值：int 类型，OK 表示出栈成功                          */
/*            ERROR 表示栈空，出栈失败                          */
/***************************************************/
int Pop_L(LinkStack &S, SElemType &e){
//出栈操作
   StackNode *p;
   if (StackEmpty_L (S)) return ERROR;     //栈空，返回 ERROR
   p=S->next;                              //p 指向栈顶元素
   e=p->data;                              //栈顶元素值存入 e 中
   S->next = p->next;                      //将 p 所指结点从链栈中删除，即出栈操作
   delete p;                               //释放 p 所指结点占用的空间
   return OK;                              //操作成功，返回 OK
}
```

4. 取栈顶元素

取栈顶元素首先要判断栈是否为空。在栈不空的前提下，将栈顶元素，即头结点指针域所指结点的数据域赋给 e。

```
/***************************************************/
/* 函数功能：取栈顶元素                                        */
/* 函数参数：S 是链栈                                          */
/*           e 为出栈变量，用于存储出栈元素值                      */
/* 函数返回值：int 类型，OK 表示成功                             */
/*            ERROR 表示栈空，取栈顶元素失败                      */
/***************************************************/
int GetTop_L (LinkStack S, SElemType &e){
//取得栈顶元素并用 e 返回
   StackNode *p;
   if (StackEmpty_L (S)) return ERROR;     //栈空，返回 ERROR
   p=S->next;                              //p 指向栈顶元素
   e=p->data;                              //栈顶元素值存入 e 中
   return OK;                              //操作成功，返回 OK
}
```

4.3　引例中栈相关问题的解决

4.3.1　行编辑的解决

分析引例 4.1 的行编辑问题，由于处理操作总是在一端，可以将输入缓冲区设为一个栈结构，每当从终端接收了一个字符之后做如下判断：

（1）如果它既不是退格符也不是退行符，则将该字符入栈；

（2）如果它是一个退格符，则从栈顶字符出栈；

（3）如果它是一个退行符，则将栈清空。

建立 LineEdit.cpp 文件，包含 stdio.h 和 SeqStack.h 头文件。

LineEdit.cpp 文件中包含 3 个函数：LineEdit 函数、InputUserDataArea 函数和 main 函数。LineEdit 函数实现行编辑功能，InputUserDataArea 函数将从终端接收的一行送至用户数据区。这里给出 LineEdit 函数的实现，其代码如下。

```
/****************************************************/
/* 函数功能：行编辑                                   */
/* 函数参数：无                                       */
/* 函数返回值：空                                     */
/****************************************************/
void LineEdit(){
//行编辑
//利用字符栈，从终端接收一行并传送至调用过程的数据区

  SeqStack *S;
  char ch, c;

  InitStack_Sq(S);                    //初始化栈 S

  printf("\n\t ");                    //控制格式
  ch=getchar();                       //从终端接收第 1 个字符
  while(ch!=EOF){                     //EOF 为全文结束符
    printf("\t ");                    //控制格式
    while(ch!=EOF && ch!='\n'){
      switch(ch){
      case '#': Pop_Sq(S,c);          //仅当栈非空时退栈
            break;
      case '@': ClearStack_Sq(S);     //重置 S 为空栈
            break;
      default: Push_Sq(S,ch);         //有效字符进栈
            break;
      }
      ch=getchar();
    }//end of while(ch!=EOF && ch!='\n')

    InputUserDataArea(S);             //将栈 S 内字符传送至调用过程的数据区
```

```
    ClearStack_Sq(S);                    //清空栈 S
    if(ch!=EOF) ch=getchar();
  } //end of while(ch!=EOF)

  DestroyStack_Sq(S);                    //销毁栈 S
  return;
} //end of LineEdit
```

行编辑程序运行结果如图 4.5 所示。

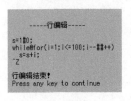

（a）行编辑过程

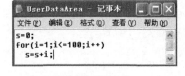

（b）用户数据区内容

图 4.5　行编辑程序运行结果

4.3.2　数制转换的解决

对于引例 4.2 的数制转换问题，即将非负十进制数 N 转换为 m 进制数，可以利用除 m 取余法解决。以十进制数转换为二进制数 $N=28$，$m=2$ 为例，其转换过程如下：

N	$N/2$（整除）	$N\%2$（求余）
28	14	0
14	7	0
7	3	1
3	1	1
1	0	1

十进制数 28 转换为二进制数为 11100。

从上面的转换过程可以看到：在除 2 求余过程中，最先求出的余数是二进制的最低位，最后求出的余数是二进制的最高位。这正好符合栈结构的特点，在求余数的过程中将余数顺次入栈，然后将余数出栈，余数按出栈次序所构成的便是二进制数。

假定从 N 是非负十进制整数，现将 N 转换为 m 进制整数，m 是 2 到 9 之间的整数。借助栈结构，数制转换算法过程如下：

（1）将 $N\%m$ 入栈，并更新 N 为 N/m；

（2）如果 N 不等于 0，则执行（1），否则将栈中元素出栈并输出其值。

建立 Conversion.cpp 文件，包含头文件 stdio.h 和 SeqStack.h。Conversion.cpp 文件包含 Conversion 函数和 main 函数。Conversion 函数实现了数制转换功能。该函数将非负十进制整数 N 转换为 m 进制整数，m 是 2 到 9 之间的整数。Conversion 函数代码如下。

```
/*****************************************************/
/* 函数功能：数制转换                                */
/* 函数参数：N 是非负十进制整数                       */
/*          m 是 2 到 9 之间的整数                    */
/* 函数返回值：空                                    */
```

```
/*******************************************************/
void Conversion(int N, int m){
//将非负十进制整数 N 转换为 m 进制整数, m 是 2 到 9 之间的整数
    SeqStack *st;
    int b;
    InitStack_Sq(st);
    do {
        Push_Sq(st, N%m);
        N=N/m;
    } while(N);
    while(!StackEmpty_Sq(st)){
      Pop_Sq(st, b);
      printf("%d",b);
    }
    DestroyStack_Sq(st);
    return;
}
```

main 函数调用 Conversion 函数实现数制转换。执行程序结果如图 4.6 所示。

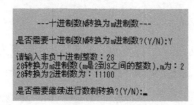

图 4.6　十进制转 m 进制数运行结果图

4.3.3　表达式求值的解决

表达式求值是源程序编译中一个最基本的问题。若要把一个含有表达式的赋值语句翻译成能正确求值的机器语言，首先应正确地解释表达式。例如以下表达式：

$$x=9-2*2+5 \tag{4-1}$$

其正确的计算结果应该是 10，但若编译程序在对表达式进行处理时，使用简单的从左到右扫描的原则进行计算，则出现错误的计算结果：

$$9-2*2+5=7*2+5=14+5 \ =19$$

出错的原因是没有考虑到运算符的优先级。

从（4-1）式可以看出，运算符在两个操作数中间，我们把这样的表达式称为中缀表达式。在中缀表达式中，运算符具有不同的优先级，并且圆括号还可以改变运算符运算次序，这两点使得运算规律较复杂，求值过程不能简单地从左到右按顺序进行。因此，后缀表达式就产生了。

将运算符写在两个操作数之后的表达式称为后缀表达式。后缀表达式中没有括号，而且运算符没有优先级。后缀表达式的求值过程能够严格地从左到右按顺序进行，符合运算器的求值规律。例如将上式（4-1）转化为后缀表达式如下：

$$9 \ 2 \ 2 \ * \ - \ 5 \ + \tag{4-2}$$

从左到右按顺序运算时，遇到运算符时，则对它前面的两个操作数求值，如图 4.7 所示是式（4-2）的求值过程示意图。

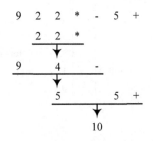

图 4.7 后缀表达式的求值过程

由上所述，在表达式求值时，分两步进行：首先将中缀表达式转换为后缀表达式，再求后缀表达式的值。为简化问题，本例对整型表达式求值，输入字符串为合法的中缀表达式，表达式由双目运算符+、-、*、/和圆括号()组成，操作数均为 1 位十进制数。

1. 将中缀表达式转换为后缀表达式

对于合法的中缀表达式，其运算符的优先级从高到低依次为：圆括号、*和/、+和-。其中"*"和"/"为同级运算符，其运算规则为从左到右按顺序运算，"+"和"-"亦如此。对于多层括号，由内向外进行。

在中缀表达式中，当前看到的运算符不能立即参与运算。例如式（4-1）中，第一个出现的运算符是-，此时另一个操作数没有出现，而且后出现的*运算符的优先级较高，应该先运算，所以不能先进行-运算，必须将-运算符保存起来。式（4-1）中-、*的出现次序与实际运算次序正好相反，因此，将中缀表达式转换为后缀表达式时，运算符的次序可能改变，必须设立一个栈来存放运算符。假定"#"为输入表达式的结束符，转化过程如下：

（1）"#"入栈。

（2）从左到右对中缀表达式进行扫描，每次按（2.1）～（2.5）处理一个字符，直至表达式结束。

（2.1）若当前字符 c 是数字，则输出。

（2.2）若当前字符 c 是"("，则入栈。

（2.3）若当前字符 c 是")"，判断栈顶元素是否为"("和"#"，若不是则栈顶元素 t 出栈并输出 t，直至栈顶元素 t 为"("或栈空为止。

（2.4）若当前字符 c 是"+"、"-"、"*"、"/"，则取得栈顶元素 t。若 c 的优先级高于 t 的优先级，则 c 入栈；若 c 的优先级不高于 t 的优先级，则栈顶元素 t 不断出栈且输出 t，直到 t 的优先级低于 c 的优先级，再将 c 入栈。

（2.5）若当前字符 c 是"#"，若栈不空则将栈顶元素 t 出栈，若 t 不是"#"则输出 t。

为将中缀表达式"3*(4+2)/2-5"转换为后缀表达式，输入"3*(4+2)/2-5#"，运算符栈状态的变化情况如图 4.8 所示。

建立 InfixtoSuffix.h 文件，引入以下头文件：

```
#include <stdio.h>
#include <stdlib.h>
#include <string.h>
#include "SeqStack.h"
```

InfixtoSuffix.h 文件包含 Priority 函数和 InfixtoSuffix 函数。

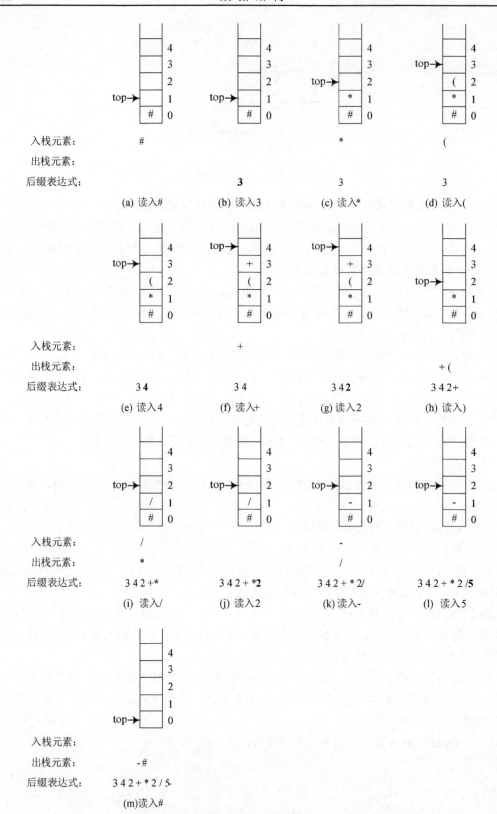

图4.8　表达式转换过程中运算符栈状态的变化情况

Priority 函数返回运算符的优先级，代码如下。

```
/***************************************************/
/* 函数功能：计算运算符优先级                          */
/* 函数参数：op 是运算符                              */
/* 函数返回值：int 类型，运算符的优先级                 */
/***************************************************/
int Priority(ElemType_Sq op){
//返回运算符 op 的优先级

  switch(op){
    case '#':
    case '(':
      return 1;

    case '+':
    case '-':
      return 2;

    case '*':
    case '/':
      return 3;
  } //end of switch
  return -1;
}
```

InfixtoSuffix 函数调用 Priority 函数，实现将中缀表达式转换为后缀表达式。

```
/***************************************************/
/* 函数功能：中缀表达式转换为后缀表达式                 */
/* 函数参数：infix 是存放中缀表达式的字符串             */
/*           suffix 是存放后缀表达式的字符串            */
/* 函数返回值：空                                     */
/***************************************************/
void InfixtoSuffix(char *infix, char *&suffix){
//将中缀表达式 infix 转换为后缀表达式 suffix

  char *infix_temp;
  infix_temp=new char[100];
  infix_temp[0]='\0';
   //将中缀表达式 infix 存入 infix_temp，并加上结束符"#"
  strcat(strcat(infix_temp, infix), "#");
  SeqStack *opst;                         //运算符栈 Operator Stack
  char c,t;

  InitStack_Sq(opst);                     //运算符栈初始化
  Push_Sq(opst,'#');                      //压入栈底元素'#'

  int i,j;
  i=j=0;

  do{
    c=infix_temp[i++];
    switch(c){                            //判断并处理表达式字符
```

```
        case '0':
        case '1':
        case '2':
        case '3':
        case '4':
        case '5':
        case '6':
        case '7':
        case '8':
        case '9':
            suffix[j++]=c;
            break;

        case '(':
            Push_Sq(opst,c);
            break;

        case ')':
          do{
            Pop_Sq(opst,t);
            if(t!='(' && t!='#') suffix[j++]=t;
          } while(t!='(' && !StackEmpty_Sq(opst));
          break;

        case '+':
        case '-':
        case '*':
        case '/':
          GetTop_Sq(opst,t);
          while(Priority(c)<=Priority(t)){
            Pop_Sq(opst,t);
            suffix[j++]=t;
            GetTop_Sq(opst,t);
          }
          Push_Sq(opst,c);
          break;

        case '#':
          while(!StackEmpty_Sq(opst)){
            Pop_Sq(opst,t);
            if(t!='#') suffix[j++]=t;
          }
          break;

        default:
          break;                //忽略其他符号
    } //end of switch
  }while(c!='#');               //以'#'结束表达式扫描

  suffix[j]='\0';
}
```

建立 InfixtoSuffixShow.cpp 文件,包含 InfixtoSuffix.h 头文件。InfixtoSuffixShow.cpp 文件中 main 函数调用 InfixtoSuffix.h 文件中的 InfixtoSuffix 函数,来实现中缀和后缀表达式的转换演示。程序执行结果如图 4.9 所示。

```
---中缀表达式转换为后缀表达式---
是否进行表达式转换?(Y/N):Y
请输入中缀表达式(括号是(和)):
3*(4+2)/2-5
转换为后缀表达式:
342+*2/5-
```

图 4.9 中缀表达式转换为后缀表达式运行结果

2. 后缀表达式求值

由于后缀表达式没有括号,且运算符没有优先级,因此求值过程中,当运算符出现时,只要取得前两个操作数就可以立即进行运算。而当两个操作数出现时,却不能立即求值,必须先保存等待运算符。所以后缀表达式的求值过程中也必须设立一个栈,用于存放操作数。

后缀表达式求值算法描述如下:

从左到右依次读入后缀表达式字符,对其按以下两步进行处理,直至表达式结束。栈中最后一个数据元素就是所求表达式的结果。

(1)若遇到数字,转化为整数,入操作数栈;

(2)若遇到运算符,从栈中弹出两个数值进行运算,运算结果再入栈。

在后缀表达式 3 4 2 + * 2 / 5 -的求值过程中,操作数栈的变化情况如图 4.10 所示。

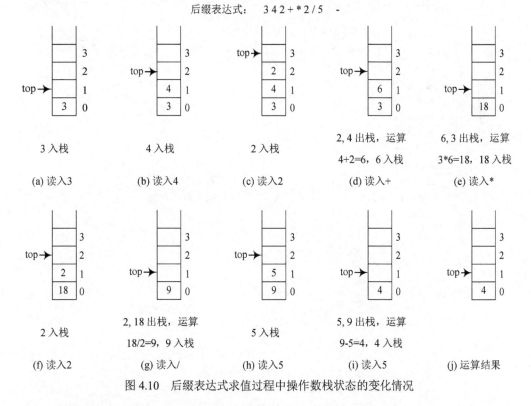

图 4.10 后缀表达式求值过程中操作数栈状态的变化情况

建立 SuffixCalculate.h 文件,引入以下头文件:

```
#include <stdio.h>
#include <stdlib.h>
#include <string.h>
#include "LinkStack.h"
```

　　SuffixCalculate.h 文件包含一个函数 **CalculateSuffix**。该函数实现后缀表达式求值功能，代码如下。

```
/*******************************************************/
/* 函数功能：后缀表达式计算                              */
/* 函数参数：suffix 是存放后缀表达式的字符串              */
/*           result 返回表达式的值                       */
/* 函数返回值：int 类型，-1 表示表达式有错                */
/*            0 表示表达式为空                           */
/*            1 表示表达式正确且非空                      */
/*******************************************************/
int CalculateSuffix(char *&suffix, int &result){   //计算表达式的值
//若表达式错误，返回-1；若表达式为空，返回 0；若表达式正确，用 result 返回表达式的值
    if (strlen(suffix)==0) return 0;
    int num=0, num1, num2;
    int i;
    char c;
    LinkStack ps;
    InitStack_L(ps);

    for(i=0; suffix[i]!='\0';i++){
        c=suffix[i];
        switch(c){
            case '0':
            case '1':
            case '2':
            case '3':
            case '4':
            case '5':
            case '6':
            case '7':
            case '8':
            case '9':
                num=c-'0';                  //将数字转化为数值
                Push_L(ps, num);            //将操作数压入栈
                break;

            case '+':
            case '-':
            case '*':
            case '/':
                if(StackEmpty_L(ps)){       //如果栈为空，返回错误
                    delete ps;
                    return -1;
                }
                Pop_L(ps, num2);      //弹出一个操作数
                if(StackEmpty_L(ps)){
                    delete ps;
                    return -1;
                }
                Pop_L(ps, num1);      //弹出另一个操作数
            //两个操作数进行运算
```

```
            if(c=='+') Push_L(ps, num1+num2);
            if(c=='-') Push_L(ps, num1-num2);
            if(c=='*') Push_L(ps, num1*num2);
            if(c=='/') Push_L(ps, num1/num2);
            break;

        default:
            delete ps;
            return -1;
    } //end of switch
} //end of for(i=0; suffix[i]!='\0';i++)

Pop_L(ps, result);
if(!StackEmpty_L(ps)){              //栈不为空，返回错误
    delete ps;
    return -1;
}

delete ps;
return 1;
} //end of CalculateSuffix
```

建立 ExpressionCalculate.cpp 文件，包含以下头文件：

```
#include <stdio.h>
#include <stdlib.h>
#include <string.h>
#include "InfixtoSuffix.h"
#include "SuffixCalculate.h"
```

ExpressionCalculate.cpp 文件中的 main 函数实现中缀表达式求值。首先调用 InfixtoSuffix.h 文件中的函数，将中缀表达式转换为后缀表达式，再调用 SuffixCalculate.h 文件中的函数，对后缀表达式求值。程序运行结果如图 4.11 所示。

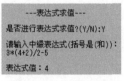

(a)表达式 3*(4+2)/2-5 求值   (b) 表达式 3*(4+2/2-5 求值   (c) 空表达式

图 4.11　表达式求值运行结果

4.3.4　递归实现的解决

一个递归函数，在函数执行的过程中，需要多次进行自我调用，那么，这个递归函数如何执行呢？这就需要用到栈。

先看两个函数之间的调用的执行情况。

系统在函数调用前完成如下工作：

（1）将返回地址等信息入栈，并保存本层局部变量值；

（2）为被调函数的局部变量分配存储区；

（3）将控制转移到被调函数代码区的入口。

系统在被调函数返回之前完成如下工作：

（1）保存被调函数的计算结果；

（2）释放被调函数的数据区；

（3）出栈并根据返回地址将控制转移到调用函数，恢复执行。

递归作为函数调用特例过程同上，在允许递归的语言中，系统自动维护一个递归工作栈，不支持递归时，用户可仿照系统自行设立递归工作栈。

栈是实现函数的嵌套调用和递归调用的基础。程序运行时，系统允许在一个函数中调用另一个函数，称为函数的嵌套调用。例如，在函数 A 中调用了函数 B，在函数 B 中又调用了函数 C。根据嵌套调用规则，每个函数在执行完后应返回到调用它的函数中的下一条语句处继续执行。所以，当函数 C 执行结束，应回到函数 B 中调用函数 C 的下一条语句处继续执行，当函数 B 执行结束后应回到函数 A 中调用函数 B 的下一条语句处继续执行。如上所述，函数调用的次序与返回的次序正好相反，栈正好满足这种调用机制。当函数被调用时，系统将该函数的有关信息（地址、参数、局部变量等状态）保存在栈中（入栈），称为保护现场；函数调用完返回时，取出保存在栈中的信息（出栈），称为恢复现场，使程序得以继续运行。由此可知，系统需实现嵌套调用或递归调用时，设立一个栈结构是必不可少的。

一个递归函数的运行过程类似于函数的嵌套调用，只是调用函数和被调函数是同一个函数，因此，和每次调用相关的一个重要概念是递归函数运行的"层次"。假设调用该递归函数的主函数为第 0 层，则从主函数调用递归函数为进入第 1 层；从第 i 层递归调用本函数为进入"下一层"，即第 $i+1$ 层。反之，退出 i 层递归应返回至"上一层"，即第 $i-1$ 层。为了保证递归函数的正确执行，系统需设立一个"递归工作栈"作为运行期间的数据存储区。

在引例 4.4 中，我们用递归函数 hanio 解决了汉诺塔问题。表 4.1 展示了语句"hanio(3, x, y, z);"执行过程中递归工作栈的变化情况。

表 4.1　函数 hanio 执行时递归工作栈的状态变化

递归层次 i	递归工作栈状态 (n 值, x 值, y 值, z 值)	塔与圆盘的状态	说　明
1	3,x,y,z	x　y　z	进入第 1 层递归（i=1），入栈。至行⑤，因递归调用而进入下一层
2	2,x,z,y 3,x,y,z	x　y　z （圆盘 1,2,3 在 x）	由第 1 层的语句行⑤进入第 2 层递归（i=2），入栈，执行至行⑤
3	1,x,y,z 2,x,z,y 3,x,y,z	x　y　z （圆盘 2,3 在 x，1 在 z）	由第 2 层行⑤进入第 3 层递归（i=3），入栈。执行行③，将 1 号圆盘由 x 移至 z 后从行⑨退出第 3 层递归，出栈。返回第 2 层（i=2）行⑥

续表

递归层次 i	递归工作栈状态 (n 值, x 值, y 值, z 值)	塔与圆盘的状态	说　明
2	2,x,z,y 3,x,y,z		在第 2 层行⑥将 2 号圆盘由 x 移至 y 后，从行⑦进入第 3 层递归（i=3），入栈
3	1,z,x,y 2,x,z,y 3,x,y,z		在第 3 层行③将 1 号圆盘由 z 移至 y 后，从行⑨退出第 3 层，出栈。返回到第 2 层(i=2)的行⑧
2	2,x,z,y 3,x,y,z		从行⑨退出第 2 层，出栈。返回第 1 层(i=1)行⑥
1	3,x,y,z		在第 1 层行⑥将 3 号圆盘由 x 移至 z 后，从行⑦进入第 2 层递归（i=2），入栈
2	2,y,x,z 3,x,y,z		从第 2 层行⑤进入第 3 层递归（i=3），入栈
3	1,y,z,x 2,y,x,z 3,x,y,z		在第 3 层行③将 1 号圆盘由 y 移至 x 后，从行⑨退出第 3 层递归，出栈。返回至第 2 层（i=2）行⑥
2	2,y,x,z 3,x,y,z		在第 2 层行⑥将 2 号圆盘由 y 移至 z 后，从行⑦进入第 3 层递归（i=3），入栈
3	1,x,y,z 2,y,x,z 3,x,y,z		在第 3 层行③将 1 号圆盘由 x 移至 z 后，从行⑨退出第 3 层递归，出栈。返回至第 2 层（i=2）行⑧
2	2,y,x,z 3,x,y,z		从行⑨退出第 2 层递归，出栈。返回至第 1 层（i=1）行⑧
1	3,x,y,z		从行⑨退出第 1 层递归，出栈。返回至主函数（i=0）
0	栈空		

4.4　队　列

4.4.1　队列的概念及运算

1. 队列的定义

队列（queue）是插入和删除操作分别在表两端进行的线性表。向队列中插入元素的过程称为入队（enqueue），删除元素的过程称为出队（dequeue）。允许入队的一端称为队尾（rear），允许出队的一端称为队头（front）。标识队头和队尾当前位置的变量称为队头指针和队尾指针。当队列中没有数据元素时称作空队列。

若给定队列 $Q=(a_1,a_2,a_3,...,a_n)$，则称 a_1 是队头元素，a_n 是队尾元素，如图 4.12 所示。

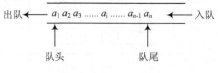

图 4.12　队列示意图

显然，队列也是一种运算受限制的线性表，由于队列中出队的数据元素一定是队列中最早入队的数据元素，所以队列又称为"先进先出表"（First In First Out，FIFO）。

在日常生活中，队列的例子有很多，如排队购物。排在队最前面的顾客是队头，排在队最后面的顾客是队尾；排在队前面的顾客先买东西先离开，称为出队，后来的顾客排在队尾等待购物，相当于入队。

2. 队列的抽象数据类型定义

队列的抽象数据类型的定义如下：

```
ADT Queue{
    数据对象: D={ a_i| a_i∈Elementset, i=1,2,…,n,n≥0, a_i是字符}  //任意数据元素的集合
    数据关系: R={<a_i,a_{i+1}>| a_{i-1},a_i∈D, i=1,2,…,n-1}  //约定a_1端是队头, a_n端是队尾
    基本运算:
        InitQueue(&Q)
            初始条件: 队列 Q 不存在。
            运算结果: 构造一个空队列 Q。
        DestroyQueue(&Q)
            初始条件: 队列 Q 已存在。
            运算结果: 销毁队列 Q。
        ClearQueue(&Q)
            初始条件: 队列 Q 已存在。
            运算结果: 将 Q 重置为空队列。
        QueueEmpty(Q)
            初始条件: 队列 Q 已存在。
            运算结果: 若 Q 为空队列, 则返回 true, 否则返回 false。
        QueueFull(Q)
            初始条件: 队列 Q 已存在。
            运算结果: 若 Q 为满队列, 则返回 true, 否则返回 false。
        QueueLength(Q)
            初始条件: 队列 Q 已存在。
            运算结果: 返回 Q 的长度, 即 Q 中数据元素个数。
        EnQueue(&Q, e)
            初始条件: 队列 Q 已存在。
            运算结果: 将元素 e 插入 Q 的队尾, 作为新的队尾元素。
        DeQueue(&Q, &e)
            初始条件: 队列 Q 已存在。
            运算结果: 删除 Q 的队头元素, 并用 e 返回其值。
        GetHead(Q, &e)
```

初始条件：Q 为非空队列。
　　　　运算结果：用 e 返回 Q 的队头元素。
}ADT Queue

4.4.2　队列的顺序表示和实现

与线性表、栈类似，队列也有顺序和链式两种存储结构。顺序存储结构的队列称为顺序队列或顺序队。

队列的顺序存储结构就是定义一组连续的存储空间存放队列的数据元素。因为队列的队头和队尾都是活动的，因此，在定义顺序队列类型时应定义队列的队头、队尾两个指针。顺序队的类型定义如下：

```
#define MAXSIZE 1024          //顺序队列的最大容量
typedef int QElemType;        //定义队列中元素类型，可调整
typedef struct{
   QElemType data[MAXSIZE];   //数据的存储区
   int front,rear;            //队头、队尾指针
}SeqQueue;                    //顺序队列
```

我们规定，队列初始化时，front=rear=0，队头指针 front 始终指向当前的队头元素，而队尾指针 rear 始终指向数据元素要插入的位置。每当有数据元素加入时，将该数据元素插入 rear 所指的位置，并将 rear 向后移动一个位置；出队时，删去 front 所指的元素，并将 front 向后移动一个位置且返回被删元素。当 front 和 rear 相等时，表示队列为空。如图 4.13 所示描述了这一过程。

当队列为空时进行出队操作将产生下溢，当队列满时进行入队操作则产生上溢。另外，顺序队列中还存在"假上溢"现象。因为在入队和出队操作中，头指针和尾指针只增加不减少，经过一系列的操作后，顺序队列处于图 4.13（d）所示状态，此时队尾指针已经移到了最后，若再有数据元素 f 入队就会出现溢出，而事实上此时队中并未真的"满员"，这种现象为"假上溢"。

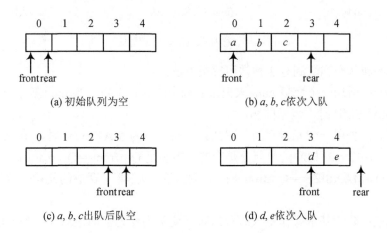

图 4.13　顺序队操作示意图

解决假上溢的方法之一是将队列的数据区 data[0..MAXSIZE-1]看成头尾相接的循环结构，头尾指针的关系不变，将其称为循环队列，如图 4.14 所示是循环队列的示意图。

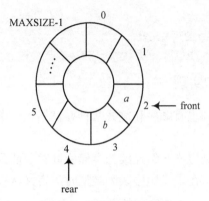

图 4.14　循环队列示意图

从图 4.14 中可以看到，当数据元素入队或出队时，front 或 rear 指针值要修改，当 front 或 rear 指向 MAXSIZE-1 单元时，下一个要指的单元为 0，该操作可用 C 语言中的模运算（取余数运算）来实现。当入队时，队尾指针的修改操作为：

```
Q->rear=(Q->rear+1)%MAXSIZE;
```

出队时，队头指针的操作修改为：

```
Q->front=(Q->front+1)%MAXSIZE;
```

从图 4.15 可以看出，当队空或队满时，front 和 rear 都指向同一个单元，即满足 Q->front==Q->rear。那么如何判断是队空还是队满呢？

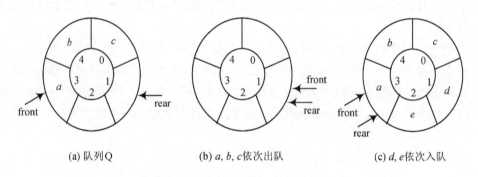

(a) 队列 Q　　　　　　　　(b) a, b, c 依次出队　　　　　　　(c) d, e 依次入队

图 4.15　循环队列的队满和队空

循环队列判断队空和队满有 3 种常用解决方法。

（1）方法一：增加一个变量 num 来记录队列中的元素个数，当 num 等于 0 时表示队空，当 num 等于 MAXSIZE 时，表示队满。

（2）方法二：少用一个元素空间，即队列空间大小为 MAXSIZE 时，用 MAXSIZE-1 个单元存放数据。这样 rear 指向的单元总是空的，当满足 Q->front==Q->rear 时，队列为空；当满足(Q->rear+1)%MAXSIZE==Q->front 时，队列为满。队满时，存放的元素个数为 MAXSIZE-1 个。

（3）方法三：队的基本操作是入队和出队，使队列变为空的最后操作是出队，使队列变为满的最后操作是入队。设置一个标志变量 flag，初值为 0，当入队成功时，设置 flag 为 1，指示最后的成功操作为入队；当出队成功时，清 flag 为 0，指示最后的成功操作为出队。当队空时，条件(Q->front==Q->rear && Q->flag==0)成立；当队满时，条件(Q->front==Q->rear &&Q->flag==1)成立。

　　这里采用第一种方法实现循环队列。循环队列的类型定义如下。

```
#define MAXSIZE 1024          //顺序队列的最大容量
typedef int QElemType;        //定义队列中元素类型，可调整
typedef struct{
   QElemType data[MAXSIZE];   //数据的存储区
   int front,rear;            //队头、队尾指针
   int num;                   //队列元素的个数
}c_SeqQ;                      //循环队列
```

　　下面给出循环队列的部分基本运算实现。

1. 初始化队列

　　构造一个空队列 Q。将 front 和 rear 指针及队列元素个数 num 均设置成初始状态，即 0 值。

```
/*********************************************************/
/* 函数功能：初始化循环队列                              */
/* 函数参数：Q 是循环队列                                */
/* 函数返回值：int 类型，OK 表示成功                     */
/*            ERROR 表示失败                             */
/*********************************************************/
int InitQueue_Sq (c_SeqQ *&Q){
//初始化循环队列 Q
   if (!(Q = new c_SeqQ))      //存储分配失败
      return ERROR;
   Q->front=Q->rear=0;
   Q->num=0;
   return OK;
}
```

2. 入队

　　入队首先要判断队列是否已满。在队列不满的前提下，先将新元素加入队尾，然后队尾指针指向后一个单元，并且队列元素增加 1。

```
/*********************************************************/
/* 函数功能：入队操作                                    */
/* 函数参数：Q 是循环队列，e 为入队元素                  */
/* 函数返回值：int 类型，OK 表示成功                     */
/*            ERROR 表示失败                             */
/*********************************************************/
int EnQueue_Sq (c_SeqQ *&Q , QElemType e){
//入队操作
   if (Q->num==MAXSIZE) return ERROR;    //队满，溢出
   Q->data[Q->rear]=e;                   //元素入队
   Q->rear=(Q->rear+1)%MAXSIZE;          //修改队尾指针值
   Q->num++;
   return OK;
}
```

3. 出队

　　出队首先要判断队列是否为空。在队列不空的前提下，先将队头元素赋给 e，然后队头指针指向后一个单元，并且队列元素减 1。

```
/*********************************************************/
/* 函数功能：出队操作                                    */
/* 函数参数：Q 是循环队列                                */
/*          e 为出队变量，用于存储出队元素值             */
```

```
/* 函数返回值：int 类型，OK 表示成功                      */
/*            ERROR 表示失败                           */
/****************************************************/
int DeQueue_Sq (c_SeqQ *&Q , QElemType &e){
//出队操作
    if (Q->num==0) return ERROR;      //队空
    e = Q->data[Q->front];            //读出队头元素
    Q->front=(Q->front+1) % MAXSIZE; //修改队头指针值
    Q->num--;
    return OK;
}
```

4. 取队头元素

取队头元素首先要判断队列是否为空。在队列不空的前提下，将队头元素赋给 e。

```
/****************************************************/
/* 函数功能：取队头元素                                 */
/* 函数参数：Q 是循环队列，e 用于存储队头元素值             */
/* 函数返回值：int 类型，OK 表示成功                      */
/*            ERROR 表示失败                           */
/****************************************************/
int GetHead_Sq (c_SeqQ *Q, QElemType &e){
//用 e 返回 Q 的队头元素
    if (Q->num==0) return ERROR;      //队空
    e=Q->data[Q->front];              //读出队头元素
    return OK;
}
```

4.4.3　队列的链式表示和实现

队列的链式存储结构称为链队列或链队。链队实际上是带一个队头指针（front）和队尾指针（rear）的单链表。为了操作方便，链队通常采用带头结点的链式结构，如图 4.16 所示是一个带头结点的链队结构。

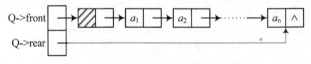

图 4.16　带头结点的链队结构示意图

链队的类型说明如下。

```
typedef int QElemType;        //定义队列中元素类型，可调整

typedef struct node{          //链队结点的结构
    QElemType data;
    struct node *next;
}QNode, *QueuePtr;

typedef struct{               //链队结构的定义
    QueuePtr front;           //队头指针
    QueuePtr rear;            //队尾指针
}LQueue, *LinkQueue;
```

下面给出链队的部分基本运算实现。

1. 初始化队列

构造一个空队列 Q，队头指针和队尾指针都指向头结点。

```
/***********************************************/
/* 函数功能：建立空的链队列                    */
/* 函数参数：Q 是链队列                         */
/* 函数返回值：int 类型，OK 表示成功            */
/*            ERROR 表示失败                    */
/***********************************************/
int InitQueue_L(LinkQueue &Q){
//建立空链队 Q
    Q = new LQueue;              //为链队结构结点分配存储空间
    if (!Q) return ERROR;        //存储分配失败
    Q->front=Q->rear=new QNode;  //为链队头结点分配存储空间，并初始化头指针和尾指针
    if (!Q->front) return ERROR; //存储分配失败
    Q->front->next=NULL;         //头结点指针域置为空
    return OK;
}
```

2. 入队

和栈链类似，链队在入队时不需要考虑队列是否已满。入队操作就是在链队的尾部插入结点，如图 4.17 所示。

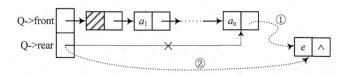

图 4.17　带头结点的链队元素入队示意

```
/***********************************************/
/* 函数功能：入队操作                          */
/* 函数参数：Q 是链队列，e 为入队元素          */
/* 函数返回值：空                              */
/***********************************************/
void EnQueue_L (LinkQueue &Q, QElemType e){
//入队
    QueuePtr p;
    p=new QNode; //申请新结点
    p->data=e;
    p->next=NULL;
    Q->rear->next=p;
    Q->rear=p;
}
```

3. 出队

出队首先要判断队列是否为空。在队列不空的前提下，先将队头元素赋给 e，再删除队头结点。出队示意如图 4.18 所示，图 4.18（a）是队列有多于一个元素时的情形，图 4.18（b）是队列仅有一个元素时的情形。

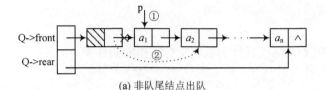

(a) 非队尾结点出队

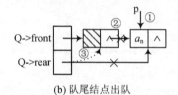

(b) 队尾结点出队

图 4.18　带头结点的链队元素出队示意

```
/*********************************************************/
/* 函数功能：出队操作                                     */
/* 函数参数：Q 是链队列                                   */
/*          e 为出队变量，用于存储出队元素值               */
/* 函数返回值：int 类型，OK 表示成功                       */
/*            ERROR 表示失败                             */
/*********************************************************/

int DeQueue_L(LinkQueue &Q, QElemType &e){
//出队
    QueuePtr p;
    if (Q->front==Q->rear)
        return ERROR;                //队空，出队失败
    p = Q->front->next;
    Q->front->next=p->next;          //出队列
    e=p->data;                       //出队元素值赋值于 e
    delete p;
    if (Q->front->next==NULL)        //出队后链队若为空，则修改队尾指针
        Q->rear=Q->front;
    return OK;
}
```

4. 销毁队列

首先将所有元素出队，然后释放头结点，最后释放链队结构结点。

```
/*********************************************************/
/* 函数功能：销毁链队列                                   */
/* 函数参数：Q 是链队列                                   */
/* 函数返回值：空                                         */
/*********************************************************/
void DestroyQueue_L (LinkQueue &Q){
//销毁链队
    QElemType e;
    while(DeQueue_L(Q, e));          //队列中的所有元素出队
    delete Q->front;                 //释放头结点
    delete Q;                        //释放链队结构结点
}
```

4.4.4　引例中银行个人业务模拟问题的解决

现在分析引例 4.5 的银行个人业务模拟问题。人们到银行办理事务的一般流程是这样的：顾客到达银行，取号并排队等待；个人业务窗口的柜员从等待队列中叫号，持有该号者出队，进入窗口办理业务并评价服务。排队系统基于"先来先服务"的原则为客户提供取票进队、排队等待、叫号服务，编程模拟银行个人业务办理需要借助队列结构。一个或多个客户进入银行后便加入队列。从银行窗口柜员端的角度来看，不断有客户出队，作为当前客户到窗口办理业务并评价服务。

建立 PesonalBusinessWindow.cpp 文件，由于程序涉及随机数生成、计时和链表运算，引入以下头文件：

```
#include <stdio.h>
#include <stdlib.h>
#include <time.h>
#include <windows.h>
#include "LinkQueue.h"
```

定义顺序表 SqList，以记录柜员上班期间得到的客户评分。

```
#define MAXSIZE 1000
#define dutytime 1          //设定上班时间，单位为分钟

typedef  struct{            //定义每个记录的结构
  int CusID;                //服务客户
  char grade;               //评分
}RecordType;                //记录类型

typedef struct{             //定义顺序表的结构
  RecordType r[MAXSIZE+1];  //存储顺序表，r[0]不用
  int length;               //顺序表的长度
}SqList;
```

声明全局变量 ID 以记录最近到来的客户的编号。

```
int ID;                     //全局变量，记录最近到来的客户的编号
```

PesonalBusinessWindow.cpp 文件包含 5 个函数：CustomerEnQueue 函数、CustomersEnQueue 函数、GetGrade 函数、DispGrades 函数和 main 函数。

CustomerEnQueue 函数模拟单个客户入队，代码如下。

```
/***********************************************************/
/* 函数功能：单个客户入队                                   */
/* 函数参数：CusQ 是客户链队列                              */
/* 函数返回值：空                                           */
/***********************************************************/
void CustomerEnQueue(LinkQueue &CusQ){   //单个客户入队模拟
    int s;
    //简单起见，假定在1～5秒间有客户到来
    //生成1～5之间的随机整数 s
    //time()返回从某点开始到现在的秒数，设置随机种子
    srand(time(NULL));
    s=rand()%5+1;
    Sleep(s*1000);
```

```
    ID++;
    EnQueue_L(CusQ, ID);                         //客户入队
    return;
} //end of CustomerEnQueue
```

CustomersEnQueue 函数模拟多个客户入队，代码如下。

```
/********************************************************/
/* 函数功能：多个客户入队                               */
/* 函数参数：CusQ 是客户链队列                          */
/* 函数返回值：空                                       */
/********************************************************/
void CustomersEnQueue(LinkQueue &CusQ){        //多个客户入队模拟
    int i,n;

    //简单起见，假定到来的客户数在 0～3 之间。生成 0～3 之间的随机数 n
    srand(time(NULL));
    n=rand()%4;

    for(i=0; i<n; i++){
        Sleep(2000);
        ID++;
        EnQueue_L(CusQ, ID);                     //客户入队
    }
    return;
} //end of CustomersEnQueue
```

GetGrade 函数模拟银行柜员窗口接收客户的评分。

```
//模拟接收客户 CurCusID 的评分并返回评分等级
//评分分为 A、B、C 三级，A 表示优秀，B 表示合格，C 表示不合格
char GetGrade(int CurCusID);
```

DispGrades 函数输出柜员分数表，显示柜员上班期间所得到的全部客户评分。

```
//根据存储柜员分数的顺序表 grades 输出柜员分数表，显示柜员上班期间所得到的全部客户评分
void DispGrades(SqList &grades);
```

main 函数调用 CustomerEnQueue、CustomersEnQueue、GetGrade、DispGrades 四个函数，完成银行窗口柜员端的个人业务办理。程序运行结果如图 4.19 所示。

队列在程序设计中应用很广，凡是符合先进先出原则的数学模型，都可以用队列。典型的案例除了解决上述排队问题外，还有操作系统中用来解决主机与外设之间速度不匹配问题或多个用户引起的资源竞争问题。有兴趣的读者请参阅相关参考书。

```
---银行个人业务窗口柜员端模拟---

开始上班！

此时无客户，等待客户中……
排入客户：1001

客户1001到个人业务窗口……
客户1001开始办理业务！
客户1001业务办理中……
客户1001业务办理完毕，请输入'Finish'结束并接受客户评分
Finish

接受客户评分……
客户1001评分：B
```

```
排队客户：1002  1003  1004

客户1002到个人业务窗口……
客户1002开始办理业务！
客户1002业务办理中……
客户1002业务办理完毕，请输入'Finish'结束并接受客户评分
Finish

接受客户评分……
客户1002评分：B
```

(a) 客户 1001 入队，客户 1001 出队办理业务　　　(b) 客户 1002、1003、1004 入队，客户 1002 出队办理业务

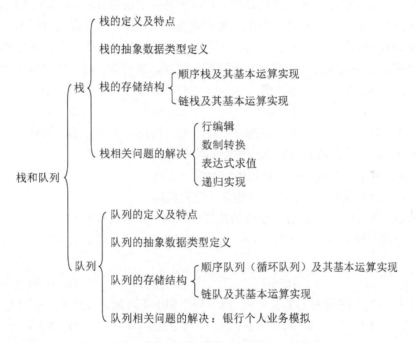

(c) 客户 1009、1010 入队，客户 1006 出队办理业务，下班   (d) 柜员接受客户评分分数表

图 4.19 银行个人业务窗口柜员端模拟

小 结

本章介绍了栈和队列，本章知识结构如图 4.20 所示。

```
                       ┌ 栈的定义及特点
                       │
                       │ 栈的抽象数据类型定义
                       │
                  栈 ──┤ 栈的存储结构 ──┬ 顺序栈及其基本运算实现
                       │                └ 链栈及其基本运算实现
                       │
                       │                 ┌ 行编辑
                       │                 │ 数制转换
                       └ 栈相关问题的解决 ┤ 表达式求值
栈和队列 ──┤                             └ 递归实现
                       ┌ 队列的定义及特点
                       │
                       │ 队列的抽象数据类型定义
                       │
                队列 ──┤ 队列的存储结构 ──┬ 顺序队列（循环队列）及其基本运算实现
                       │                  └ 链队及其基本运算实现
                       │
                       └ 队列相关问题的解决：银行个人业务模拟
```

图 4.20 第 4 章栈和队列的知识结构

栈和队列是两种操作受限的特殊线性表。栈仅允许在线性表的一端，即栈顶进行插入和删除操作；队列分别在线性表的两端，即队头和队尾进行操作。

栈的存储可以采用顺序存储结构和链式存储结构。顺序栈的入栈和出栈操作要注意判断栈满和栈空。借助栈结构，可以解决行编辑程序设计、数制转换、表达式求值等问题。大多数程序设计语言中提供的递归机制也需要用栈来实现。通过工作栈来保存调用过程中的参数、局部变量和返回地址，递归和函数调用得以实现。

队列的存储可以采用顺序存储结构和链式存储结构。顺序队列的假溢出问题可以用循环队列解决。对于顺序表示的循环队列，凡涉及队头和队尾指针的修改，都要将其对顺序队列的最大容量 MAXSIZE 求模。

习 题

1. 选择题

（1）栈中元素的进出原则是（　　）。

    A. 先进先出　　　　　B. 后进先出　　　C. 栈空则进　　　D. 栈满则出

（2）若已知一个栈的入栈序列是 1, 2, 3, …, n, 其输出序列为 p1, p2, p3, …, pn, 若 p1=n, 则 pi 为（　　）。

    A. i　　　　　　　　B. n–i　　　　　C. n–i+1　　　　D. 不确定

（3）判定一个栈 ST（元素最多为 m0）为空的条件是（　　）。

    A. ST->top<>0　　　　　　　　　　　B. ST->top=0

    C. ST->top<>m0　　　　　　　　　　D. ST->top=m0

（4）在进行入栈运算时,应先判别栈是否（①），在进行出栈运算时, 应先判别栈是否（②）。当栈中元素为 n 个，进行入栈运算时发生上溢，则说明该栈的最大容量为（③）。

为了增加内存空间的利用率和减少溢出的可能性，由两个栈共享一片连续的内存空间时，应将两栈的（④）分别设在这片内存空间的两端，这样，当（⑤）时，才产生上溢。

    ①，②：A. 空　　　　B. 满　　　　　C. 上溢　　　　D. 下溢

    ③：A. n–1　　　　　B. n　　　　　　C. n+1　　　　D. n/2

    ④：A. 长度　　　　B. 深度　　　　C. 栈顶　　　　D. 栈底

    ⑤：A. 两个栈的栈顶同时到达栈空间的中心点

        B. 其中一个栈的栈顶到达栈空间的中心点

        C. 两个栈的栈顶在栈空间的某一位置相遇

        D. 两个栈均不空,且一个栈的栈顶到达另一个栈的栈底

（5）若一个栈的输入序列为 1,2,3,…,n, 输出序列的第一个元素是 i, 则第 j 个输出元素是（　　）。

    A. i–j–1　　　　　　B. i–j　　　　　C. j–i+1　　　　D. 不确定的

（6）一个栈的输入序列为 1, 2, 3, 4, 5, 则下列序列中不可能是栈的输出序列是（　　）。

    A. 2,3 4 1 5　　　　B. 5 4 1 3 2　　　C. 2 3 1 4 5　　　D. 1 5 4 3 2

（7）设一个栈的输入序列是 1, 2, 3, 4, 5, 则下列序列中，是栈的合法输出序列是（　　）。

    A. 5, 1, 2, 3, 4　　　B. 4, 5, 1, 3, 2　　C. 4, 3, 1, 2, 5　　D. 3 2 1 5 4

（8）输入序列为 A、B、C, 可以变为 C、B、A, 经过的栈操作为（　　）。

    A. push, pop, push, pop, push, pop　　B. push, push, push, pop, pop, pop

    C. push, push, pop, pop, push, pop　　D. push, pop, push, push, pop, pop

（9）若一个栈以数组 V[1..n] 存储，初始栈顶指针 top 为 n+1, 则下面 x 进栈的正确操作是（　　）。

    A. top=top+1; V[top]=x;　　　　　　B. V[top]=x; top=top+1;

    C. top=top-1; V[top]=x;　　　　　　D. V[top]=x; top=top-1;

（10）执行完下列语句段后, i 值为（　　）。

```
int f(int x)
```

```
{ return ((x>0) ? x* f(x-1):2);}
int i;
i =f(f(1));
```

    A. 2   B. 4   C. 8   D. 无限递归

（11）表达式 a*(b+c)-d 的后缀表达式是（   ）。

    A. abcd*+-   B. abc+*d-

    C. abc*+d-   D. -+*abcd

（12）设计一个判别表达式中左、右括号是否配对出现的算法，采用（   ）数据结构最佳。

    A. 线性表的顺序存储结构   B. 队列

    C. 线性表的链式存储结构   D. 栈

（13）表达式求值是（   ）应用的一个典型例子。

    A. 线性表   B. 循环队列   C. 链队   D. 栈

（14）递归过程或函数调用时，处理参数及返回地址，要用一种称为（   ）的数据结构。

    A. 队列   B. 多维数组   C. 栈   D. 线性表

（15）队列中元素的进出原则是（   ）。

    A. 先进先出   B. 后进先出   C. 队空则进   D. 队满则出

（16）用链式方式存储的队列，在进行删除运算时（   ）。

    A. 仅修改头指针   B. 仅修改尾指针

    C. 头、尾指针都要修改   D. 头、尾指针可能都要修改

（17）用不带头结点的单链表存储队列时，其队头指针指向队头结点，其队尾指针指向队尾结点，则在进行删除操作时（   ）。

    A. 仅修改队头指针   B. 仅修改队尾指针

    C. 队头、队尾指针都要修改   D. 队头、队尾指针都可能要修改

（18）数组 Q[n]用来表示一个循环队列，f 为当前队列头元素的前一位置，r 为队尾元素的位置，假定队列中元素的个数小于 n，计算队列中元素的公式为（   ）。

    A. r-f   B. (n+f-r)%n   C. n+r-f   D. (n+r-f)%n

（19）若用一个大小为 6 的数组来实现循环队列，且当前 rear 和 front 的值分别为 0 和 3，当从队列中删除一个元素，再加入两个元素后，rear 和 front 的值分别为多少？（   ）

    A. 1 和 5   B. 2 和 4   C. 4 和 2   D. 5 和 1

（20）下列说法错误的是（   ）。

    A. 线性表、栈和队列都是线性结构

    B. 可以在线性表的表头和表尾位置插入和删除元素

    C. 对于栈只能在栈顶插入和删除元素

    D. 对于队列只能在队头插入和队尾删除元素

2. 判断题

（1）线性表的每个结点只能是一个简单类型，而链表的每个结点可以是一个复杂类型。（   ）

（2）在表结构中最常用的是线性表，栈和队列不太常用。（   ）

（3）栈和链表是两种不同的数据结构。（　　　）

（4）栈和队列是非线性数据结构。（　　　）

（5）栈和队列的存储方式既可以是顺序方式，也可以是链式方式。（　　　）

（6）队是一种插入与删除操作分别在表的两端进行的线性表，是一种先进后出型结构。（　　　）

（7）栈和队列都是限制存取点的线性结构。（　　　）

（8）一个栈的输入序列是 12345，则栈的输出序列不可能是 12345。（　　　）

（9）若输入序列为 1,2,3,4,5,6，则通过一个栈可以输出序列 3,2,5,6,4,1。（　　　）

（10）若输入序列为 1,2,3,4,5,6，则通过一个栈可以输出序列 1,5,4,6,2,3。（　　　）

（11）消除递归不一定需要使用栈。（　　　）

（12）栈是实现过程和函数等子程序所必需的结构。（　　　）

（13）两个栈共用静态存储空间，对头使用也存在空间溢出问题。（　　　）

（14）任何一个递归过程都可以转换成非递归过程。（　　　）

（15）通常使用队列来处理函数或过程的调用。（　　　）

3. 问答题

（1）说明线性表、栈与队的异同点。

（2）设有编号为 1、2、3、4 的 4 辆列车，顺序进入一个栈式结构的车站，具体写出这 4 辆列车开出车站的所有可能的顺序。

（3）正读和反读都相同的字符序列为"回文"，例如，'abba'和'abcba'是回文，'abcde'和'ababab'则不是回文。假设一字符序列已存入计算机，请分析用线性表、堆栈和队列等方式正确输出其回文的可能性。

（4）有 5 个元素，其入栈次序为：A, B, C, D, E，在各种可能的出栈次序中，以元素 C, D 最先出栈（即 C 第 1 个且 D 第 2 个出栈）的次序有哪几个？

（5）如果输入序列为 1,2,3,4,5,6，试问能否通过栈结构得到以下两个序列：4,3,5,6,1,2 和 1,3,5,4,2,6？请说明为什么不能或如何才能得到。

（6）用一个数组 S（设大小为 MAX）作为两个堆栈的共享空间。请说明共享方法，栈满、栈空的判断条件，并用 C 设计公用的入栈操作 push(i,x)，其中 i 为 0 或 1，用于表示栈号，x 为入栈值。

（7）用栈实现将中缀表达式 8-(3+5)*(5-6/2)转换成后缀表达式，画出栈的变化过程图。

（8）顺序队的"假溢出"是怎样产生的？

（9）简述顺序队"假溢出"问题的避免方法及队列满和空的条件。

（10）设循环队列的容量为 40（序号从 0 到 39），经过一系列的入队和出队运算后有：①front=11，rear=19；②front=19，rear=11。问在这两种情况下，循环队列中各有多少个元素？

4. 算法设计题

（1）假设一个算术表达式中包含圆括弧、方括弧和花括弧 3 种类型的括弧，编写函数 correct(exp,tag)来判别表达式中括弧是否正确配对。其中，exp 为字符串类型的变量（可理解为每个字符占用一个数组元素），表示被判别的表达式；tag 为布尔型变量。

（2）试设计一个算法，判别读入的一个以 '@' 为结束符的字符序列是否是回文。

（3）假设一个数组 squ[m]存放循环队列的元素。为了充分利用这 m 个单元的空间，可以设置一个标志 tag，以 tag 为 0 或 1 来区分队尾指针和队头指针值相同时队列的状态是"空"还是"满"。试编写相应的入队和出队算法。

上机实验题

1．利用栈实现一维数组 A 中所有元素的原地逆置，"原地"指逆转后的元素还在原来空间。

2．利用栈实现表达式中的括号匹配检查。

3．循环队列设计。要求：

（1）以节约存储单元思路设计解决顺序循环队列满和空的判断问题。

（2）实现顺序循环队列入队、出队运算。

（3）设计主函数测试上述操作。

第 5 章 串

内容提要

串是一种特殊的线性表,其特殊性体现在数据元素是一个字符。在本章中我们将学习串的概念、串的顺序存储方式与链式存储方式及其在不同存储方式下的运算实现、串的模式匹配算法。

学习目标

能力目标:能将串用于解决实际问题:名和姓的对换问题和文本文件中单词的计数和查找问题。

知识目标:熟练掌握串的两种存储结构及其基本运算实现,掌握串的 Brute-Force 模式匹配算法,理解串的 KMP 模式匹配算法。

5.1 引 例

字符串简称为串,它是计算机上非数值处理的基本对象。比如,在事务处理系统中,顾客的姓名、地址以及货物的名称、产地和规格等一般都是作为字符串处理的。再如,在日常文本处理过程中,经常会碰到一些文本串的操作,如给定文本串的查找、替换、剪切及复制等。现在,串已作为一种最常用的类型出现在各种程序设计语言中。

引例 5.1:名和姓的对换

中国人的姓名是姓在前名在后。而英国和美国人的姓名是名在前姓在后,中间由一个空格符分隔,如"Michael Sipser"。在有些情况下,需要把姓名写成姓在前名在后,中间加一个逗号的形式,如"Sipser,Michael"。那么,如何编写程序实现姓和名顺序的对换呢?

引例 5.2:文本文件中单词的计数和查找

我们有时需要统计某篇文档中某些特定单词的出现次数和位置(行号和列号)。现在设计一个实现这一目标的文字统计系统:要求建立一个文本文件,文本中的每个单词不包含空格且不跨行,单词由字符序列构成且区分大小写,统计给定单词在文本文件中出现的次数,检索并输出单词在文本中出现的行号、在该行中出现的次数及位置。

上述两个问题将在本章的学习过程中得以解决。本章将介绍串的概念和串的实现,采用串及其相关运算,可以解决引例中的问题。

5.2 串的概念及运算

5.2.1 串的定义

串(String)是由零个或多个任意字符组成的有限序列,记为:

$$S=\text{"}a_1a_2\cdots a_n\text{"}\ (n\geqslant 0)$$

其中，S 是串名，用双引号引起来的字符序列是串的值（注意：引号本身不属于串的内容）；a_i（$1 \leqslant i \leqslant n$）是（程序设计语言的字符集中的）一个字符；串中字符的数目 n 称为串的长度。长度为 0 的串称为空串。串中任意连续的字符构成的序列称为该串的子串，包含子串的串相应地称为主串。如果子串和主串不同，则该子串称为真子串。串中一个字符的顺序号称为该字符在串中的位置，子串在主串中的位置是子串在主串中首次出现时子串的第 1 个字符在主串中的位置。

例如，假设 S1、S2、S3、S4 为如下的 4 个串：

S1="shang"，S2="hai"，S3="shanghai"，S4="shang hai"

4 个串的长度分别是 5、3、8 和 9；S1 和 S2 都是 S3 和 S4 的子串，而且是真子串；S1 在 S3 和 S4 的位置都是 1；S2 在 S3 的位置是 6，在 S4 的位置是 7；S3 不是 S4 的子串。

两个串相等是指两个串的长度相等且对应字符都相等。上例中的 4 个串都不相等。若有串 T="shanghai"，则 T 和 S3 相等。

在各种应用中，空格常常是串的字符集合中的一个元素，可以出现在其他字符中间，由一个或多个空格组成的串称为空格串，如 "　"。空格串不是空串，其长度为空格的个数。

串的逻辑结构和线性表极为相似，唯一区别就在于串的数据对象为字符集。然而由于应用领域的不同，串的基本运算与线性表有很大区别。

5.2.2　串的抽象数据类型定义

串的抽象数据类型定义如下：

```
ADT String{
    数据对象：D={ a_i| a_i∈Elementset, i=1,2,…,n,n≥0, a_i是字符} //字符的集合
    数据关系：R={<a_i,a_{i+1}>| a_{i-1},a_i∈D, i=1,2,…,n-1} //除第 1 个和最后一个外，每个字符
                                                          //都有唯一的前驱和唯一的后继。
    基本运算：
        InitStr(&S)
            初始条件：串 S 不存在。
            运算结果：构造一个空串 S。
        DestroyStr(&S)
            初始条件：串 S 已存在。
            运算结果：销毁串 S。
        ClearStr(&S)
            初始条件：串 S 已存在。
            运算结果：将 S 重置为空串。
        StrAssign(&S, cstr)
            初始条件：串 S 已存在。
            运算结果：将字符串常量 cstr 赋给串 S，即生成一个其值等于 cstr 的串 S。
        StrLength(S)
            初始条件：串 S 已存在。
            运算结果：返回 S 的长度，即 S 中字符个数。
        StrEqual(S1, S2)
            初始条件：串 S1 和 S2 已存在。
            运算结果：比较 S1 和 S2，若 S1 和 S2 相等，则返回 true，否则返回 false。
        SubStr(&Sub, S, i, len)
            初始条件：串 S 已存在，1≤i<StrLength(S)，i+len-1≤StrLength(S)。
            运算结果：用 Sub 返回从串 S 的第 i 个字符开始的长度为 len 的子串。
        StrCopy(&S, T)
```

初始条件：串 S 和串 T 已存在。

运算结果：将串 T 赋给串 S。

StrConcat(&S, S1, S2)

初始条件：串 S1 和串 S2 已存在。

运算结果：用 S 返回由 S1 和 S2 连接而成的新串。

StrInsert(&S, i, T)

初始条件：串 S 和串 T 已存在，1≤i≤StrLength(S)+1。

运算结果：在串 S 的第 i 个位置前插入串 T。

StrDelete(&S, i, len)

初始条件：串 S 已存在，1≤i<StrLength(S)，i+len-1≤StrLength(S)。

运算结果：删除串 S 中从第 i 个字符开始的长度为 len 的子串。

StrReplace(&S, i, len, T)

初始条件：串 S 和串 T 已存在，1≤i<StrLength(S)，i+len-1≤StrLength(S)。

运算结果：将串 S 中第 i 个字符开始的长度为 len 的子串用串 T 替换。

StrIndex(S, T)

初始条件：目标串 S 和模式串 T 已存在。

运算结果：若匹配成功，则返回 T 在 S 中首次出现的位置，否则返回 0。

DispStr(S)

初始条件：串 S 已存在。

运算结果：输出串 S 的所有元素值。

}ADT String

很多高级程序设计语言中都有串类型。下面我们来解决串的实现问题。

5.3 串的顺序表示和实现

因为串是数据元素类型为字符型的线性表，所以线性表的存储方式仍适用于串。同时由于字符的特殊性和字符串经常作为一个整体来处理的特点，串在存储时还有一些与一般线性表不同之处。

5.3.1 串的顺序存储表示

与顺序表类似，可以用一组地址连续的存储单元存储串值中字符序列，这种方式存储的串称为**顺序串**。一般一个字节表示一个字符，因此，一个内存单元可以存储多个字符。所以，串的顺序存储有两种方法：一种是每个单元只存储一个字符，如图 5.1 所示，称为非紧缩格式；另一种是每个单元存放多个字符，如图 5.2 所示，称为紧缩格式。在这两个图中，有阴影的字节为空闲部分。可以看出，非紧缩格式的存储密度小，而紧缩格式的存储密度大。

1001	A
1002	B
1003	C
1004	D
1005	E
1006	F
1007	G
1008	H
1009	I
1010	J

图 5.1 非紧缩格式示例

1001	A	B	C	D
1002	E	F	G	H
1003	I	J		

图 5.2 紧缩格式示例

对于非紧缩格式的顺序串，其类型定义如下：

```
#define MaxSize 100        //最多可存储的字符个数
typedef struct{
    char data[MaxSize];    //存放顺序串的数组
    int length;            //存储顺序串的字符个数，即顺序串的长度
} SeqString;
```

其中，data 域用来存储字符串，length 域用来存储字符串的当前长度，MaxSize 表示允许所存储字符串的最大长度。

5.3.2 顺序串基本运算的实现

下面给出顺序串的部分基本运算实现。

1. 初始化顺序串

建立一个空顺序串，即分配存储空间，但不包含任何字符。顺序串初始化的实现如下：

```
/***********************************************/
/* 函数功能：创建一个串并初始化                 */
/* 函数参数：S 指向顺序串                       */
/* 函数返回值：int 类型，OK 表示成功，          */
/*            ERROR 表示失败                    */
/***********************************************/
int InitStr(SeqString *&S){
//初始化顺序串 S
  S=new SeqString;              //为顺序串分配空间
  if(!S)                        //存储分配失败
    return ERROR;               //初始化失败
  S->length=0;                  //空串长度为 0
  return OK;                    //初始化成功
}
```

2. 顺序串赋值

串赋值操作将字符串常量 cstr 赋给串 S，即生成一个其值等于 cstr 的串 S。

```
/***********************************************/
/* 函数功能：将字符串常量赋给串                 */
/* 函数参数：S 指向顺序串，字符串常量 cstr      */
/* 函数返回值：空                               */
/***********************************************/
void StrAssign(SeqString *&S, char cstr[]){
//将字符串常量 cstr 赋给顺序串 S
    int i;
    for (i=0;cstr[i]!='\0';i++)
      S->data[i]=cstr[i];
    S->length=i;
}
```

3. 在顺序串中求子串

求子串是指求主串 S 中从第 i 个字符开始的长度为 len 的子串，例如，串 S="shanghai"，i=3，len=3，所得的子串是"ang"。

```
/***************************************************/
/* 函数功能：求子串                                 */
/* 函数参数：Sub 和 S 指向顺序串                     */
/*          S 是主串，Sub 存放求得的子串             */
```

```
/*          i 是子串起始位置，len 是子串长度                    */
/* 函数返回值：int 类型，OK 表示成功，ERROR 表示失败              */
/**************************************************************/
int SubStr(SeqString *&Sub, SeqString *S, int i, int len){
//求主串 S 中从第 i 个字符开始的长度为 len 的子串，并通过 Sub 返回
    int k;
    if (i<=0 || i>S->length || i+len-1>S->length)
        return ERROR;              //参数不正确时返回 ERROR
    for (k=i-1;k<i+len-1;k++)
        Sub->data[k-i+1]=S->data[k];
    Sub->length=len;
    return OK;
}
```

4. 顺序串的复制

将顺序串 T 复制给顺序串 S。

```
/**************************************************************/
/* 函数功能：串的复制                                 */
/* 函数参数：S 和 T 指向顺序串，T 是被复制的串           */
/*           S 存放复制的串                            */
/* 函数返回值：空                                     */
/**************************************************************/
void StrCopy(SeqString *&S, SeqString *T){
//将串 T 复制给串 S
    int i;
    for (i=0;i<T->length;i++)
        S->data[i]=T->data[i];
    S->length=T->length;
}
```

5. 顺序串的连接

串连接是将串 S2 接到串 S1 的后边得到一个新串。例如，串 S1="shang"，串 S2="hai"，S1 和 S2 连接后得到新串"shanghai"。

```
/**************************************************************/
/* 函数功能：串的连接                                   */
/* 函数参数：S、S1 和 S2 指向顺序串                      */
/*           S 存放 S1 和 S2 连接而成的新串              */
/* 函数返回值：空                                     */
/**************************************************************/
void StrConcat(SeqString *&S, SeqString *S1, SeqString *S2){
//将 S1 和 S2 连接成新串，并通过 S 返回

    int i;
    SeqString *T;

    InitStr(T);
    T->length=S1->length+S2->length;
    for (i=0;i<S1->length;i++) //S1->data[0..S1->length-1]=>T
        T->data[i]=S1->data[i];
    for (i=0;i<S2->length;i++) //S2->data[0..S2->length-1]=>T
        T->data[S1->length+i]=S2->data[i];
```

```
    ClearStr(S);
    StrCopy(S,T);
    DestroyStr(T);
    return;
}
```

6. 顺序串的插入

串插入是在串 S 的第 i 个位置前插入串 T。例如，串 S="shhai"，T="ang"，i=3，插入后得到串"shanghai"。

```
/***********************************************************/
/* 函数功能：串的插入                                      */
/* 函数参数：S 和 T 指向顺序串，S 返回插入 T 后的串         */
/*           i 是插入位置                                  */
/* 函数返回值：int 类型，OK 表示成功，ERROR 表示失败        */
/***********************************************************/
int StrInsert(SeqString *&S, int i, SeqString *T){
//在串 S 的第 i 个位置前插入串 T，并通过串 S 返回
  SeqString *S1,*S2;

  if (i<=0 || i>S->length+1)
     return ERROR;                        //参数不正确时返回 ERROR

  InitStr(S1);
  InitStr(S2);
  SubStr(S1, S, 1, i-1);
  StrConcat(S1, S1, T);
  SubStr(S2, S, i, S->length-i+1);
  StrConcat(S, S1, S2);
  DestroyStr(S1);
  DestroyStr(S2);
  return OK;
}
```

5.4　串的链式表示和实现

5.4.1　串的链式存储表示

与线性表的链式存储结构类似，也可用单链表方式存储串值。这种方式存储的串称为**链串**。由于串中的数据元素是字符，考虑存储密度问题，用链表存储串时，涉及结点的数据域中存放多少个字符的问题。若一个结点存放多个字符，存储密度就大；若一个结点仅存放一个字符，存储密度就小。本节仅讨论结点的数据域中存放一个字符的情况。

链串的类型定义如下：

```
typedef struct SNode{
  char data;
  struct SNode *next;
} SNode, *LinkString;
```

设有串 S="shanghai"，其链式存储结构如图 5.3 所示。

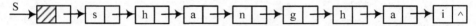

图 5.3 串的链式存储结构

5.4.2 链串基本运算的实现

下面给出链串的部分基本运算实现。

1. 在链串中求子串

```
/*****************************************************/
/* 函数功能：求子串                                      */
/* 函数参数：Sub 和 S 表示链串，S 是主串                    */
/*           Sub 存放求得的子串                           */
/*           i 是子串起始位置，len 是子串长度               */
/* 函数返回值：int 类型，OK 表示成功，ERROR 表示失败          */
/*****************************************************/
int SubStr(LinkString &Sub, LinkString S, int i, int len){
//求主串 S 中从第 i 个字符开始的长度为 len 的子串，并通过 Sub 返回
    int k;
    SNode *p, *q, *r;

    if (i<=0 || i>StrLength(S) || i+len-1>StrLength(S))
          return ERROR;              //参数不正确时返回 ERROR

    ClearStr(Sub);                   //清空串 Sub
    p=S;   //p 指向头结点
    k=0;
    while(k<i){                      //找到第 i 个字符结点
       k++;
       p=p->next;
    }

    r=Sub;                           //r 指向链串 Sub 的最后一个结点
    for (k=0;k<len;k++){
      q=new SNode;                   //生成新结点
      q->data=p->data;
      q->next=NULL;
      r->next=q;
      r=q;
      p=p->next;
    }
    return OK;
}
```

2. 链串的复制

将链串 T 复制给链串 S。

```
/*****************************************************/
/* 函数功能：串的复制                                    */
/* 函数参数：S 和 T 指向链串，T 是被复制的串                 */
/*           S 存放复制的串                              */
/* 函数返回值：空                                        */
/*****************************************************/
```

```
void StrCopy(LinkString &S, LinkString T){
   SubStr(S, T, 1, StrLength(T));
}
```

3. 链串的连接

```
/**********************************************************/
/* 函数功能：串的连接                                       */
/* 函数参数：S、S1 和 S2 表示链串                           */
/*           S 存放 S1 和 S2 连接而成的新串                  */
/* 函数返回值：空                                           */
/**********************************************************/
void StrConcat(LinkString &S, LinkString S1, LinkString S2){
//将 S1 和 S2 连接成新串，并通过 S 返回
   SNode *p, *q, *r;
   LinkString T1, T2;

   InitStr(T1);
   r=T1;
   p=S1->next;
   while(p){
     q=new SNode;
     q->data=p->data;
     q->next=NULL;
     r->next=q;
     r=q;
     p=p->next;
   }

   p=S2->next;
   while(p){
     q=new SNode;
     q->data=p->data;
     q->next=NULL;
     r->next=q;
     r=q;
     p=p->next;
   }

   T2=S;
   S=T1;
   DestroyStr(T2);
}
```

4. 链串的插入

```
/**************************************************************/
/* 函数功能：串的插入                                           */
/* 函数参数：S 和 T 表示链串，S 返回插入 T 后的串                 */
/*           i 是插入位置                                       */
/* 函数返回值：int 类型，OK 表示成功，ERROR 表示失败              */
/**************************************************************/
int StrInsert(LinkString &S, int i, LinkString T){
//在串 S 的第 i 个位置前插入串 T，并通过串 S 返回
   LinkString S1, S2;
```

```
    if (i<=0 || i>StrLength(S)+1)
        return ERROR;                 //参数不正确时返回 ERROR

    InitStr(S1);
    InitStr(S2);
    SubStr(S1, S, 1, i-1);
    StrConcat(S1, S1, T);
    SubStr(S2, S, i, StrLength(S)-i+1);
    StrConcat(S, S1, S2);
    DestroyStr(S1);
    DestroyStr(S2);

    return OK;
}
```

5.5　串的模式匹配

5.3 节和 5.4 节介绍了串的大部分基本运算的实现。在串的基本运算中，串定位运算 StrIndex 还未实现。设 S 和 T 是给定的两个串，串定位是找出 T 在 S 中首次出现的位置。例如，主串 S=shanghai，子串 T=hai，T 在 S 中首次出现的位置是 6。通常把主串 S 称为**目标串**，子串 T 称为**模式串**或模式。子串在主串中的定位查找称为**串的模式匹配**或子串定位。如果在 S 中找到子串 T，则匹配成功，返回模式串 T 在目标串 S 中第 1 次出现的位置；否则匹配不成功，返回 0。

下面介绍两种模式匹配的算法：Brute-Force 算法和 KMP 算法。

5.5.1　Brute-Force 算法

Brute-Force 算法是最简单直观的模式匹配算法，简称 BF 算法，亦称简单模式匹配算法。其基本思想是：从目标串 S 的第 1 个字符起与模式串 T 的第 1 个字符比较，若相等，则继续逐个比较后续字符；否则，从 S 的下一个字符开始再重新与模式串 T 开始逐个字符的比较。以此类推，直至模式串 T 的每个字符都和目标串 S 的字符相等，此时匹配成功；或者在 S 中始终没有找到 T，此时匹配失败。

目标串 S=“abcbcbaacb”和模式串 T=“bcbaa”的 BF 模式匹配过程如图 5.4 所示。

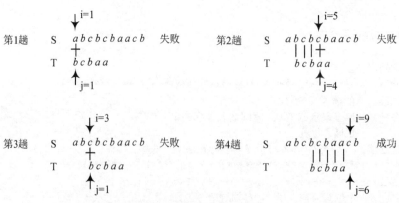

图 5.4　BF 算法的匹配过程

函数 StrIndex 实现了 BF 算法，代码如下。

```
/****************************************************************/
/* 函数功能：串的模式匹配（BF 算法）                            */
/* 函数参数：S 指向目标串，T 模式串                             */
/* 函数返回值：int 类型，匹配失败返回 0                         */
/*           匹配成功返回 T 在 S 中首次出现的位置              */
/****************************************************************/
int StrIndex(SeqString *S, SeqString *T){
//简单模式匹配算法（BF 算法），匹配成功返回 T 在 S 中首次出现的位置，否则返回 0

   int i=0,j=0;

   while(i<S->length && j<T->length){
     if(S->data[i]==T->data[j]){      //继续匹配下一个字符
       i++;
       j++;
     }
     else{
       i=i-j+1;                        //主串、子串指针回溯，重新开始下一次匹配
       j=0;                            //子串从头开始匹配
     }
   }                                   //end of while

   if(j>=T->length)
     return(i-T->length+1);            //返回匹配的第 1 个字符的下标
   else
     return 0;                         //模式匹配失败
}
```

分析以上算法，假设目标串 S 的长度为 n，模式串 T 的长度为 m。在匹配成功的情况下，考虑最好情况和最坏情况两种极端情况。

（1）在最好情况下，每趟不成功的匹配都发生在第 1 对字符比较时。

例如，S= "$aaaaaaaaaabc$"，T= "bc"。

设匹配成功发生在 s_i 处，则字符比较次数在前面 $i-1$ 趟匹配中共比较了 $i-1$ 次，第 i 趟成功的匹配共比较了 m 次，所以总共比较了 $i-1+m$ 次。所有匹配成功的可能共有 $n-m+1$ 种。假设从 s_i 开始与 T 串匹配成功的概率为 p_i，在等概率情况下 $p_i=1/(n-m+1)$。因此，最好情况下平均比较的次数是：

$$\sum_{i=1}^{n-m+1} p_i\left(i-1+m\right) = \sum_{i=1}^{n-m+1}\frac{1}{n-m+1}(i-1+m) = \frac{n+m}{2}$$

即最好情况下的时间复杂度是 O($n+m$)。

（2）在最坏情况下，每趟不成功的匹配都发生在模式串 T 的最后一个字符。例如，目标串 S= "$aaaaaaaaaaaab$"，模式串 T= "$aaab$"。

设匹配成功发生在 s_i 处，则在前面 $i-1$ 趟匹配中共比较了 $(i-1)\times m$ 次，第 i 趟成功的匹配共比较了 m 次，所以总共比较了 $i\times m$ 次。因此，最坏情况下平均比较的次数是：

$$\sum_{i=1}^{n-m+1} p_i\left(i\times m\right) = \sum_{i=1}^{n-m+1}\frac{1}{n-m+1}(i\times m) = \frac{m(n-m+2)}{2}$$

即最坏情况下的时间复杂度是 O($n\times m$)。

5.5.2 KMP 算法

1. KMP 算法基本思想

Brute-Force 算法很简单，但时间消耗多。其时间主要消耗在每趟匹配失败后，主串指针都要回溯。那么，能否不要指针回溯，而让模式串向后滑动至合适位置，然后再进行匹配呢？Knuth、Morris 和 Pratt 共同提出了一种改进的模式匹配算法，称为 Knuth-Morris-Pratt 算法，简称 KMP 算法。KMP 算法通过挖掘模式串自身的特征来消除主串指针的回溯。

对于长度为 n 的串 S="$a_1a_2...a_n$"，称其子串"$a_1a_2...a_j$"（$1 \leq j \leq n$）为 S 的前缀，子串"$a_ja_{j+1}...a_n$"（$1 \leq j \leq n$）为 S 的后缀。模式串中有一种子串比较特殊，就是相同的前缀子串和后缀子串，也就是说，对于某一个值 k（$1 < k \leq n$），满足"$t_1t_2...t_{k-1}$"="$t_{n-k+2}t_{n-k+3}...t_n$"。"相同的前缀子串和后缀子串"就是模式串中隐藏的信息，可以利用它来提高模式匹配的效率。

考虑一般情况，设主串 S="$s_1s_2...s_n$"，模式串 T="$t_1t_2...t_m$"，在进行某趟匹配时，出现 s_i 和 t_j 不匹配的情况，如图 5.5 所示。

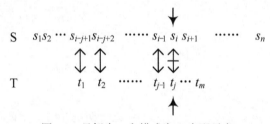

图 5.5 目标串 S 和模式串 T 失配示意

这时，应有

$$"t_1t_2...t_{j-1}"="s_{i-j+1}s_{i-j+2}...s_{i-1}" \tag{5-1}$$

如果在模式串 T 中，有

$$"t_1t_2...t_{j-2}" \neq "t_2t_3...t_{j-1}" \tag{5-2}$$

则回溯到 s_{i-j+2} 开始与 T 匹配必然"失配"，理由很简单：由式（5-1）和式（5-2）综合可知：

$$"t_1t_2...t_{j-2}" \neq "s_{i-j+2}s_{i-j+3}...s_{i-1}"$$

既然如此，回溯到 s_{i-j+2} 开始与 T 匹配可以不做。那么，回溯到 s_{i-j+3} 开始与 T 匹配又怎么样？从上面推理可知，如果

$$"t_1t_2...t_{j-3}" \neq "t_3t_4...t_{j-1}"$$

仍然有

$$"t_1t_2...t_{j-3}" \neq "s_{i-j+3}s_{i-j+4}...s_{i-1}"$$

这样的比较仍然"失配"，回溯到 s_{i-j+3} 开始与 T 匹配也可以不做。依此类推，直到对于某一个值 k，满足：

$$"t_1t_2...t_{k-1}"="t_{j-k+1}t_{j-k+2}...t_{j-1}" 且 "t_1...t_k" \neq "t_{j-k}t_{j-k+1}...t_{j-1}"$$

即"$t_1t_2...t_{k-1}$"和"$t_{j-k+1}t_{j-k+2}...t_{j-1}$"是失配点 t_j 前"最长的相同的前缀子串和后缀子串"。此时有

$$"t_{j-k+1}t_{j-k+2}...t_{j-1}"="s_{i-k+1}s_{i-k+2}...s_{i-1}"="t_1t_2...t_{k-1}"$$

说明下一次可直接比较 s_i 和 t_k，这样，我们可以直接把第 i 趟比较"失配"时的模式串 T

从当前位置直接右滑 j-k 位，如图 5.6 所示。而这里的 k 即为 next[j]。

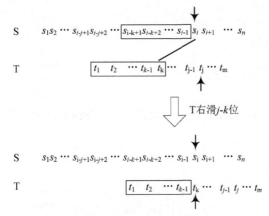

图 5.6 失配时模式串 T 右滑示意

分析目标串 S="*abcabcaabcabcabbac*"和模式串 T="*abcabcabbac*"的匹配过程。S 的长度 *n*=9，T 的长度 *m*=5。i 指示 S 的当前比较字符位置，j 指示 T 的当前比较字符位置。第 1 趟匹配过程如图 5.7 所示。

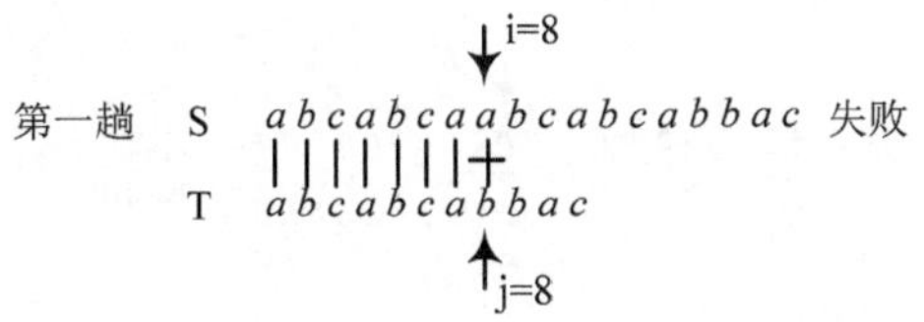

$$\downarrow i=8$$

第一趟　S　*a b c a b c a a b c a b c a b b a c*　失败

　　　　|||||||+

　　　　T　*a b c a b c a b b a c*

$$\uparrow j=8$$

图 5.7 KMP 算法的第 1 次匹配过程

此时不必从 *i*=2、*j*=1 重新开始第 2 次匹配。因为"*abca*"是"*abcabca*"中"最长的相同的前缀子串和后缀子串"，第 2 次匹配可直接从 *i*=8、*j*=5 开始。

2. next 数组

next 数组定义如下：

$$next[j] = \begin{cases} 0 & j=1 \\ \max\{k \mid 1 < k < j \, 且 \, "t_1 \ldots t_{k-1}" = "t_{j-k+1} \ldots t_{j-1}"\} & 当此集合非空 \\ 1 & 其他情况 \end{cases}$$

按定义，模式串 T="*abcabcabbac*"的 next 数组如表 5.1 所示。

表 5.1 模式串的 next 数组

j	0	1	2	3	4	5	6	7	8	9	10	11
T		a	b	c	a	b	c	a	b	b	a	c
next[j]		0	1	1	1	2	3	4	5	6	1	2

计算 next 数组的函数 GetNext 实现如下。

```
void GetNext(SeqString *T, int next[]){
    int j,k;
    j=1; k=0; next[1]=0;
    while(j<=T->length){
```

```
    if (k==0 || T->data[j-1]==T->data[k-1]){         //k 为 0 或比较的字符相等时
        j++; k++;
        next[j]=k;
    }
    else k=next[k];
  }
}
```

3. KMP 算法实现

目标串 S= "*abcabcaabcabcabbac*" 和模式串 T= "*abcabcabbac*" 的 KMP 模式匹配过程如图 5.8 所示。

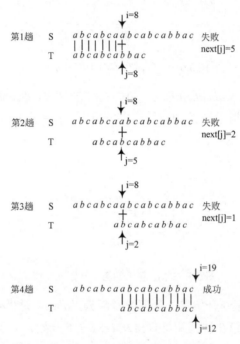

图 5.8　KMP 算法的匹配过程

函数 **StrIndex_KMP** 调用 **GetNext** 函数计算修正值，实现了 **KMP** 算法。

```
int StrIndex_KMP(SeqString *S, SeqString *T){
//KMP 算法，匹配成功返回 T 在 S 中首次出现的位置，否则返回 0
  int next[MaxSize+1],i=1,j=1;
  GetNext(T, next);

  while (i<=S->length && j<=T->length){
    if (j==0 || S->data[i-1]==T->data[j-1]){
      i++;j++;                        //i,j 各增 1
    }
    else j=next[j];                   //模式串右移，i 不变，j 后退
  }

  if (j>T->length) return i-T->length; //匹配成功，返回匹配模式串的首字符下标
  else return 0;                       //匹配失败
}
```

设目标串 S 的长度为 n，模式串 T 长度为 m。在 KMP 算法中，求 next 数组的时间复杂度为 O(m)；在后面的匹配中，因目标串 S 的下标不回溯，比较次数可记为 n，所以 KMP 算法的时间复杂度为 O($n+m$)。

4. 改进的 next 数组

分析图 5.8 所示的匹配过程，到达第 1 趟的失配点时，s_8 是 a，t_8 是 b。第二趟从 t_5 与 s_8 继续比较。由于 t_5 和 t_8 都是 b，因此 t_5 肯定不等于 s_8，故第 2 趟回溯到 j=5 毫无意义。同理，第 3 趟回溯到 j=2 也无必要，可以直接回溯到 j=1，减少第 2 趟和第 3 趟的回溯过程，加快匹配速度。

因此，原有的 next 数组的计算方法尚有缺陷，需要进一步改进。在求得 k 值后，不必马上将 k 值存入 next[j]，而是比较 s_k 和 s_j。如果 s_k 和 s_j 不相等，将 k 值存入 next[j]，否则将 next[k] 存入 next[j]。按改进的计算方法，模式串 T= "*abcabcabbac*" 的 next 数组如表 5.2 所示。例如，在求得 j=8 时的 k=5 时，并不立即将其存入 next[8]，而是先比较 s_5 和 s_8。s_5 和 s_8 都是字符 b，因此不将 k=5 存入 next[8]，而是将 next[5] 的值存入 next[8]，即 next[8]=1。

表 5.2　模式串的改进的 next 数组

j	0	1	2	3	4	5	6	7	8	9	10	11
T		a	b	c	a	b	c	a	b	b	a	c
next[j]		0	1	1	0	1	1	0	1	6	0	2

GetNext2 函数实现改进的 next 数组计算，代码如下。

```
void GetNext2(SeqString *T, int next[]){
  int j,k;
  j=1; k=0; next[1]=0;

  while (j<=T->length){
    if (k==0 || T->data[j-1]==T->data[k-1]){
        j++; k++;
        if (T->data[j-1]!=T->data[k-1]) next[j]=k;
        else next[j]=next[k];
    }
    else k=next[k];
  }
}
```

采用改进的 next 数组，目标串 S= "*abcabcaabcabcabbac*" 和模式串 T= "*abcabcabbac*" 的 KMP 模式匹配过程如图 5.9 所示。

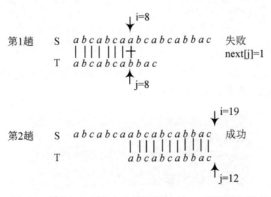

图 5.9　利用改进的 next 数组的 KMP 算法匹配过程

5.6　引例的解决

5.6.1　名和姓对换问题的解决

分析引例 5.1 的名和姓的对换问题，由字母构成的名和姓是一个串，这里采用顺序串存储名和姓。我们可以将原姓名串 name1 看成两部分：第一部分是名，第二部分是姓。由于名和姓之间用空格隔开，可以利用模式匹配函数 StrIndex 找到长度为 1 的空格串" "在 name1 中的位置。假设对换后的姓名串是 name2，首先取出 name1 中空格后面的姓子串放入 name2，然后在 name2 当前串尾中加入逗号","，最后取出 name1 中空格前面的名子串接到 name2 尾部，这时 name2 就是名和姓的对换串。

建立 ReverseName.cpp 文件，在该文件中引入标准库头文件 stdio.h 和实现了顺序串的头文件 SeqString.h，并添加函数 ReverseName 实现名和姓对换的功能。

ReverseName 函数实现如下。

```
/******************************************************/
/* 函数功能：名和姓对换                                */
/* 函数参数：name1 指向对换前的姓名字符串               */
/*           name2 指向对换后的姓名字符串               */
/* 函数返回值：空                                      */
/******************************************************/
void ReverseName(SeqString *name1, SeqString *&name2){
//name1 存放对换前的姓名字符串，name2 存放对换后的姓名字符串
    int pos, len;
    SeqString *t,*s;
    InitStr(t);
    StrAssign(t," ");                    //t 为空格串
    pos=StrIndex(name1, t);              //pos 指示空格的位置

    len=StrLength(name1);
    SubStr(name2,name1,pos+1,len-pos);   //取出姓部分
    StrAssign(t,",");
    StrConcat(name2,name2,t);            //在姓后加逗号

    InitStr(s);
    SubStr(s,name1,1,pos-1);
    StrConcat(name2,name2,s);

    DestroyStr(t);
    DestroyStr(s);
}
```

名和姓对换的程序运行结果如图 5.10 所示。

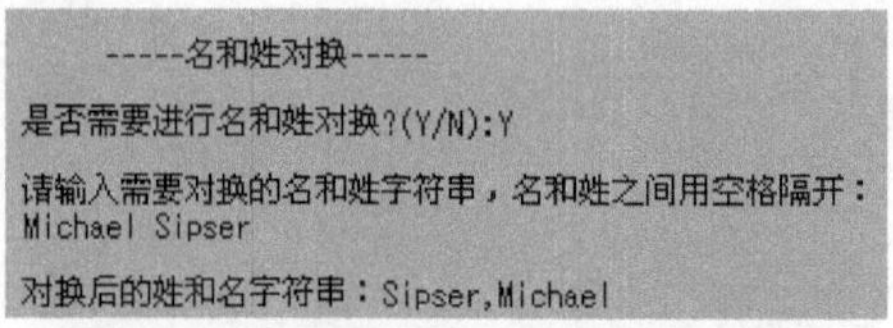

图 5.10　名和姓对换的程序运行结果

5.6.2　文本文件中单词计数和查找问题的解决

考虑引例 5.2 的单词计数和查找问题。根据所提需求，设计如图 5.11 所示的功能菜单。

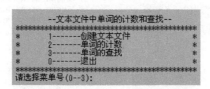

图 5.11　单词计数和查找程序菜单

单词计数是指统计全文中给定单词的出现次数；单词查找是指查找全文中给定单词的出现位置。整个程序分为 3 部分实现：建立文本文件、单词计数和单词查找。

将字符序列构成的文本行看作一个串，在各行中进行单词计数和查找可以利用串的定位，即模式匹配算法解决。单词计数的实现思想是：逐行扫描文件，每读入一行，将其赋给串变量，在该串中查找给定单词并计数。文件扫描结束后关闭文件，输出统计结果，即单词出现的次数。单词查找的实现思想是：逐行扫描文件，每读入一行，将其赋给串变量，在该串中查找给定单词，并输出行号、单词在该行中出现的位置及次数。

建立 WordCount&Find.cpp 文件，引入头文件 stdio.h 和 SeqString.h。SeqString.h 实现了顺序串类型。

WordCount&Find.cpp 文件中包含 5 个函数：CreatTextFile 函数、StrIndex2 函数、WordCount 函数、WordFind 函数和 main 函数。函数 CreatTextFile 实现创建文本文件的功能。函数 StrIndex2 实现了在存储一行文本行的串中查找某个单词的功能，可以用 BF 算法实现，也可以采用其他模式匹配算法实现。函数 WordCount 调用 StrIndex2 函数在文本中逐行对某个单词计数，将单词在各行出现的次数累加起来，从而实现单词计数的功能。函数 WordFind 实现查找单词的功能，它调用 StrIndex2 函数在文本中逐行查找某个单词，记录其出现的行号、次数及位置。main 函数实现程序的菜单功能。

```
//创建文本文件
void CreatTextFile();

//S 指向存储一行文本行的目标串，T 指向存储某个单词的模式串，k 是在 S 中查找 T 的起始位置
//采用简单模式匹配算法（BF 算法）在串 S 中第 k 个字符开始查找串 T
//参数错误返回 ERROR，否则：若 T 存在则返回 T 的位置，若 T 不存在则返回 0
int StrIndex2(SeqString *S,SeqString *T, int k);

//单词的计数
//输入文本文件名和单词，统计单词在文件中的出现次数
void WordCount();

//单词的查找
//输入文本文件名和单词，统计单词在文件中出现的行号、次数及位置
void WordFind();
```

程序运行结果如图 5.12 所示。

(a) 创建文本文件

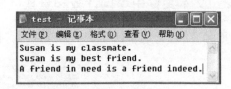

(b) 建立的文本文件 test.txt

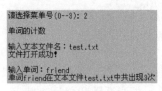

(c) 单词的计数

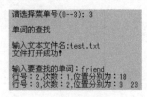

(d) 单词的查找

图 5.12 文本检索程序运行结果

小　结

本章介绍了串的相关知识，本章知识结构如图 5.13 所示。

图 5.13　第 5 章串的知识结构

串是一种特殊的线性表，其特殊性体现在数据元素是一个字符。串可以采用顺序存储结构和链式存储结构。顺序串有紧缩格式和非紧缩格式。紧缩格式的顺序串中一个单元存放多个字符，非紧缩格式的顺序串中一个单元只存放一个字符。链串的组织形式与一般链表类似，主要区别在于链串中的一个结点可以存储多个字符。

由于应用场合的不同，串的基本操作与线性表有很大不同。模式匹配是一个比较复杂的串操作。Brute-Force 算法是简单匹配算法，但是效率不高。KMP 算法消除了 Brute-Force 算法中主串指针的回溯，从而提高了算法效率。

习　题

1. 单项选择题

（1）空串与空格串的区别在于（　　）。

　　A. 没有区别　　　　　　　　　　B. 两串的长度不相等

C．两串的长度相等　　　　　　　　　　D．两串包含的字符不相同

（2）一个子串在包含它的主串中的位置是指（　　）。

　　A．子串的最后那个字符在主串中的位置

　　B．子串的最后那个字符在主串中首次出现的位置

　　C．子串的第一个字符在主串中的位置

　　D．子串的第一个字符在主串中首次出现的位置

（3）下面的说法中，只有（　　）是正确的。

　　A．字符串的长度是指串中包含的字母的个数

　　B．字符串的长度是指串中包含的不同字符的个数

　　C．若 T 包含在 S 中，则 T 一定是 S 的一个子串

　　D．一个字符串不能说是其自身的一个子串

（4）两个字符串相等的条件是（　　）。

　　A．两串的长度相等

　　B．两串包含的字符相同

　　C．两串的长度相等，并且两串包含的字符相同

　　D．两串的长度相等，并且对应位置上的字符相同

（5）操作 SubStr(&Sub, S, i, len)通过 Sub 返回 S 中从第 i 个字符开始的连续 len 个字符组成的子串。对于串 S="Beijing&Nanjing"，执行操作 SubStr(Sub, S, 4, 5)后 Sub 是（　　）。

　　A．"ijing"　　　　　　B．"jing&"　　　　　　C．"ingNa"　　　　　　D．"ing&N"

（6）操作 StrIndex(S, T)返回串 T 在串 S 中的位置。对于 S="Beijing&Nanjing"和 T="jing"，StrIndex(S, T)返回值是（　　）。

　　A．2　　　　　　　　B．3　　　　　　　　C．4　　　　　　　　D．5

（7）StrReplace(&S, i, len, T)操作用串 T 替换串 S 中第 i 个字符开始的长度为 len 的子串并通过 S 返回。对于 S1="Beijing&Nanjing"和 S2="Shanghai"，执行操作（　　）后 S1="Beijing&Shanghai"。

　　A．StrReplace(S1, 9, 7, S2)　　　　　　B．StrReplace(S1, 8, 7, S2)

　　C．StrReplace(S1, 7, 9, S2)　　　　　　D．StrReplace(S2, 9, 7, S1)

（8）对于串 S1="ABCDEF"和 S2="PQRS"，依次执行操作 SubStr(S3, S1, 2, StrLength(S2))、SubStr(S4, S1,StrLength(S2), 2)、StrConcat(&S, S4, S3)后，S=（　　）。

　　A．"BCDE"　　　　　　　　　　　　B．"BCDEDE"

　　C．"DEBCDE"　　　　　　　　　　　D．"EFCDEF"

（9）在长度为 n 的字符串 S 的第 i 个位置插入另外一个字符串，i 的合法值应该是（　　）。

　　A．i>0　　　　　　B．i≤n　　　　　　C．1≤i≤n　　　　　　D．1≤i≤n+1

（10）字符串采用结点大小为 1 的链表作为其存储结构，是指（　　）。

　　A．链表的长度为 1

　　B．链表中只存放 1 个字符

　　C．链表的每个结点的数据域中不仅只存放了 1 个字符

　　D．链表的每个结点的数据域中只存放了 1 个字符

2. 算法设计题

（1）设有一个长度为 n 的字符串，其字符顺序存放在一个一维数组的第 1 至第 n 个单元中（每个单元存放一个字符）。现要求从该串的第 m 个字符以后删除长度为 l 的子串，$m<n$，$l<(n-m)$，并将删除后的结果存放在该数组的第 n 个单元以后的单元中，试设计此删除算法。

（2）设 S 和 T 是由单链表实现的两个链串，且链串中每个结点只存放 1 个字符。试设计算法找出 S 中第 1 个不在 T 中出现的字符。

上机实验题

1. 实现顺序串的复制、连接、插入、删除、替换和定位查找运算。要求设计菜单，根据菜单提示进行操作。

2. 实现链串的复制、连接、插入、删除、替换和定位查找运算。要求设计菜单，根据菜单提示进行操作。

第6章 数组和广义表

内容提要

数组和广义表都可以看作线性表的推广，使用它们可以完成一些标准线性表无法高效地完成的任务。在本章中我们将学习数组的概念及其顺序存储结构、几种特殊矩阵的压缩存储方法、广义表的概念及其存储结构。

学习目标

能力目标：能利用数组和广义表的相关知识解决问题，求矩阵马鞍点问题、求压缩存储的特殊矩阵的和与乘积问题、m元多项式的表示问题。

知识目标：理解数组的逻辑结构和存储结构，掌握 3 种特殊矩阵的压缩存储方法，了解广义表的基本运算和存储结构。

6.1 引 例

对于一些应用程序来说，采用简单的线性表就可以完成任务。也有一些应用程序需要对一些运算的支持，这些运算不能通过第 3 章的标准线性表表示方法高效地实现。本章将介绍的数组和广义表都可以看作线性表的推广，它们克服了简单的线性表的局限。

引例 6.1：求一个矩阵的马鞍点

如果矩阵 A 中存在这样的一个元素 a_{ij}，满足条件：a_{ij} 是第 i 行中值最小的元素，且又是第 j 列中值最大的元素，则称之为该矩阵的一个马鞍点。给定 $m×n$ 的矩阵 A，如何编写程序计算出该矩阵的所有马鞍点呢？

引例 6.2：求对称矩阵的和与乘积

给定两个 $n×n$ 阶的对称矩阵 A 和 B，现在要求 A 与 B 的和与乘积。如何编写程序实现求和与求乘积的功能，且尽可能节省存储空间？

引例 6.3：求下三角矩阵的和与乘积

给定两个 $n×n$ 阶的下三角矩阵 A 和 B，现在要求 A 和 B 的和与乘积。如何编写程序实现求和与求乘积的功能，且尽可能节省存储空间？

引例 6.4：m元多项式的表示

一个 m 元多项式的每一项，最多有 m 个变元。如果用线性表表示，则每个元素需要 $m+1$ 个数据项，以存储一个系数值和 m 个指数值。对于三元多项式 $P(x,y,z)$：

$$P(x,y,z)=x^9y^3z^2+2x^6y^3z^2+x^3y^3z^2+xy^2z^2+xyz+12$$

它的线性表表示为：$((1,9,3,2), (2,6,3,2), (1,3,3,2), (1,1,2,2), (1,1,1,1), (12,0,0,0))$。

用线性表表示 m 元多项式，无论每项有多少个变元都按 m 个变元分配存储空间，这将会造成空间的浪费；若按实际的变元数分配存储空间，将会造成结点的大小不均匀，引起存储管理的不便。因此 m 元多项式不适合用线性表表示。那么，有什么好方法表示 m 元多项式呢？

上述 4 个问题将在本章的学习过程中得以解决。本章将介绍数组和广义表的基本知识，从而解决引例中的问题。

6.2 数　　组

6.2.1 数组的概念及运算

1. 数组的概念

数组可以看作线性表的推广。比如：一维数组可以看作一个线性表，二维数组可以看作"数据元素是一维数组"的一维数组，三维数组可以看作"数据元素是二维数组"的一维数组，依此类推。数组作为一种数据结构，其特点是结构中的元素本身可以是具有某种结构的数据，但这些数据必须属于同一数据类型。数组是一个具有固定格式和数量的数据有序集，每一个数据元素由唯一的一组下标来标识。通常在各种高级语言中，数组一旦被定义，每一维的大小及上下界都不能改变。

数组是由相同类型数据元素组成的有序集合，称构成数组的各数据元素为数组元素，每一个数组元素都有自己的编号，称为该数组元素的下标，数组元素在数组中的位置由数组元素的下标确定。称其元素只有一个下标的数组为一维数组，元素有两个下标的数组为二维数组，依此类推，其元素有 n 个下标的数组为 n 维数组。例如，数组 $[a_1,a_2,a_3,\dots,a_n]$ 是由 n 个元素组成的一维数组，如图 6.1 所示是一个由 m 行 n 列个元素组成的二维数组。

$$\begin{bmatrix} a_{11} & a_{12} & \dots & \dots & a_{1n} \\ a_{21} & a_{22} & \dots & \dots & a_{2n} \\ \dots & & \dots & & \dots \\ a_{m1} & a_{m2} & \dots & \dots & a_{mn} \end{bmatrix}$$

图 6.1　m 行 n 列的二维数组

2. 数组的抽象数据类型定义

数组的抽象数据类型定义如下：

```
ADT Array{
    数据对象: D={a_{j1,j2,…,jn}|a_{j1,j2,…,jn}∈ElementSet, j_i=1,2,…, b_i, i=1,2,…, n}
                        //n (n>0) 是数组的维数
                        //b_i是数组第 i 维的长度，j_i是数组元素第 i 维的下标
    数据关系: R={r_1,r_2,…, r_n}
            r_i={<a_{j1,…,ji,…,jn}, a_{j1,…,ji+1,…,jn}>|
                    1≤j_k≤b_k, 1≤k≤n, 且 k≠i
                    1≤j_i≤b_i -1, i=1,2, …, n
                    a_{j1,…,ji,…,jn}, a_{j1,…,ji+1,…,jn}∈D}
    基本运算:
        InitArray(&A, n, bound1,……, boundn)
          运算结果: 若维数 n 和各维长度合法，则构造相应的数组 A。
        DestroyArray(&A)
          运算结果: 销毁数组 A。
        Value(A, index1,……, indexn, &e)
          初始条件: n 维数组 A 已存在，index1,……, indexn 是指定的 n 个下标值，e 是元素变量。
          运算结果: 若各下标不超界，则用 e 返回 n 个下标指定的 A 中的元素值。
        Assign(&A, index1,……, indexn, e)
          初始条件: n 维数组 A 已存在，index1,……, indexn 是指定的 n 个下标值，e 是元素变量。
          运算结果: 若各下标不超界，则将 e 的值赋给 n 个下标指定的 A 中的元素。
}ADT Array
```

取值运算和赋值运算是数组中的两种常用运算。给定一组下标，读其对应的数据元素，这是取值运算；给定一组下标，存储或修改与其相对应的数据元素，这是赋值运算。

6.2.2 数组的顺序存储表示

数组一般不做插入和删除操作，这样数组建立之后，其中的数据元素个数和元素之间的关系就不再发生变动。因此，数组适于用顺序存储结构表示。从存储结构看，数组的元素存储在一组连续的内存单元中。因为内存的地址空间是一维的，需要找到一个映像函数，使用该映像函数可以由数组元素的下标得到它的存储地址。这里讨论一维数组和二维数组的顺序存储。

1. 一维数组的顺序存储

对于一维数组 $A_n=[a_1,a_2,a_3,\cdots,a_n]$，将数组中的元素直接按下标顺序存放即可。

设数组的基址为 $Loc(a_1)$，每个元素占据 s 个存储单元，那么任一数据元素 a_i 的存储地址 $Loc(a_i)$ 可以由公式（6-1）求出：

$$Loc(a_i)=Loc(a_1)+(i-1)*s \qquad 1\leqslant i\leqslant n \qquad (6-1)$$

2. 二维数组的顺序存储

对于二维数组，需要把它的元素映像存储在一维存储器中，一般有两种存储方式：一是以行序为主序的存储方式，将二维数组中的元素一行接着一行存储；二是以列序为主序的存储方式，将二维数组中的元素一列接着一列存储。例如，一个 2×3 的二维数组，其逻辑结构如图 6.2 所示。该二维数组以行序为主序的内存映像如图 6.3（a）所示，存储顺序为 $a_{11}, a_{12}, a_{13}, a_{21}, a_{22}, a_{23}$；以列序为主序的内存映像如图 6.3（b）所示，存储顺序为 $a_{11},a_{21},a_{12},a_{22},a_{13},a_{23}$。在 C、JAVA、PASCAL、BASIC 等大多数程序设计语言中，采用的是以行序为主序的存储方式；在 FORTRAN 等少数程序设计语言中，采用的是以列序为主序的存储方式。

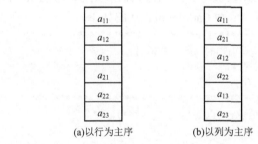

$$\begin{bmatrix} a_{11} & a_{12} & a_{13} \\ a_{21} & a_{22} & a_{23} \end{bmatrix}$$

图 6.2 非 2×3 数组的逻辑结构   图 6.3 2×3 数组的物理结构

对于 $m \times n$ 的二维数组 A_{mn}，设数组的基址为 $Loc(a_{11})$，每个数组元素占据 s 个存储单元，那么任一数据元素 a_{ij} 的存储地址 $Loc(a_{ij})$ 如何计算呢？分以行序为主序存储方式和以列序为主序存储方式两种情况讨论。

（1）以行序为主序存储 A_{mn} 时，因为 a_{ij} 的前面有 $i-1$ 行，每一行的元素个数为 n，在第 i 行中 a_{ij} 的前面还有 $j-1$ 个元素，所以 a_{ij} 前面共有 $(i-1)*n+j-1$ 个元素。$Loc(a_{ij})$ 可以由以下公式求出：

$$Loc(a_{ij})=Loc(a_{11})+((i-1)*n+j-1)*s \qquad 1\leqslant i\leqslant m,\ 1\leqslant j\leqslant n \qquad (6-2)$$

（2）以列序为主序存储 A_{mn} 时，因为 a_{ij} 的前面有 $j-1$ 列，每一列的元素个数为 m，在第 j 列中 a_{ij} 的前面还有 $i-1$ 个元素，所以 a_{ij} 前面共有 $(j-1)*m+i-1$ 个元素。$Loc(a_{ij})$ 可以由以下公式求出：

$$Loc(a_{ij})=Loc(a_{11})+((j-1)*m+i-1)*s \qquad 1{\leqslant}i{\leqslant}m,\ 1{\leqslant}j{\leqslant}n \qquad (6\text{-}3)$$

以上讨论的均是假设二维数组的行、列下界为 1。一般情况下，假设二维数组行下界是 c_1，行上界是 d_1，列下界是 c_2，列上界是 d_2，即 A$[c_1...d_1][c_2...d_2]$。二维数组按行序为主序存储时，a_{ij} 的物理地址计算公式为：

$$Loc(a_{ij})=Loc(a_{c1,c2})+((i-c_1)*(d_2-c_2+1)+(j-c_2))*s \qquad (6\text{-}4)$$

一般情况下，二维数组按列序为主序存储时，a_{ij} 的物理地址计算公式为：

$$Loc(a_{ij})=Loc(a_{c1,c2})+((j-c_2)*(d_1-c_1+1)+(i-c_1))*s \qquad (6\text{-}5)$$

由于计算各个元素存储位置的时间相等，所以存取数组中任意元素的时间也相等。数组的顺序存储结构也是一种随机存储结构。

6.2.3　引例中求矩阵马鞍点问题的解决

现在分析引例 6.1 中求矩阵马鞍点的问题。编程时要解决矩阵的存储问题，可以利用 C 语言中的二维数组存储矩阵。建立 SaddlePoint.cpp 文件，添加矩阵类型定义。

```
#define MaxSize 100                    //最多可存储的数字个数
typedef struct{
  int data[MaxSize][MaxSize];          //存放整数的数组
  int m;                               //矩阵的行数
  int n;                               //矩阵的列数
} Matrix;
```

SaddlePoint.cpp 文件中包含 SaddlePoint 函数和 main 函数。函数 SaddlePoint 计算给定矩阵的马鞍点并输出，它的基本思想是：首先求出每行的最小值元素，放入 min 数组中，再求出每列的最大值元素，放入 max 数组中；然后依次考察矩阵中的每一个元素，若该元素所在行的最小值等于该元素值所在列的最大值，则该元素便是马鞍点，找出所有这样的元素，即找到了所有马鞍点。函数 SaddlePoint 代码如下。

```
/************************************************/
/* 函数功能：计算矩阵的马鞍点并输出              */
/* 函数参数：M 是矩阵                            */
/* 函数返回值：空                                */
/************************************************/
void SaddlePoint(Matrix M){
//求矩阵 M 的马鞍点并输出

  int i,j,flag=0;          //flag 指示是否存在马鞍点，存在置为 1，否则置为 0
  int min[MaxSize],max[MaxSize];

  for(i=0;i<M.m;i++){
  //计算出每行的最小元素值，放入 min[0..m-1]中
   min[i]=M.data[i][0];
   for (j=0;j<M.n;j++)
     if(M.data[i][j]<min[i])
       min[i]=M.data[i][j];
  }

  for(j=0;j<M.n;j++){
  //计算出每列的最大元素值，放入 max[0..n-1]中
```

```
        max[j]=M.data[0][j];
        for (i=0;i<M.m;i++)
            if(M.data[i][j]>max[j])
                max[j]=M.data[i][j];
    }

    for (i=0;i<M.m;i++)
        for(j=0;j<M.n;j++)
            if(min[i]==max[j]){
                printf("\n\t 马鞍点在矩阵的第%d 行第%d 列，值为%d",i+1,j+1,M.data[i][j]);
                flag=1;
            }
    if(!flag)
        printf("\n\t 没有马鞍点! ");
}
```

求矩阵马鞍点的程序运行结果如图 6.4 所示。

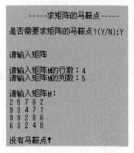
(a)马鞍点不存在的实例

(b)马鞍点存在的实例

图 6.4　求矩阵的马鞍点

6.3　特殊矩阵的压缩存储

　　一般情况下，用一个二维数组来表示一个矩阵是非常合适的。但是，对一些特殊矩阵，如对称矩阵、三角矩阵、对角矩阵等，为了节约存储空间，可以选择更加有效的存储方式。比如，重复元素只分配一个存储空间，对零元素不分配空间等，这样的存储方式称为矩阵的压缩存储。下面对对称矩阵、三角矩阵、对角矩阵的压缩存储方法进行逐一介绍。

6.3.1　对称矩阵

　　若 n 阶方阵 A 中的元素满足 $a_{ij}=a_{ji}$，其中 $1 \leq i,\ j \leq n$，则称其为对称矩阵。如图 6.5 所示是一个 5 阶对称矩阵。

　　对称矩阵关于主对角线等距离处的元素相等，因此只需存储上三角或下三角部分元素即可。如果我们只存储下三角中的元素 a_{ij}（$1 \leq i \leq n$ 且 $j \leq i$），对于上三角中的元素 a_{ij}，它和下三角中的元素 a_{ji} 相等，因此当访问的元素在上三角时，直接去访问和它对应的下三角元素即可。这样，原来需要 $n \times n$ 个存储单元，现在只需要 $n(n+1)/2$ 个存储单元，节约 $n(n-1)/2$

$$\begin{bmatrix} 3 & 1 & 6 & 3 & 9 \\ 1 & 4 & 5 & 4 & 6 \\ 6 & 5 & 9 & 5 & 7 \\ 3 & 4 & 5 & 8 & 8 \\ 9 & 6 & 7 & 8 & 2 \end{bmatrix}$$

图 6.5　5 阶对称矩阵

个存储单元。所以,当 n 较大时,选择只存储上三角或下三角部分元素的方式存储对称矩阵是非常必要的。

对于图 6.5 所示的对称矩阵,将下三角部分元素按行为主序存储到一维数组中,存储结构如图 6.6 所示。

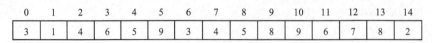

0	1	2	3	4	5	6	7	8	9	10	11	12	13	14
3	1	4	6	5	9	3	4	5	8	9	6	7	8	2

图 6.6　对称矩阵及其压缩存储

n 阶对称矩阵 A 下三角部分共有 $n(n+1)/2$ 个元素。一般地,把 A 下三角部分以行为主序顺序存储到一维数组 B[$n(n+1)/2$]中,存储结构如图 6.7 所示。

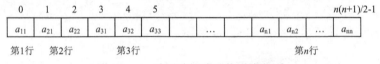

图 6.7　n　阶对称矩阵及其压缩存储

这样,矩阵 A 的下三角的元素 a_{ij} 与一维数组 B[$n(n+1)/2$]的元素 b_k 建立了一一对应关系,下面的问题是找到 k 与 i、j 之间的关系。分元素 a_{ij} 属于下三角和属于上三角两种情况考虑。

(1)a_{ij} 是下三角中的元素,其特点是 $1 \le i \le n$ 且 $i \ge j$。a_{ij} 存储到 B 中后,根据行序为主序的存储原则,它前面共有 $i-1$ 行,共有 $1+2+\cdots+i-1=i*(i-1)/2$ 个元素,而 a_{ij} 是第 i 行中的第 j 个元素,所以 a_{ij} 是下三角存储序列的第 $i*(i-1)/2+j$ 个元素。因此,a_{ij} 在 B 中的下标 k ($0 \le k \le n(n+1)/2-1$)与 i、j 的关系为:

$$k=i(i-1)/2+j-1 \qquad 1 \le i \le n 且 i \ge j \qquad (6\text{-}6)$$

(2)a_{ij} 是上三角中的元素,其特点是 $1 \le i \le n$ 且 $i<j$。因为 $a_{ij}=a_{ji}$,访问上三角中的元素 a_{ij} 时去访问与之对应的下三角中的元素 a_{ji} 即可。因此将上式中的行列下标交换就是上三角中的元素在 B 中的对应关系。

$$k=j(j-1)/2+i-1 \qquad 1 \le i \le n 且 i \ge j \qquad (6\text{-}7)$$

综合(1)和(2)两种情况,对称矩阵 A 中任意元素 a_{ij} 在 B 中的存储单元序号 k 与元素下标 i、j 的关系如下:

$$k = \begin{cases} i(i-1)/2+j-1 & i \ge j \\ j(j-1)/2+i-1 & i<j \end{cases} \qquad (6\text{-}8)$$

6.3.2　引例中求对称矩阵的和与乘积问题的解决

分析引例 6.2 中求对称矩阵的和与乘积的问题,由于要求尽可能节省存储空间,我们可以采用 6.3.1 节中介绍的压缩存储方式存储对称矩阵。

建立 SymmetricMatrix.cpp 文件。压缩存储的对称矩阵类型定义如下。

```
#define MaxSize 1000            //最多可存储的数字个数
typedef struct{
  int data[MaxSize];           //存放整数的数组
  int n;                       //对称矩阵的阶数
```

```
} SymMatrix;
```

SymmetricMatrix.cpp 文件包含 5 个函数：Value 函数、MatrixAdd 函数、MatrixMult 函数、DispMatrix 函数和 main 函数。函数 Value 返回对称矩阵中元素 a_{ij} 的值；函数 MatrixAdd 调用函数 Value 计算两个对称矩阵的和并输出；函数 MatrixMult 调用函数 Value 计算两个对称矩阵的乘积并输出；函数 DispMatrix 调用函数 Value 得到矩阵中每个元素的值并输出。

函数 Value 根据公式（6-8）取得并返回对称矩阵中元素 a_{ij} 的值，代码如下。

```
/*********************************************************/
/* 函数功能：返回对称矩阵中指定行列的元素值                */
/* 函数参数：M 是对称矩阵                                  */
/*          i 和 j 分别是矩阵元素的行和列                  */
/* 函数返回值：int 类型，返回指定矩阵元素的值              */
/*********************************************************/
int Value(SymMatrix M, int i, int j){
//返回对称矩阵 M 中元素 aij 的值
  if (i>=j)
     return M.data[(i*(i-1))/2+j-1];
  else
     return M.data[(j*(j-1))/2+i-1];
}
```

函数 MatrixMult 计算两个对称矩阵的乘积并输出，代码如下。

```
/*********************************************************/
/* 函数功能：计算两个对称矩阵的乘积并输出                  */
/* 函数参数：M1 和 M2 是对称矩阵                           */
/* 函数返回值：空                                          */
/*********************************************************/
void MatrixMult(SymMatrix M1, SymMatrix M2){
//计算对称矩阵 M1 和 M2 的乘积并输出
   int i,j,k,s,n;

   if (M1.n!=M2.n){
      printf("矩阵阶数不同，不能相乘! \n");
      return;
   }

   n=M1.n;
   for(i=1;i<=n;i++){
      for(j=1;j<=n;j++){
        s=0;
        for(k=1;k<=n;k++)
           s=s+Value(M1,i,k)*Value(M2,k,j);
        printf("%4d",s);
      }
      printf("\n\t ");           //控制格式
   }
}
```

图 6.8 给出了求两个对称矩阵的和与乘积的程序运行结果。

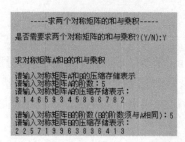

(a) 输入对称矩阵 A 和 B 的压缩存储表示

(b) 显示对称矩阵 A 和 B　　　　(c) 显示对称矩阵 A 和 B 的和与乘积

图 6.8　求两个对称矩阵的和与乘积的程序运行结果

6.3.3　三角矩阵

如图 6.9 所示的矩阵都是三角矩阵，其中 c 为某个常数。以主对角线划分，三角矩阵有上三角矩阵和下三角矩阵两种。图 6.9（a）为下三角矩阵：主对角线以上（不包括主对角线）均为同一个常数；图 6.9（b）所示为上三角矩阵，主对角线以下（不包括主对角线）均为同一个常数。下面讨论它们的压缩存储方法。

$$\begin{bmatrix} 3 & c & c & c & c \\ 1 & 4 & c & c & c \\ 6 & 5 & 9 & c & c \\ 3 & 4 & 5 & 8 & c \\ 9 & 6 & 7 & 8 & 2 \end{bmatrix} \qquad \begin{bmatrix} 3 & 7 & 5 & 6 & 5 \\ c & 4 & 0 & 4 & 3 \\ c & c & 9 & 4 & 2 \\ c & c & c & 8 & 5 \\ c & c & c & c & 2 \end{bmatrix}$$

(a) 下三角矩阵　　　　　　　　　(b) 上三角矩阵

图 6.9　三角矩阵

1. 下三角矩阵

与对称矩阵类似，下三角矩阵需要存储下三角部分元素。此外，下三角矩阵在存完下三角中的元素之后，还需要存储对角线上方的常量，因为这些常量是同一个常数，所以存一个即可。这样一个 n 阶下三角矩阵一共存储了 $n(n+1)/2+1$ 个元素，假设存入一位数组 $B[n(n+1)/2+1]$ 中，这种存储方式可节约 $n(n-1)/2-1$ 个存储单元，存储结构如图 6.10 所示。

图 6.10　n 阶下三角矩阵及其压缩存储

下三角矩阵 A 中任意元素 a_{ij} 在 B 中的存储单元序号 k 与元素下标 i、j 的关系如下：

$$k = \begin{cases} i(i-1)/2 + j - 1 & i \ge j \\ n(n+1)/2 & i < j \end{cases} \qquad (6\text{-}9)$$

2．上三角矩阵

上三角矩阵的常量集中在下三角部分（不包括主对角线）。因此对于上三角矩阵，以行为主序顺序存储上三角部分，最后存储对角线下方的常量。假设将 n 阶上三角矩阵存入一维数组 B[n(n+1)/2+1]中，存储结构如图 6.11 所示。

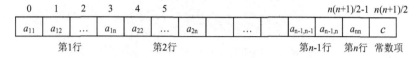

图 6.11　n 阶上三角矩阵及其压缩存储

对于 n 阶上三角矩阵的第 1 行，存储 n 个元素，第 2 行存储 $n-1$ 个元素，…，第 p 行存储$(n-p+1)$个元素，a_{ij} 的前面有 $i-1$ 行，共存储 $n+(n-1)+\cdots+(n-i+2)=(i-1)(2n-i+2)/2$ 个元素；而 a_{ij} 是它所在的行中第 $j-i+1$ 个元素，所以 a_{ij} 是上三角存储序列中的第$(i-1)(2n-i+2)/2+(j-i+1)$个元素。上三角矩阵中任意元素 a_{ij} 在 B 中的存储单元序号 k 与元素下标 i、j 的关系如下：

$$k = \begin{cases} (i-1)(2n-i+2)/2 + j - i & i \le j \\ n(n+1)/2 & i < j \end{cases} \qquad (6\text{-}10)$$

6.3.4　引例中求三角矩阵的和与乘积问题的解决

分析引例 6.3 中求下三角矩阵的和与乘积的问题，由于要求尽可能节省存储空间，我们可以采用 6.3.3 节中介绍的压缩存储方式存储下三角矩阵。编程求两个压缩存储的下三角矩阵的和与乘积，与求两个压缩存储的对称矩阵的和与乘积类似。不同之处仅在于矩阵类型定义不同以及返回矩阵元素 a_{ij} 的值的函数 Value 不同。

建立 LowerTriangularMatrix.cpp 文件。压缩存储的下三角矩阵类型定义如下。

```
#define MaxSize 1000          //最多可存储的数字个数
typedef struct{
    int data[MaxSize];        //存放整数的数组
    int n;                    //下三角矩阵的阶数
} LTMatrix;                   //下三角矩阵
```

函数 Value 根据公式（6-9）取得并返回下三角矩阵中元素 a_{ij} 的值，代码如下。

```
/*****************************************************/
/* 函数功能：返回下三角矩阵中指定行列的元素值         */
/* 函数参数：M 是下三角矩阵                          */
/*           i 和 j 分别是矩阵元素的行和列            */
/* 函数返回值：int 类型，返回指定矩阵元素的值         */
/*****************************************************/
int Value(LTMatrix M, int i, int j){
//返回下三角矩阵 M 中元素 aij 的值
    if (i>=j)
        return M.data[(i*(i-1))/2+j-1];
    else
        return M.data[M.n*(M.n+1)/2];
}
```

调用函数 Value、MatrixAdd 实现下三角矩阵求和，MatrixMult 实现求乘积，DispMatrix 显示矩阵。图 6.12 给出了求两个下三角矩阵的和与乘积的程序运行结果。

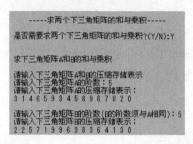

(a) 输入下三角矩阵 A 和 B 的压缩存储表示

(b) 显示下三角矩阵 A 和 B

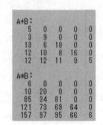

(c) 显示下三角矩阵 A 和 B 的和与乘积

图 6.12　求两个下三角矩阵的和与乘积的程序运行结果

6.3.5　对角矩阵

若对于 n 阶方阵 A，存在最小正数 m，当 $|i-j| \geqslant m$ 时，均有 $a_{ij}=0$，则称 A 为对角矩阵或带状矩阵，称 $w=2m-1$ 为矩阵 A 的带宽。图 6.13（a）所示是一个 $w=3$（$m=2$）的对角矩阵。由图 6.13（a）可看出，在这种矩阵中，所有非零元素都集中在以主对角线为中心的带状区域中，即除了主对角线和它的上下方若干条对角线的元素外，所有其他元素都为零（或同一个常数 c）。

$$A = \begin{bmatrix} a_{11} & a_{12} & 0 & 0 & 0 \\ a_{21} & a_{22} & a_{23} & 0 & 0 \\ 0 & a_{32} & a_{33} & a_{34} & 0 \\ 0 & 0 & a_{43} & a_{44} & a_{45} \\ 0 & 0 & 0 & a_{54} & a_{55} \end{bmatrix}$$

(a) 带宽为 3 的对角矩阵 A

0	1	2	3	4	5	6	7	8	9	10	11	12
a_{11}	a_{12}	a_{21}	a_{22}	a_{23}	a_{32}	a_{33}	a_{34}	a_{43}	a_{44}	a_{45}	a_{54}	a_{55}

(b) 带宽为 3 的对角矩阵 A 的压缩存储

图 6.13　对角矩阵及其压缩存储

对角矩阵 A 可以采用压缩存储，按以行序为主序顺序存储其非零元素，将对角矩阵压缩存储到一维数组 B 中去，如图 6.13（b）所示。按压缩存储规律找到元素 a_{ij} 在 B 中的存储单

元序号 k 与元素下标 i、j 的关系。当 $w=3$ 时，$k=2*i+j-3$。

6.4　广　义　表

6.4.1　广义表的概念及运算

1. 广义表的概念

我们知道，线性表是由 n 个数据元素组成的有限序列，其中每个数据元素被限定为单个数据元素，有时这种限制需要拓宽。

广义表（Generalized List）是 n（$n \geqslant 0$）个数据元素 $a_1,a_2,\dots, a_i,\dots, a_n$ 的有序序列，记作：

$$GL=(a_1,\ a_2,\dots,a_i,\dots,a_n)$$

称 n 为广义表 GL 的长度，a_i（$1 \leqslant i \leqslant n$）为 GL 的成员，称为表元素。a_i 可以是单个数据元素（简称为原子），也可以是一个广义表（简称为子表）。显然，这是一个递归定义。

广义表有以下重要特性。

（1）广义表的长度定义为最外层含有的元素个数。

（2）广义表的深度定义为表嵌套的层数。原子的深度为 0，空表的深度为 1。

（3）一个广义表可以被其他广义表共享，这种共享表称为再入表。

（4）一个广义表可以是其自身的子表，这种广义表称为递归表。递归表的长度是有限值，深度是无穷值。

（5）当广义表 GL 非空时，称第一个元素 a_1 为 GL 的表头，其余元素组成的表 $(a_2,\dots,a_i,\dots,a_n)$ 为 GL 的表尾。

通常用大写字母表示广义表，用小写字母表示原子，子表用一对圆括号括起来，括号内的数据元素用逗号分隔开。设有广义表 A、B、C、D、E、F 如下：

$A=(\ )$

$B=(e)$

$C=(a,(b,c,d))$

$D=(A,B,C)$

$E=(a,E)$

$F=((\ ))$

其中：A 为空表，长度为 0，深度为 1；B 是一个只含单个原子 e 的表，长度为 1，深度为 1；C 是一个含有 2 个元素的表，第一个元素是原子 a，第二个元素是子表 (b,c,d)，C 的长度为 2，深度为 2；D 含有 3 个元素，每个元素又都是一个表，D 的长度为 3，深度为 3；E 的第 2 个元素是其自身，所以 E 是递归表，E 的长度为 2，深度为无穷；F 有一个元素，这个元素是空子表，F 的长度为 1，深度为 2。

如果广义表有名称，可以把名称写在其表前面。例如，上面的广义表 C 可以表示为：

$C(a,(b,c,d))$

广义表可以用图形表示：用圆圈表示表，方框表示原子，用线段连接表和它的元素。上面 5 个广义表 A、B、C、D 的图形表示如图 6.14 所示。

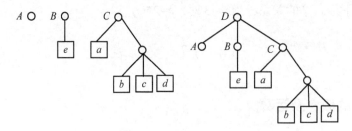

图6.14　广义表的图形表示

广义表可以看成线性表的推广，线性表是广义表的特例。广义表的结构相当灵活，它不仅可以表示线性表，还可以表示其他各种数据结构。当二维数组的每行（或每列）作为子表处理时，二维数组即为一个广义表。另外，本书后面第 7 章中的树和第 8 章中的图也可以用广义表来表示。广义表可以表示各种常用的数据结构，而且有效地利用存储空间，在计算机的许多应用领域都有的应用。

2.　广义表的抽象数据类型

广义表的抽象数据类型的定义如下：

```
ADT GList{
    数据对象：D={ aᵢ| aᵢ∈AtomSet 或 aᵢ∈GList，i=1,…,n,n≥0，AtomSet 是某个数据对象}
    数据关系：R={<aᵢ,aᵢ₊₁>| aᵢ,aᵢ₊₁∈D, i=1,2…,n-1}
    基本运算：
        InitGList(&GL)
            运算结果：创建空的广义表 GL。
        DestroyGList(&GL)
            初始条件：广义表 GL 已存在。
            运算结果：销毁广义表 GL。
        CopyGList(GL1, &GL2)
            初始条件：广义表 GL1 已存在。
            运算结果：由广义表 GL1 复制得到广义表 GL2。
        GListLength(GL)
            初始条件：广义表 GL 已存在。
            运算结果：返回广义表 GL 的长度，即 GL 中的元素个数。
        GListDepth(GL)
            初始条件：广义表 GL 已存在。
            运算结果：返回广义表 GL 的深度。
        GListEmpty(GL)
            初始条件：广义表 GL 已存在。
            运算结果：判定广义表 GL 是否为空。若 GL 为空，则返回 true，否则返回 false。
        GetHead(GL)
            初始条件：广义表 GL 已存在。
            运算结果：取广义表 GL 的表头。
        GetTail(L)
            初始条件：广义表 GL 已存在。
            运算结果：取广义表 GL 的表尾。
        GListInsertFirst(&L,e)
            初始条件：广义表 GL 已存在。
            运算结果：插入元素 e 作为广义表 GL 的第 1 元素。
        GListDeleteFirst(&GL,&e)
            初始条件：广义表 GL 已存在。
```

　　　　　　　运算结果：删除广义表 GL 的第 1 元素，并用 e 返回其值。
```
        Traverse_GL(GL)
```
　　　　　　　初始条件：广义表 GL 存在。
　　　　　　　运算结果：遍历广义表 GL。
```
}ADT GList
```
　　对任何一个广义表的处理都可以由对表头的处理部分和对表尾的处理部分组成。广义表有两个重要的基本操作，即取表头操作 GetHead 和取表尾操作 GetTail。

　　根据广义表表头、表尾的定义可知，对于任意一个非空的广义表，其表头可能是单个元素也可能是子表，而表尾必为子表。上面 5 个广义表 A、B、C、D、E、F 的取表头操作和取表尾操作结果如下：

　　A 无表头和表尾；GetHead(B)=e，GetTail(B)=()；

　　GetHead(C)=a，GetTail(C)=$((b,c,d))$；GetHead(D)=A，GetTail(D)=(B,C)；

　　GetHead(E)=a，GetTail(E)=(E)；GetHead(F)=()，GetTail(F)=()。

6.4.2　广义表的存储结构

　　由于广义表中的数据元素可以具有不同的结构，因此很难用顺序存储结构来表示。链式存储结构分配较为灵活，易于解决广义表的共享与递归问题，所以通常采用链式存储结构来存储广义表。在这种表示方式下，每个数据元素可用一个结点表示。

　　按结点形式的不同，常用的广义表链式存储结构有两种：头尾链表表示法和扩展线性链表表示法。

1. 头尾链表表示法

　　若广义表不空，则可分解成表头和表尾；反之，由一对表头和表尾可唯一地确定一个广义表。头尾链表表示法就是根据这一性质设计而成的一种存储方法。

　　由于广义表中的数据元素既可以是原子也可以是子表，相应地，在头尾链表表示法中需要两种结构的结点：一种是表结点，用以表示子表；另一种是原子结点，用以表示原子。表结点应该包括一个指向表头的指针和指向表尾的指针；原子结点应该包括原子的值。为了区分这两种结点，还需要在结点中设置一个标志域来表示结点类型。头尾链表表示法的结点结构如图 6.15 所示。标志域 tag 为 1，表示该结点为表结点，tag 为 0，表示该结点为原子结点。

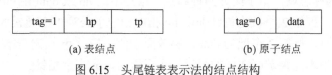

　　　　　　　　　(a) 表结点　　　　　　　　　　(b) 原子结点

图 6.15　头尾链表表示法的结点结构

　　采用头尾链表存储结构的广义表的类型定义如下。

```
typedef struct GLNode{
  int tag;   //结点类型标志域，用于区分原子结点和表结点
  union{     //原子结点和表结点的联合部分
    AElemType data;          //data 是原子值，AElemType 由用户定义
    struct{
      struct GLNode *hp, *tp;  //指向表头和表尾的指针
    }sublist;      //子表域
  };
}*GL;              //采用头尾链表存储结构的广义表类型
```

对于 6.4.1 节所列举的广义表 A、B、C、D、E、F，若采用头尾表示法的存储方式，其存储结构如图 6.16 所示。

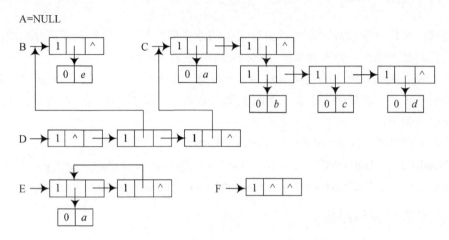

图 6.16　广义表的头尾链表表示法示例

从上述存储结构示例中可以看出，采用头尾表示法容易分清列表中单个元素或子表所在的层次。例如，在广义表 D 中，原子 a 和 e 在同一层次上，而原子 b、c、d 在同一层次上且比 a 和 e 低一层，子表 B 和 C 在同一层次上。另外，最高层的表结点的个数即为广义表的长度。例如，在广义表 D 的最高层有 3 个表结点，其广义表的长度为 3。

2. 扩展线性链表表示法

广义表的扩展线性链表表示也有表结点和原子结点两种结点，结点结构如图 6.17 所示。

图 6.17　扩展线性链表表示法的结点结构

其中，tag 域为标志域，用于区分两种结点，结点中的 hp 或 data 由 tag 决定。tag 为 1 表示该结点为表结点，则第 2 个域为指针 hp，hp 指向相应子表第 1 个元素的结点；tag 为 0 表示该结点为原子结点，则第 2 个域为 data，存放原子值。指针 tp 指向与本元素同一层的下一个元素所在结点，当本元素是所在层的最后一个元素时，tp 为空指针。

采用扩展线性链表存储结构的广义表的类型定义说明如下：

```
typedef  struct  GLNode{
   int tag;  //结点类型标志域，用于区分原子结点和表结点
   union{  //元素结点和表结点的联合部分
     AElemType data;    //data 是原子值，AElemType 由用户定义
     struct GLNode *hp;  //指向表头的指针
   };
   struct GLNode *tp;    //指向下一个元素的指针
}*GL;  //采用扩展线性链表存储结构的广义表类型
```

对于 6.4.1 节所列举的广义表 A、B、C、D、E、F，若采用扩展线性链表的存储方式，其存储结构如图 6.18 所示。

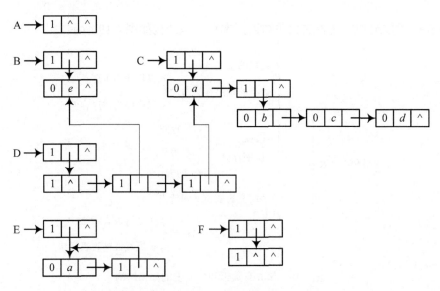

图 6.18　广义表的扩展线性链表表示法示例

从图 6.18 示例中可以看出，采用扩展线性链表表示法时，表达式中的左括号 "(" 对应存储表示中的 tag=1 的结点，且最高层结点的 tp 域必为 NULL。

6.4.3　引例中 m 元多项式表示问题的解决

对于引例 6.4 的 m 元多项式表示问题，由于 m 元多项式中每一项的变元数目不确定，故不适合用线性表表示。用广义表可以很好地解决 m 元多项式表示问题。

分析引例 6.4 中的三元多项式 $P(x,y,z)=x^9y^3z^2+2x^6y^3z^2+x^3y^3z^2+xy^2z^2+xyz+12$，其中各变元数目不尽相同，而因子 y^3、z^2 又多次出现，若改写为

$$P(x,y,z)=((x^9+2x^6+x^3)y^3+xy^2)z^2+xyz+12$$

多项式 P 就可以看成变元 z 的多项式：$P(z)=Az^2+Bz+12$，其中 A、B 都是 x、y 的多项式：$A=(x^9+2x^6+x^3)y^3+xy^2$，$B=xy$。这样，P 可表示成广义表：$P=z((A,2),(B,1),(12,0))$。

对于 $A=(x^9+2x^6+x^3)y^3+xy^2$，多项式 A 可以看成变元 y 的多项式：$A(y)=Cy^3+Dy^2$，其中 C、D 都是 x 的多项式，$C=x^9+2x^6+x^3$，$D=x$。这样，A 可表示成广义表：$A=y((C,3),(D,2))$。

对于 $B=xy$，多项式 B 可以看成变元 y 的多项式：$B(y)=Dy$。这样，B 可表示成广义表：$B=y((D,1))$。

对于 $C=x^9+2x^6+x^3$，多项式 C 可以看成变元 x 的多项式：$C(x)=x^9+2x^6+x^3$。这样，C 可表示成广义表：$C=x((1,9),(2,6),(1,3))$。对于 $D=x$，多项式 D 可以看成变元 x 的多项式：$D(x)=x$。这样，D 可表示成广义表：$D=x((1,1))$。

综上，三元多项式 P 用广义表表示的结果为：$P=z((A,2),(B,1),(12,0))$，其中 $A=y((C,3),(D,2))$，$B=y((D,1))$，$C=x((1,9),(2,6),(1,3))$，$D=x((1,1))$。

小　　结

本章介绍了数组和广义表的相关知识，本章知识结构如图 6.19 所示。

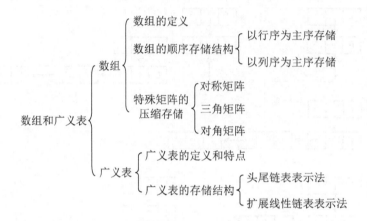

图 6.19　第 6 章数组和广义表的知识结构

数组可以看作线性表的推广，n 维数组中每个元素受 n 个线性关系的约束。数组适合用顺序存储表示。存储多维数组时，应先将其转换为一维数组结构，可以按"行"转换或按"列"转换。由一组下标可以计算出相应数组元素的存储位置。

一般情况下，矩阵可以用二维数组存储。对于特殊矩阵，如对称矩阵、三角矩阵、对角矩阵等，尤其在高阶矩阵的情况下，为了节省存储空间，可以利用特殊矩阵的规律对矩阵进行压缩存储。

广义表也可以看作线性表的推广。广义表放松了对表元素的原子限制，容许它们具有其自身结构。广义表是一种递归的数据结构，是采用递归方法定义的。取表头和取表尾是广义表的两个特殊的基本运算。由于数据元素结构不确定，可以是原子或列表，广义表中难以采用顺序存储结构，通常采用链式存储结构。常用的广义表链式存储结构有头尾链表表示法和扩展线性链表表示法。

习　　题

1. 填空题

（1）假设有二维数组 A[0..5, 0..7]，每个元素用相邻的 6 字节存储，存储器按字节编址。已知 A 的起始存储位置（基地址）为 1000，则数组 A 的体积（存储量）为（　　）；末尾元素 A[5, 7]的第 1 个字节地址为（　　）；若按行存储时，元素 A[1, 4]的第 1 个字节地址为（　　）；若按列存储时，元素 A[4, 7]的第 1 个字节地址为（　　）。

（2）设数组 B[1…60, 1…70]的基地址为 2048，每个元素占 2 个存储单元，若以行序为主序顺序存储，则元素 B[32,58]的存储地址为（　　）；若以列序为主序顺序存储，则元素 B[32,58]的存储地址为（　　）。

（3）已知数组 A[0..9,0..9]的每个元素占 5 个存储单元，将其按行优先次序存储在起始地址为 1000 的连续的内存单元中，则元素 A[6, 8]的地址为（　　　）。

（4）设有二维数组 A[0..9, 0..19]，其每个元素占两个字节，第 1 个元素的存储地址为 100，若按列优先顺序存储，则元素 A[6,6]存储地址为（　　　）。

（5）对矩阵压缩是为了（　　　）。

（6）设 $n×n$ 阶的下三角矩阵 A 已压缩到一维数组 B[0..n(n+1)/2]中，若按行为主序存储，则 A 中第 i 行第 j 列的元素 a_{ij} 在 B 中的存储位置为（　　　）。

（7）将 9×9 的三对角矩阵 A（带宽为 3 的三角矩阵）压缩存储在起始地址为 1000 的连续的内存单元中，若每个元素占 2 个单元，则 A 中第 7 行第 8 列的元素 $a_{7,8}$ 的存储地址为（　　　）。

（8）当广义表中的每个元素都是原子时，广义表便成了（　　　）。

（9）广义表 E=(a, (a, b), (a, b, c))的长度是（　　　），深度是（　　　）。

（10）广义表的表尾是指除第一个元素之外，（　　　）。

（11）求下列广义表运算的结果：

① Head(((a,b),(c,d)))=（　　　）

② Head(Tail(((a,b),(c,d))))=（　　　）

③ Head(Tail(Head(((a,b),(c,d)))))=（　　　）

④ Tail(Head(Tail(((a,b),(c,d)))))=（　　　）

（12）广义表 A=((a, b), (c , d, e))，取出 A 中的原子 e 的运算是（　　　）。

（13）设广义表 H=(A, (a,b,c))，运用 GetHead 和 GetTail 运算求出广义表 H 中某元素 b 的运算是（　　　）。

（14）广义表运算式 GetHead(GetTail(((a,b,c),(x,y,z))))的结果是（　　　）。

（15）已知广义表 A=(((a,b),(c),(d,e)))，GetHead(GetTail(GetTail(GetHead(A))))等于（　　　）。

2.　问答与应用题

（1）写出下面对称矩阵的压缩存储表示。

$$\begin{bmatrix} 14 & 3 & 0 & 34 & 0 \\ 3 & 5 & 7 & 19 & 27 \\ 0 & 7 & 27 & 22 & 81 \\ 34 & 19 & 22 & 15 & 69 \\ 0 & 27 & 81 & 69 & 9 \end{bmatrix}$$

（2）下面的一维数组是一个上三角矩阵的压缩存储表示，试写出它的上三角矩阵。

0	1	2	3	4	5	6	7	8	9	10	11	12	13	14	15
22	12	34	9	7	16	69	96	22	22	35	28	81	30	59	1

（3）写出下面对角矩阵的压缩存储表示。

$$\begin{bmatrix} 28 & 11 & 0 & 0 & 0 \\ 5 & 36 & 9 & 0 & 0 \\ 0 & 11 & 78 & 8 & 0 \\ 0 & 0 & 16 & 17 & 59 \\ 0 & 0 & 0 & 62 & 81 \end{bmatrix}$$

（4）用广义表表示以下三元多项式 $P(x,y,z)$：

$$P(x,y,z)=x^{10}y^3z^2+2x^8y^3z^2+3x^8y^2z^2+x^4y^4z+6x^2y^4z+2yz$$

3. 算法设计题

（1）假定有 n 个整数存放在数组 A[0...n-1]中，试设计一个算法将其中所有正数排在所有负数前面。要求算法复杂度为 O(n)。

（2）假定一个 $m \times n$ 阶的矩阵 A，其数据元素在行、列方向上都按从小到大的顺序排序，且矩阵 A 中存在值为 x 的数据元素。试设计一个算法找到 i 和 j，满足 A 中第 i 行第 j 列的元素 $a_{ij}=x$。要求比较次数不超过 $m+n$。

上机实验题

1. 编写程序求两个 $n \times n$ 阶的上三角矩阵 A 与 B 的和与乘积。要求：

（1）设矩阵 A 和矩阵 B 均采用压缩存储方式存储，矩阵元素均为 int 类型。

（2）以下面的矩阵为测试用例进行测试。

$$A = \begin{bmatrix} 3 & 7 & 5 & 6 & 5 \\ 2 & 4 & 0 & 4 & 3 \\ 2 & 2 & 9 & 4 & 2 \\ 2 & 2 & 2 & 8 & 5 \\ 2 & 2 & 2 & 2 & 2 \end{bmatrix} \quad B = \begin{bmatrix} 4 & 7 & 9 & 9 & 8 \\ 1 & 9 & 2 & 0 & 7 \\ 1 & 1 & 8 & 3 & 6 \\ 1 & 1 & 1 & 6 & 7 \\ 1 & 1 & 1 & 1 & 6 \end{bmatrix}$$

2. 编写程序求两个 $n \times n$ 阶的三角矩阵 A 与 B 的和与乘积。要求：

（1）三角矩阵带宽为 3。

（2）设矩阵 A 和矩阵 B 均采用压缩存储方式存储，矩阵元素均为 int 类型。

（3）以下面的矩阵为测试用例进行测试。

$$A = \begin{bmatrix} 3 & 7 & 0 & 0 & 0 \\ 1 & 4 & 2 & 0 & 0 \\ 0 & 7 & 9 & 4 & 0 \\ 0 & 0 & 5 & 8 & 6 \\ 0 & 0 & 0 & 9 & 8 \end{bmatrix} \quad B = \begin{bmatrix} 4 & 5 & 0 & 0 & 0 \\ 2 & 9 & 2 & 0 & 0 \\ 0 & 4 & 8 & 3 & 0 \\ 0 & 0 & 6 & 9 & 4 \\ 0 & 0 & 0 & 8 & 5 \end{bmatrix}$$

第7章 树和二叉树

内容提要

树描述了数据元素间存在的一种"一对多"的非线性关系,即结点有唯一的前驱和多个后继。树型结构应用广泛,在文件系统、编译系统、目录组织等方面尤为突出。在本章中我们将学习二叉树的概念、性质、存储结构,遍历二叉树和线索二叉树,以及树和森林。

学习目标

能力目标:能利用树结构解决实际应用问题,如报文编码和译码问题。

知识目标:熟练掌握二叉树的概念和性质、存储结构、遍历运算,掌握线索二叉树;掌握树的存储结构、树和森林的遍历以及它们与二叉树的转换。

7.1 引 例

现实世界中存在大量层次结构的数据需要应用程序来处理。例如,一本书包含若干章,每章有若干节,一节还可以分成若干小节,章节的编号就是层次。再如,中国包含若干省,一个省有若干市,每个市管辖若干个县、区,这种区域的划分也是层次的。又如,所有的上级和下级、整体和部分、祖先和后裔的关系都是层次关系的例子。图 7.1 描述了欧洲部分语言的谱系关系,例如北日耳曼语有冰岛语、挪威语和瑞典语 3 个后代,这种谱系关系是树型结构。如图 7.2 所示的家谱表表示了某个人的祖先结构,从图中可以看到陈文德的所有祖先。陈文德的双亲分别是陈明和李洁,祖父和祖母分别是陈平和刘琳,外祖父和外祖母分别是李日华和林佳美。如果禁止近亲生育,那么家谱表就是每个人都分出两个分支的树,后面会看到这样的树称为二叉树,它有很多重要的应用。

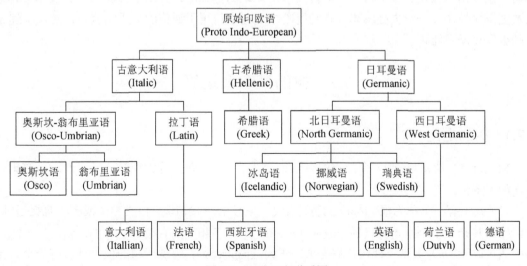

图 7.1 西欧语言谱系图

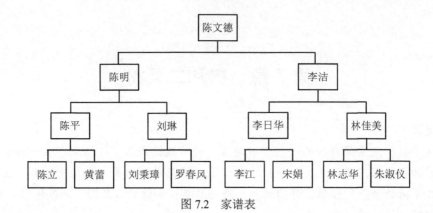

图 7.2　家谱表

在当今信息爆炸时代，采用有效的数据压缩技术来节省数据文件的存储空间和计算机网络的传送空间的问题，已越来越引起人们的重视。通常我们把数据压缩的过程称为编码，反之，解压缩的过程称为译码。

引例 7.1：字符编码和译码

假定在通信中 8 个字符 a, b, c, d, e, f, g, h 出现的频率如下：

a: 25%,　b: 10%,　c: 20%,　d: 10%,　e: 15%,　f: 10%,　g: 5%,　h: 5%

应如何对这些字符编码才能尽可能减少数据传输量呢？给定编码，应如何译码得到编码所表示的字符呢？

引例 7.2：报文编码和译码

现在要传送如下报文：

Dear students, Data Structure is an interesting course. Let's begin!

同样的，为了减少数据传输量，应该如何对这段报文编码呢？对方收到报文编码后又将如何译码得到原始报文呢？

在信息传递时，希望编码总长能尽可能短，即采用最短码。如果对每个字符设计长度不等的编码，让报文中出现次数较多的字符用尽可能短的编码，那么传送报文的总长便可减短，从而减少数据传输量。本章将在讲解树的基础知识的基础上，介绍一种应用广泛且非常有效的数据压缩技术——哈夫曼编码，它利用哈夫曼树求得用于通信的二进制编码，解决上述报文的编码和译码问题。

7.2　树的概念及运算

7.2.1　树的定义

树（Tree）是 n（$n \geqslant 0$）个结点的有限集合 T。当 $n=0$ 时，称为空树；当 $n>0$ 时，该集合满足如下条件：

（1）其中有一个称为**根**（root）的特定结点，它没有直接前驱，但有零个或多个直接后继。

（2）其余 $n-1$ 个结点可以划分成 m（$m \geqslant 0$）个互不相交的有限集 $T_1, T_2, T_3, \ldots, T_m$，其中 T_i（$1 \leqslant i \leqslant m$）又是一棵树，称为根的**子树**（subtree）。每棵子树的根有且仅有一个直接前驱，但有零个或多个直接后继。

注意，由于在定义子树时使用了树的概念，树的定义是递归定义。

通常把树的根结点画在顶端。图 7.3 给出了一棵树的逻辑结构图示，它如同一棵倒长的树。树还有其他表示方法，如嵌套集合、广义表和凹入表示方法，分别如图 7.4（a）、（b）和（c）所示。

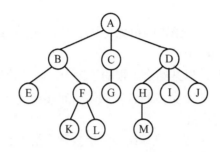

图 7.3　树的逻辑结构

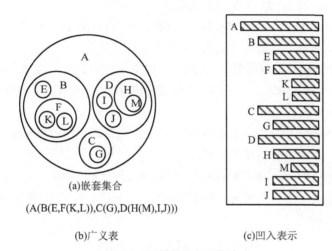

(a)嵌套集合

(A(B(E,F(K,L)),C(G),D(H(M),I,J)))

(b)广义表　　　　　　　　　　　(c)凹入表示

图 7.4　树的其他表示方法

关于树结构有一些术语，通常使用家族谱系的惯用语表达。下面结合图 7.3 所示的树说明树的相关术语

（1）**结点**（node）：即树的数据元素。

（2）**结点的度**（degree）：结点挂接的子树数。在图 7.3 中，结点 A 的度是 3，B 的度是 2，H 的度是 1，K 和 L 的度为 0。

（3）**树的度**（degree）：树中所有结点的度的最大值。在图 7.3 所示的树中，A 和 D 的度最大，为 3，故该树的度是 3。

（4）**根**（root）：即根结点，根没有前驱。图 7.3 所示的树的根是 A。

（5）**叶子**（leaf）：度为 0 的结点称为叶子或终端结点。叶结点无后继结点。在图 7.3 所示的树中，E、K、L、G、M、I、J 是叶子。

（6）**分支结点**（branch node）：度不为 0 的结点称为分支结点或非终端结点。在图 7.3 所示的树中，A、B、C、D、F、H 是分支结点。

（7）**内部结点**（internal node）：除根之外的分支结点称为内部结点。在图 7.3 所示的树中，B、C、D、F、H 是内部结点。

（8）**双亲**（parent）和**孩子**（child）：结点的子树的根称为该结点的孩子，该结点称为孩子的双亲。一个结点的双亲是该结点的直接前驱，孩子是该结点的直接后继。在图 7.3 中，B、C、D 是 A 的孩子，A 是 B、C、D 的双亲；E、F 是 B 的孩子，B 是 E、F 的双亲。

（9）**兄弟**（siblings）：同一双亲的孩子之间互为兄弟。在图 7.3 中，结点 H、I、J 互为兄弟结点。

（10）**祖先**（ancestor）：一个结点的祖先是从根到该结点所经分支上的所有结点。在图 7.3 中，结点 K 的祖先是 A、B、F。

（11）**子孙**（descendant）：以某结点为根的子树中，除了该结点本身，其余任一结点都为该结点的子孙。也就是说，一个结点的直接后继和间接后继称为该结点的子孙。在图 7.3 中，结点 D 的子孙是 H、I、J、M。

（12）**结点的层次**（level）：从根到该结点的层数称为结点的层次。根结点为第 1 层，树中任一结点的层次等于其双亲结点的层次加 1。在图 7.3 中，根结点 A 的层次是 1；结点 C 的层次是 A 的层次加 1，为 2；结点 G 的层次是 3。

（13）**堂兄弟**（cousins）：双亲不同，但都位于同一层的结点。在图 7.3 中，E、G 的双亲不同，但都位于第 3 层，它们是堂兄弟；F 和 I 也是堂兄弟。

（14）**树的深度**（depth）或**高度**（height）：树中结点的最大层次称为树的深度或高度。

（15）**有序树**（ordered tree）：在树中，如果结点的各棵子树从左至右有序，不能互换（左为第一），则称为有序树。

（16）**无序树**（unordered tree）：在树中，若结点的各棵子树可以互换位置，则称为无序树。如无特殊说明，本章中的树指无序树。

（17）**森林**（forest）：m（$m \geq 0$）棵不相交的树的集合称为森林。将图 7.3 所示的树的根删去，所得的子树集合就是一个森林，如图 7.5 所示。反之，给森林增加一个统一的根结点，森林就变成一棵树。

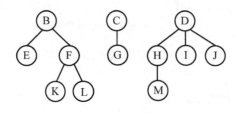

图 7.5　森林

7.2.2　树的抽象数据类型定义

下面给出树的抽象数据类型 Tree 的定义。

```
ADT Tree{
    数据对象：任意数据元素的集合
                D={ aᵢ| aᵢ∈Elementset, i=0,1,…,n-1, n≥0}
    数据关系：树由一个根结点和若干棵子树构成。树中结点具有相同数据类型及层次关系。
    基本运算：
        InitTree(&T)
            运算结果：将 T 初始化为一棵空树。
        CreateTree(&T)
```

```
        运算结果：创建树 T。
   DestroyTree(&T)
        初始条件：树 T 已存在。
        运算结果：销毁树 T。
   ClearTree(&T)
        初始条件：树 T 已存在。
        运算结果：将 T 重置为空树。
   TreeEmpty(T)
        初始条件：树 T 已存在。
        运算结果：若 T 为空树，则返回 true，否则返回 false。
   Root(T)
        初始条件：树 T 已存在。
        运算结果：若 T 为空树，则返回空，否则返回树 T 的根。
   Parent(T, x)
        初始条件：树 T 存在，x 是 T 中的某个结点。
        运算结果：若 x 为非根结点，则返回它的双亲，否则返回空。
   FirstChild(T, x)
        初始条件：树 T 存在，x 是 T 中的某个结点。
        运算结果：若 x 为非叶结点，则返回它的第一个孩子，否则返回空。
   NextSibling(T, x)
        初始条件：树 T 存在，x 是 T 中的某个结点。
        运算结果：若 x 不是其双亲的最后一个孩子，则返回 x 的下一个兄弟，否则返回空。
   InsertSubtree(&T, p, subt)
        初始条件：树 T 存在，p 指向 T 中某个结点，非空树 subt 与 T 不相交。
        运算结果：将 subt 插入 T 中，作为 p 所指向结点的子树。
   DeleteSubtree(&T, p, i)
        初始条件：树 T 存在，p 指向 T 中某个结点，1≤i≤d（d 为 p 所指向结点的度）。
        运算结果：删除 T 中 p 所指向结点的第 i 棵子树。
   TraverseTree(T)
        初始条件：树 T 存在。
        运算结果：按照某种次序对树 T 的每个结点访问一次。
}ADT Tree
```

7.3　二　叉　树

在进一步讨论树之前，首先讨论一种简单而重要的树结构——二叉树，其中每个结点最多只有两个"叉"。为何重点研究二叉树呢？因为二叉树的结构最简单，规律性最强；而且可以证明，所有树都能转为唯一对应的二叉树，不失一般性。普通的多叉树若不转化为二叉树，则运算很难实现。

7.3.1　二叉树的概念及运算

定义：满足以下两个条件的树型结构称为**二叉树**（Binary Tree）。

（1）每个结点的度都不大于 2；

（2）每个结点的孩子结点次序不能任意交换。

由此定义可以看出，一棵二叉树中每个结点只能有 0、1 或 2 个孩子，而且每个孩子有左右之分。二叉树是有序树，位于左边的孩子叫作**左孩子**（left child），位于右边的孩子叫作**右孩子**（right child）。图 7.6 给出了二叉树的 5 种基本形态。图 7.6（a）是空二叉树；图 7.6（b）

是只有根结点的二叉树；图7.6（c）是根结点的左子树不为空，而右子树为空的二叉树；图 7.6（d）是根结点的右子树不为空，而左子树为空的二叉树；图7.6（e）是根结点的左子树和右子树都不为空的二叉树。

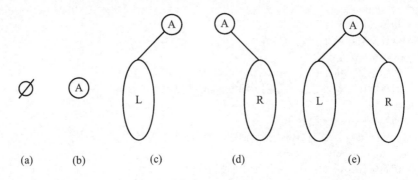

图7.6　二叉树的5种基本形态

由于二叉树中孩子有左右之分，故具有3个结点的二叉树可能有5种不同形态，如图7.7所示。普通树中孩子不分次序，故只有2种。

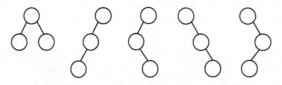

图7.7　3个结点的二叉树的5种不同形态

由于二叉树是一种特殊的有序树，故前面所介绍的有关树的术语都适用于二叉树。二叉树的基本运算与树类似。二叉树的抽象数据类型 BiTree 定义如下。

```
ADT BiTree{
    数据对象：任意数据元素的集合
                D={ aᵢ| aᵢ∈Elementset, i=0,1,…,n-1, n≥0}
    数据关系：二叉树由一个根结点和至多两棵二叉子树构成，二叉树中结点具有相同数据类型
             及层次关系。
    基本运算：
        InitBT(&T)
            运算结果：将 T 初始化为一棵空二叉树。
        CreateBT(&T)
            运算结果：创建二叉树 T。
        DestroyBT(&T)
            初始条件：二叉树 T 已存在。
            运算结果：销毁二叉树 T。
        ClearTree(&T)
            初始条件：二叉树 T 已存在。
            运算结果：清空二叉树 T。
        BTEmpty(T)
            初始条件：二叉树 T 已存在。
            运算结果：若 T 为空二叉树，则返回 true，否则返回 false。
        Root(T)
            初始条件：二叉树 T 已存在。
            运算结果：若 T 为空二叉树，则返回空，否则返回 T 的根。
```

```
      Parent(T, x)
         初始条件：二叉树 T 存在，x 是 T 中的某个结点。
         运算结果：若 x 为非根结点，则返回它的双亲，否则返回空。
      LeftChild(T, x)
         初始条件：二叉树 T 存在，x 是 T 中的某个结点。
         运算结果：若 x 有左孩子，返回 x 的左孩子，否则返回空。
      RightChild(T, x)
         初始条件：二叉树 T 存在，x 是 T 中的某个结点。
         运算结果：若 x 有右孩子，返回 x 的右孩子，否则返回空。
      LeftSibling(T, x)
         初始条件：二叉树 T 存在，x 是 T 中的某个结点。
         运算结果：若 x 有左兄弟，则返回 x 的左兄弟，否则返回空。
      RightSibling(T, x)
         初始条件：二叉树 T 存在，x 是 T 中的某个结点。
         运算结果：若 x 有右兄弟，则返回 x 的右兄弟，否则返回空。
      Depth(T)
         初始条件：二叉树 T 存在。
         运算结果：返回二叉树 T 的深度。
      visit(T)
         初始条件：二叉树 T 存在。
         运算结果：访问二叉树 T 的根。
      PreOrderTraverse(T)
         初始条件：二叉树 T 存在。
         运算结果：先序遍历 T，对每个结点访问一次。
      InOrderTraverse(T)
         初始条件：二叉树 T 存在。
         运算结果：中序遍历 T，对每个结点访问一次。
      PostOrderTraverse(T)
         初始条件：二叉树 T 存在。
         运算结果：后序遍历 T，对每个结点访问一次。
      LevelOrderTraverse(T)
         初始条件：二叉树 T 存在。
         运算结果：层次遍历 T，对每个结点访问一次。
}ADT BiTree
```

7.3.2　二叉树的性质

性质 1　在二叉树的第 i（$i \geq 1$）层上至多有 2^{i-1} 个结点。

证明：用数学归纳法证明。

归纳基础：当 $i=1$ 时，整个二叉树只有一个根结点，此时 $2^{i-1}=2^0=1$，结论成立。

归纳假设：假设 $i=k$ 时结论成立，即第 k 层上结点总数最多为 2^{k-1} 个。

归纳过程：现证明当 $i=k+1$ 时结论成立。因为二叉树中每个结点的度最大为 2，则第 $k+1$ 层的结点总数最多为第 k 层上结点最大数的 2 倍，即 $2 \times 2^{k-1}=2^{(k+1)-1}$，故结论成立。

性质 2　深度为 k（$k \geq 1$）的二叉树至多有 2^k-1 个结点。

证明：对于深度为 k 的二叉树，其结点总数的最大值是将二叉树每层上结点的最大值相加。所以深度为 k 的二叉树的结点总数至多为：

$$\sum_{i=1}^{k} 2^{i-1} = 2^k - 1 \tag{7-1}$$

故结论成立。

性质 3　对于任何一棵非空二叉树，如果叶结点的个数为 n_0，度为 2 的结点个数为 n_2，则 $n_0=n_2+1$。

证明：设 n 为二叉树中结点总数，n_1 是度为 1 的结点数。由于二叉树中所有结点的度小于等于 2，所以有：

$$n= n_0+ n_1+n_2 \tag{7-2}$$

如果对二叉树的分支进行计数，可以看到，除根以外，其余每个结点都有一个进入分支。设二叉树的分支数目为 B，则 $n=B+1$。又因为所有分支都是从度为 1 和度为 2 的结点发出，从而 $B=n_1+2n_2$。因此，可以得到

$$n=B+1=n_1+2n_2+1 \tag{7-3}$$

将式（7-2）代入式（7-3）得 $n_0+ n_1+n_2=n_1+2n_2+1$，整理后得 $n_0= n_2+1$。

现在定义两种特殊的二叉树：**满二叉树**（full binary tree）和**完全二叉树**（complete binary tree），然后讨论其性质。

定义 1：一棵深度为 k 的满二叉树是深度为 k 且有 2^k-1 个结点的二叉树。

从性质 2 可知，在深度为 k 的二叉树中，2^k-1 是结点数的最大值。所以，满二叉树的每层结点都是满的，即每层结点个数都达到最大。如图 7.8 所示是一棵深度为 4 的满二叉树。对于 n 个结点的满二叉树，从根开始，层间从上到下，层内从左到右，逐层进行编号：$1,2,\cdots,n$。使用这种编号方法可以定义完全二叉树。

定义 2：一棵深度为 k 且有 n 个结点的二叉树是完全二叉树，当且仅当其每一个结点都与深度为 k 的满二叉树中编号从 1 至 n 的结点一一对应。

图 7.9 给出了一棵深度为 4 的完全二叉树。完全二叉树只有最后一层叶子不满，且全部集中在左边。

满二叉树是叶子一个也不少的二叉树，而完全二叉树虽然前 $k-1$ 层是满的，但最底层却允许在右边缺少连续若干个结点。满二叉树是完全二叉树的一个特例。满二叉树必是完全二叉树，而完全二叉树不一定是满二叉树。

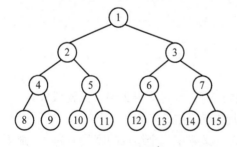　　　　　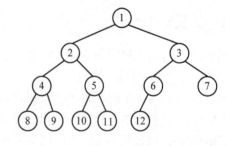

图 7.8　满二叉树　　　　　图 7.9　完全二叉树

性质 4　具有 n 个结点的完全二叉树的深度为 $\lfloor \log_2 n \rfloor +1$。

证明：假设 n 个结点的完全二叉树的深度为 k，根据性质 2 可知，$k-1$ 层满二叉树的结点总数 n_1 为

$$n_1 = 2^{k-1} -1$$

k 层满二叉树的结点总数 n_2 为

$$n_2 = 2^k - 1$$

显然有 $n_1 < n \leqslant n_2$，进一步可以推出 $n_1 + 1 \leqslant n < n_2 + 1$。

将 $n_1 = 2^{k-1} - 1$ 和 $n_2 = 2^k - 1$ 代入上式，可得 $2^{k-1} \leqslant n < 2^k$，即 $k-1 \leqslant \log_2 n < k$。

因为 k 是整数，所以 $k-1 = \lfloor \log_2 n \rfloor$，$k = \lfloor \log_2 n \rfloor + 1$，故结论成立。

性质 5　对于具有 n 个结点的完全二叉树，如果按照层间从上到下、层内从左到右的顺序对所有结点从 1 开始顺序编号，则对于序号为 i（$1 \leqslant i \leqslant n$）的结点有：

（1）若 $i=1$，则序号为 i 的结点是根结点，无双亲结点；若 $i>1$，则序号为 i 的结点的双亲序号为 $\lfloor \dfrac{i}{2} \rfloor$。

（2）若 $2i>n$，则序号为 i 的结点无左孩子；若 $2i \leqslant n$，则序号为 i 的结点的左孩子序号为 $2i$。

（3）若 $2i+1>n$，则序号为 i 的结点无右孩子；若 $2i+1 \leqslant n$，则序号为 i 的结点的右孩子序号为 $2i+1$。

证明略。

7.3.3　二叉树的存储结构

二叉树是非线性结构，与线性结构一样，其存储不仅要存储数据元素，也要反映出结点之间的逻辑关系。二叉树的存储结构有两种：顺序存储结构和链式存储结构。

1. 二叉树的顺序存储

可以采用编号方案将二叉树的结点存储在一维数组中，这就是二叉树的顺序存储方式。

对于完全二叉树，按满二叉树的结点层次编号，依次顺序存放二叉树中的数据元素，如图 7.10 所示。根据性质 5，对完全二叉树中的任意一个结点 i，可以方便地确定其双亲、左孩子和右孩子在一维数组中的位置，从而准确地反映结点之间二叉树的逻辑关系。

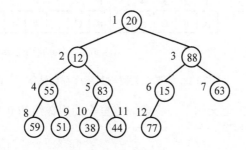

(a) 完全二叉树

1	2	3	4	5	6	7	8	9	10	11	12
20	12	88	55	83	15	63	59	51	38	44	77

(b) 完全二叉树的顺序存储

图 7.10　完全二叉树与其顺序存储结构

对于非完全二叉树，可补充虚结点使之成为完全二叉树，然后按满二叉树的结点层次编号，依次顺序存放二叉树中的数据元素。如图 7.11 所示，虚结点在数组中用 0 表示。

显然，对于一棵完全二叉树，顺序存储方式很方便，既不浪费空间，又可以根据公式计算出每一个结点的双亲和左、右孩子的位置。但是，一般的二叉树采用顺序存储很可能浪费空间。一种极端的情况——单支二叉树如图 7.12 所示。对于一棵深度为 k 的单支二叉树，在最坏的情况下每个结点只有右孩子，实际上只有 k 个结点，却要占用 2^k-1 个存储单元，空间浪费太大。

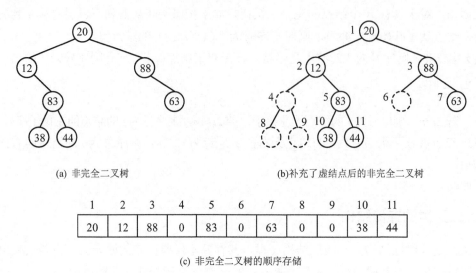

(a) 非完全二叉树   (b)补充了虚结点后的非完全二叉树

1	2	3	4	5	6	7	8	9	10	11
20	12	88	0	83	0	63	0	0	38	44

(c) 非完全二叉树的顺序存储

图 7.11 非完全二叉树与其顺序存储结构

1	2	3	4	5	6	7	8	9	10	11	12	13	14	15
A	#	B	#	#	#	C	#	#	#	#	#	#	#	D

(a) 单支二叉树   (b) 单支二叉树的顺序存储

图 7.12 单支二叉树与其顺序存储结构

二叉树的顺序存储结构定义如下。注意，这里不使用数组的 0 号位置。

```
//-----二叉树的顺序存储表示-----
#define MAXNNUM 100                    //二叉树的最大结点数
Typedef char ElemType;
Typedef ElemType SeqBT[MAXNNUM+1];     //0 号单元闲置，1 号单元存储根结点
SeqBT bt;
```

2. 二叉树的链式存储

虽然顺序存储表示对完全二叉树是可以接受的，但是对于许多一般的二叉树，这种存储表示却浪费空间。此外，采用顺序存储结构，在树中插入和删除结点可能需要移动大量结点来反映结点的层间变化。使用链式存储表示却可以很容易地解决这些问题。

一棵二叉树的逻辑结构可以通过指出每个结点的孩子来确定。也就是说，对于一组结点，要确定一棵二叉树，指出每个结点的孩子即可。由此设计每个结点包括 3 个域：数据域 data、左孩子指针域 lchild 和右孩子指针域 rchild。其中，data 域记录该结点的信息，lchild 域指向

该结点的左孩子，rchild 域指向该结点的右孩子。图 7.13（a）给出了这种结点的结构，采用这种结点结构所得二叉树的存储结构称为**二叉链表**。

二叉链表存储结构定义。

```
//------二叉树的二叉链表存储表示------
typedef char ElemType;
typedef struct BTNode {
ElemType data;                   //结点数据域
struct BTNode *lchild, *rchild; //左右孩子指针
}BTNode, *BTree;
```

与线性表类似，使用指向根结点的指针变量表示二叉树。图 7.13（c）是图 7.13（b）所示二叉树的二叉链表。图 7.14 给出了一棵单支二叉树的二叉链表。可见，任何形态的二叉树的结点数目与其二叉链表的结点数目相同。

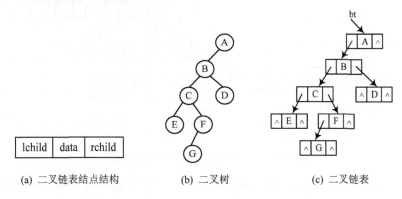

(a) 二叉链表结点结构　　　　(b) 二叉树　　　　　(c) 二叉链表

图 7.13　二叉树的二叉链表存储表示

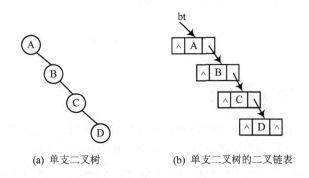

(a) 单支二叉树　　　　　　(b) 单支二叉树的二叉链表

图 7.14　单支树的二叉链表

二叉链表适用于大多数应用，但是它的结点结构使得在二叉链表中难以确定结点的双亲。如果需要直接从结点找到双亲，可以在结点定义中增加双亲指针域 parent，这样形成的二叉树的链式存储结构称为**三叉链表**。三叉链表及其结点结构定义如下。

```
//------二叉树的三叉链表存储表示------
typedef char ElemType;
Typedef struct BTNode_Tri{
   ElemType data;                //结点数据域
   struct BTNode_Tri *lchild,*parent,*rchild;
}BTNode_Tri,*BTree_Tri;           //左孩子指针，双亲指针，右孩子指针
BTree_Tri bt;
```

图 7.15（a）给出了三叉链表的结点结构，图 7.13（b）所示二叉树的三叉链表如图 7.15（b）所示。

采用不同的存储结构，二叉树的操作实现也不同。如要找某个结点的双亲，在三叉链表中很容易实现；在二叉链表中则需要从根指针出发逐一查找。在具体应用中，要根据二叉树的形态和要进行的操作来决定二叉树的存储结构。

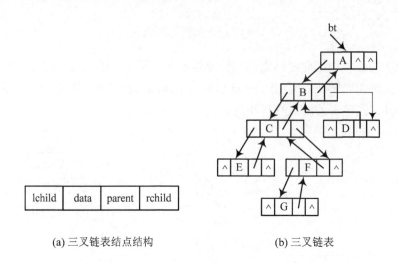

| lchild | data | parent | rchild |

(a) 三叉链表结点结构　　　　　　　　　　(b) 三叉链表

图 7.15　二叉树的三叉链表存储表示

若一棵二叉树含有 n 个结点，则它的二叉链表中必含有 $2n$ 个指针域，其中必有 $n+1$ 个空链域。原因如下：除了根结点，其余每个结点都有一个分支进入它，因此分支数目 $B=n-1$，即非空的链域有 $n-1$ 个，故空链域有 $2n-(n-1)=n+1$ 个。

7.4　遍历二叉树

7.4.1　遍历二叉树的概念和实现

对树可以进行许多操作，其中经常遇到的是对树进行遍历。二叉树的遍历是指按一定规律访问树中的每一个结点，且每个结点恰好访问一次。其中的访问可指计算二叉树中结点的数据信息，打印结点的信息，也包括对结点进行其他操作。对树进行完整的遍历，可以得到树结点信息的一个线性序列。从这个意义上说，遍历操作就是将二叉树中结点按一定规律线性化的操作，目的在于将非线性结构变成线性化的访问序列。遍历操作是二叉树的最基本的运算，是树结构插入、删除、修改、查找和排序运算的前提，是二叉树一切运算的基础和核心。

1. 二叉树的先序、中序和后序遍历

在具体讨论遍历算法之前，我们先来分析一下二叉树的基本组成部分。如图 7.16 所示，一棵二叉树是由根结点、左子树和右子树 3 部分组成的，只要依次遍历这 3 部分，就遍历了整棵二叉树。用 L、D、R 分别表示遍历左子树、

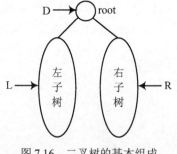

图 7.16　二叉树的基本组成

访问根结点、遍历右子树，那么对二叉树的遍历顺序就可以有 6 种方式：DLR、LDR、LRD、DRL、RDL 和 RLD。其中，DLR 表示首先访问根，然后遍历左子树，最后遍历右子树。其余类推。

在以上 6 种遍历方式中，如果我们规定按先左后右的顺序遍历子树，那么就只剩有 DLR、LDR 和 LRD 三种。根据对根的访问先后顺序不同，分别称 DLR 为先序遍历或先根遍历，LDR 为中序遍历、中根遍历或对称遍历，LRD 为后序遍历或后根遍历。

下面分别介绍 3 种遍历方法的递归定义。

1）先序遍历（DLR）

若二叉树为空，则空操作，否则依次执行如下 3 个操作：

（1）访问根结点；

（2）先序遍历左子树；

（3）先序遍历右子树。

2）中序遍历（LDR）

若二叉树为空，则空操作，否则依次执行如下 3 个操作：

（1）按中序遍历左子树；

（2）访问根结点；

（3）按中序遍历右子树。

3）后序遍历（LRD）

若二叉树为空，则空操作，否则依次执行如下 3 个操作：

（1）后序遍历左子树；

（2）后序遍历右子树；

（3）访问根结点。

显然，这 3 种遍历是一个递归过程，对根的子树亦按同样规律进行遍历。对于如图 7.17 所示的二叉树，其先序、中序、后序遍历的序列如下。

先序遍历：A、B、D、F、G、C、E、H

中序遍历：F、D、G、B、A、H、E、C

后序遍历：F、G、D、B、H、E、C、A

遍历问题的提出源于对存储在计算机中的表达式求值。例如，表达式(a+b*c)-d/e 可以用二叉树表示，如图 7.18 所示。当我们对此二叉树进行先序、中序、后序遍历时，便可分别获得表达式的前缀、中缀、后缀书写形式。

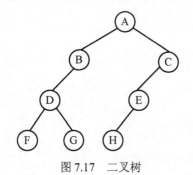

图 7.17　二叉树

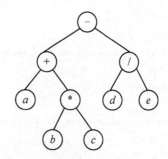

图 7.18　算术式的二叉树表示

前缀：-+a*bc/de

中缀：a+b*c-d/e

后缀：abc*+de/-

其中，中缀形式是算术表达式的通常形式，只是没有括号；前缀表达式称为波兰表达式；后缀表达式称作逆波兰表达式。在计算机内，使用后缀表达式易于求值。

下面我们以二叉链表作为存储结构，来讨论二叉树的遍历算法。

1）先序遍历实现

先序遍历二叉树函数如下。

```
/**********************************************/
/* 函数功能：先序遍历二叉树                    */
/* 函数参数：T 表示二叉树                       */
/* 函数返回值：空                              */
/**********************************************/
void PreOrderTraverse(BTree T){
//先序遍历二叉树，T 为指向二叉树（或某一子树）根结点的指针
    if (T!=NULL) {
        visit(T); //访问根结点
        PreOrderTraverse(T->lchild); //先序遍历左子树
        PreOrderTraverse(T->rchild); //先序遍历右子树
    }
} //end of PreOrderTraverse
```

2）中序遍历实现

中序遍历二叉树函数实现如下。

```
/**********************************************/
/* 函数功能：中序遍历二叉树                    */
/* 函数参数：T 表示二叉树                       */
/* 函数返回值：空                              */
/**********************************************/
void InOrderTraverse(BTree T){
//中序遍历二叉树，T 为指向二叉树（或某一子树）根结点的指针
    if (T!=NULL) {
        InOrderTraverse(T->lchild);           //中序遍历左子树
        visit(T); //访问根结点
        InOrderTraverse(T->rchild);           //中序遍历右子树
    }
} //end of InOrderTraverse
```

3）后序遍历实现

后序遍历二叉树实现如下。

```
/**********************************************/
/* 函数功能：后序遍历二叉树                    */
/* 函数参数：T 表示二叉树                       */
/* 函数返回值：空                              */
/**********************************************/
void PostOrderTraverse(BTree T){
//后序遍历二叉树，T 为指向二叉树（或某一子树）根结点的指针
    if(T!=NULL){
```

```
        PostOrderTraverse(T->lchild);   //后序遍历左子树
        PostOrderTraverse(T->rchild);   //后序遍历右子树
        visit(T);                       //访问根结点
    }
} //end of PostOrderTraverse
```

　　显然这 3 种遍历算法都是递归实现的，区别就在于 visit 语句的位置不同。3 种遍历算法中递归遍历左、右子树的顺序都是固定的，都是先遍历左子树再遍历右子树，只是访问根结点的顺序不同，如图 7.19 所示。先序遍历在第 1 次经过结点时访问它，中序遍历在第 2 次经过结点时访问它，后序遍历在第 3 次经过结点时访问它。不管采用哪种遍历算法，每个结点都访问一次且仅访问一次，故时间复杂度都是 O(n)。在递归遍历中，递归工作栈的栈深恰好为树的深度。因此，在最坏情况下，二叉树是有 n 个结点且深度为 n 的单支树，遍历算法的空间复杂度为 O(n)。

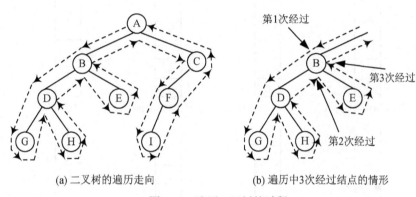

(a) 二叉树的遍历走向　　　　　　　(b) 遍历中3次经过结点的情形

图 7.19　遍历二叉树的过程

　　可以借助栈将二叉树的递归遍历算法转换为非递归算法，这里以中序遍历为例给出中序遍历的非递归算法。令 p 为指向结点的指针，非递归中序遍历的过程如下：

　　（1）取得从根结点沿左分支向下的所有结点并将它们一一进栈。

　　（2）重复步骤（2.1）和（2.2）直到栈空为止。

　　（2.1）栈顶结点*p 出栈，访问结点*p。

　　（2.2）若结点*p 有右孩子，取得从*p 的右孩子沿左分支向下的所有结点并将它们一一进栈。

　　对于步骤（2.1）中的出栈结点*p，*p 没有左孩子或者其左子树已被访问过。对图 7.19（a）所示二叉树进行非递归中序遍历，栈的变化过程如图 7.20 所示。

　　简化起见，不将结点进栈而是将指向结点的指针进栈。故将栈元素类型定义为指向 BTNode 的指针。

```
typedef BTNode *SElemType;
```

(a) 初始化，A、B、D、G 入栈　　　(b) G 出栈，访问 G　　　G 无右孩子

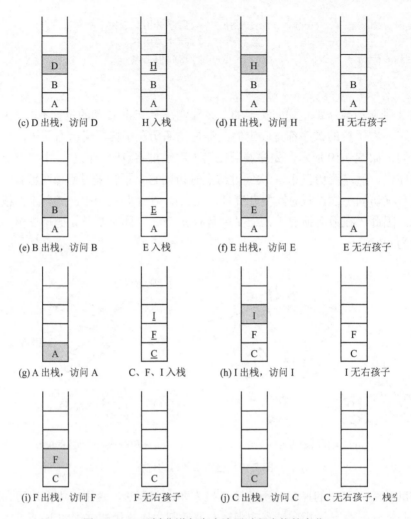

图 7.20 二叉树非递归中序遍历过程中栈的变化

函数 InOrderTraverse_nonrecursion 实现了非递归中序遍历二叉树。

```
/***********************************************/
/* 函数功能：非递归中序遍历二叉树               */
/* 函数参数：T 表示二叉树                        */
/* 函数返回值：空                                */
/***********************************************/
void InOrderTraverse_nonrecursion(BTree T){
//借助于栈，非递归中序遍历二叉树
    SeqStack *S;
    InitStack_Sq(S);                    //初始化栈
    BTNode *p=T;                        //p 是遍历指针

    while(p){                          //将根沿左分支向下的所有结点的指针进栈
      Push_Sq(S,p);
      p=p->lchild;
    }

    while(!StackEmpty_Sq(S)){          //栈不空循环
      Pop_Sq(S,p); visit(p);           //退栈，访问结点*p
```

```
  //若*p 有右孩子,将从*p 的右孩子沿左分支向下的所有结点的指针进栈
  p=p->rchild;
  while(p){
    Push_Sq(S,p);
    p=p->lchild;
  }//end of while(p)
 }//end of while(!IStackEmpty_Sq(S))
}//end of InOrderTraverse
```

2. 二叉树的层次遍历

除了先序、中序、后序遍历,对二叉树还可以进行层次遍历。二叉树的层次遍历示意见图 7.21。遍历按第 1、2、3、4 层依次进行,在每一层按照从左到右次序访问结点。

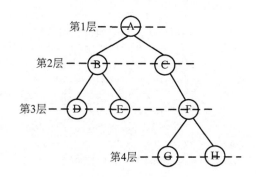

第1层 —— A ——
第2层 —— B —— C ——
第3层 —— D —— E —— F ——
第4层 —— G —— H ——

图 7.21 二叉树层次遍历

实现层次遍历需要借助一个队列。令 p 为指向结点的指针,非递归中序遍历的过程如下:

(1)将二叉树的根入队。

(2)重复步骤(2.1)和(2.2)直到队列为空。

(2.1)队头结点*p 出队,访问结点*p。

(2.2)如果结点*p 有左孩子,则将左孩子入队;如果它有右孩子,则将右孩子入队。

对图 7.21 所示的二叉树进行层次遍历,队列的变化过程如图 7.22 所示。

A
(a) 根A入队

B   C
(b) A出队,访问A,B,C入队

C   D   E
(c) B出队,访问B,D,E入队

D   E   F
(d) C出队,访问C,F入队

E   F
(e) D出队,访问D,无结点入队

F
(f) E出队,访问E,无结点入队

G   H
(g) F出队,访问F,G,H入队

H
(h) G出队,访问G,无结点入队

(i) H出队,访问H,无结点入队,队空

图 7.22 二叉树非递归中序遍历过程中栈的变化

具体实现层次遍历时,简化起见,不将结点入队而是将指向结点的指针入队。故将队列元素类型定义为指向 BTNode 的指针。

typedef BTNode *QElemType;

函数 LevelTraverse 实现二叉树的层次遍历。

```
/*********************************************/
/* 函数功能:层次遍历二叉树                    */
```

```
/* 函数参数：T 表示二叉树                      */
/* 函数返回值：空                             */
/*********************************************/
void LevelTraverse(BTree T){
//层次遍历二叉树 T
    c_SeqQ *Q;
    InitQueue_Sq(Q);                    //初始化辅助队列
    BTNode *p;
    p=T;                                //p 初始化为根结点
    EnQueue_Sq(Q, p);                   //将根结点入队

    while(!QueueEmpty_Sq(Q)){           //队列不空循环
      DeQueue_Sq(Q, p); //结点出队
      visit(p);
      if(p->lchild!=NULL)
          EnQueue_Sq(Q,p->lchild);      //若有左孩子，则左孩子入队
      if(p->rchild!=NULL)
          EnQueue_Sq(Q,p->rchild);      //若有右孩子，则右孩子入队
    }//end of while
}//end of LevelTraverse
```

7.4.2 根据遍历序列确定二叉树

由二叉树的先序序列和中序序列可以唯一地确定一棵二叉树。在先序遍历中，第一个结点一定是二叉树的根结点。而在中序遍历中，根结点必然将中序序列分割成两个子序列，前一个子序列就是根结点的左子树的中序序列，后一个子序列是根结点的右子树的中序序列。根据这两个子序列，在先序序列中找到对应的左子序列和右子序列。在先序序列中，左子序列的第 1 个结点是左子树的根结点，右子序列的第 1 个结点是右子树的根结点。如此递归地进行下去，便能唯一地确定这棵二叉树。

由先序序列和中序序列确定二叉树的过程示意如图 7.23 所示。例如，已知先序序列 ABCDEFGHI 和中序序列 BCAEDGHFI。首先，由先序序列可知 A 为二叉树的根结点。中序序列中 A 之前的 BC 为左子树的中序序列。EDGHFI 为右子树的中序序列。然后由中序序列可知 B 是左子树的根结点，D 是右子树的根结点。依此类推，就能将剩下的结点继续分解下去，最后得到的二叉树。

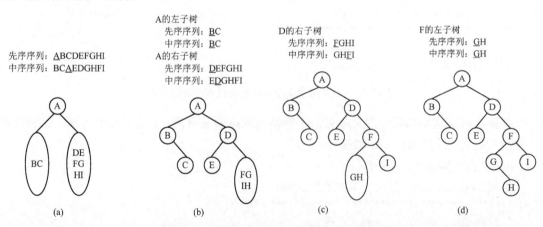

图 7.23　由先序序列和中序序列确定二叉树

同理，由二叉树的后序序列和中序序列也可以唯一地确定一棵二叉树，因为后序序列的最后一个结点就如同先序序列的第 1 个结点，可以将中序序列分割成两个子序列，然后采用类似的方法递归地进行划分，就可以得到一棵二叉树。

但是，如果只知道二叉树的先序序列和后序序列，则无法唯一地确定一棵二叉树。图 7.24 中的两棵二叉树，均是前序序列为 ABC、后序序列为 CBA。

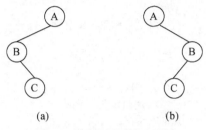

图 7.24　两棵不同的二叉树

7.4.3　遍历算法应用

二叉树的遍历运算是重要的基础运算，访问结点时可进行各种各样的操作，如打印结点、计数等。这里介绍二叉树遍历运算的几种应用，一方面要从实例中理解访问结点的含义，另一方面要注意对不同的应用问题需要采用不同的遍历次序。

1. 创建二叉树的存储结构 —— 二叉链表

简单起见，假设二叉树中结点的元素均为一个单字符。这里由二叉树的先序序列来确定二叉树。为了保证唯一地构造出所希望的二叉树，在输入这棵树的先序序列时，需要在所有空子树的位置上填补一个特殊的字符，比如"#"。例如，对于先序序列 ABD###C#E##，构造出图 7.25（a）所示的二叉树。在二叉树的创建过程中，需要对每个输入的字符进行判断，如果输入字符是"#"，则在相应的位置上构造一棵空树；否则，创建一个新结点。

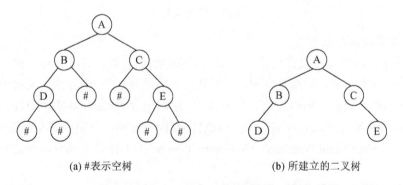

(a) #表示空树　　　　　　　　　　(b) 所建立的二叉树

图 7.25　由带"#"的先序序列构造二叉树

二叉树的创建算法以先序遍历递归算法为基础，遍历中访问某个结点便是生成该结点。在 BiTree.h 文件中添加 CreateBT 函数实现二叉树的创建。

```
/********************************************/
/* 函数功能：创建二叉树                      */
/* 函数参数：T 返回二叉链表表示的二叉树        */
/* 函数返回值：空                           */
```

```
/**********************************************/
void CreateBT(BTree &T){
//按先序次序输入二叉树中结点信息，此处是一个字符
//创建二叉链表表示的二叉树 T
    char ch;
    flushall();
    printf("\n\t 请输入根结点：");
    scanf("%c",&ch);
    if (ch=='#') T= NULL;        //递归结束，建空树
    else {
      T = new BTNode;        //生成根结点
      T->data=ch;
      printf("\n\t 建立%c 结点的左子树：",T->data);
      CreateBT(T->lchild );   //递归建立左子树
      printf("\n\t 建立%c 结点的右子树：",T->data);
      CreateBT (T->rchild);   //递归建立右子树
    }
} //end of CreateBT
```

调用 CreateBT 函数创建如图 7.25（a）所示的二叉树，根据提示输入填入了"#"的先序序列，见图 7.26。

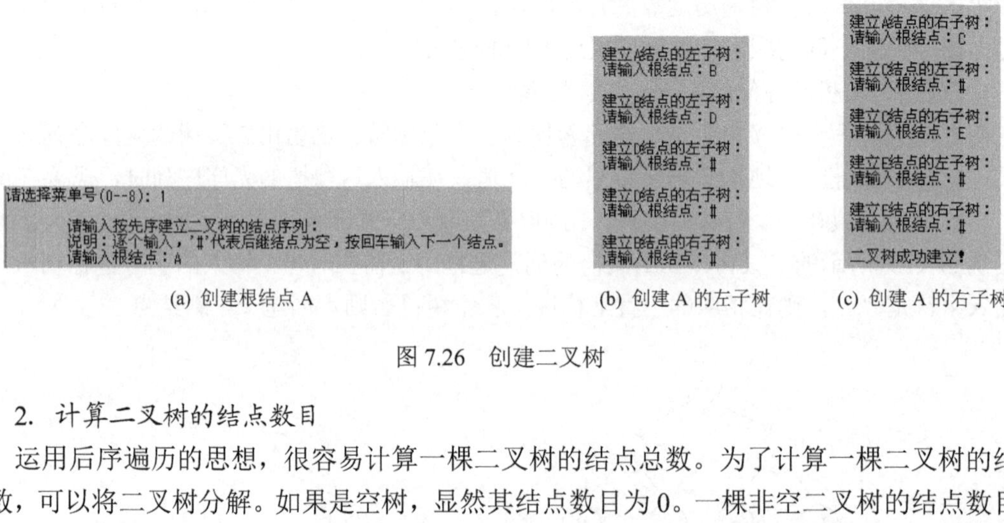

(a) 创建根结点 A　　　(b) 创建 A 的左子树　　　(c) 创建 A 的右子树

图 7.26　创建二叉树

2. 计算二叉树的结点数目

运用后序遍历的思想，很容易计算一棵二叉树的结点总数。为了计算一棵二叉树的结点总数，可以将二叉树分解。如果是空树，显然其结点数目为 0。一棵非空二叉树的结点数目是其左、右子树的结点数目之和再加上一个根结点。递归函数 NodeNum 实现统计二叉树结点个数的功能，它调用 NodeNum(T->lchild)和 NodeNum(T->rchild)，分别计算左、右子树的数目。函数中的表达式 NodeNum(T->lchild)+NodeNum(T->rchild)+1 计算 3 部分结点之和，它是二叉树的结点总数。

```
/**********************************************/
/* 函数功能：计算二叉树的结点数                 */
/* 函数参数：T 表示二叉树                       */
/* 函数返回值：int 类型，返回二叉树的结点数      */
/**********************************************/
int NodeNum(BTree T){
//计算二叉树 T 中的结点数目
    if(T==NULL) return 0;
    else
```

```
    return NodeNum(T->lchild)+NodeNum(T->rchild)+1;
}//end of NodeNum
```

LeafNum 函数实现统计二叉树叶子结点个数的功能。

```
/**************************************************/
/* 函数功能：计算二叉树的叶子结点数               */
/* 函数参数：T 表示二叉树                         */
/* 函数返回值：int 类型，返回二叉树的叶子结点数   */
/**************************************************/
int LeafNum(BTree &T){
//统计二叉树中叶子结点的个数
  if (T==NULL) return 0 ;
  if (T->lchild==NULL && T->rchild==NULL) return 1;
  return (LeafNum(T->lchild)+LeafNum(T->rchild));
} //end of LeafNum
```

3. 计算二叉树的深度

运用后序遍历的思想，首先分别求出左、右子树的深度，然后将左、右子树较大的高度值加 1 得出该棵树的深度。Depth 函数实现二叉树深度的计算。

```
/*********************************************/
/* 函数功能：计算二叉树的深度               */
/* 函数参数：T 表示二叉树                   */
/* 函数返回值：int 类型，返回二叉树的深度   */
/*********************************************/
int Depth(BTree T){
//计算二叉树 T 的深度
  int h1, h2; //h1 和 h2 分别是以 T 为根的左、右子树的高度
  if(T==NULL) return 0;
  else{
    h1=Depth(T->lchild);
    h2=Depth(T->rchild);
    if (h1>=h2) return h1+1;
    else return h2+1;
  }
}//end of Depth
```

4. 复制二叉树

设 T1 指向被复制的二叉树的根结点，对于结点 T1，函数 CopyBT 构造一个新结点 T2，将结点 T1 的元素值复制到结点 T2 的数据域，即 T2->data 的值是 T1->data，然后函数通过两次递归调用分别复制 T1 的左、右子树。二叉树的复制运用了先序遍历的思想，其中结点元素值复制相当于访问根结点，复制左、右子树相当于递归遍历左、右子树。CopyBT 函数实现二叉树的复制。

```
/*****************************************/
/* 函数功能：复制二叉树             */
/* 函数参数：T1 表示被复制的二叉树   */
/*          T2 返回复制的二叉树     */
/* 函数返回值：空                   */
/*****************************************/
void CopyBT(BTree T1, BTree &T2){
//将二叉树 T1 复制到二叉树 T2
  if(T1==NULL){                         //若是空树，则递归结束
```

```
        T2=NULL;
        return;
    }
    else{
      T2=new BTNode;
      T2->data=T1->data;                    //复制根结点
      CopyBT(T1->lchild,T2->lchild);    //递归复制左子树
      CopyBT(T1->rchild,T2->rchild);    //递归复制右子树
    }
} //end of CopyBT
```

7.5　线索二叉树

7.5.1　线索二叉树的概念

从 7.4 节的介绍可知，遍历二叉树就是按一定的规则将二叉树中的结点线性化的过程，从而得到二叉树结点的各种遍历序列。其实质就是对一个非线性结构进行线性化操作，使得在这个访问序列中除第一个和最后一个结点外，其他每一个结点都有一个直接前驱和直接后继。

传统的链式存储仅能体现一种父子关系，不能直接得到结点在遍历中的前驱或后继。仔细观察二叉树的二叉链表存储表示，就会发现空链的数目大于非空链的数目。确切地说，在总共 $2n$ 个链中有 $n+1$ 个是空链（见 7.3.3 节）。利用二叉链表中的空链域，存放指向结点在某种遍历次序下的直接前驱或后继的指针，这种指针称为**线索**。有了线索，可以更方便地实现某些二叉树操作算法。这种加上了线索的二叉链表称为线索链表。相应的，加上了线索的二叉树称为**线索二叉树**（ThreadedBinaryTree）。对二叉树以某种次序遍历使其变为线索二叉树的过程称为线索化。

在二叉树线索化时，通常规定：

（1）若结点有左子树，则 lchild 指向其左孩子；否则，lchild 指向其直接前驱，成为左线索。

（2）若结点有右子树，则 rchild 指向其右孩子；否则，rchild 指向其直接后继，成为右线索。

根据线索性质的不同，线索二叉树可分为先序线索二叉树、中序线索二叉树和后序线索二叉树 3 种。在先序线索二叉树中，线索指示结点在先序遍历序列中的前驱和后继。图 7.27（b）是（a）所示二叉树的先序线索二叉树。中序线索二叉树和后序线索二叉树与此类似。

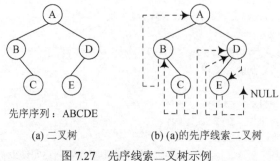

先序序列：ABCDE

(a) 二叉树　　　　　　　(b) (a)的先序线索二叉树

图 7.27　先序线索二叉树示例

　　具体实现线索二叉树时，为了避免混淆，在结点中增加两个标志域 lthread 和 rthread，以表明当前指针域所指对象是左（右）孩子还是直接前驱（后继）。结点形式如图 7.28 所示。

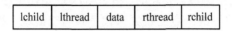

| lchild | lthread | data | rthread | rchild |

图 7.28　线索二叉树的结点结构

标志域 lthread 和 rthread 含义如下。

（1）lthread：若 lthread=0，lchild 指向左孩子；若 lthread =1，lchild 指向前驱。

（2）rthread：若 rthread=0，rchild 指向右孩子；若 rthread =1，rchild 指向后继。

线索二叉树的结点结构定义如下：

```
typedef char ElemType;
typedef struct ThrBTNode{
    ElemType data;                      //结点数据域
    struct ThrBTNode *lchild, *rchild;  //左右孩子指针
    int lthread, rthread;               //标志域
}ThrBTNode, *ThrBTree;
```

以图 7.27（a）所示二叉树为例，其先序、中序和后序 3 种线索链表如图 7.29 所示。

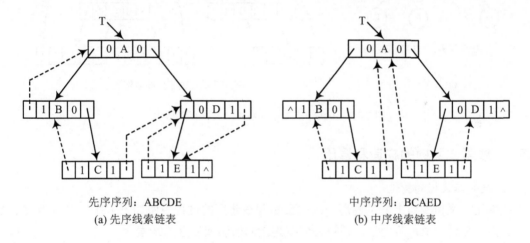

先序序列：ABCDE　　　　　　　　　　中序序列：BCAED
(a) 先序线索链表　　　　　　　　　　(b) 中序线索链表

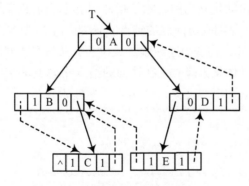

后序序列：CBEDA
(c) 后序线索链表

图 7.29　线索二叉树存储结构示例

　　以图 7.29（b）所示中序线索链表为例，结点 B 的 lchild 和结点 D 的 rchild 这两个线索是不确定的。对于结点 B，由于结点 B 是在中序遍历中第一个被访问的结点，所以不能用指向其前驱结点的线索代替其左空链域。类似地，由于结点 D 是在中序遍历中最后被访问的结点，所以也不能用指向结点 D 的后继结点的线索来代替其右空链域。很显然，不希望在树中存在这种不确定的空线索。可以仿照线性表的存储结构，在二叉树的线索链表上添加一个头结点，如图 7.30 所示。这样，即使是一个空的线索链表也包含一个结点。令头结点的 lchild 指针指向根结点，rchild 指向自身（中序遍历序列的最后一个结点）；令中序序列中第一个结点的 lchild 指针和最后一个结点的 rchild 指针均指向头结点。这好比为二叉树建立了一个双向线索链表，既可以从第一个结点起顺后继进行遍历，也可以从最后一个结点起顺前驱进行遍历。

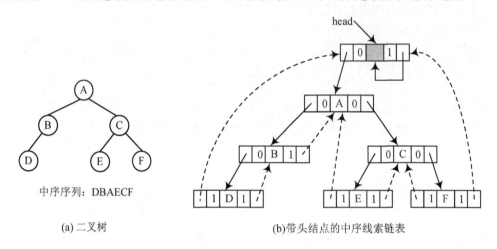

|(a) 二叉树|(b)带头结点的中序线索链表|

图 7.30　带头结点的中序线索二叉树存储结构

7.5.2　线索二叉树的构造和遍历

1. 线索二叉树的构造

　　线索化二叉树实质上就是遍历一次二叉树并在遍历的过程中做如下工作：检查当前结点左、右指针是否为空，若为空，则将它们改为指向前驱或后继的线索。

　　这里以中序线索二叉树的建立为例。除了指针 p 指示当前正在访问的结点，还应附设一个指针 pre 始终指向在 p 之前刚刚访问过的结点（pre 的初值应为 NULL）。结点*pre 是结点*p 的前趋，而*p 是*pre 的后继。构造中序线索二叉树的算法与中序遍历算法类似，只需要将遍历算法中访问结点的操作具体化为建立正在访问的结点*p 与其非空中序前趋*pre 间线索，即访问结点时根据情况给*pre 加上右线索，给*p 加上左线索。

```
/*************************************************/
/* 函数功能：中序线索化二叉树                    */
/* 函数参数：p 指向二叉树，pre 指向结点*p 的前驱  */
/* 函数返回值：空                                */
/*************************************************/
void InThreading(ThrBTree &p, ThrBTNode *&pre){
//通过中序遍历线索化 p 指向的子树
  if(p){
    InThreading(p->lchild, pre);          //递归线索化左子树
```

```
        if(p->lchild==NULL && pre!=NULL){         //左子树为空，建立前驱线索
          p->lchild=pre;
          p->lthread=1;
        }
        if(pre!=NULL && pre->rchild==NULL){        //建立前驱结点的后继线索
          pre->rchild=p;
          pre->rthread=1;
        }
        pre=p;                                     //标记当前结为刚刚访问过的结点
        InThreading(p->rchild, pre);               //递归线索化右子树
    }
} //end of InThreading
```

主过程函数 InOrderThreading 调用函数 InThreading，通过中序遍历建立带头结点的中序线索二叉树。

```
/**************************************************/
/* 函数功能：建立中序线索二叉树                   */
/* 函数参数：T 返回带头结点的中序线索二叉树       */
/* 函数返回值：空                                 */
/**************************************************/
void InOrderThreading(ThrBTree &T){
//建立带头结点的中序线索二叉树 T
    ThrBTNode *pre=NULL;
    ThrBTNode *head=new ThrBTNode;         //生成头结点
    head->rthread=1;                       //使头结点的右线索指向本身
    head->rchild=head;
    if(T==NULL){                           //若 T 为空二叉树，则头结点的左线索指向本身
      head->lthread=1;
      head->lchild=head;
    }
    else{                                  //若 T 为非空二叉树，则线索化
      InThreading(T, pre);                 //线索化二叉树
      //处理遍历的最后一个结点，使其右线索指向头结点
      pre->rchild=head;
      pre->rthread=1;
      //处理遍历的第一个结点，使其左线索指向头结点
      ThrBTNode *p=T;
      while(p->lchild!=NULL) p=p->lchild;
      p->lthread=1;
      p->lchild=head;
      //处理头结点，使其左孩子指针指向 T 的根结点
      head->lthread=0;
      head->lchild=T;
    }
    T=head;                                //使 T 指向头结点
} //end of InOrderThreading
```

和中序遍历算法一样，递归过程中对每结点仅做一次访问。因此对于 n 个结点的二叉树，算法的时间复杂度亦为 O(n)。

2. 线索二叉树的遍历

使用线索可以简化二叉树遍历算法，使得遍历不再需要借助栈，因为线索二叉树的结点中隐含了线索二叉树的前驱和后继信息。这里介绍带头结点的中序线索二叉树的中序遍历。

在中序线索二叉树中，对每一个结点*p，如果 p->rthread=1，那么根据线索定义，*p 的中序后继结点是*(p->rchild)。否则，*p 的中序后继结点是从其右孩子开始不断沿左分支向下到达的最后一个结点，即从其右孩子开始沿着左孩子链到达 lthread=1 的结点。函数 InOrderSucc 实现这样的功能：在不使用栈的情况下，在中序线索二叉树中找到任意结点*p 的中序后继结点。

```
/***********************************************************/
/* 函数功能：在中序线索二叉树中寻找指定结点的中序后继          */
/* 函数参数：p 指向中序线索二叉树中的结点                    */
/* 函数返回值：ThrBTNode *类型，返回结点*p 的中序后继        */
/***********************************************************/
ThrBTNode *InOrderSucc(ThrBTNode *p){
//在中序线索二叉树中寻找结点*p 的中序后继
    ThrBTNode *succ;
    succ=p->rchild;
    if (p->rthread==0)
        while (succ->lthread==0)
            succ=succ->lchild;
    return succ;
} //end of InOrderSucc
```

函数 InOrderTraverse_InThr 实现了中序遍历带头结点的中序线索二叉树的功能。为了遍历，重复调用函数 InOrderSucc。该函数假定头结点的 lchild 指针指向二叉树，并且头结点的右线索标志为 1。

```
/*******************************************/
/* 函数功能：中序遍历中序线索二叉树           */
/* 函数参数：T 指向中序线索二叉树            */
/* 函数返回值：空                          */
/*******************************************/
void InOrderTraverse_InThr(ThrBTree &T){
//中序遍历中序线索二叉树，T 是指向头结点的指针
    ThrBTNode *p=T->lchild;
    while (p->lthread==0)
        p=p->lchild;
    if (p!=T)
        while(p!=T){
            visit(p);
            p=InOrderSucc(p);
        }
} //end of InOrderTraverse_InThr
```

7.6　树 和 森 林

本节主要讨论树的存储结构，以及树、森林与二叉树的转换关系。

7.6.1　树的存储结构

树的存储方式有多种，既可以采用顺序存储结构，也可以采用链式存储结构，但无论采用何种存储方式，都要求能唯一地反映出树中各结点之间的逻辑关系。这里介绍树的 3 种主要存储结构：双亲表示法、孩子表示法和孩子兄弟表示法。

1. 双亲表示法

这种存储方式采用一组连续空间来存储树的结点,在保存每个结点的同时附设一个伪指针,指示其双亲结点在数组中的位置。如图 7.31 所示,根结点下标为 0,其伪指针域为-1。

采用双亲表示法树的类型定义如下:

```
#define MaxN 100              //最多可存储的结点数
typedef char ElemType;
typedef struct{               //树的结点定义
   ElemType data;             //数据域
   int parent;                //双亲位置域
}PTNode;
typedef struct{               //树的结点定义
   PTNode nodes[MaxN];
   int nodenum;               //当前树的结点数
}PTree;
```

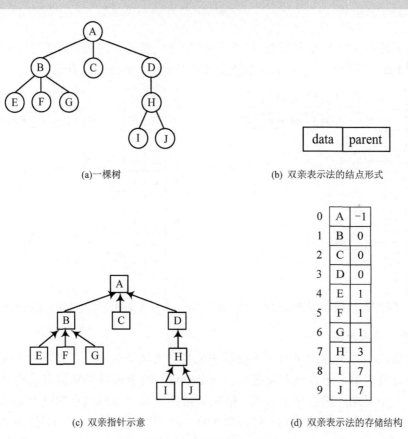

(a)一棵树

(b) 双亲表示法的结点形式

(c) 双亲指针示意

(d) 双亲表示法的存储结构

图 7.31 树的双亲表示法

双亲表示法利用了树中除根结点外其他每个结点只有唯一双亲的性质。采用该存储结构可以很方便地得到每个结点的双亲,但是求结点的孩子却需要遍历整个结构。

2. 孩子表示法

孩子表示法也称为孩子链表表示法。这种方法通常是把每个结点的孩子结点排列起来,构成一个单链表,称为孩子链表。n 个结点共有 n 个孩子链表,其中,叶结点的孩子链表为空表。而 n 个结点的数据和 n 个孩子链表的头指针又组成一个顺序表。

将图 7.31（a）所示的树采用孩子表示法时，其存储结构如图 7.32 所示。

采用孩子表示法树的类型定义如下：

```
#define MaxN 100              //最多可存储的结点数
typedef struct CNode{        //孩子链表中结点的定义
   int child;                //孩子在线性表中的位置
   struct CNode *next;       //指向下一个孩子的指针
}CNode;
typedef struct CTNode{       //顺序表结点的结构定义
   ElemType data;            //结点的信息
   CNode *firstchild;        //指向孩子链表的头指针
}CTNode;
typedef struct{              //树的定义
   CTNode nodes[MaxN];       //顺序表
   int root;                 //root 是树根在线性表中的位置
   int nodenum;              //nodenum 是当前树的结点数
}CTree;
```

采用孩子链表存储方式寻找结点的孩子非常方便，但是寻找双亲需要遍历 n 个孩子链表。为了克服此不足，可以在孩子表示法中结合双亲表示法，如图 7.33 所示。

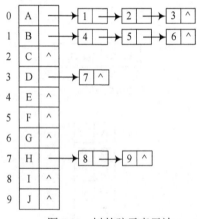

图 7.32　树的孩子表示法

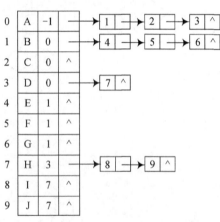

图 7.33　树的带双亲的孩子表示法

3. 孩子兄弟表示法

孩子兄弟表示法又称为树的二叉表示法或者二叉链表表示法，即以二叉链表作为树的存储结构。链表中每个结点设有数据域和两个链域，两个链域分别指向该结点的第 1 个孩子结点和下一个兄弟，即右兄弟结点。沿兄弟指针域可以找到结点的所有兄弟结点。孩子兄弟表示法的结点形式见图 7.34（a）。图 7.31（a）所示的树的二叉链表见图 7.34（b），A 的 firstchilad 指向 A 的第 1 个孩子 B，从 B 开始沿兄弟指针域 nextsibling 可找出 A 的所有孩子 B、C、D。

采用孩子兄弟表示法树的类型定义如下：

```
typedef struct CSTNode{
   ElemType data;                              //结点信息
   Struct CSTNode *firstchild, *nextsibling;   //第 1 个孩子，下一个兄弟
}CSTNode, *CSTree;
```

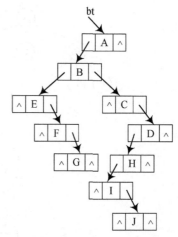

firstchild	data	nextsibling

(a) 孩子兄弟表示法的结点形式   (b) 图 7.31 所示树的二叉链表表示法

图 7.34 树的孩子兄弟表示法

这种存储结构便于实现树的各种运算。例如，如果要访问结点 x 的第 i 个孩子，则只要先从 firstchild 域找到第 1 个孩子，然后沿着这个孩子的 nextsibling 域连续走 i-1 步，便可找到 x 的第 i 个孩子。但是，要从当前结点查找其双亲比较麻烦。如果在这种结构中为每个结点增设一个 parent 域指向其双亲，便可以方便地实现查找双亲。这种存储结构的最大优点就是它和二叉树的二叉链表表示完全一样，便于将一般的树结构转换为二叉树进行处理，利用二叉树的算法来实现树的运算。

7.6.2 树、森林与二叉树的相互转换

前面我们讨论了树的存储结构和二叉树的存储结构，从中可以看到，树的孩子兄弟链表结构与二叉树的二叉链表结构在物理结构上是完全相同的，只是它们的逻辑含义不同，所以树和森林与二叉树之间必然有着密切的关系。本小节介绍树和森林与二叉树之间的相互转换方法。

1. 树与二叉树的转换

树转换为二叉树的规则如下：对于二叉树中的结点 x，x 的左孩子是 x 在树中的第一个孩子，x 的右孩子是 x 在树中的右兄弟。图 7.35 中的树可按此规则转换为相应的二叉树，如二叉树中 B 的左孩子是 B 在树中的第一个孩子 E，二叉树中 B 的右孩子是 B 在树中的右兄弟 C。可以证明，这样的转换树所构成的二叉树是唯一的。需要注意的是，由于树根没有兄弟，故二叉树的树根没有右孩子。

同样，根结点没有右孩子的二叉树也可以转换为树，规则如下：对于树中的结点 y，从 y 在二叉树中的左孩子开始沿右分支上的各结点依次是 y 在树中的孩子。图 7.35 的二叉树可按此规则转换为相应的树，如树中 B 的 3 个孩子 E、F、G 是从 B 在二叉树中的左孩子开始沿右分支到底的各结点。

事实上，一棵树采用孩子兄弟表示法所建立的存储结构，与该树所对应的二叉树的二叉链表存储结构是完全相同的，只是两个指针域的名称及解释不同而已，如图 7.35 所示。因此，二叉树的二叉链表的有关处理算法可以很方便地转换为树的孩子兄弟链表的处理算法。

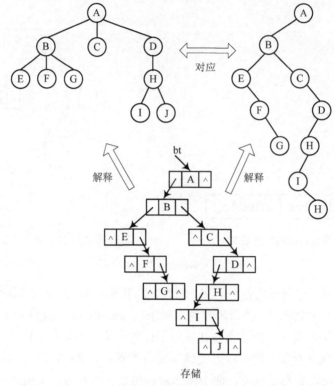

图 7.35　树与二叉树的存储结构解释

2. 森林与二叉树的转换

森林是若干棵树的集合。树可以转换为二叉树，森林也可以转换为二叉树。在森林中，我们可以把树的根结点看作互为兄弟。森林转换为二叉树的过程如图 7.36 所示。首先将森林中的每棵树转换成相应的二叉树；然后第 1 棵二叉树不动，从第 2 棵二叉树开始，依次把该二叉树的根结点作为前一棵二叉树根结点的右孩子，当所有二叉树连在一起后，所得到的二叉树就是由森林转换得到的二叉树。

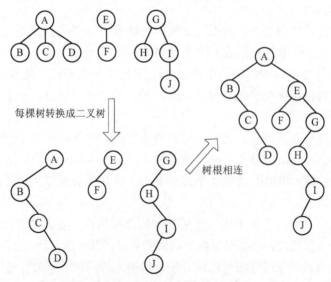

图 7.36　森林转换为二叉树过程

二叉树还原为森林是森林转换为二叉树的逆过程，如图 7.37 所示。二叉树从根结点开始不断往右分支上的结点是森林中树的树根，首先将树根拆开，得到若干棵二叉树的集合；然后将每一棵二叉树按前述方法还原为树，树的集合即为森林。

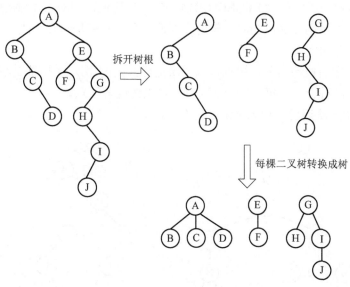

图 7.37　二叉树转换为森林过程

森林和二叉树之间的转换过程可以形式化地描述。

森林到二叉树的转换形式化描述如下。若 $F=\{T_1,T_2,...,T_n\}$ 是一个森林，它对应的二叉树记为 B(F)。

（1）若 $n=0$，则 B(F) 为空。

（2）若 $n>0$，二叉树 B(F) 的根为森林中第一棵树 T_1 的根；B(F) 的左子树为 $B(\{T_{11},...,T_{1m}\})$，其中 $\{T_{11},...,T_{1m}\}$ 是 T_1 的子树森林；B(F) 的右子树是 $B(\{T_2,...,T_n\})$。

二叉树到森林的转换形式化描述如下。若 B=(R, LT, RT) 是一棵二叉树，其中 R 是 B 的根结点，LT 是 B 的左子树，RT 为 B 的右子树，B 对应的森林记为 $F(B)=\{T_1,T_2,...,T_n\}$。

（1）B 为空，则 F(B) 为空，即 $n=0$。

（2）B 非空，则 F(B) 中第一棵树 T_1 的根为二叉树 B 的根 R；T_1 中根结点的子树森林由 B 的左子树 LT 转换而成，即 $F(LT)=\{T_{11},...,T_{1m}\}$；B 的右子树 RT 转换为 F(B) 中除 T_1 之外其余的树构成的森林，即 $F(RT)=\{T_2, T_3, ...,T_n\}$。

树可以看作只有一棵树的森林。根据形式化描述可以方便地写出森林或树与二叉树相互转换的递归算法，自动实现森林或树和二叉树的转换。这样，森林或树的操作可以转换成二叉树的操作来实现。

7.6.3　树与森林的遍历

1. 树的遍历

树的遍历操作是以某种方式访问树中每一个结点，且仅访问一次。树的遍历操作主要有先根遍历和后根遍历。

（1）先根遍历：若树非空，则首先访问根结点，然后从左到右依次先根遍历根结点的每一棵子树。

　　（2）后根遍历：若树非空，则从左到右依次后根遍历根结点的每一棵子树，然后访问根结点。

　　在图 7.38 中，树的先根遍历序列为 ABEFGCDHIJ，顺序与这棵树相应二叉树的先序遍历顺序相同；树的后根遍历序列为 EFGBCIJHDA，顺序与这棵树相应二叉树的中序遍历顺序相同。当以二叉链表作树的存储结构时，树的先根遍历和后根遍历可以分别借用二叉树的先序遍历和中序遍历的算法实现。

　　除了先根遍历和后根遍历外，树也可以层次遍历。树的层次遍历与二叉树的层次遍历思想相同，遍历按层序进行，在每一层中从左到右依次访问各结点。

　　图 7.38 中树的层次遍历序列为 ABCDEFGHIJ。

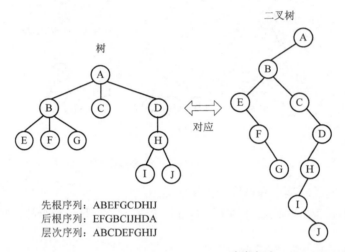

图 7.38　树的遍历序列

2. 森林的遍历

按照森林和树相互递归的定义，可得到森林的两种遍历方法。

（1）先序遍历森林：若森林非空，则按如下规则进行遍历。

① 访问森林中第一棵树的根结点；

② 先序遍历第一棵树中根结点的子树森林；

③ 先序遍历除第一棵树之外其余的树构成的森林。

（2）中序遍历森林：若森林非空，则按如下规则进行遍历。

① 中序遍历森林中第一棵树的根结点的子树森林；

② 访问第一棵树的根结点；

③ 中序遍历除第一棵树之外其余的树构成的森林。

　　图 7.39 中森林的先序遍历序列为 ABCDEFGHIJ，顺序与该森林相应二叉树的先序遍历顺序相同。图 7.39 中森林的中序遍历序列为 BCDAFEHJIG，顺序与该森林相应二叉树的中序遍历顺序相同。当以二叉链表作森林的存储结构时，森林的先序遍历和中序遍历可以分别借用二叉树的先序遍历和中序遍历的算法实现。

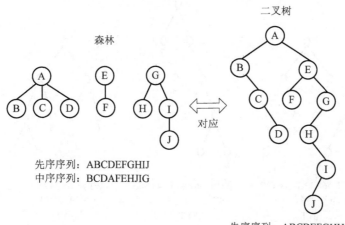

图 7.39 森林的遍历序列

7.7 引例的解决

文本处理是现代计算机应用的重要领域之一。文本由字符组成，字符以某种编码形式存储在计算机中。每个字符的编码可以是相等长度的，也可以是不等长度的。国际通用的字符编码 ASCII 码（美国信息交换标准码）是等长编码。为了提高文本存储和处理的效率，在一些计算机应用场合，如数据通信，常采用不等长的编码，即对常用的字符用较少的码位编码，不常用的字符用较多的码位编码，从而减少文本的存储长度，提高通信效率。哈夫曼编码就是用于此目的的不等长编码方法。本节讨论哈夫曼树在编码问题中的应用，解决引例 7.1 和 7.2 的问题。

7.7.1 哈夫曼树用于编码的原理和方法

1. 哈夫曼树及其构造算法

定义 1：从根到树中任意结点的**路径长度**是指从根到该结点的路径上所含有的边的数目。

定义 2：设二叉树 T 有几片树叶 $v_1, v_2, \cdots, v_n$，权分别为 $w_1, w_2, \cdots, w_n$，l_i 是 v_i 的层数，称

$$WPL = \sum_{i=1}^{n} w_i l_i$$

为 T 的带权路径长度（Weighted Path Length，WPL）。在所有 n 片树叶、其权为 $w_1, w_2, \cdots, w_n$ 的二叉树中，带权路径长度 WPL 最小的二叉树称为 $w_1, w_2, \cdots, w_n$ 的最优二叉树。

图 7.40 中所示的 3 棵二叉树都有 5 片树叶，且树叶的权都是 1、3、4、5、6，而树的 WPL 分别为 47、54 和 43。

由此可见，由相同权值的一组叶子结点所构成的二叉树有不同的形态和不同的带权路径长度 WPL。那么，如何找到 WPL 最小的二叉树，即最优二叉树呢？根据最优二叉树的定义，一棵二叉树要使其 WPL 值最小，必须使权值越大的叶结点越靠近根结点，而权值越小的叶结点越远离根结点。

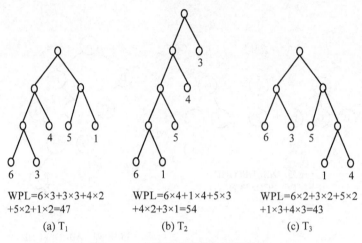

WPL=6×3+3×3+4×2
+5×2+1×2=47

WPL=6×4+1×4+5×3
+4×2+3×1=54

WPL=6×2+3×2+5×2
+1×3+4×3=43

(a) T_1　　　　　　　(b) T_2　　　　　　(c) T_3

图 7.40　二叉树及其带权路径长度

哈夫曼最早于 1952 年提出了构造最优二叉树的算法，该算法后来被称为哈夫曼算法。最优二叉树也因此被称为哈夫曼树。哈夫曼算法描述如下：

（1）由给定的 n 个权值 $\{w_1, w_2, \cdots, w_n\}$ 构造 n 棵只有一个根结点的二叉树，从而得到一个二叉树的集合，即初始森林 F=$\{T_1, T_2, \cdots, T_n\}$；其中每棵二叉树 T_i 中只有一个带权为 w_i 的根结点，其左右子树均空。

（2）在 F 中选取两棵根结点的权值最小的二叉树，将它们作为新树根的左、右子树，新树根的权值是左、右子树根结点的权值之和；

（3）在集合 F 中删除作为新树根左、右子树的两棵二叉树，并将新建立的二叉树加入集合 F 中；

（4）重复（2）、（3）两步直至 F 中仅有一棵二叉树，这棵二叉树便是最优二叉树。

图 7.41 给出了前面提到的叶结点权值集合为 $\{1, 3, 4, 5, 6\}$ 的哈夫曼树的构造过程。可以计算出其带权路径长度 WPL 为 42。

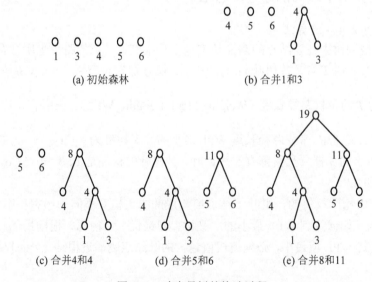

(a) 初始森林　　　　　　　　　(b) 合并1和3

(c) 合并4和4　　　　(d) 合并5和6　　　　(e) 合并8和11

图 7.41　哈夫曼树的构造过程

2. 哈夫曼编码

在无线电通信和计算机存储中，必须把数字、字母和符号编码成二进制串。国际通用的字符编码 ASCII 码使用等长的 7 位二进制串表示一个字符。但是在某些特殊情况下，为了提高效率需要使用不等长的编码。编码不仅要高效，而且不能引起译码歧义。例如，假设用 0、1 和 10 作为 a、b 和 c 的编码，那么 bac、cba 和 cc 的编码都是 1010。这样一来，当你收到 1010 时就不知道译成这 3 个中哪一个了，显然这样不行。

可以通过构造哈夫曼树来生成编码，称为哈夫曼编码。以引例 7.1 为例，要求其中 8 个字符的哈夫曼编码，首先用哈夫曼算法求以频率乘以 100 为权的最优二叉树，这里，

$$w_1=25, \quad w_2=10, \quad w_3=20, \quad w_4=10, \quad w_5=15, \quad w_6=10, \quad w_7=5, \quad w_8=5$$

哈夫曼编码过程如图 7.42 所示。将每个分支点关联的两条边，左边标 0，右边标 1。从树根到树叶的通路上标注的数字组成一个二进制串，便是哈夫曼编码。

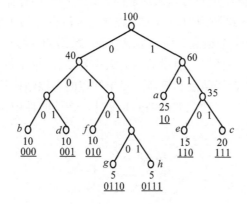

图 7.42　哈夫曼编码过程

每片树叶的权等于它对应的字符的频率乘以 100。字符与它的编码对应如下：

10—a, 000—b, 111—c, 001—d, 110—e, 010—f, 0110—g, 0111—h

注意，这种对应不是唯一的。等长的码字可以互换，如 b、c、d、e 和 f。频率相同的字符的码字也可以互换，其余的就不能随便换了。采用哈夫曼编码，传输 10000 个字符需要使用二进制数字的期望个数为：

$$2500×2+(1000+2000+1000+1500+1000)×3+(500+500)×4=28500$$

作为比较，如果用长为 3 的码字（如 000—a, 001—b,…,111—h）传输 10000 个字符，要用 30000 个二进制数字。用哈夫曼编码节省 1500 个二进制数字，约为 5%。

从图 7.42 中可以直观地看出，出现频率越高的字符离根结点越近，编码越短；反之，离根结点越远，编码越长。哈夫曼编码的实质就是使用频率越高的字符采用越短的编码。而且，哈夫曼编码不会引起译码歧义。

3. 文件编码和译码

有了字符集的哈夫曼编码表之后，对数据文件的编码过程是：依次读入文件中的字符，在哈夫曼编码表中找到此字符，将字符转换为编码表中存放的编码。例如，文件 *gebead* 根根据引例 7.1 中的字符编码，得到文件编码为 0110110000110100001。

译码过程与编码一样需要使用哈夫曼树。译码过程为：自左向右逐一扫描码文，并从哈

夫曼树的根开始，将扫描得到的二进制串中的码位与哈夫曼树分支上标的 0、1 相匹配，以确定一条从根到叶子的路径，一旦达到叶子，则译出了一个字符；再回到树根，从二进位串的下一位开始继续译码。例如，根据图 7.42 的哈夫曼树，从左到右扫描码文 0110110000011010001，并从哈夫曼树的树根开始匹配。第 1 个码位是 0，则走左分支，第 2 个码位是 1，走右分支，第 3 个码位是 1，继续走右分支，第 4 个码位是 0，走左分支，到达叶子 g，译出字符 g。再从根开始重新匹配，因当前码位是第 5 个码位 1，则走右分支，由于未达叶子，扫描下一位 1，仍走右分支，继续扫描下一位 0，走左分支，这样到达叶子 e，译出字符 e。依次类推，可译出全部文件内容 gebead。

7.7.2　引例中字符编码和译码问题的解决

1. 哈夫曼树构造算法实现

哈夫曼树是一种二叉树，当然可以采用前面介绍过的通用存储方法，这里采用顺序存储结构，将树中结点存储在一维数组中。由于哈夫曼树中没有度为 1 的结点，则一棵有 n 个叶子结点的哈夫曼树共有 $2n-1$ 个结点。为了实现方便，数组的 0 号单元不使用，从 1 号单元开始使用，所以数组的大小为 $2n$。树中每个结点包含其双亲信息、孩子信息和权值，每个结点的存储结构设计如图 7.43 所示。

weight	parent	lchild	rchild

图 7.43　哈夫曼树结点结构

建立 HuffTree.h 文件，在该文件中定义哈夫曼树的类型。

```
//-----哈夫曼树的存储表示-----
typedef struct HTNode{
  int weight;              //结点的权值
  int parent;              //结点的双亲下标
  int lchild,rchild;       //结点的左、右孩子的下标
}HTNode, *HTree;
```

同时，在 HuffTree.h 文件引入标准库头文件 stdio.h、stdlib.h、string.h，并定义常量。

```
#define ERROR   0
#define OK      1
#define MaxL 1000              //待编码字符串及待译码二进制串的最大长度
```

结点存储在由 HTree 定义的动态分配的数组 ht 中。

```
HTree ht;
```

哈夫曼算法实现过程如下。

（1）初始化：首先将所有 $2n-1$ 个结点的 parent、lchild 和 rchild 域初值置为 0，然后置 n 个叶子结点（存放在 ht[1]~ht[n]）的 weight 域值。

（2）通过 $n-1$ 次合并依次产生哈夫曼树的 $n-1$ 个分支结点 HT[i], $i=n+1,\cdots,2n-1$。生成 HT[i] 时，从 ht[1]~ht[i-1] 中的根结点（即 parent 为 0 的结点）中找出 weight 值最小的两个结点 s1 和 s2（ht[s1].weight≤ht[s2].weight），将它们作为 ht[i] 的左、右子树：首先将 ht[s1] 和 ht[s2] 的双亲结点置为 i，然后将 ht[i] 左、右孩子分别的置为 s1 和 s2，最后更新 ht[i] 的 weight 值为 ht[s1] 和 ht[s2] 的 weight 值之和，即：

```
ht[s1].parent=ht[s2].parent=i;
ht[i].lchild=s1; ht[i].rchild=s2;
ht[i].weight=ht[s1].weight + ht[s2].weight;
```

对于引例 7.1，执行哈夫曼算法时 ht 数组的初态和终态如图 7.44 所示。图 7.44（b）中，从 ht[1]~ht[14] 的根结点中选择出 weight 值最小的结点 13 和结点 14，将它们合并生成结点

15；并将结点 13 和 14 的 parent 域置为 15，将结点 15 的 lchild 域和 rchild 域分别置为 13 和
14。

结点 i	weight	parent	lchild	rchild
1	25	0	0	0
2	10	0	0	0
3	20	0	0	0
4	10	0	0	0
5	15	0	0	0
6	10	0	0	0
7	5	0	0	0
8	5	0	0	0
9	-	0	0	0
10	-	0	0	0
11	-	0	0	0
12	-	0	0	0
13	-	0	0	0
14	-	0	0	0
15	-	0	0	0

(a) ht 的初态

结点 i	weight	parent	lchild	rchild
1	25	14	0	0
2	10	10	0	0
3	20	12	0	0
4	10	10	0	0
5	15	12	0	0
6	10	11	0	0
7	5	9	0	0
8	5	9	0	0
9	10	11	7	8
10	20	13	2	4
11	20	13	6	9
12	35	14	5	3
13	40	15	10	11
14	60	15	1	12
15	100	0	13	14

(b) ht 的终态

图 7.44　哈夫曼树生成过程中 ht 数组的初态和终态

这里哈夫曼树用于编码，树叶的权值是待编码字符的频率乘以 100。待编码符号表存储
待编码的字符及其权值（频率乘以 100），在 HuffTree.h 文件中加入它的类型定义。

```
//-----待编码符号表的存储表示-----
typedef struct HSNode{
    char symbol;            //待编码的字符
    int weight;             //字符的权值，为频率乘以 100
}HSNode, *HSList;           //动态分配数组存储待编码字符
```

定义 HSList 类型的字符表 symbollist。

```
HSList symbollist;
```

symbollist 中存放待编码的 n 个字符及其权值。为了实现方便，数组的 0 号单元不使用，
从 1 号单元开始使用，所以数组的大小为 $n+1$。对于引例 7.1 中的待编码字符，字符表 symbollist
如图 7.45 所示。

	0	1	2	3	4	5	6	7	8
symbol		a	b	c	d	e	f	g	h
weight		25	10	20	10	15	10	5	5

图 7.45　待编码字符表 symbollist 存储结构

建立 CreateHuffTree.h 文件，引入标准库头文件 stdio.h、stdlib.h 和 string.h，并添加函数
CreateHT 实现哈夫曼算法。

```
/****************************************************/
/* 函数功能：构造哈夫曼树                           */
/* 函数参数：ht 返回哈夫曼树                        */
/*          symbollist 是字符表，n 是字符数         */
```

```
/* 函数返回值：空                                      */
/****************************************************/
void CreateHT(HTree &ht, HSList symbollist, int n){
//构造哈夫曼树 ht

  int m,i;
  int s1,s2;

/*--------初始化工作----------*/
  if(n<=0) return;
  m=2*n-1;                           //n 是待编码字符数
  //动态分配 m+1 个单元，0 号单元不用，ht[m]是哈夫曼树的根结点
  ht=new HTNode[m+1];

  for(i=1;i<=m;i++)  //将 1-m 号单元中的双亲和左、右孩子域都初始化为 0
    ht[i].lchild=ht[i].rchild=ht[i].parent=0;
  for(i=1;i<=n;i++)  //输入前 n 个单元中叶子结点的权值
    ht[i].weight=symbollist[i].weight;

/*--------创建哈夫曼树----------*/
  for(i=n+1;i<=m;i++){              //通过 n-1 次合并构造哈夫曼树
    //从 ht[1]-ht[i-1]中双亲域为 0 的结点中选择两个权值最小的结点
    //并返回它们在 ht 中的序号 s1 和 s2
    SelectNodes(ht, i-1, s1, s2);
    //合并 s1 和 s2 得到新结点 i，将 s1 和 s2 的双亲置为 i
    ht[s1].parent=ht[s2].parent=i;
    //i 的左、右孩子分别置为 s1 和 s2
    ht[i].lchild=s1; ht[i].rchild=s2;
    //i 的权值置为左、右孩子权值之和
    ht[i].weight=ht[s1].weight+ht[s2].weight;
  } //end of for(i=n+1;i<=m;i++)
} //end of CreateHT
```

在 CreateHuffTree.h 文件中添加函数 SelectNodes，从 ht[1]-ht[range]中双亲域为 0 的结点中选择两个权值最小的结点，通过 s1 和 s2 返回其位置。

```
//在 ht[1..range]中选择权值最小的两个结点，返回其序号 s1 和 s2
void SelectNodes(HTree ht, int range, int &s1, int &s2);
```

2. 哈夫曼编码实现

由于哈夫曼编码是变长编码，因此使用一个指针数组来存放每个字符编码串的首地址。在 HuffTree.h 文件中加入哈夫曼编码表的类型定义。

```
//-----哈夫曼编码表的存储表示------
typedef char **HCList;              //动态分配数组存储哈夫曼编码表
```

最后在 HuffTree.h 文件中添加函数 LocateSymbol，该函数返回字符 symbol 在字符表 symbollist 中的位序。

```
int LocateSymbol(HSList symbollist, char symbol, int n);
```

定义哈夫曼编码表 hcl。

```
HCList hcl;
```

所有字符的哈夫曼编码存储在由 HCList 分配 n 个字符编码的头指针矢量中。引例 7.1 中字符的编码表 hcl 如图 7.46 所示。求解每个字符的哈夫曼编码时，用临时数组 cd 存放每个字符的编码。n 个叶子结点构成的哈夫曼树的深度至多为 $n-1$，如图 7.47 所示，所以 n 个字符的

哈夫曼编码长度最多为 n-1。因此分配 cd 数组空间大小为 n，其中包括 n-1 个码位和一个编码结束符'\0'。引例 7.1 中字符数目为 8，故 cd 大小为 8。

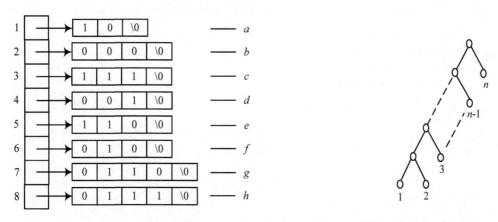

图 7.46　哈夫曼编码表 hcl　　　　　　　　图 7.47　最大深度的哈夫曼树示例

具体实现求每个字符的哈夫曼编码时，由于每个结点的双亲结点唯一，且数组 ht 中存储了每个结点的双亲结点，可以从叶子出发到根逆向来求字符的编码。如图 7.48 所示，求 h 的编码，从叶子 h 出发向根结点逆向不断寻找当前结点的双亲结点。若当前结点是双亲结点的左孩子则对应 0，否则对应 1。这样最终按编码码位的逆序产生 h 的编码 0111。由于逆序产生编码的各个码位，可以从数组 cd 最后一个单元开始往前存储产生的码位，并用 first 指针指示数组中当前存储码位的第 1 个单元。当编码的各个码位都产生完毕，把 cd 从 first 开始至最后单元的内容复制到编码表中相应字符的编码位置。

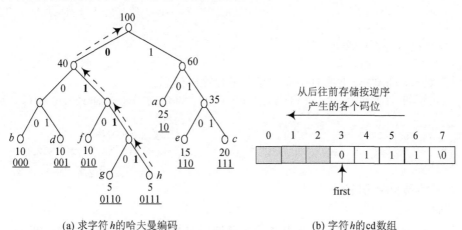

(a) 求字符 h 的哈夫曼编码　　　　　　　　(b) 字符 h 的 cd 数组

图 7.48　求字符的哈夫曼编码

在 CreateHuffTree.h 文件中添加函数 CreateHCList，根据所创建的哈夫曼树，求出每个字符的哈夫曼编码，并将它们存储在编码表中。

```
/***************************************************************/
/* 函数功能：对每个字符编码                                    */
/* 函数参数：ht 是哈夫曼树                                     */
/*          hcl 是存储每个字符编码的编码表，n 是字符数          */
/* 函数返回值：空                                             */
```

```
/**************************************************************/
void CreateHCList(HTree ht, HCList &hcl, int n){
//创建哈夫曼编码表 hcl，存储每个字符的哈夫曼编码
  int i,first,p,c;

  hcl=new char *[n+1];
  for(i=0;i<n+1;i++)
    hcl[i]=new char[n];

  char *cd;
  cd=new char[n];                //分配临时存放编码的动态数组空间，0 号单元不用
  cd[n-1]='\0';                  //编码结束符

  for(i=1; i<=n; i++){           //逐个字符求哈夫曼编码
    first=n-1; c=i; p=ht[i].parent;

    //求出第 i 个字符的编码
    while(p!=0){                 //从叶子结点开始向上回溯，直到无双亲结点即到达根结点
      first--;                   //回溯一次 first 向前指一个位置
      if (ht[p].lchild==c)
        cd[first]='0';           //若结点 c 是 p 的左孩子，则生成编码 0
      else
        cd[first]='1';           //若结点 c 是 p 的右孩子，则生成编码 1
      c=p; p=ht[p].parent;       //继续向上回溯
    }//end of while
    hcl[i]=new char[n-first];    //为第 i 个字符编码分配空间
    strcpy(hcl[i], &cd[first]);       //将求得的编码从临时空间 cd 复制到 hcl 的当前行中
  } //end of for
  delete cd; //释放临时空间
} //end of CreateHCList
```

最后在 **CreateHuffTree.h** 文件中添加相关函数输出信息。

```
void PrintHSL(HSList symbollist, int n);  //输出字符表 symbollist 中每个字符及其
                                          // 频率(%)
void PrintHT(HTree ht, int n);            //输出哈夫曼树 ht
void PrintHCL(HCList hcl, HSList symbollist, int n);   //输出编码表 hcl 中每个
                                          //字符及其编码
```

3. 文件编码和译码实现

1）编码

利用字符集的符号表 symbollist 及其哈夫曼编码表 hcl 很容易实现对文件的编码。其过程是，依次读入文件中的字符 c，取得 c 在 symbollist 中的序号，相应地在 hcl 中找到 c 的编码，将字符 c 转换为其编码即可。

建立 FileEncode.h 文件，添加标准库头文件 stdio.h、stdlib.h、string.h，以及实现文件编码的函数 EnCoding。

```
//hcl 是编码表，symbollist 是字符表，n 是字符数
//s 是待编码的字符串，b 返回编码的二进制串
void EnCoding(HCList hcl, HSList symbollist, int n, char *s, char *b);
```

2）译码

如 7.7.1 节中所述，对编码后的文件进行译码需要借助于哈夫曼树。哈夫曼树存储在数组 ht 中。具体过程是：依次读入文件的二进制码，从哈夫曼树的根结点 m（$2n-1$）出发，若当前读入 0，则走向左孩子 lchild，否则走向右孩子 rchild。一旦到达某一叶结点 i 时便译出相应的字符 symbollist[i].symbol，然后重新从根结点出发继续译码，直至文件结束。对于二进制串 011011000011010001，译出第一个字符 g 的过程如图 7.49 所示。

结点 i	weight	parent	lchild	rchild
1	25	14	0	0
2	10	10	0	0
3	20	12	0	0
4	10	10	0	0
5	15	12	0	0
6	10	11	0	0
7	5	9	0	0
8	5	9	0	0
9	10	11	7	8
10	20	13	2	4
11	20	13	6	9
12	35	14	5	3
13	40	15	10	11
14	60	15	1	12
15	100	0	13	14

⑤到达叶子，译出g, *0110*110...

④走左分支 011*0*110...

③走右分支 01*1*0110...

②走右分支 0*1*10110...

①从根结点出发，走左分支 *0*110110...

图 7.49　使用数组 ht 的译码过程示例

建立 FileDecode.h 文件，引入标准库头文件 stdio.h、stdlib.h 和 string.h，并添加实现文件译码的函数 DeCoding。

```
//ht 是哈夫曼树，symbollist 是字符表，n 是字符数
//b 是待译码的二进制串，s 返回译码的字符串
void DeCoding(HTree ht, HSList symbollist, int n, char *b, char *s);
```

4. 哈夫曼算法测试

建立 HuffmanTest.cpp 文件测试哈夫曼算法，菜单如图 7.50（a）所示。首先按引例 7.1 输入各个字符及其频率，见图 7.50（b）；图 7.50（c）显示了根据哈夫曼树建立的编码表；对 *gebead* 编码得到二进制串 011011000011010001，见图 7.50（d）；对二进制串 011011000011010001 译码得到 *gebead*，见图 7.50（e）。

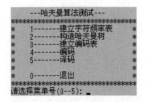

(a) 哈夫曼算法测试菜单

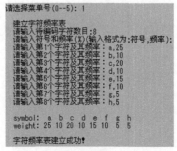

(b) 根据输入建立字符频率表

请选择菜单号(0--5): 3

a 10　　b 000　　c 111　　d 001
e 110　　f 010　　g 0110　 h 0111

编码表建立成功!

(c) 建立编码表

请选择菜单号(0--5): 4

请输入 待编码的字符串:gebead
二进制串是:011011000011010001

编码成功!

(d) 编码

请选择菜单号(0--5): 5

请输入 待译码的二进制串:011011000011010001
字符串是:gebead

译码成功!

(e) 译码

图 7.50　哈夫曼算法测试

7.7.3　引例中报文编码和译码问题的解决

有了 7.7.2 节的基础，解决引例 7.2 的报文编码和译码问题就很简单了。在 FileEncode.h 中添加函数 CreateHSL 来统计报文中的字符及其出现次数，建立字符频率表。

```
//CreateHSL:Create Huffman Symbol List
//统计报文中的字符及其出现次数，建立字符频率表
//s 是存放报文的字符串
//字符表 symbollist 存放字符及其频率(%)，n 返回字符个数
void CreateHSL(HSList &symbollist, int &n, char *s);
```

因为字符频率四舍五入取整时需使用 floor 函数，还要在 FileEncode.h 中引入 math.h 头文件。

```
#include <math.h>
```

建立 HuffApp.cpp 文件，引入标准库头文件 stdio.h、stdlib.h 和 string.h，类型定义头文件 HuffTree.h，以及相关功能函数的头文件 CreateHuffTree.h、FileEncode.h 和 FileDecode.h，实现报文编码和译码。输入引例 7.2 中的原始报文，见图 7.51（a）；编码后得到二进制串，见图 7.51（d）；再将二进制串解码得到报文，见图 7.51（e）。至此，我们成功解决了引例 7.2 的报文编码和译码问题。

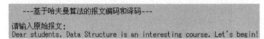

(a) 输入原始报文

(b) 建立字符频率表

(c) 建立编码表

(d) 报文编码

译码...
字符串是:
Dear students, Data Structure is an interesting course. Let's begin!
译码成功!

(e) 报文译码

图 7.51　基于哈夫曼算法的报文编码和译码

小　　结

本章介绍了树和二叉树的相关知识，本章知识结构如图 7.52 所示。

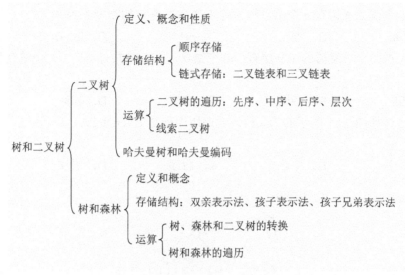

图 7.52　第 7 章树和二叉树的知识结构

树是一种非常重要的非线性层次数据结构。本章主要介绍了树、二叉树、森林，着重讨论了二叉树。

二叉树是一种最常用的树结构，它具有一些特殊性质。满二叉树和完全二叉树是两种特殊形态的二叉树。二叉树有顺序存储表示和链式存储表示。二叉链表是二叉树的常用存储结构。二叉树的遍历是二叉树其他运算的基础，二叉树的先序遍历、中序遍历和后序遍历时间复杂度都是 O(n)。为了利用二叉链表中的空指针域，引入线索二叉树加快查找结点前驱和后继的速度。哈夫曼树是二叉树结构，用于实现哈夫曼编码。

树有双亲表示法、孩子表示法和孩子兄弟表示法 3 种存储结构。树与二叉树、森林与二叉树都存在着相应的转换方法。通过转换，树和森林的有关问题可以利用二叉树的运算来解决。

习　　题

1. 选择题

（1）由 3 个结点可以分别构造出多少种不同的树和二叉树？（　　）

　　A．1 和 2　　　　　B．2 和 4　　　　　C．1 和 5　　　　　D．2 和 5

（2）已知完全二叉树 T 共有 1001 个结点，那么 T 有（　　）个叶结点。

　　A．250　　　　　　B．500　　　　　　C．254　　　　　　D．501

（3）已知二叉树 B 共有 1025 个结点，那么 B 的高度是（　　）。

　　A．11　　　　　　　　　　　　　B．10

　　C．在 11 至 1025 之间　　　　　D．在 10 至 1024 之间

（4）已知二叉树 B 共有 126 个结点，那么 B 的第 7 层至多有（　　）个结点。

　　A．32　　　　　　　B．64　　　　　　C．63　　　　　　D．不存在第 7 层

（5）深度为 h 的满 m 叉树的第 k（$1 \leqslant k \leqslant h$）层有（　　）个结点。

　　A．m^{k-1}　　　　　B．m^k-1　　　　　C．m^{h-1}　　　　　D．m^h-1

（6）已知一棵满二叉树有 n 个结点和 m 个叶结点，则它的高度 h 为（　　　）。

    A．$n-m$ B．$2n-m$ C．$m+1$ D．$\log_2(n+1)$

（7）已知一棵完全二叉树的第 9 层有 240 个结点，那么它共有（　　）个结点和（　　）个叶结点。

    A．495   B．496   C．240   D．248

（8）给定一棵如图 7.53 所示的二叉树。若遍历序列是 BFGDECA，那么这是（　　　）遍历。

    A．先序   B．中序   C．后序   D．层次

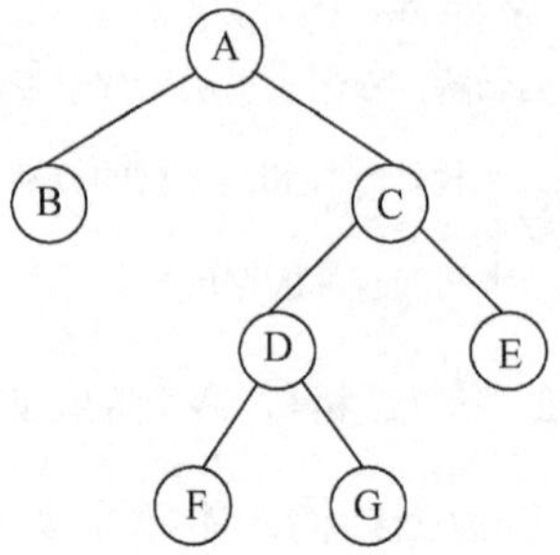

图 7.53　二叉树

（9）若一棵二叉树的先序序列与中序序列相同，则该二叉树（　　　）。

    A．必是空树   B．可能任一结点至多只有左子树

    C．不可能存在   D．或是空树，或是任一结点至多只有右子树

（10）若一棵二叉树的中序序列与层次遍历序列相同，则该二叉树（　　　）。

    A．必是空树   B．或是空树，或是任一结点至多只有左子树

    C．不可能存在   D．或是空树，或是任一结点至多只有右子树

（11）若一棵二叉树的先序遍历序列是 abcd，后序遍历序列是 dcba，则该二叉树的中序遍历序列不可能是（　　　）。

    A．abcd   B．bcda   C．cbda   D．dcba

（12）若采用二叉链表作为树的存储结构，则根结点的右指针（　　　）。

    A．是空指针   B．可能非空

    C．指向最左孩子   D．指向最右孩子

（13）把一棵树转换为二叉树后，这棵二叉树的形态是（　　　）。

    A．唯一的   B．有多种

    C．有多种，但根结点都没有左孩子   D．有多种，但根结点都没有右孩子

（14）在下列存储形式中，（　　　）不是树的存储形式？

    A．双亲表示法   B．孩子链表表示法

    C．孩子兄弟表示法   D．顺序存储表示法

（15）在二叉树中引入线索的目的是（　　　）。

    A．加快查找结点的前驱或后继的速度

    B．为了方便地插入与删除

    C．为了方便地找到双亲

D．使二叉树的遍历结果唯一

（16）线索二叉树是一种（　　　）结构。

　　A．逻辑　　　　　　　B．逻辑和存储　　　　　C．物理　　　　　D．线性

（17）判断线索二叉树中结点*p 有左孩子的条件是（　　　）。

　　A．p==NULL　　　　　B．p!=NULL　　　　　C．p->ltag==0　　D．p->ltag==1

（18）已知森林 F 中有 3 棵树，第 1 棵树有 m_1 个结点，第 2 棵树有 m_2 个结点，第 3 棵树有 m_3 个结点。B 是由 F 变换所得的二叉树，B 的根结点的右子树有（　　　）个结点。

　　A．m_1　　　　　　　B．m_1+m_2　　　　　C．m_3　　　　　D．m_2+m_3

2．应用题

（1）就如图 7.54 所示的树回答下列问题：

① 哪个结点是根结点？

② 哪些结点是叶子？

③ 结点 B 和 C 的度分别是多少？树的度是多少？

④ 哪些结点是 E 的双亲、子孙、祖先？

⑤ 哪些结点是 E 的兄弟？哪些结点是 C 的兄弟？

⑥ 结点 C 的层数是多少？结点 I 的层数是多少？

⑦ 树的深度是多少？以结点 H 为根的子树的深度是多少？

（2）对图 7.55 所示的二叉树分别写出其前序、中序和后序遍历序列。

（3）对图 7.56 所示的二叉树分别画出其顺序存储结构和二叉链表。

（4）已知一棵二叉树的中序序列为 DBGEAFHC，后序序列为 DGEBHFCA。

① 画出这棵二叉树。

② 画出这棵二叉树的先序线索树。

③ 将这棵二叉树转换成对应的树或森林。

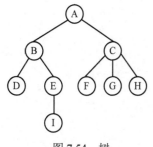
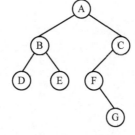
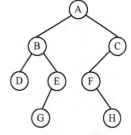

　　　　图 7.54　树　　　　　　　　图 7.55　二叉树　　　　　　图 7.56　二叉树

（5）已知 8 个字符 a、b、c、d、e、f、g、h 的权值分别是 10、12、14、16、30、5、5、8，请写出在哈夫曼算法执行过程中其对应哈夫曼树 ht 的存储结构的状态转换。

（6）假定用于通信的电文由 a、b、c、d、e、f、g、h 八个字母组成，字母在电文中出现的频率分别为 0.10，0.12，0.14，0.16，0.30，0.05，0.05，0.08。

① 为 8 个字母设计哈夫曼编码，并计算平均编码长度。

② 设计一种由二进制表示的等长编码方案。

③ 基于①和②的结果比较哈夫曼编码和等长编码方案的优缺点。

3. 算法设计题

（1）若二叉树采用二叉链表存储，设计一个算法将该二叉树的叶子按从左到右的顺序连成一个单链表。表头指针为 head，链接时用叶子的右指针域来存放单链表指针。

（2）计算二叉树的最大宽度。最大宽度是指二叉树的所有层中结点数目的最大值。

（3）设计一个算法求二叉树中的最长路径。要求：输出该路径的结点序列及该路径的长度；若最长路径不止一条则输出"最左"的一条。

（4）以二叉链表作为二叉树的存储结构，设计一个算法计算二叉树中度为 2 的结点数目。

（5）输出二叉树中从根结点到其他每个结点的路径及其长度。路径长度按路径上的边数计算。

（6）若树采用孩子兄弟链表存储，设计一个递归算法求树的深度。

上机实验题

1. 以二叉链表作为二叉树的存储结构，实现以下算法：

（1）统计二叉树的叶结点数目。

（2）统计二叉树的内部结点数目。

（3）判别两棵二叉树是否相等。

（4）交换二叉树所有分支结点的左、右子树的位置。

并编写程序，以菜单方式选择上述算法进行演示。

2. 以二叉链表作为二叉树的存储结构，编写算法判别一棵给定的二叉树是否是完全二叉树。

第8章 图

内容提要

作为一种数据结构,图描述了数据元素间存在的一种"多对多"的非线性关系。图在工程技术领域有广泛的应用,在这些领域中图结构被作为解决问题的数学手段之一。在本章中我们将学习图的基本概念和运算,图的邻接矩阵和邻接表存储结构,图的深度优先遍历和广度优先遍历,图的几种重要算法:最小生成树、最短路径、拓扑排序和关键路径。

学习目标

能力目标: 能针对实际问题建立合适的图模型,设计算法解决问题,通信网络建立、交通咨询、医院选址、课程计划制定和工程工期计算。

知识目标: 了解图的基本概念和运算,掌握图的两种存储结构和两种遍历方法,掌握图的两种存储结构和两种遍历方法,理解图的几种重要算法。

8.1 引 例

现实生活中我们可以看到很多图,比如影视图、广告图、导游图,还有函数图、流程图等。这里讨论的图包含"点"和"线"两类对象。点代表某种确定的事物,点之间的连线表示事物间的关系。由点和线组成的图将关系、联结、顺序等概念变成模型。

图的应用最早可以追溯到 1736 年,瑞士数学家欧拉采用图的方法解决了著名的哥尼斯堡七桥问题。在 18 世纪欧洲哥尼斯堡城的普雷格尔河上,架设有 7 座桥使两个小岛与城市连接,如图 8.1 所示。是否有可能经过每座桥恰好一次,回到原来出发的地方呢?

图 8.1 哥尼斯堡七桥

欧拉采用图优美地解决了这个问题,图中顶点表示各个陆地区域,边表示桥,如图 8.2

所示。欧拉把顶点的度定义为与该顶点相关联的边的条数。在此基础上，欧拉证明了每个顶点的度数均为偶数时存在从某个顶点出发，经过所有边恰好一次，最终回到出发顶点的走法的充分必要条件。

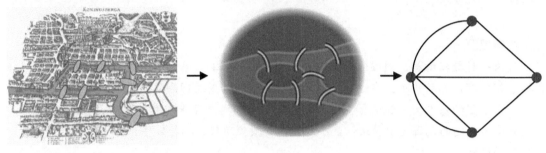

忽略不重要的细节　　　　　　　　　进一步抽象

图 8.2　哥尼斯堡七桥问题抽象过程

现在图被广泛地应用于各种科技领域，诸如信息论、控制论、网络理论、运筹学以及计算机科学，此外在经济管理、社会科学及人文科学方面也有广泛的应用。在数学中侧重于对图的理论进行系统研究，本章则关注如何基于图的理论知识使用计算机来解决一些实际问题，主要讨论图的存储结构、图的基本操作的实现，以及图的若干应用的实现。

现实生活中的许多问题都可以转化为图来解决。例如，如何以最小成本构建一个通信网络，如何计算地图中两地之间的最短路径，如何寻找一个较优的顺序来完成复杂项目中各子任务等。考虑引例 8.1～8.5 所提出的问题。

引例 8.1：通信网络建立

一家公司计划建立它的 5 个计算机中心的通信网络。可以用租用的电话线连接任何一对计算机中心。计算机中心之间连接的月租费见表 8.1，应当建立哪些连接，不仅保证任何两个计算机中心之间都有通路，而且使得网络的总成本最小？

表 8.1　通信网络连接的月租费

	通信通路编号									
	1	2	3	4	5	6	7	8	9	10
中心 1	旧金山	旧金山	旧金山	旧金山	丹佛	丹佛	丹佛	芝加哥	芝加哥	亚特兰大
中心 2	丹佛	芝加哥	亚特兰大	纽约	芝加哥	亚特兰大	纽约	亚特兰大	纽约	纽约
月租费（$）	900	1200	2200	2000	1300	1400	1600	700	1000	800

引例 8.2：交通咨询

当今社会交通网络日益发达，交通工具和交通方式在不断更新。人们在出差、旅游或做其他出行时，不仅关心节省交通费用，而且对里程和所需要时间等问题也会感兴趣。假如一位中国游客在美国旅游时，要选择从洛杉矶到迈阿密的飞机航线，他可能希望选择：（1）途中中转次数最少的航线；（2）距离最短的航线；（3）飞行时间最少的航线；（4）票价最少的航线。航线信息见表 8.2。我们可以用一个图结构来表示航线系统，进而建立一个人性化、智能化的交通咨询系统，来回答人们关心的问题。

表 8.2 航线信息

起点站	终点站	距离（英里）	飞行时间（小时）	票价（$）
旧金山	洛杉矶	349	1:15	39
旧金山	丹佛	957	2:20	89
旧金山	芝加哥	1855	2:55	99
旧金山	纽约	2534	4:05	129
洛杉矶	丹佛	834	2:00	89
洛杉矶	纽约	2451	3:50	129
丹佛	芝加哥	908	2:10	69
芝加哥	波士顿	860	2:10	79
芝加哥	纽约	722	1:50	59
芝加哥	亚特兰大	606	1:40	99
亚特兰大	纽约	760	1:55	79
亚特兰大	迈阿密	595	1:30	69
迈阿密	纽约	1090	2:45	99
纽约	波士顿	191	0:50	39

引例 8.3：医院选址

某个小镇有 6 个村：太和村、永善村、长宁村、龙泉村、华阳村、上清村。村庄之间的道路情况见表 8.3，例如，太和村和永善村之间有道路，路长 11 里。现在要从这 6 个村庄中选择一个村庄建一所医院，那么，这所医院应该建在哪个村庄，才能使离医院最远的村庄到医院的路程最近呢？

表 8.3 小镇道路情况

	道路编号										
	1	**2**	**3**	**4**	**5**	**6**	**7**	**8**	**9**	**10**	**11**
村庄 1	太和村	太和村	太和村	太和村	永善村	永善村	长宁村	长宁村	龙泉村	龙泉村	华阳村
村庄 2	永善村	华阳村	上清村	长宁村	龙泉村	华阳村	龙泉村	上清村	华阳村	上清村	上清村
路长（里）	11	8	9	3	7	6	11	8	4	14	12

引例 8.4：课程计划制定

在大学里，学生必须成功地完成一系列规定的专业课才能获得专业学位。以计算机专业为例，表 8.4 列出了某大学计算机专业的主修课程。在这些课程中，有些课程不受其他课程的约束，而有些课程有先修课程。先修课程确定了课程之间的优先关系。例如，一个学生在学习数据结构课程之前，必须先学完程序设计和离散数学课程。那么，如何安排课程学习计划才能满足课程之间的先修关系呢？

表 8.4 某大学计算机科学专业必修课程

课程编号	课程名称	先修课程
C_0	程序设计	无
C_1	离散数学	无
C_2	数据结构	C_0, C_1
C_3	微积分 I	无

课程编号	课程名称	先修课程
C_4	微积分 II	C_3
C_5	线性代数	C_4
C_6	算法分析	C_2, C_5
C_7	汇编语言	C_2
C_8	操作系统	C_7
C_9	程序设计语言	C_6
C_{10}	编译原理	C_9
C_{11}	人工智能	C_6
C_{12}	计算理论	C_6
C_{13}	并行计算	C_{12}
C_{14}	数值分析	C_5

引例 8.5：工程工期计算

实施一个项目，比如科研项目、工程项目、社会活动项目等，特别是大型项目，需要把它划分成若干个活动，也就是子项目，或者说工序。有些活动可以同时进行。有些活动之间有先后顺序，一个活动必须在另外一些活动完成之后才能开始。每项活动都需要一定的完成时间。某工程项目由 11 个活动组成，活动之间的先后关系和完成时间见表 8.5。那么，整个工程的完成时间，即工期是多少？要缩短工期，应当在哪些活动上投入更多的人力、物力呢？

表 8.5　项目活动先后关系和完成时间

活动	a_0	a_1	a_2	a_3	a_4	a_5	a_6	a_7	a_8	a_9	a_{10}
紧前活动	—	—	—	a_0	a_1	a_2	a_3, a_4	a_3, a_4	a_5	a_6	a_7, a_8
时间（天）	5	3	6	2	2	1	9	7	4	2	4

上述 5 个问题将在本章的学习过程中得以解决。本章将在介绍图的基础知识的基础上，结合引例 8.1～8.5 所提出的实际问题，介绍图的几个常用算法，包括最小生成树、最短路径、拓扑排序和关键路径算法。

8.2　图的概念及运算

8.2.1　图的定义

图（Graph）是一种网状数据结构，有**无向图**（undirected graph）和**有向图**（directed graph 或 digraph）。

无向图 $G=<V, E>$，其中 $V \neq \varnothing$ 称为顶点集，其元素称为**顶点**（vertice）或结点；E 是边集，其元素称为无向边，简称**边**（edge）。顶点 u 和顶点 v 之间的边用无序对 (u, v) 或 (v, u) 表示，(u, v) 和 (v, u) 是同一条边。对于图 8.3（a）所示的无向图，$V=\{v_0, v_1, v_2, v_3, v_4\}$，$E=\{(v_0, v_1), (v_0, v_2), (v_1, v_2), (v_1, v_3), (v_1, v_4), (v_2, v_3), (v_3, v_4)\}$。

有向图 $D=<V, E>$，其中 $V \neq \varnothing$ 称为顶点集，其元素称为顶点或结点；E 是边集，其元素称为有向边，简称边或弧。用有序对 $<u, v>$ 表示从顶点 u 到顶点 v 的弧，u 称为始点或弧尾，v

称为终点或弧头。对于图 8.3（b）所示的有向图，$V=\{v_0, v_1, v_2, v_3, v_4\}$，$E=\{<v_0, v_2>, <v_1, v_0>, <v_1, v_3>, <v_2, v_1>, <v_2, v_3>, <v_3, v_4>, <v_4, v_1>\}$。

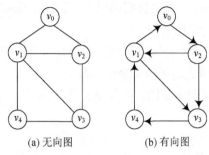

(a) 无向图   (b) 有向图

图 8.3　图

8.2.2　图的术语

下面介绍讨论图的时候经常会用到的一些术语。

（1）**邻接点**（adjacent vertex）：如果 (u, v) 是无向图 G 中的一条边，则称 u 与 v 互为邻接顶点，u 和 v 是边 (u, v) 的端点，边 (u, v) 称为关联（依附）于顶点 u 和 v。在图 8.3（a）所示的无向图中，与顶点 v_0 相邻接的顶点有 v_1 和 v_2，顶点 v_1 的邻接顶点有 v_0、v_2、v_3 和 v_4。如果 $<u,v>$ 是有向图 D 中的一条弧，则称顶点 u 邻接到顶点 v，顶点 v 邻接自顶点 u，也称 u 是 v 的前驱，v 是 u 的后继，弧 $<u, v>$ 与顶点 u 和 v 相关联，$<u, v>$ 是顶点 u 的出边、顶点 v 的入边。在图 8.3（b）所示的有向图中，弧 $<v_0, v_2>$ 与顶点 v_0 和 v_2 相关联；顶点 v_0 邻接到顶点 v_2，顶点 v_2 邻接自顶点 v_1；v_0 是 v_2 的前驱，v_2 是 v_0 的后继；与顶点 v_0 相关联的弧有 $<v_0, v_2>$ 和 $<v_1, v_0>$。

（2）**度**（degree）、**入度**（in-degree）和**出度**（out-degree）：对于无向图，顶点 v 的度数（度）$d(v)$ 是 v 作为边的端点次数之和。图 8.3（a）中顶点 v_1 的度 $d(v_1)$ 为 4。对于有向图，顶点 v 的度分为入度和出度，v 的入度 $d^-(v)$ 是 v 作为边的终点、即弧头次数之和；v 的出度 $d^+(v)$ 是 v 作为边的始点、即弧尾次数之和；v 的度数（度）$d(v)$ 是 v 作为边的端点次数之和，即 $d(v)=d^+(v)+d^-(v)$。图 8.3（b）中，$d^-(v_3)=2$，$d^+(v_3)=1$，$d(v_3)=d^-(v_3)+d^+(v_3)=3$。

（3）**路径**（path）和**路径长度**（path length）：在无向图（有向图）中，若一个顶点序列 $(s, v_1, v_2, …, v_k, t)$，使得 (s, v_1)（$<s, v_1>$），(v_1, v_2)（$<v_1, v_2>$），…，(v_k, t)（$<v_k, t>$）均是图中的边，则称该顶点序列是一条从 s 到 t 的路径。路径上的边数称为路径长度。在图 8.3（a）所示的无向图中，(v_0, v_2, v_1, v_3) 是一条 v_0 和 v_3 之间的路径，长度为 3；在图 8.3（b）所示的有向图中，$<v_0, v_2, v_1, v_3>$ 是一条 v_0 到 v_3 的路径，长度为 3。

（4）**自回路**（loop）和**回路**（cycle）：关联于同一个顶点的边称为自回路。第一个顶点和最后一个顶点相同的路径称为回路，回路也称为**环**。

（5）**简单路径**（simple path）和**简单回路**（simple cycle）：如果一条路径上的所有顶点，除起始顶点和终止顶点可以相同外，其余顶点各不相同，则称其为简单路径。如果一条简单路径的起始顶点和终止顶点相同，则称其为简单回路或**简单环**。

（6）**平行边**（parallel edges）和**多重图**（multigraph）：无向图中，关联于同一对顶点的两条或两条以上的边，称为平行边，平行边的条数称为**重数**（multiplicity）。在图 8.4（a）中 v_1 和 v_4 之间有 3 条平行边，重数是 3。在有向图中，具有相同始点和终点的两条或两条以上的边称为有向平行边，简称平行边，平行边的条数称为重数。含平行边的图称为多重图。在图 8.4（b）中，从 v_4 到 v_1 的两条边是平行边，而 $<v_3, v_2>$ 和 $<v_2, v_3>$ 不是平行边。

（7）**简单图**（simple graph）：既无自回路也无平行边的图称为简单图。图 8.3（a）和（b）皆是简单图。本章的讨论仅限于简单图。

（8）**完全图**（complete graph）：每对顶点之间都有一条边的无向简单图称为无向完全图，如图 8.5（a）所示。有 n 个顶点的无向完全图边数 $m=n(n-1)/2$。每对顶点之间均有两条方向相反的边的有向简单图称为有向完全图，如图 8.5（b）所示。有 n 个顶点的有向完全图边数 $m=n(n-1)$。

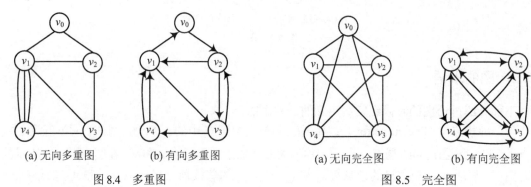

(a) 无向多重图　　(b) 有向多重图　　　　(a) 无向完全图　　(b) 有向完全图

　　　　图 8.4　多重图　　　　　　　　　　　　图 8.5　完全图

（9）**权**（weight）**和网**（network）：在某些图的应用中，边上具有与它相关的数值，称之为权。这些权可以表示从一个顶点到另一个顶点的距离、花费的代价、所需的时间和次数等。这种带权图也被称为网。无向带权图称为无向网，见图 8.6（a）；有向带权图称为有向网，见图 8.6（b）。

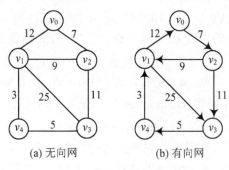

(a) 无向网　　　　　(b) 有向网

图 8.6　网

（10）**子图**（subgraph）**和生成子图**（spanning subgraph）：设 $G=<V,E>$, $G'=<V',E'>$ 是两个图（同为无向图或同为有向图），若 $V'⊆V$ 且 $E'⊆E$，则称 G' 是 G 的子图，G 是 G' 的母图，记作 $G'⊆G$。若 $G'⊆G$ 且 $V'=V$，即 G' 是 G 的子图且包含了 G 的所有顶点，则称 G' 是 G 的生成子图。图 G 是它本身的生成子图。

（11）**连通图**（connected graph）**与连通分量**（connected component）：在无向图中，若任意两个顶点之间有路径，则称此无向图是连通图。如果无向图 G 的子图 G' 是连通的，且没有包含 G' 的更大的子图 G'' 是连通的，则称 G' 是 G 的连通分量。图 8.3（a）是连通图，它是本身的连通分量。图 8.7（a）给出了一个非连通的无向图，它 3 个连通分量见图 8.7（b）。

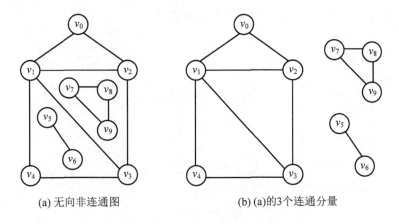

(a) 无向非连通图　　　　　　　　　　(b) (a)的3个连通分量

图 8.7　图的连通分量

（12）**强连通图**（strongly connected graph）和**强连通分量**（strongly connected component）：在有向图中，若对于任意两个顶点 u 和 v，存在从 u 到 v 和从 v 到 u 的路径，则称此有向图是强连通图。如果有向图 G 的子图 G' 是强连通的，且没有包含 G' 的更大的子图 G'' 是强连通的，则称 G' 是 G 的强连通分量。图 8.8（a）给出了一个非连通的有向图，它的 5 个强连通分量见图 8.8（b）。

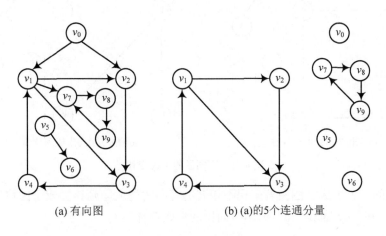

(a) 有向图　　　　　　　　　　(b) (a)的5个连通分量

图 8.8　图的强连通分量

（13）**无向树**（undirected tree）和**有向树**（directed tree）：若一个无向图连通且无回路，则该无向图称为无向树。若一个有向图恰有一个顶点入度为 0，其余顶点入度为 1，并且略去边的方向后成为无向树，则该有向图称为有向树。图 8.9 中（a）是无向树，图 8.9（b）是有向树。

需要说明的是，第 7 章中讨论的树是有向树，只是画图时省略了边上的方向。

（14）连通图的**生成树**（spanning tree）：若无向连通图 G 的生成子图 T 是无向树，则称 T 是 G

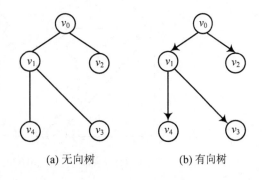

(a) 无向树　　　　　(b) 有向树

图 8.9　无向树和有向树

的生成树。图 8.10 中（b）和（c）皆是（a）的生成树。

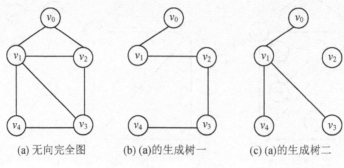

(a) 无向完全图　　　　(b) (a)的生成树一　　　　(c) (a)的生成树二

图 8.10　生成树

（15）**生成森林**（spanning forest）：若无向图的一个生成子图由若干棵不相交的无向树构成，则该生成子图称为生成森林。图 8.11（a）和图 8.11（b）皆是图 8.7（a）所示无向图的生成森林。

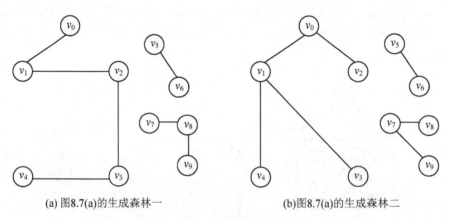

(a) 图8.7(a)的生成森林一　　　　　　　　(b)图8.7(a)的生成森林二

图 8.11　无向图的生成森林

若有向图的一个生成子图由若干棵不相交的有向树构成，则该生成子图称为生成森林。图 8.12 中（b）和（c）都是（a）所示有向图的生成森林。

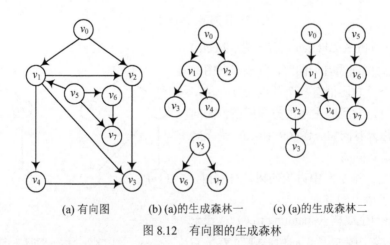

(a) 有向图　　　　(b) (a)的生成森林一　　　　(c) (a)的生成森林二

图 8.12　有向图的生成森林

（16）**稠密图**（dense graph）和**稀疏图**（sparse graph）：若图 G 有 n 个顶点和 m 条边，当图 G 接近完全图时，称为稠密图；当图 G 边数较少时，即 $m<<n(n-1)$，称为稀疏图。

8.2.3 图的抽象数据类型定义

与其他数据结构一样，图的基本运算主要是创建、插入、删除、查找等。这里首先需要明确"顶点在图中的位置"这个概念。图的逻辑结构定义并未规定图中顶点的顺序。但是，为了操作方便，可以人为规定图中顶点的序列，以及任一顶点的邻接点之间的顺序关系。所谓"顶点在图中的位置"是指该顶点在人为排列中的位置序号。同样，也可以对某个顶点的邻接点进行人为排序，在这个序列中自然形成了第 1 个和第 k 个邻接点，并称第 $k+1$ 个邻接点是第 k 个邻接点的下一个邻接点，而最后一个邻接点的下一个邻接点为"空"。

图的抽象数据类型的定义如下。

```
ADT Graph {
    数据对象：任意数据元素的集合
                D={ aᵢ| aᵢ∈Elementset, i=0,1,…,n-1,n≥0}
    数据关系：顶点的有穷非空集合和边的集合。
    基本运算：
        CreateGraph(&G)
          运算结果：创建图 G。
        DestroyGraph(&G)
          初始条件：图 G 已存在。
          运算结果：销毁图 G。
        LocateVex(G,v)
          初始条件：图 G 已存在，v 是 G 中的某个顶点。
          运算结果：返回顶点 v 在图 G 中的位置。
        GetVex(G,v)
          初始条件：图 G 已存在，v 是 G 中的某个顶点。
          运算结果：返回顶点 v 的值。
        PutVex(G,v,value)
          初始条件：图 G 已存在，v 是 G 中的某个顶点。
          运算结果：对顶点 v 赋值 value。
        FirstAdjVex(G,v)
          初始条件：图 G 已存在，v 是 G 中的某个顶点。
          运算结果：若顶点 v 有邻接点，则返回 v 的第一个邻接点，否则返回空。
        NextAdjVex(G,v, w)
          初始条件：图 G 已存在，v 和 w 是 G 中顶点，w 是 v 的某个邻接点。
          运算结果：若 w 是 v 的最后一个邻接点，则返回空，否则返回 v 相对于 w 的下一个邻
                    接点。
        InsertVex(&G,v)
          初始条件：图 G 已存在。
          运算结果：在 G 中增加一个新顶点 v。
        DeleteVex(&G,v)
          初始条件：图 G 已存在，v 是 G 中的某个顶点。
          运算结果：删除 G 中的顶点 v 及与 v 相关联的边。
        InsertEdge(&G,v,w)
          初始条件：图 G 已存在，v 和 w 是 G 中的顶点。
          运算结果：若 G 是无向图，增加 v 和 w 之间的边，若 G 是有向图，增加从 v 到 w 的弧。
        DeleteEdge(&G,v,w)
```

初始条件：图 G 已存在，v 和 w 是 G 中的顶点。
运算结果：若 G 是无向图，删除 v 和 w 之间的边；若 G 是有向图，删除从 v 到 w 的弧。
TraverseGraph(G)
初始条件：图 G 已存在。
运算结果：按照某种次序遍历图 G，对图中每个结点访问一次且最多一次。
}ADT Graph

需要注意的是，在抽象数据类型中定义的运算都是一些基本的运算，但在实际问题中可能有很多复杂的运算没有在抽象数据类型中定义，例如将两个或两个以上的线性表合并成一个线性表，或将一个线性表分拆成两个或两个以上的线性表，或对线性表按某个数据项排序等运算，我们可以利用这些基本运算的组合来实现这些复杂的运算。

8.3 图的存储结构

图的存储必须准确地反映其逻辑结构，即顶点集和边集的信息。不同的存储方式对程序效率影响很大，因此应根据不同结构和算法采用不同的存储方式，选择适合于所求解问题的存储结构。无论是无向图还是有向图，主要的存储方式都有两种：邻接矩阵和邻接表。

8.3.1 邻接矩阵法

1. 图的邻接矩阵存储表示

在邻接矩阵法中，首先将所有顶点的信息组织在一个顶点表里，然后用一个矩阵表示各顶点之间的邻接关系，该矩阵称为**邻接矩阵**（adjacency matrix）。

如图 8.13 所示，设图 $G=(V, E)$ 的结点数为 n，顶点顺序依次为 $v_0, v_1, v_2, …, v_{n-1}$，则 G 的邻接矩阵 A 是 n 阶方阵，其定义如下。

（1）对于无向图 G，若 $(v_i, v_j) \in E$，则 $A[i][j]=1$，否则 $A[i][j]=0$，即

$$A[i][j] = \begin{cases} 1 & (v_i, v_j) \in E \\ 0 & 反之 \end{cases}$$

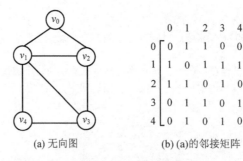

(a) 无向图 (b) (a)的邻接矩阵

图 8.13 无向图的邻接矩阵

（2）如图 8.14 所示，对于有向图 G，若 $<v_i, v_j> \in E$，则 $A[i][j]=1$，否则 $A[i][j]=0$，即

$$A[i][j] = \begin{cases} 1 & <v_i, v_j> \in E \\ 0 & 反之 \end{cases}$$

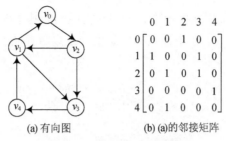

(a) 有向图

	0	1	2	3	4
0	0	0	1	0	0
1	1	0	0	1	0
2	0	1	0	1	0
3	0	0	0	0	1
4	0	1	0	0	0

(b) (a)的邻接矩阵

图 8.14 有向图的邻接矩阵

（3）如图 8.15 所示，对于无向网 G，若$(v_i,\ v_j)\in E$（顶点 v_i 和 v_j 之间有边相连），则邻接矩阵中对应项存放该边的权值，否则用∞来代表这两个顶点之间不存在边。特别地，规定顶点到本身的权值为 0。即

$$A[i][j]=\begin{cases} w_{i,j} & v_i \neq v_j \text{且} (v_i, v_j) \in E \\ 0 & v_i = v_j \\ \infty & \text{其他} \end{cases}$$

(a) 无向网

	0	1	2	3	4
0	0	12	7	∞	∞
1	12	0	9	25	3
2	7	9	0	11	∞
3	∞	25	11	0	5
4	∞	3	∞	5	0

(b) (a)的邻接矩阵

图 8.15 无向网的邻接矩阵

（4）如图 8.16 所示，对于有向网，与无向网类似。

$$A[i][j]=\begin{cases} w_{i,j} & v_i \neq v_j \text{且} < v_i, v_j > \in E \\ 0 & v_i = v_j \\ \infty & \text{其他} \end{cases}$$

(a) 有向网

	0	1	2	3	4
0	0	∞	7	∞	∞
1	12	0	∞	25	∞
2	∞	9	0	11	5
3	∞	∞	∞	0	5
4	∞	3	∞	∞	0

(b) (a)的邻接矩阵

图 8.16 有向网的邻接矩阵

无向图的邻接矩阵是对称矩阵，第 i 行或第 i 列非零元素的个数正好是第 i 个顶点的度 $d(v_i)$，对大规模邻接矩阵可采用压缩存储。有向图邻接矩阵的第 i 行（或第 i 列）非零元素的个数正好是第 i 个顶点的出度 $d^+(v_i)$（或入度 $d^-(v_i)$）。稠密图适合使用邻接矩阵的存储表示。

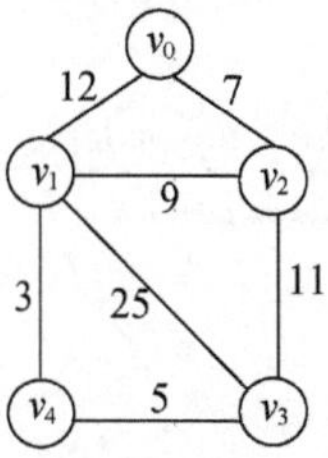

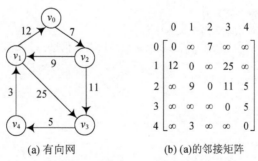

  建立 amgraph.h 文件，采用邻接矩阵表示图并实现图的基本操作。在 amgraph.h 文件中加入图的邻接矩阵存储结构定义。图中顶点的信息用一维数组存储，用二维数组存储邻接矩阵。

```
#define ERROR    0
#define OK       1
#define MaxV 100                    //最多可存储的顶点个数
#define infinity 32767              //表示极大值，即∞


//定义邻接矩阵数据类型
typedef char VexType[15];           //顶点的数据类型
typedef int EdgeType;               //边的权值设为整型
typedef struct {
  VexType vexs[MaxV];               //顶点表
  EdgeType edges[MaxV][MaxV];       //邻接矩阵
  int vexnum, edgenum;  //当前存储的图的顶点数和边数
}AMGraph;                           //AMGraph 是以邻接矩阵存储的图类型
```

  当图不是网时，邻接矩阵中的元素仅表示相应的边是否存在。一般用 1 表示边存在，用 0 表示边不存在。在简单应用中，可直接用二维数组作为图的邻接矩阵，顶点信息等可省略。邻接矩阵表示法的空间复杂度为 $O(n^2)$，其中 n 为图的顶点数。

  2. 图的创建

  函数 CreateUDG 建立无向图 G 的邻接矩阵存储，实现如下。

```
/***********************************************/
/* 函数功能：创建无向图的邻接矩阵存储          */
/* 函数参数：G 返回无向图的邻接矩阵存储        */
/* 函数返回值：空                              */
/***********************************************/
void CreateUDG(AMGraph &G){
采用邻接矩阵表示法，创建无向图 G
  int i,j,k;
  VexType v1,v2;

  //输入图的顶点数和边数
  printf("\n\t 请输入顶点数和边数(输入格式为:顶点数,边数)：");
  scanf("%d,%d",&G.vexnum, &G.edgenum);

  //输入顶点信息，建立顶点表
  printf("\n\t 请依次输入各个顶点信息");
  printf("\n\t 格式为:顶点 1 信息顶点 2 信息顶点 3 信息......，中间空格隔开\n\t ");
  flushall();
  for (i=0;i<G.vexnum;i++)
      scanf("%s", G.vexs[i]);

  //初始化邻接矩阵
  for (i=0;i<G.vexnum;i++)
    for (j=0;j<G.vexnum;j++)
      G.edges[i][j]=0;
printf("\n\t 请输入每条边关联的两个顶点，输入格式为:v1 v2\n");
  //构造图的邻接矩阵
  for(k=1;k<=G.edgenum;k++){
    printf("\t 请输入第%d 条边：",k);
    scanf("\n%s %s", v1, v2);
```

```
        i=LocateVex(G, v1);          //取得顶点 v1 在顶点表中的位置
        j=LocateVex(G, v2);          //取得顶点 v2 在顶点表中的位置
        G.edges[i][j]=1;             //置边<v1,v2>
        G.edges[j][i]=G.edges[i][j]; //置<v1,v2>的对称边<v2,v1>
    }

} //end of CreateUDG
```

函数 CreateUDG 的时间复杂度是 $O(n^2)$。若要建立无向网，只需对上述算法做两处小的改动：一是初始化邻接矩阵时，将边的权值都置为 infinity；二是构造邻接矩阵时，输入权值 w，置 G.edges[i][j]和 G.edges[j][i]为权值 w 即可。若要建立一个有向图或有向网，则不需要置 $<v_i, v_j>$ 的对称边 $<v_j, v_i>$ 的值。

8.3.2　邻接表法

1.　图的邻接表存储表示

图的 **邻接表**（adjacency list）存储方法是一种顺序存储与链式存储相结合的存储方法，它是邻接矩阵的改进。当图中的边数很少时，邻接矩阵中会出现大量的零元素，为了存储这些零元素将耗费大量的存储空间。为此，可以把邻接矩阵的每一行改为一个单链表。

对于无向图，把依附于同一个顶点 v_i 的边链接在同一个单链表中，称此单链表为 **边链表** 或 **边表**。边链表中的结点称为 **边结点**，每一个边结点代表一条边，在边结点中保存着与该边相关联的另一顶点的序号和指向同一链表中下一个边结点的指针。每个边链表上附设一个 **表头结点**。表头结点中保存了顶点 v_i 的信息和指向 v_i 相应的边链表的指针。所有的表头结点构成 **表头结点表**。表头结点和边结点的结构如图 8.17 所示。所有的表头结点采用顺序存储，并假设顶点的序号为数组的下标。图 8.18 是无向图的邻接表存储示例。v_0 有两个邻接点 v_1 和 v_2，所以邻接表中 v_0 有边结点 1 和 2，分别表示 v_1 和 v_2。从无向图的邻接表中可以看到，同一条边在邻接表中出现两次，这是因为 (v_i, v_j) 与 (v_j, v_i) 虽是同一条边，但在邻接表中 (v_i, v_j) 对应的边结点在顶点 v_i 的边链表中，(v_j, v_i) 对应的边结点在顶点 v_j 的边链表中。如果想知道顶点 v_i 的度，只需统计顶点 v_i 的边链表中边结点的个数即可。

data	firstedge

(a) 表头结点

adjvex	nextedge

(b) 边结点

图 8.17　边结点和表头结点结构

(a) 无向图　　　　　　(b) (a)的邻接表

图 8.18　无向图的邻接表

对于有向图，表头结点和边结点的结构与无向图一样，如图 8.17 所示。图 8.19（b）是图 8.19（a）所示有向图的邻接表表示。在有向图的邻接表中，一条有向边在邻接表中只出现一次。如果统计顶点 v_i 的边链表中的边结点个数，只能得到该顶点的出度，所以这种边链表也称为出边表。若想根据邻接表知道顶点 v_i 的入度，必须检测其他所有的边链表，看有多少个边结点的弧头（终点）顶点序号为 i，显然这是十分不方便的。为此，对有向图可以建立逆邻接表，如图 8.19（c）所示。在有向图的逆邻接表中，顶点 v_i 的边链表中链接的是所有进入该顶点的边，所以也称为入边表。统计顶点 v_i 的边链表中结点的个数，就能得到该顶点的入度。

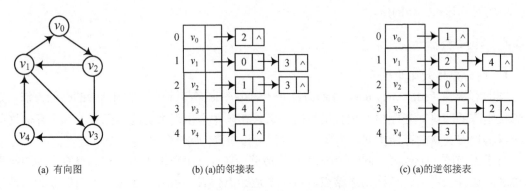

| (a) 有向图 | (b) (a)的邻接表 | (c) (a)的逆邻接表 |

图 8.19　有向图的邻接表和逆邻接表

对于网，表头结点结构与无向图和有向图一样，如图 8.17（a）所示。但是需要在边结点中增加 weight 域来存放边上的权值，其边结点结构如图 8.20 所示。图 8.21 给出了有向网的邻接表存储示例。

| adjvex | weight | nextedge |

图 8.20　网的边结点结构

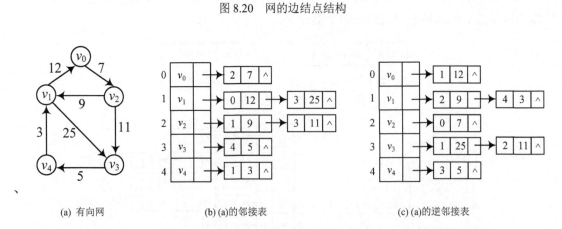

| (a) 有向网 | (b) (a)的邻接表 | (c) (a)的逆邻接表 |

图 8.21　有向网的邻接表和逆邻接表

建立 algraph.h 文件，采用邻接表表示图并实现图的基本运算。在 algraph.h 文件中加入图的邻接表存储结构定义。

```
#define ERROR    0
```

```
#define OK        1
#define MaxV 100                        //最多可存储的顶点个数
#define infinity 32767                  //表示极大值,即∞

//定义邻接表数据类型
typedef char VexType[15];               //顶点的数据类型
typedef int EdgeType;                   //边的权值设为整型
typedef struct EdgeNode{                //边结点
    int adjvex;                         //该边所指向顶点的位置
    struct EdgeNode *nextedge;          //指向下一条边的指针
    int weight;                         //边的权值,在网的邻接表中用于存放边的权值
}EdgeNode;
typedef struct VexNode{                 //表头结点
    VexType data;                       //顶点信息
    EdgeNode *firstedge;                //指向第一条依附该顶点的边的指针
}VexNode;
typedef VexNode AdjList[MaxV];          //AdjList 是邻接表类型
typedef struct{
    AdjList adjlist;                    //邻接表
    int vexnum, edgenum;                //当前存储的图的顶点数和边数
}ALGraph;                               //ALGraph 是以邻接表存储的图类型
```

2. 图的创建

函数 CreateDG 给出了采用邻接表表示法创建有向图的过程。

```
/**************************************************/
/* 函数功能:创建有向图的邻接表存储              */
/* 函数参数:G 返回有向图的邻接表存储            */
/* 函数返回值:空                                */
/**************************************************/
void CreateDG(ALGraph &G){
//采用邻接表表示法,创建有向图 G
    int i,j,k;
    VexType v1,v2;
    EdgeNode *p;

    //输入图的顶点数和边数
    printf("\n\t 请输入顶点数和边数(输入格式为:顶点数,边数): ");
    scanf("%d,%d",&G.vexnum, &G.edgenum);

    //输入顶点信息,构造表头结点表
    printf("\n\t 请依次输入各个顶点信息");
    printf("\n\t 格式为:顶点 1 信息顶点 2 信息顶点 3 信息......,中间空格隔开\n\t ");
    flushall();
    for(i=0;i<G.vexnum;i++){                //输入各顶点,构造表头结点表
        scanf("%s", G.adjlist[i].data);     //输入顶点值
        G.adjlist[i].firstedge=NULL;        //初始化表头结点的指针域为 NULL
    } //for

    //构造图的邻接邻接表
    printf("\n\t 请输入每条边关联的两个顶点,输入格式为:v1 v2,v1 是始点,v2 是终点\n");
    for(k=1;k<=G.edgenum;k++){
        printf("\t 请输入第%d 条边: ",k);
```

```
      scanf("\n%s %s", v1, v2);
      i=LocateVex(G, v1);
      j=LocateVex(G, v2);

      //置边<v1,v2>
      p=new EdgeNode;                        //生成一个新的边结点*p，表示 vj
      p->adjvex=j;
      //将新结点*p 插入顶点 vi 的边链表头部
      p->nextedge=G.adjlist[i].firstedge;
      G.adjlist[i].firstedge=p;
   } //end of for(k=1;k<=G.edgenum;k++)
} //end of CreateDG
```

函数 CreateDG 的时间复杂度是 $O(n+e)$，n 是图的顶点数，e 是图的边数。若要建立无向图的邻接表，每读入一个顶点对(v_i, v_j)，还需要再生成一个邻接点序号为 i 的边结点，并将其插入 v_j 的边链表头部。若要创建网的邻接表，需要将边的权值存储在 weight 域中。

在邻接表的边链表中，各个边结点的链入顺序是任意的，可根据边结点输入次序而定。对于 n 个顶点和 e 条边的图，用邻接表表示无向图时，需要 n 个表头结点和 $2e$ 个边结点；用邻接表表示有向图时，若不考虑逆邻接表，只需 n 个表头结点和 e 个边结点。当 e 很小时，可以节省大量的存储空间，因此邻接表适于存储稀疏图。此外，把关联于同一个顶点的所有边链接在一个单链表中，可以大大方便图的运算。

8.4 图 的 遍 历

同树的遍历类似，对于给定的图，从图中某个顶点出发，按照某种方式沿着一些边访问图中所有的顶点且每个顶点仅访问一次，这个过程称为**图的遍历**（Graph Traversal），也称为图的周游。

由于图中可能存在回路，且图的任一顶点都可能与其他顶点相邻接，所以在访问完某个顶点之后可能会沿着某些边又回到曾经访问过的顶点。因此，在图的遍历过程中为了避免重复访问，可设置一个标志顶点是否被访问过的辅助数组 visited，其中每一个元素代表图中的一个顶点是否已被访问。数组 visited 的初始状态是每一个元素都为 false，表示图中所有顶点都没有被访问。在图的遍历过程中，一旦某一个顶点 v_i 被访问，就立即置 visited[i]为 true，表示顶点 v_i 已被访问，从而防止它被多次访问。

图的遍历通常有两种方法：**深度优先遍历**（Depth First Traversal）和**广度优先遍历**（Breadth First Traversal）。这两种方法对无向图和有向图都是适用的，但在下面的讨论中将主要介绍对无向图的遍历；对于有向图的遍历，读者可以根据无向图的遍历进行思考。

8.4.1 图的深度优先遍历

1. 深度优先搜索基本思想
图的深度优先遍历基于**深度优先搜索**（Depth First Search，DFS），它类似于树的先根遍历。顾名思义，深度优先搜索所遵循的搜索策略是尽可能"深"地搜索一个图，搜索过程中有深入和回溯。深度优先搜索的基本思想如下：首先访问图中某一起始顶点 v，然后由 v 出发，访问与 v 邻接且未被访问的任一顶点 w_1，再访问与 w_1 邻接且未被访问的任一顶点 w_2，……，如此进行直到不能再继续向下访问时，依次退回到最近被访问的顶点；若它还有邻接点未被访问过，则从该顶点开始继续上述搜索过程，直到图中所有与顶点 v 有路径相通的顶点都被访问过为止。从图中某一顶点 v 出发进行深度优先搜索的过程递归定义如下：

（1）从顶点 v 出发，访问 v；

（2）依次从 v 的各个未被访问的邻接点 w 出发进行深度优先搜索。

以图 8.22 所示的无向图为例说明说明深度优先搜索。从顶点 v_0 出发进行深度优先搜索的过程见图 8.23，其实线箭头指示了深入的方向，虚线箭头表示回溯的过程，粗线表示搜索经过的边，顶点旁附加的数字表示各顶点被访问的次序。顶点访问序列是：v_0, v_1, v_4, v_8, v_5, v_2, v_3, v_6, v_7。对于连通图，从该图的某个顶点出发，通过一次深度优先搜索就可以访问图中的所有顶点。图 8.22 中顶点数 $n=9$，共有 $n-1=8$ 条搜索经过的边连接了图中所有顶点，这些边和顶点构成图的一棵生成树。

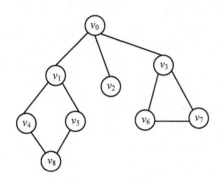

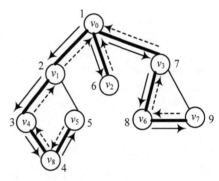

图 8.22　无向图示例图　　　　　　图 8.23　深度优先搜索（DFS）示意

2. 深度优先搜索实现

由深度优先搜索的递归定义，很容易写出实现其功能的递归函数 GraphDFS。为了在遍历过程中便于区分顶点是否已被访问，设置访问标志数组 visited，每个单元的初值置为 false，一旦某个顶点被访问，则其相应的单元置为 true。

```
bool visited[MaxV]; //数组 visited 中元素指示相应顶点是否被访问过
```

深度优先搜索算法中，查找顶点 v 的邻接点的操作根据图的不同存储结构有不同的实现方法，时间耗费也不同。在邻接矩阵中，扫描 v 所在行，得到 v 的邻接点；在邻接表中，扫描 v 的边链表，得到 v 的邻接点。

以邻接矩阵为存储表示结构，图的深度优先搜索函数 GraphDFS 实现如下。其中 visit 函数实现对某个顶点的访问，可以是打印、输出、计数等。

```
/*********************************************/
/* 函数功能：从图 G 的第 v 个顶点出发进行深度优先搜索    */
/* 函数参数：G 是图的邻接矩阵存储结构              */
/*          v 是搜索的起点序号                 */
/* 函数返回值：空                            */
/*********************************************/
void GraphDFS(AMGraph &G, int v){
//以邻接矩阵为图的存储结构，从序号为 v 的顶点出发进行深度优先搜索
    visit(G, v); //访问第 v 个顶点
    visited[v]=true; //置已访问标记
    for (int u=0; u<G.vexnum; u++) //在邻接矩阵中 v 所在的行依次检查 v 的邻接点
```

```
    //若 u 是 v 的邻接点且 u 未被访问，则递归调用 DFS
    if ((G.edges[v][u]!=0)&&(!visited[u]))
        GraphDFS(G,u);
} //end of GraphDFS
```

以邻接表为存储表示结构，图的深度优先搜索函数 GraphDFS 实现如下。

```
/*********************************************************/
/* 函数功能：从图 G 的第 v 个顶点出发进行深度优先搜索        */
/* 函数参数：G 是图的邻接表存储结构                         */
/*          v 是搜索的起点序号                            */
/* 函数返回值：空                                         */
/*********************************************************/
void GraphDFS(ALGraph &G, int v){
//以邻接表为图的存储结构，从序号为 v 的顶点出发进行深度优先搜索
    EdgeNode *p;
    int u;
    visit(G,v);                       //访问第 v 个顶点
    visited[v]=true;                  //置已访问标记
    p=G.adjlist[v].firstedge;         //p 指向 v 的边链表的第一个边结点

    while(p!=NULL){                   //边结点非空
        u=p->adjvex;                  //取得 v 的邻接点 u
        if(!visited[u]) GraphDFS(G,u);//若 u 未被访问，则递归调用 GraphDFS
        p=p->nextedge;                //p 指向下一个边结点
    }
} //end of GraphDFS
```

借助于栈可以实现深度优先搜索的非递归算法，基本步骤如下：

（1）初始化，起点 v 入栈。

（2）重复执行（2.1）和（2.2）直至栈为空：

（2.1）栈顶元素 w 出栈，若 w 还未访问，则访问 w；

（2.2）生成 w 的还未被访问的邻接点，依次入栈。

对于图 8.22 所示的连通图，从顶点 v_0 出发进行深度优先搜索，搜索过程中栈的状态变化如图 8.24 所示。

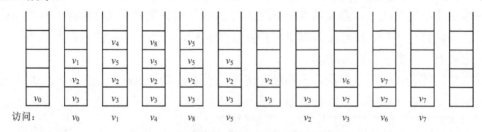

图 8.24 深度优先搜索过程中栈的状态变化

读者可以根据上述步骤描述，实现深度优先搜索的非递归算法。

3. 图的深度优先遍历实现

注意到图 8.22 所示是连通图。对于连通图，从任一顶点出发，只需一次调用 DFS 函数就可以访问到图中的所有顶点，即完成了图的遍历。所有顶点和搜索时经过的边构成了一棵生成树，称为深度优先生成树。对图进行深度优先遍历时，按访问顶点的先后次序所得到的顶点序列称为该图的深度优先遍历序列，简称 DFS 序列。图 8.22 的 DFS 序列为 $v_0, v_1, v_4, v_8, v_5,$

v_2, v_3, v_6, v_7。

　　对于非连通图时，从图中某一顶点出发，一次调用深度优先搜索算法不可能访问到图中所有顶点，只能访问到该顶点所在的连通分量的所有顶点。非连通图有 m 个连通分量，就要 m 次调用 GraphDFS 函数才能访问图中所有顶点。若从图的每一个连通分量中的一个顶点出发进行搜索，就可以访问图的所有连通分量。对图 8.7（a）所示的非连通图进行深度优先遍历，将调用 GraphDFS 过程 3 次：第 1 次从顶点 v_0 出发，第 2 次从顶点 v_5 出发，第 3 次从顶点 v_7 出发，依次访问图中 3 个连通分量。图 8.7（a）的 DFS 序列为 v_0, v_1, v_2, v_3, v_4, v_5, v_6, v_7, v_8, v_9。图 8.11（a）是深度优先遍历图 8.7（a）得到的生成森林。

　　在图遍历算法中，需要对图的每一个顶点进行检测：若顶点已被访问过，则该顶点一定是落在图中已遍历的连通分量上；若顶点还未被访问，则从该顶点出发搜索图，可以遍历图的另一个连通分量。GraphTraverse_DFS 函数实现图的深度优先遍历。如果一次深度优先搜索后图中尚有顶点未被访问，则另选图中一个未曾被访问的顶点作起始点进行深度优先搜索，如此重复，直至图中所有顶点都被访问到为止。

　　若采用邻接矩阵表示图，图的深度优先遍历函数 GraphTraverse_DFS 实现如下。

```
/*****************************************************/
/* 函数功能：深度优先遍历图 G                        */
/* 函数参数：G 是图的邻接表存储结构                  */
/* 函数返回值：空                                    */
/*****************************************************/
void GraphTraverse_DFS(AMGraph &G){
//以邻接矩阵为存储结构，实现图的深度优先遍历
  int v;

  //初始化 visited 数组
  for (v=0;v<G.vexnum;v++)
    visited[v]=false;

  for (v=0;v<G.vexnum;v++)                   //从 0 号顶点开始遍历
    //若顶点 v 未被访问，则调用 DFS 函数从 v 出发进行深度优先搜索
    if (!visited[v]) GraphDFS(G, v);
}//end of GraphTraverse_DFS
```

　　若采用邻接表表示图，则只需将 GraphTraverse_DFS 函数中参数类型 AMGraph 改为 ALGraph，并调用基于邻接表实现的 DFS 函数。

　　分析上述过程，遍历具有 n 个顶点和 e 条边的图时，对图中每个顶点至多一次调用 DFS 算法，因为一旦某个顶点被标志成已被访问，就不再从它出发进行搜索。当访问某个顶点 v 时，需要查找 v 的邻接点，耗费时间取决于所采用的存储结构。当用邻接矩阵表示图时，需搜索顶点 v 所在行所有 n 个元素，深度优先遍历图的时间复杂度为 $O(n^2)$。当以邻接表作为图的存储结构时，查找 v 的邻接点需搜索它的所有边结点，因此查找邻接点所需总时间为 $O(e)$，此时深度优先遍历图的时间复杂度为 $O(n+e)$。

8.4.2　图的广度优先遍历

1. 广度优先搜索基本思想

图的广度优先遍历基于**广度优先搜索**（Breadth First Search，BFS）。广度优先搜索是从图

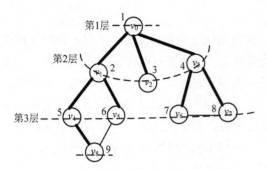

第1层

第2层

第3层

图 8.25　广度优先搜索（BFS）示意

中某一顶点 v 出发，在访问顶点 v 后再访问 v 的各个未曾被访问过的邻接顶点 $w_1, w_2,…, w_k$，然后再依次访问 $w_1, w_2,…, w_k$ 的所有还未被访问过的邻接顶点。再从这些访问过的顶点出发，依次访问它们的所有还未被访问过的邻接顶点，……，如此下去，直到图中所有和顶点 v 有路径连通的顶点都被访问到为止。

以图 8.22 所示的无向图为例说明说明广度优先搜索。从顶点 v_0 出发进行广度优先搜索，

类似于树的层次遍历，其过程如图 8.25 所示。顶点旁附加的数字表示各顶点被访问的次序，顶点访问序列是：$v_0, v_1, v_2, v_3, v_4, v_5, v_6, v_7, v_8$。从连通图的某个顶点出发，通过一次广度优先搜索，就可以访问图中的所有顶点。图 8.25 中顶点个数 $n=9$，共有 $n-1=8$ 条搜索经过的边（见图中粗线），连接了图中所有顶点，这些边和顶点构成图的一棵生成树。

2．广度优先搜索实现

广度优先搜索是一种分层的搜索过程，它类似于树的层次遍历。由图 8.25 可以看出，搜索每向前走一步可能访问一批顶点，不像深度优先搜索那样有往回退的情况，因此广度优先搜索不是一个递归的过程，其算法也不是递归的。为了实现逐层访问，使用一个队列来记录刚才访问过的上一层顶点和本层顶点，以便于向下一层访问。从指定的顶点 v 开始进行广度优先搜索的算法步骤是：

（1）初始化，访问起点 v 并进队。

（2）重复执行（2.1）和（2.2）直至队列为空。

（2.1）队头顶点 u 出队；

（2.2）访问 u 的所有还为被访问的邻接点 w，并将这些邻接点 w 进队。

对于图 8.22 从顶点 v_0 出发进行广度优先搜索，搜索过程中队列的状态变化如图 8.26 所示。

v_0

(a) 访问 v_0 并入队

v_1	v_2	v_3

(b) v_0 出队，访问 v_1、v_2、v_3 并入队

v_2	v_3	v_4	v_5

(c) v_1 出队，访问 v_4、v_5 并入队

v_3	v_4	v_5

(d) v_2 出队

v_4	v_5	v_6	v_7

(e) v_3 出队，访问 v_6、v_7 并入队

v_5	v_6	v_7	v_8

(f) v_4 出队，访问 v_8 并入队

v_6	v_7	v_8

(g) v_5 出队

v_7	v_8

(h) v_6 出队

v_8

(i) v_7 出队

(j) v_8 出队

图 8.26　广度优先搜索过程中队列的状态变化

```
/*********************************************************/
/* 函数功能：从图 G 的第 v 个顶点出发进行广度优先搜索       */
/* 函数参数：G 是图的邻接表存储结构                        */
/*          v 是搜索的起点序号                            */
/* 函数返回值：空                                         */
/*********************************************************/
void GraphBFS(AMGraph &G, int v){
//以邻接表为图的存储结构，从序号为 v 的顶点出发进行广度优先搜索
    int u;
    c_SeqQ *queue;                    //定义一个顺序队列

    InitQueue_Sq(queue);              //初始化队列
    visit(G,v);                       //访问初始顶点 v
    visited[v]=true;                  //置已访问标记
    EnQueue_Sq(queue,v);              //顶点 v 入队列

    while (!QueueEmpty_Sq(queue)){     //队列不空
      DeQueue_Sq(queue, v);            //顶点 v 出队
      for(u=0;u<G.vexnum;u++)
        if((G.edges[v][u]!=0)&&(!visited[u])){
          visit(G, u);
          visited[u]=true;            //对 u 做已访问标记
          EnQueue_Sq(queue, u);       //u 入队
        }
    } //end of while (!QueueEmpty_Sq(queue))

    DestroyQueue_Sq(queue);           //销毁队列
} //end of GraphBFS
```

请读者自行实现用邻接表表示图时的 GraphBFS 函数。

3. 图的广度优先遍历实现

类似于图的深度优先遍历，对于连通图进行一次广度优先搜索就可以访问到图中的所有顶点。所有顶点和搜索时经过的边构成了一棵生成树，称为**广度优先生成树**。对图进行广度优先遍历时，按访问顶点的先后次序所得到的顶点序列称为该图的广度优先遍历序列，简称 BFS 序列。图 8.25 的 BFS 序列为 $v_0, v_1, v_2, v_3, v_4, v_5, v_6, v_7, v_8$。

对于非连通图，需要从每个连通分量的某个顶点出发进行搜索以访问图的所有连通分量。对图 8.7（a）所示的非连通图进行广度优先遍历将调用 BFS 过程 3 次：第 1 次从顶点 v_0 出发，第 2 次从顶点 v_5 出发，第 3 次从顶点 v_7 出发，最后得到原图的 3 个连通分量。图 8.7（a）的 BFS 序列是：$v_0, v_1, v_2, v_3, v_4, v_5, v_6, v_7, v_8, v_9$。图 8.11（b）是广度优先遍历图 8.7（a）得到的生成森林。

GraphTraverse_BFS 函数实现图的广度优先遍历，只需将图的深度优先遍历函数 GraphTraverse_DFS 中的 GraphDFS 函数调用改为 GraphBFS 函数调用。采用邻接矩阵作为存储结构，图的广度优先遍历函数 GraphTraverse_BFS 实现如下。

```
/*********************************************************/
/* 函数功能：广度优先遍历图 G                             */
/* 函数参数：G 是图的邻接表存储结构                        */
/* 函数返回值：空                                         */
/*********************************************************/
```

```
void GraphTraverse_BFS(AMGraph &G){
//以邻接矩阵为存储结构，实现图的广度优先遍历
    int v;
    for (v=0;v<G.vexnum;v++)              //初始化 visited 数组
        visited[v]=false;
    for (v=0;v<G.vexnum;v++)              //从 0 号顶点开始遍历
      if (!visited[v]) GraphBFS(G,v);     //若顶点 v 未被访问，调用 BFS 函数从 v 出发进行
                                          //广度优先搜索
} //end of GraphTraverse_BFS
```

请读者自行实现用邻接表表示图时的 GraphTraverse_BFS 函数。

8.4.3　引例中按中转次数查询最优航线的解决

考虑引例 8.2 的航线交通咨询问题。根据所提需求，为最优航线查询系统设计如图 8.27 所示的功能菜单。初始化选项完成为航线系统建立航线图的邻接矩阵存储的工作。

考虑引例 8.2 所要求的按中转次数求最优航线的功能。对航线系统按城市之间是否存在航线建立图模型，见图 8.28。顶点表示城市，若两个城市之间有航线则相应的城市顶点之间用边连接。如果一位用户要从洛杉矶飞往迈阿密，想查询从洛杉矶到迈阿密的中转次数最少的航线，系统该如何计算回答呢？这需要求图 8.28 中洛杉矶顶点到迈阿密顶点的经过边数最少的路径。由于广度优先搜索按层次访问结点，从洛杉矶顶点出发进行广度优先搜索到达迈阿密的路径上边的数目是最少的。因此，可以利用广度优先搜索求中转次数最少的最优航线。

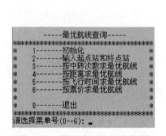

图 8.27　最优航线查询菜单

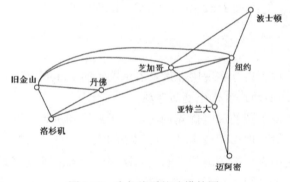

图 8.28　为航线系统建模的图

1. 类型定义

建立 graph_airlinequery.h 头文件，引入标准库头文件 stdio.h、stdlib.h 和 string.h，并定义常量。

```
#define ERROR    0
#define OK       1
#define MaxV 100                      //最多可能存储的顶点个数
#define infinity 32767                //表示极大值，即∞
```

在 graph_airlinequery.h 文件中添加航线的图类型定义。

```
//按中转次数求解最优航线的图类型定义
typedef char VexType[15];            //顶点的数据类型
typedef int EdgeType;                //标志边是否存在整型，取值 0 和 1
typedef struct {
    VexType vexs[MaxV];              //顶点表
    EdgeType edges[MaxV][MaxV];      //邻接矩阵
```

```
        int vexnum, edgenum;               //当前存储的图的顶点数和边数
    }AMGraph;                              //AMGraph 是以邻接矩阵存储的图类型
```

在 graph_airlinequery.h 文件中实现 LocateVex 函数，该函数返回顶点在顶点表中的位序。

```
//函数返回顶点 vex 在顶点表 vexs 中的位序，length 是顶点表中顶点的个数
int LocateVex(VexType vexs[], VexType vex, int length);
```

2．创建航线系统图的邻接矩阵存储

建立头文件 ShorestPath_Transit.h，实现查询中转次数最少的最优航线所需的各个函数功能。在 ShorestPath_Transit.h 中引入标准库头文件 stdio.h、stdlib.h、string.h，以及实现了顺序队列的 sqqueue.h。

图 8.29 是"航线信息.txt"文件中两地间存在航线的信息，"8"表示 8 个城市，"14"表示在 14 对城市间存在的航线。系统读入这些信息，建立航线图的邻接矩阵。

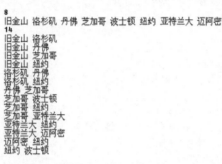

图 8.29　"航线信息.txt"文件中两地间存在航线的信息

在 ShorestPath_Transit.h 文件中添加函数 CreateG_Transit 和函数 AMPrint。函数 CreateG_Transit 根据"航线信息.txt"文件中的航线信息来创建航线图的邻接矩阵存储，该邻接矩阵存储结构可以由函数 AMPrint 输出。

```
/*-----初始化：为航线系统建模，建立并输出图的邻接矩阵-----*/

//按两地间航线是否存在为航线系统建模，根据 fp 文件中存储的航线信息创建图的邻接矩阵 G
void CreateG_Transit(AMGraph &G, FILE *&fp);

void AMPrint(AMGraph &G);      //输出航线系统图的邻接矩阵存储结构 G
```

3．中转次数最少的最优航线计算

在头文件 ShorestPath_Transit.h 中添加函数 BFS 和函数 ShorestPathPrint_Transit。

```
/*--------航线查询一：按中转次数求解并输出最优航线-------*/

//从图 G 的第 v 个顶点出发进行广度优先搜索
//G 是图的邻接矩阵存储，v 是搜索起点的序号，path 返回路径数组
void BFS(AMGraph G, int v, int *&path);

//根据路径数组输出顶点序号为 v0 的起点站到顶点序号为 vt 的终点站的中转次数最少的最优航线
//G 是航线系统图的邻接矩阵存储
//v0 是起点站顶点的序号，vt 是终点站顶点的序号，path 是路径数组
void ShorestPathPrint_Transit(AMGraph G, int v0, int vt, int *&path);
```

函数 BFS 从起点站出发对航线图进行广度优先搜索，由于需要给出从初始顶点到目标顶点的搜索路径，故设置路径数组 path，path[u]是搜索路径上顶点 u 的直接前驱。在搜索过程中，访问顶点 u 时置 path[u]。根据路径数组 path，函数 ShorestPathPrint_Transit 输出起点站到

终点站的中转次数最少的最优航线。函数 BFS 实现如下。

```
/**************************************************/
/* 函数功能：从图 G 的第 v 个顶点出发进行广度优先搜索 */
/* 函数参数：G 是图的邻接矩阵存储                    */
/*          v 是搜索起点的序号，path 返回路径数组 */
/* 函数返回值：空                                 */
/**************************************************/
void BFS(AMGraph G, int v, int *&path){
//从图 G 的第 v 个顶点出发进行广度优先搜索

  int u;
  c_SeqQ *queue; //定义一个顺序队列
  InitQueue_Sq(queue); //初始化队列
  bool *visited=new bool[G.vexnum];
  for(u=0;u<G.vexnum;u++) visited[u]=false;

  visited[v]=true; //置已访问标记
  path=new int[G.vexnum];
  for(u=0;u<G.vexnum;u++) path[u]=-1;

  EnQueue_Sq(queue,v); //顶点 v 入队列
  while (!QueueEmpty_Sq(queue)){ //队列不空
    DeQueue_Sq(queue, v); //顶点 v 出队
    for(u=0;u<G.vexnum;u++)
      if((G.edges[v][u]!=0)&&(!visited[u])){
        visited[u]=true; //对顶点 u 做已访问标记
        path[u]=v; //将顶点 u 的前驱置为顶点 v
        EnQueue_Sq(queue, u); //顶点 u 入队
      }
  } //end of while (!QueueEmpty_Sq(queue))
  DestroyQueue_Sq(queue);   //销毁队列
}
```

4. 中转次数最少的最优航线计算结果

最优航线查询系统将在 8.6.3 节中完整实现。这里先给出按中转次数查询最优航线的结果，如图 8.30 所示。系统首先读入“航线信息.txt”文件中的信息建立图的邻接矩阵；然后根据用户输入的起点站和终点站按中转次数计算最优航线并输出。

按航线是否存在为航线系统建模，建立图的邻接矩阵：

	旧金山	洛杉矶	丹佛	芝加哥	波士顿	纽约	亚特兰大	迈阿密
旧金山	0	1	1	1	0	1	0	0
洛杉矶	1	0	1	0	0	1	0	0
丹佛	1	1	0	1	0	0	0	0
芝加哥	1	0	1	0	1	1	1	0
波士顿	0	0	0	1	0	1	0	0
纽约	1	1	0	1	1	0	1	1
亚特兰大	0	0	0	1	0	1	0	1
迈阿密	0	0	0	0	0	1	1	0

(a) 建立邻接矩阵

```
请选择菜单号(0—6): 2

        请输入起点站和终点站
        起点站:洛杉矶
        终点站:迈阿密
```

(b) 输入起点站和终点站

```
请选择菜单号(0—6): 3

        按中转次数计算，洛杉矶到迈阿密的最优航线是
        洛杉矶-->纽约-->迈阿密
        中转次数:2
```

(c) 计算中转次数最少的最优航线

图 8.30 按中转次数求最优航线

8.5 最小生成树

8.5.1 最小生成树和通信网络建立

在一个连通网的所有生成树中，各边权值之和最小的那棵生成树称为该连通网的最小代价生成树（Minimum Cost Spanning Tree），简称为最小生成树（Minimum Spanning Tree，MST）。对于图 8.31（a）所示的连通网，图 8.31（b）和图 8.31（c）都是它的最小生成树。

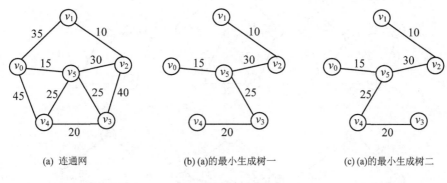

(a) 连通网　　　　　(b)(a)的最小生成树一　　　　　(c)(a)的最小生成树二

图 8.31　最小生成树

对于引例 8.1，可以用网，即带权图为这个问题建模。如图 8.32（a）所示，图中顶点表示计算机中心，边表示可能租用的电话线，边上的权是边所表示的电话线的月租费。通过找出一棵最小生成树，就可以解决这个问题。最小生成树连接了图中所有顶点且各边权值之和最小，它对应着一种最优的通信网络建立方案，如图 8.32（b）所示。

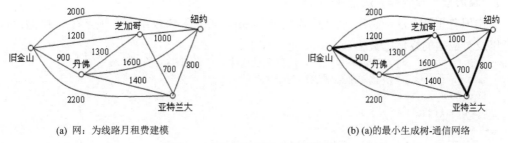

(a) 网：为线路月租费建模　　　　　(b)(a)的最小生成树-通信网络

图 8.32　通信网络建立问题的图模型

那么，如何找到给定连通网的最小生成树呢？更进一步地，如何让计算机来完成寻找最小生成树的任务呢？生成一个连通网的最小生成树通常采用普利姆（Prim）算法和克鲁斯卡尔（Kruskal）算法。下面分别介绍这两种算法。

8.5.2 普里姆算法

1. 算法思想

普里姆算法的基本思想如下：给定连通网 $G=(V, E)$，假设 $T=(U, TE)$ 是正在构造中的生成树。初始时，T 中仅有一个初始顶点而无边，即 $U=\{v_s\}$，$TE=\{\ \}$，v_s 是任意选定的顶点。然后从所有连接（关联）U 中顶点和 $V-U$ 中顶点的边(u, v)（满足 $u \in U$ 且 $v \in V-U$）中选择权值最小者，将该边关联的 $V-U$ 中的顶点 v 从 $V-U$ 中移除加入 U，同时将该边加入 TE，如此反复进行直至 $U=V$ 结束。此时，共选取 $n-1$ 条边，构成一棵生成树。按普里姆算法构造如图 8.31（a）所示连通图的最小生成树，构造过程如图 8.33 所示。选择 v_0 作为初始顶点，U 中顶点用灰色表示，构造中的生成树的边用粗线表示。

在所有满足 $u \in U, v \in V-U$ 的边(u, v)中选择一条权值最小的边，并将 v 移出 $V-U$ 加入 U，可以直观地理解为把 $V-U$ 中离 U 最近的顶点拉进 U。

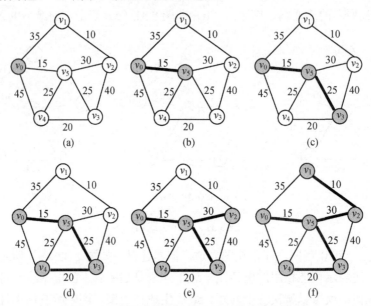

图 8.33　按普里姆算法构造最小生成树的过程

2. 辅助数据结构和算法过程

为实现普里姆算法，使用一个辅助数组 closedge 来记录 $V-U$ 中各个顶点在 U 中的最近邻接点以及对应边的权值。数组 closedge 定义如下。

```
struct{                 //定义辅助数组，用来记录从顶点集 U 到 V-U 的权值最小的边
    int nearvex;        //记录最近邻接点的序号
    int minw;
    bool mark;
}closedge[MaxV];
```

对每个顶点 $v_i \in V$，在辅助数组中存在一个分量 closedge[i]，它包括 3 个域 nearvex、minw和 mark。其中，①mark 为布尔类型，用于在算法执行中标志 v_i 是否已被选入生成树，即是否已经加入 U。若 $v_i \in U$, mark 值为 true；否则 $v_i \in V-U$, mark 值为 false。②对于顶点 $v_i \in V-U$，nearvex 存储 v_i 在 U 中的最近邻接点，即在所有关联 v_i 和 U 中顶点的边中权值最小者所关联的 U 中顶点。换句话说，v_i 尚未入选 U，此时可存在若干条边使它与 U 中顶点相邻接，若边(v_k, v_i)（$v_k \in U$）是其中权值最小者，那么 closedge[i].nearvex=k。③对于顶点 $v_i \in V-U$, minw存储 v_i 到 U 中最近邻接点的边上的权，即

```
closedge[i].minw=min{w(j,i)|v_j∈U}
```

其中 $w(j,i)$ 表示边(v_j, v_i)的权。显然有

```
closedge[i].minw=w(k,i)
```

普里姆算法过程如下。

（1）初始化。

初始状态下，TE 中没有边，即 $TE=\{\ \}$；集合 U 中只有一个初始顶点 v_s，即 $U=\{v_s\}$，令 closedge[s].nearvex=-1，closedge[s].minw=0，closedge[s].mark=true。

同时，对所有顶点 $v_i \in V-U$，将 closedge[i] 均初始化为 v_i 到 v_s 的边的信息：①若 v_i 不是 v_s 的邻接点，令 closedge[i].nearvex=-1，closedge[i].minw=∞，closedge[i].mark=false；②若 v_i 是 v_s 的邻接点，令 closedge[i].nearvex=s，closedge[i].minw=$w(s,i)$，closedge[i].mark=false，其中 $w(s,i)$ 为 v_s 到 v_i 的边的权值。

（2）重复（2.1）和（2.2），不断从 $V-U$ 中选择顶点移入 U，直至 $U=V$。

（2.1）求最小生成树的下一个顶点。

在 $V-U$ 中选择生成树的下一个顶点 v_k，满足：

closedge[k].minw=min{closedge[i].minw |v_i∈$V-U$}

v_k 是离 U 最近的顶点，将 v_k 从 $V-U$ 中移出加入 U，更新 closedge[k].mark=true。同时，将边(closedge[k].nearvex, k)加入 TE。

（2.2）修正 $V-U$ 中顶点的最近邻接点。

如图 8.34（a）所示，由于 U 中新加入了顶点 v_k，对每一个 $v_i \in V-U$ 而言，v_i 在 U 中的最近邻接点多了一种可能，就是 v_k，所以要对 v_i 的最近邻接点进行修正。比较 minw 与 $w(k,i)$ 的大小，minw 是 v_i 与原最近邻接点之间边的权值，$w(k,i)$ 是边(v_k,v_i)的权值。比较结果有两种情况：

① 情况一：minw$\leq$$w(k,i)$，如图 8.34（b）所示。此时 v_i 的最近邻接点不变，closedge[i].nearvex 和 closedge[i].minw 亦不变。

② 情况二：minw$>$$w(k,i)$，如图 8.34（c）所示。此时 v_i 的最近邻接点更新为 v_k，closedge[i].nearvex 更新为 k，closedge[i].minw 更新为 $w(k,i)$。

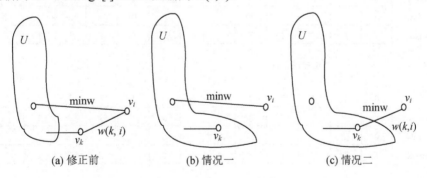

(a) 修正前　　　　　　　(b) 情况一　　　　　　　(c) 情况二

图 8.34　修改 minw 的值

普里姆算法从初始状态出发，不断选择和更新，求出最小生成树的下一个顶点和下一条边，直到生成树包括图中所有顶点。

对于图 8.31（a）所示的连通网，在构造其最小生成树时数组 closedge 变化过程如图 8.35 所示。

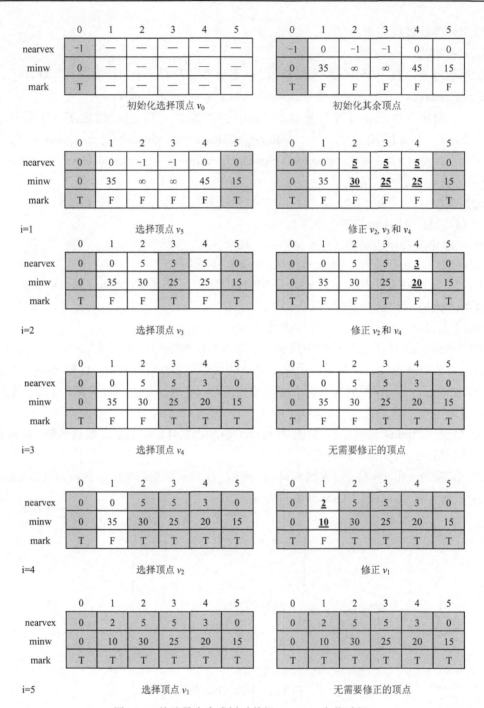

图 8.35 构造最小生成树时数组 closedge 变化过程

3. 算法实现

采用邻接矩阵作为图的存储结构，函数 MiniSpanTree_Prim 实现普里姆算法。在 $V-U$ 中选择离 U 最近的顶点时，扫描数组 closedge，在 mark 为 false 的单元中选择第一个 minw 值最小的单元，单元序号即是离 U 最近的顶点序号。

```
/********************************************************/
/* 函数功能：按普里姆算法构造连通网的最小生成树          */
/* 函数参数：G 是连通网的邻接矩阵存储结构                */
/*           s 是初始顶点序号                            */
/* 函数返回值：空                                        */
/********************************************************/
void MiniSpanTree_Prim(AMGraph G, int s){
//从顶点 vs 出发，按普里姆算法构造无向连通网 G 的最小生成树 T，输出 T 的每条边
    int i,k,j;

    struct{                        //定义辅助数组，用来记录从顶点集 U 到 V-U 的权值最小的边
      int nearvex;                 //记录最近邻接点的序号
      int minw;
      bool mark;
    }closedge[MaxV];

/*-----初始化-----*/
    closedge[s].nearvex=-1; closedge[s].minw=0; closedge[s].mark=true; //vs 加入 U
    for(i=0; i<G.vexnum; i++)      //根据 vs 初始化 V-U，即 V-{vs}中顶点信息
      if (i!=s)
        if (G.edges[s][i]<infinity){
            closedge[i].nearvex=s;
            closedge[i].minw=G.edges[s][i];
            closedge[i].mark=false;
        }
        else{
            closedge[i].nearvex=-1;
            closedge[i].minw=G.edges[s][i];
            closedge[i].mark=false;
        }

/*---依次产生最小生成树除 vs 以外的其余 n-1 个顶点---*/
    for (i=1; i<G.vexnum; i++){    //求生成树的下一个顶点
      //在 V-U 中选择离 U 最近的顶点
      int minw=infinity;
      for(j=0; j<G.vexnum; j++)
          if((!closedge[j].mark)&&(closedge[j].minw<minw)){
              k=j;
              minw=closedge[j].minw;
          }
      //输出当前最小边的端点
      printf("\n\t %s---%s 权值:%d", G.vexs[closedge[k].nearvex], G.vexs[k],
G.edges[closedge[k].nearvex][k]);
      closedge[k].mark=true;       //vk 加入 U
      for(j=0; j<G.vexnum; j++)    //对 V-U 中的每一个顶点，修正它在 U 中的最近邻接点
        if((!closedge[j].mark)&&(G.edges[k][j]<closedge[j].minw)){
            closedge[j].nearvex=k;
            closedge[j].minw=G.edges[k][j];
        }
    } //end of for (i=1; i<G.vexnum; i++)
} //end of MiniSpanTree_Prim
```

使用 MiniSpanTree_Prim 函数可以求得如图 8.31（a）所示无向网的最小生成树。首先根据输入的无向网信息建立其邻接矩阵存储；然后调用 MiniSpanTree_Prim 函数生成最小生成树，输出最小生成树的边及其权值，如图 8.36 所示。

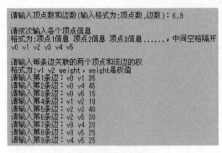
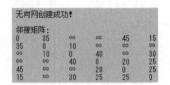

（a）输入无向网信息　　　　　（b）建立无向网的邻接矩阵　　　　（c）输出最小生成树

图 8.36　按普里姆算法生成最小生成树

4. 算法分析

假定连通网 G 有 n 个顶点。在 MiniSpanTree_Prim 函数中，初始化部分执行时间为 O(n)。求最小生成树的下一个顶点部分有两个内循环：其一是选择顶点，需扫描数组 closedge，从中选择 minw 值最小的单元，执行时间为 O(n)；其二是更新 V−U 中顶点的最近邻接点及相应边的权值，执行时间也为 O(n)。除去初始顶点，共要求出最小生成树的其余 n−1 个顶点，故执行时间为 O(n²)。由此，普里姆算法的时间复杂度为 O(n²)，与网中边数无关，因此适用于求稠密图的最小生成树。

8.5.3　克鲁斯卡尔算法

1. 算法思想

普里姆算法逐步增加 U 中的顶点，是加点法；克鲁斯卡尔算法则是逐步增加生成树中的边，是加边法。

克鲁斯卡尔算法的基本思想如下：给定连通网 G=(V,E)，将 G 中的边按权值从小到大排列。初始时，T 中仅有 n 个顶点而无边，即 T=(V, {})，此时每个顶点自成一个连通分量。然后按权值从小到大依次考察每条边，若该边连接两个不同连通分量则将其加入 T，直到 T 中所有顶点都在同一连通分量中为止。所谓连接两个不同连通分量的边，即该边依附的两个顶点分别属于两个不同的连通分量，这样的边加入 T 不会形成回路。对于 n 个顶点的连通网，加入 n−1 条边后构成一棵最小生成树。按克鲁斯卡尔算法构造如图 8.31（a）所示连通网的最小生成树，构造过程如图 8.37 所示。

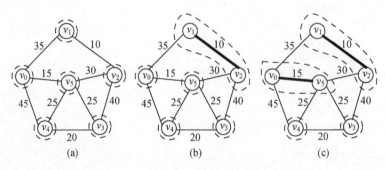

（a）　　　　　　　　　（b）　　　　　　　　　（c）

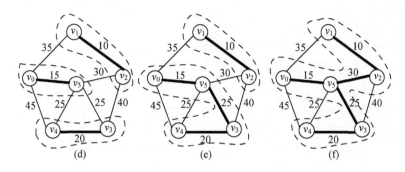

图 8.37 按克鲁斯卡尔算法构造最小生成树的过程

2. 辅助数据结构和算法过程

实现克鲁斯卡尔算法需要引入以下辅助的数据结构。

（1）结构体数组 edges 来存储边的信息。数组的每个分量由 3 个域组成：vindex1、vindex2 和 weight，其中 vindex1 和 vindex2 存储该边所依附的两个顶点的序号，weight 存储边上的权值。

```
typedef struct{
    int vindex1, vindex2;        //边所依附的两个顶点的序号
    int weight;                  //边的权值
}anedge;                         //定义辅助数组 edges
```

（2）整型数组 vexset，标识各顶点所属的连通分量。对于每个顶点 $v_i \in V$，vexset[i]表示 v_i 所在的连通分量。若 v_i 和 v_j 在同一连通分量，则 vexset[i]和 vexset[j]相等，否则 vexset[i]和 vexset[j]不等。初始时令 vexset[i]=i，表示每个顶点自成一个连通分量。

```
int vexset[MaxV];                //定义辅助数组 vexset
```

借助数组 edges 和 vexset，克鲁斯卡尔算法过程梗概如下：

（1）数组 edges 存放网 G 中所有边，将 edges 中的元素按 weight 值从小到大排序。

（2）初始化数组 vexset，vexset[i]=i。

（3）依次考察数组 edges 中的边，直至有 $n-1$ 条边加入 T 为止。对于边(v_{i1}, v_{i2})，有 vindex1=i1，vindex2=i2。比较 v_{i1} 所在的连通分量 vexset[i1]和 v_{i2} 所在的连通分量 vexset[i2]，根据比较结果将边(v_{i1}, v_{i2})舍去或加入 T。比较结果有两种情况。

① 情况一：vexset[i1]和 vexset[i2]相等，即 v_{i1} 和 v_{i2} 在同一连通分量，则舍去边(v_{i1}, v_{i2})。

② 情况二：vexset[i1]和 vexset[i2]不相等，即 v_{i1} 和 v_{i2} 属于不同的连通分量，则将边(v_{i1}, v_{i2})加入 T，并合并 v_{i1} 和 v_{i2} 所在的两个连通分量。将所有与 v_{i2} 在同一连通分量的顶点 v_j（包括 v_{i2} 本身）并入 v_{i1} 所在连通分量，合并通过修改数组 vexset 完成，将 vexset[j]值更新为 vexset[i1]。

当 $n-1$ 条边加入 T，所有顶点都属于同一连通分量，此时数组 vexset 所有分量的值都相同。

图 8.31（a）所示的连通网共有 6 个顶点和 9 条边，这里规定 vindex1<vindex2，排序后的数组 edges 如图 8.38 所示。从数组 edges 中依次选择第 0,1,2,…,8 条边进行考察（i=0,1,2,…,8），直至加入 T 的边数 k=5。数组 vexset 的变化情况如图 8.39 所示。

	0	1	2	3	4	5	6	7	8
vindex1	1	0	3	3	4	2	0	2	0
vindex2	2	5	4	5	5	5	1	3	4
weight	10	15	20	25	25	30	35	40	45

图 8.38 排序后的边集数组 edges

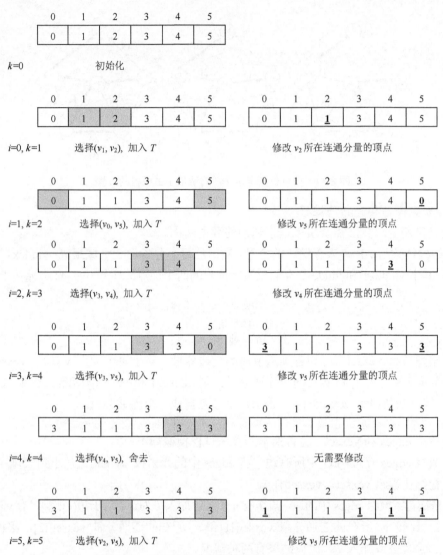

图 8.39　构造最小生成树时数组 vexset 变化过程

3. 算法实现

采用邻接矩阵作为图的存储结构，函数 MiniSpanTree_Kruskal 实现克鲁斯卡尔算法。

```
/****************************************************************/
/* 函数功能：按克鲁斯卡尔算法构造连通网的最小生成树             */
/* 函数参数：G 是连通网的邻接矩阵存储结构                       */
/* 函数返回值：空                                               */
/****************************************************************/
void MiniSpanTree_Kruskal(AMGraph G){
//按克鲁斯卡尔算法构造无向连通网 G 的最小生成树 T，输出 T 的每条边
    int i,j,k;
    anedge *edges;

/*---边排序---*/
    edges=new anedge[G.edgenum];
    k=0;
    for(i=0;i<G.vexnum;i++)            //将无向网 G 的边输入数组 edges
```

```
    for(j=i;j<G.vexnum;j++){
        if((i!=j)&&(G.edges[i][j]<infinity)){
            edges[k].vindex1=i; edges[k].vindex2=j; edges[k].weight=G.edges[i][j];
            k++;
        }
    }
    Sort(edges,G.edgenum);    //将数组 edges 的元素按权值从小到大排序

/*---初始化---*/
    for(i=0;i<G.vexnum;i++)    //初始化数组 vexset，各顶点自成一个连通分量
        vexset[i]=i;
    i=0;                      //i 指示当前考察的数组 edges 中的第 i 条边，初始化为 0
    k=0;                      //k 指示往 T 中加入的边的数目，初始化为 0

/*---选出 n-1 条边构成最小生成树---*/
    int c1, c2;
    while (k<G.vexnum-1&& i<G.edgenum){
        //依次查看排好序的数组 edges 中的边是否在同一连通分量上
        //分别获取第 i 条边的两个端点所在的连通分量 c1 和 c2
        c1=vexset[edges[i].vindex1];
        c2=vexset[edges[i].vindex2];
        if (c1!=c2){ //当前边加入构造中的生成树
            k++;
            printf("\n\t %s---%s 权值:%d", G.vexs[edges[i].vindex1], G.vexs[edges
[i].vindex2], G.edges[edges[i].vindex1][edges[i].vindex2]);
            for(j=0;j<G.vexnum;j++)
                if (vexset[j]==c2)vexset[j]=c1;
        } //end of if (c1!=c2)
        i++;
    } //end of while (k<G.vexnum && i<G.edgenum)
} //end of MiniSpanTree_Kruskal
```

边排序函数 Sort 将边按非递减顺序排序。

```
//Sort 函数将边数组 edges 中的边按非递减顺序排序
//edges 是边数组，length 是 edges 数组中存放的边的数目
void Sort(anedge *edges, int length);
```

调用 MiniSpanTree_Kruskal 函数可以求得如图 8.31（a）所示无向网的最小生成树，输出最小生成树的边及其权值，如图 8.40 所示。

图 8.40 按克鲁斯卡尔算法
生成最小生成树

4. 算法分析

给定连通网 G 有 n 个顶点和 e 条边。函数 MiniSpanTree_Kruskal 调用函数 Sort 对边集排序，排序方法将在第 10 章中系统介绍。排序方法不同时间代价亦不同，这里采用时间复杂度为 $O(e^2)$ 的简单选择排序，还有更高效的时间复杂度为 $O(e\log e)$ 的排序方法。while 循环在 e 条边中选取 $n-1$ 条边，最坏情况下执行 e 次。while 循环中最消耗时间的操作是合并两个不同的连通分量。若按函数 MiniSpanTree_Kruskal，合并连通分量需扫描 vexset 数组，for 循环执行 n 次，while 循环花费时间 $O(e×n)$。但是，若采取合适的数据结构，可以证明 while 循环执行时间为 $O(e\log e)$。因此，边排序和边选择的执行时间均可以是 $O(e\log e)$。所以克鲁斯卡尔算法的时间复杂度为 $O(e\log e)$，与网中的边数有关。

与普里姆算法相比，克鲁斯卡尔算法更合适于求稀疏图的最小生成树。

8.5.4　引例中通信网络建立问题的解决

有了普里姆算法和克鲁斯卡尔算法，便可以求连通网的最小生成树，进而得到引例 8.1 中通信网络的建立方案。

1. 创建通信线路网

求解最小生成树必须保证网是连通的。采用普里姆算法或克鲁斯卡尔算法求无向网的最小生成树之前需要判断无向网是否连通。可以从网中某个顶点出发进行深度或广度优先搜索，若一次搜索能访问所有顶点，说明网是连通网，否则不是连通网。在 amgraph.h 文件中添加函数 NetDFS 和函数 ConnectedNet。函数 NetDFS 实现从网中某个顶点出发进行深度优先搜索的功能，函数 ConnectedNet 调用函数 NetDFS 来判断无向网的连通性。若一次深度优先搜索能遍历图中所有顶点，说明该图连通。

```
void NetDFS(AMGraph &G, int v); //从网 G 的第 v 个顶点出发进行深度优先搜索
bool ConnectedNet(AMGraph &G); //判断无向网 G 是否连通。G 连通返回 true，否则返回 false
```

建立 NetworkConstruction.cpp 文件来完成寻找通信网络建立方案的任务。在该文件中添加标准库头文件 stdio.h、stdlib.h、string.h，以及 amgraph.h。

在 NetworkConstruction.cpp 文件中添加函数 CreateCN 和函数 AMPrint。函数 CreateCN 采用邻接矩阵存储结构创建以月租费为权值的通信线路网，函数 AMPrint 输出邻接矩阵。

```
//创建通信线路月租费网的邻接矩阵存储结构 G
//创建成功返回 OK，否则返回 ERROR，表示网不连通，创建失败
int CreateCN(AMGraph &G);

void AMPrint(AMGraph G);        //输出网的邻接矩阵存储结构 G
```

2. 通信网络建立方案计算

创建了通信线路的无向网，要寻找通信网络建立方案只需要求该无向网的最小生成树就可以了。这个任务可以由普里姆算法或克鲁斯卡尔算法完成。这里采用普里姆算法，在 NetworkConstruction.cpp 文件中添加 MiniSpanTree_Prim 函数。

```
//按普里姆算法构造连通网 G 的最小生成树，该最小生成树即通信网络建立方案
void MiniSpanTree_Prim(AMGraph G, int s);
```

最后，在 main 函数中调用 CreateCN、AMPrint 和 MiniSpanTree_Prim 三个函数便可得到并输出通信网络建立方案。

运行程序，输入引例 8.1 中的通信线路网信息，程序根据输入信息建立连通网，执行普里姆算法求得该连通网的最小生成树，即是通信网络的建立方案，如图 8.41 所示。

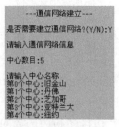

(a) 输入中心数目和名称　　　　　(b) 输入中心间通信代价　　　　　(c) 通信网络建立

图 8.41　按最小生成树算法建立通信网络

8.6 最 短 路 径

8.6.1 两类最短路径问题及应用

最短路径问题是图中一种重要的问题类型。所谓最短路径，指网中两点间的路径中长度最小的路径。注意，这里路径长度是指路径上所有的边所带的权值之和，而不是前面定义的路径上边的数目。最短路径问题有两种：单源最短路径问题和每对顶点之间的最短路径问题。

给定有向网 $G=(V, E)$，G 中边 e 的权为 $w(e)$。已知源点为 v_0，求 v_0 到其他各顶点的最短路径，这就是单源最短路径问题。要求任意两个顶点之间的最短路径，这就是每对顶点之间的最短路径问题。

考虑引例 8.2 的航线咨询问题，可以用网来建模。对于其中的航线系统，可以用顶点表示城市，用边表示航班。若给边赋权值为城市之间的距离、飞行时间、票价，相应地就可以为涉及距离、飞行时间、票价的问题建模，如图 8.42 所示。

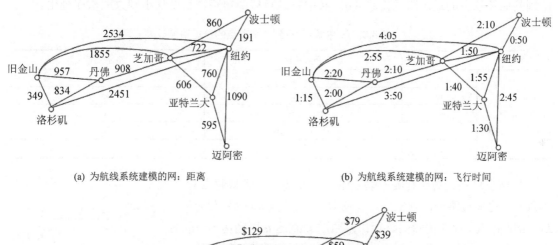

(a) 为航线系统建模的网：距离　　　(b) 为航线系统建模的网：飞行时间

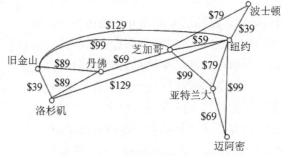

(c) 为航线系统建模的网：票价

图 8.42　为航线系统建模的网

假如一位用户要从洛杉矶飞往迈阿密，想查询在洛杉矶与迈阿密之间、以空中距离计算的最短航线是什么？什么样的航班组合的总飞行时间最短？在这两个城市之间票价最低的航线是什么？要回答这些问题，系统需要对图 8.42（a）、（b）、（c）分别计算从洛杉矶顶点到迈阿密顶点的最短路径。这属于单源最短路径问题。通常用迪杰斯特拉（Dijkstra）算法求单源最短路径。

考虑引例 8.3 的医院选址问题，同样可以用网来建模。根据表 8.3 建立网来表示村庄道路情况，如图 8.43 所示。

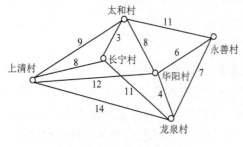

图 8.43　村庄道路交通图

首先求出每一顶点（村庄）到其他顶点（村庄）的最短路径。在每个顶点到其他顶点的最短路径中，选出最长的一条。因为有 6 个顶点，所以有 6 条，在这 6 条最长路径中找出最短的一条，它的出发点（村庄）就是医院应建立的村庄。解决医院选址问题需要求出每对村庄之间的最短路径。这属于每对顶点之间的最短路径问题。通常用弗洛伊德（Floyd）算法求所有顶点之间的最短路径。

8.6.2　迪杰斯特拉算法

1. 算法思想

这里讨论用迪杰斯特拉算法求单源最短路径。在图 8.44 所示的有向网中，v_0 为源点，则 v_0 到其他各顶点的最短路径见表 8.6，其中各顶点按最短路径长度从小到大的次序列出。

表 8.6　G 中源点 v_0 到其余顶点的最短路径

源点	终点	最短路径	路径长度
v_0	v_2	(v_0, v_2)	15
	v_4	(v_0, v_4)	35
	v_3	(v_0, v_4, v_3)	40
	v_5	(v_0, v_4, v_3, v_5)	60
	v_1	无	∞

如何求这些最短路径呢？假定 $(v_0, …, u, t)$ 是一条从源点 v_0 到顶点 t 的最短路径，则 $(v_0, …, u)$ 必是 v_0 到顶点 u 的最短路径 L，否则 v_0 到 t 存在更短的路径：v_0 通过 L 到达 u 再到达 t。所以，在求出 t 的最短路径之前先要求出 u 的最短路径；同样的，在求出 u 的最短路径之前先要求出 u 的前驱顶点的最短路径，依次类推。因此考虑按路径长度非递减次序逐一产生各顶点的最短路径。迪杰斯特拉提出了按路径长度非递减次序产生最短路径的算法，称为迪杰斯特拉算法。该算法首先求得长度最短的一条最短路径，再求得长度次短的一条最短路径，依次类推，直到求得从源点到其他所有顶点之间的最短路径。

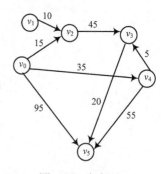

图 8.44　有向网 G

单源最短路径问题可以按从源点到其他各顶点最短路径长度从小到大的非递减次序进行求解。设 S 是已求得最短路径的顶点的集合，则 $V-S$ 中是尚未求得最短路径的顶点。初始状态时，集合 S 中只有一个源点 v_0。迪杰斯特拉算法的具体做法是：首先产生从源点 v_0 到它自身的路径，其长度为 0，将 v_0 加入 S；然后在每一步上，按照最短路径的非递减次序，产生下一条最短路径，并将该路径的终点 t 移出 $V-S$ 加入 S；直到 $V-S$ 中没有顶点可移入 S，算法结束。

为了便于求解，定义术语"内点"和"当前最短路径"。所谓内点，是指路径上除了起点和终点之外的其余所有顶点。在算法执行中，对于顶点 $t \in V{-}S$，t 的当前最短路径指从 v_0 经过 S 中若干顶点到达顶点 t 的所有路径中的最短者。也就是说，t 的当前最短路径的内点均是 S 中顶点。

对于 $V{-}S$ 中顶点而言，当前最短路径未必是最终的最短路径。但是可以证明，算法执行过程中，对于 $v_k \in V{-}S$，若 v_k 在 $V{-}S$ 中具有最短的当前最短路径，那么 v_k 此时的当前最短路径就是最终的最短路径。如果不然，则 v_0 到 v_k 的最短路径 $(v_0, …, u, …, v_k)$ 上存在内点 $u \in V{-}S$。这样路径 $(v_0, …, u)$ 的长度必定小于路径 $(v_0, …, u, …, v_k)$ 的长度，这与 v_k 在 $V{-}S$ 中具有最短的当前最短路径矛盾。由此，我们可以得到从 $V{-}S$ 中产生下一个最短路径终点 v_k 的方法：在 $V{-}S$ 中选出具有最短的当前最短路径的顶点。

2. 辅助数据结构和算法过程

为了实现迪杰斯特拉算法，引进以下辅助的数据结构。

（1）一维数组 d。d[i] 存放从源点 v_0 到 v_i 的当前最短路径的长度。对于顶点 $v_i \in S$，d[i] 即是源点 v_0 到 v_i 的最终最短路径的长度。

（2）一维整型数组 path。除了最短路径的长度，我们还需要求出最短路径。path[i] 存放从 v_0 到 v_i 的最短路径上 v_i 的直接前驱。

图 8.44 所示的图 G 中从顶点 v_0 到顶点 v_5 的最短路径为 (v_0, v_4, v_3, v_5)，则有 path[5]=3，path[3]=4，path[4]=0，path[0]=−1（v_0 无前驱），从 v_0 到 v_5 的最短路径可以根据 path 数组反向追溯来创建。

（3）一维布尔数组 s。一维布尔数组 s 用来指示顶点所在的集合。若 s[i] 为 true，表示顶点 v_i 在集合 S 中，否则表示 v_i 在集合 $V{-}S$ 中。

迪杰斯特拉算法从初始状态出发，不断重复求下一条最短路径，直到求出所有最短路径，其过程如下。

（1）初始化。

初始状态下，集合 S 中只有一个源点 v_0，$S=\{v_0\}$，d[0]=0，path[0]=−1，s[0]=true。

对于 $v_i \in V{-}S$，v_0 到 v_i 的当前最短路径即 $\langle v_0, v_i \rangle$。边 $\langle v_0, v_i \rangle$ 的权值为 $w\langle 0, i \rangle$。若 $w\langle 0, i \rangle$ 为 ∞，即 v_0 到 v_i 无边，则 d[i]=$w\langle 0, i \rangle$，path[i]=−1，s[i]=false；否则 v_0 到 v_i 有边，d[i]=$w\langle 0, i \rangle$，path[i]=0，s[i]=false。

（2）重复步骤（2.1）和（2.2），即可按照路径长度的非递减顺序，逐个求得从源点 v_0 到其余各顶点的最短路径。

（2.1）求下一条最短路径。

在 $V{-}S$ 中选出具有最短的当前最短路径的顶点 v_k，v_k 即是下一条最短路径的终点，v_k 的当前最短路径长度 d[k] 满足：

$$d[k]=\min\{d[i]\ |v_i \in V{-}S\}$$

将 v_k 从 $V{-}S$ 中移出加入 S，更新 s[k] 为 true。

（2.2）修正 $V{-}S$ 中顶点的当前最短路径。

如图 8.45（a）所示，由于 S 中新加入了顶点 v_k，对每一个 $v_i \in V{-}S$ 而言，多了一个"中转"顶点 v_k，从而多了一条"中转"路径，即 v_0 通过最短路径到 v_k 再直接到达 v_i 的路径，所以要对 v_i 的当前最短路径进行修正。比较 v_i 原有当前最短路径长度 d[i] 和新的"中转"路径长度 d[k]+$w(k, i)$，其中 $w(k, i)$ 是边 $\langle v_k, v_i \rangle$ 的权值。比较结果有两种情况：

① 情况一：d[i]≤d[k]+$w(k, i)$，如图 8.45（b）所示，此时 v_i 的当前最短路径不变，d[i] 和 path[i] 亦不变。

② 情况二：d[i]>d[k]+$w(k, i)$，如图 8.45（c）所示，此时 v_i 的当前最短路径更新为 v_0 通过最短路径到 v_k 再到达 v_i 的路径，d[i]更新为 d[k]+$w(k, i)$，path[i]更新为 k。

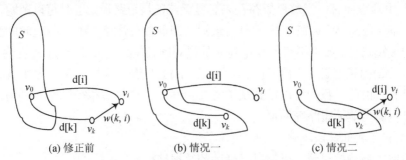

图 8.45　更新 $V\text{-}S$ 中顶点的当前最短路径

对于图 8.44 所示的有向网用迪杰斯特拉算法求顶点 v_0 的单源最短路径，集合 S 及数据结构 d 和 path 的变化过程见表 8.7。在求出了 5 个顶点 v_0,v_2,v_4,v_3,v_5 的最短路径后，$V\text{-}S$ 中的顶点 v_1 的当前最短路径长度 d[1]为∞，这意味着点 v_0 到 v_1 不存在路径。

表 8.7　迪杰斯特拉算法求单源最短路径

	初始化	i=1	i=2	i=3	i=4	i=5
S	$\{v_0\}$	$\{v_0,v_2\}$	$\{v_0,v_2,v_4\}$	$\{v_0,v_2,v_4,v_3\}$	$\{v_0,v_2,v_4,v_3,v_5\}$	$\{v_0,v_2,v_4,v_3,v_5\}$
d[0], path[0]	0, -1					
d[1], path[1]	∞, -1	∞, -1	∞, -1	∞, -1	∞, -1	∞, -1
d[2], path[2]	**15, 0**	15, 0				
d[3], path[3]	∞, -1	**60, 2**	**40, 4**	40, 4		
d[4], path[4]	35, 0	35, 0	35, 0			
d[5], path[5]	**95, 0**	95, 0	**90,4**	**60,3**	60,3	

3. 算法实现

采用邻接矩阵作为图的存储结构，函数 ShorestPath_DIJ 实现了迪杰斯特拉算法。

```
/********************************************************/
/* 函数功能：按迪杰斯特拉算法生成源点到图中其余           */
/*          各点的最短路径                              */
/* 函数参数：G 是图的邻接矩阵存储结构                     */
/*          v0 是源点序号                               */
/*          path 返回最短路径数组                        */
/*          d 返回最短路径长度数组                       */
/*          s 返回指示最短路径是否存在的标志数组           */
/* 函数返回值：空                                       */
/********************************************************/
void ShorestPath_DIJ(AMGraph &G, int v0, int *&path, EdgeType *&d, bool *&s){
//采用邻接表作为图的存储结构，按迪杰斯特拉算法求源点 v0 到其余各顶点的最短路径

    int n=G.vexnum;
    int v,i,w;
    path=new int[G.vexnum];
    d=new EdgeType[G.vexnum];
    s=new bool[G.vexnum];

/*---初始化---*/
```

```
      d[v0]=0; path[v0]=-1; s[v0]=true;
      for(v=0; v<n; v++)
        if(v!=v0){
          s[v]=false;
          d[v]=G.edges[v0][v];
          if (d[v]<infinity) path[v]=v0;
          else path[v]=-1;
        }

/*---主循环，不断求下一条最短路径，将该路径的终点加入顶点集 S---*/
      for (i=1; i<n; i++){
        EdgeType min=infinity;
        for(w=0; w<n; w++)
          if(!s[w]&&d[w]<min){
            v=w; min=d[w];
          }

        if(!(min<infinity)) break;          //若不存在源点到 V-S 中顶点的路径，则结束

        s[v]=true;                          //将顶点 v 从 V-S 中移入 S
        for(w=0; w<n; w++)                  //更新 V-S 中顶点的当前最短路径
          if(!s[w]&&(d[v]+G.edges[v][w]<d[w])){
            d[w]=d[v]+G.edges[v][w];
            path[w]=v;
          }
      } //end of for (i=1; i<n; i++)

}//end of ShorestPath_DIJ
```

ShorestPathPrint_DIJ 函数根据 path、d 和 s 输出源点到其他各顶点的最短路径及其长度。

```
//输出图 G 中按迪杰斯特拉算法生成的源点 v0 到其余各顶点的最短路径
//G 是图的邻接矩阵存储结构，v0 是源点序号，path 是最短路径数组
//d 是最短路径长度数组，s 是指示最短路径是否存在的标志数组
void ShorestPathPrint_DIJ(AMGraph &G, int v0, int *&path, int *&d, bool *&s);
```

调用 ShorestPath_DIJ 函数和 ShorestPathPrint_DIJ 函数可以求得并输出图 8.44 所示有向网的单源最短路径及其长度，如图 8.46 所示。

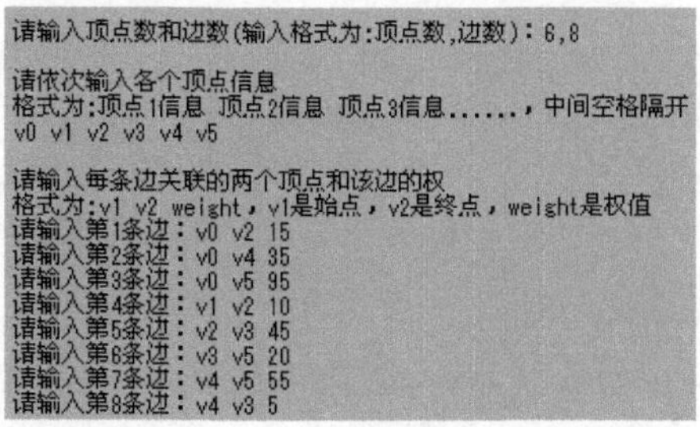

(a) 输入有向网信息

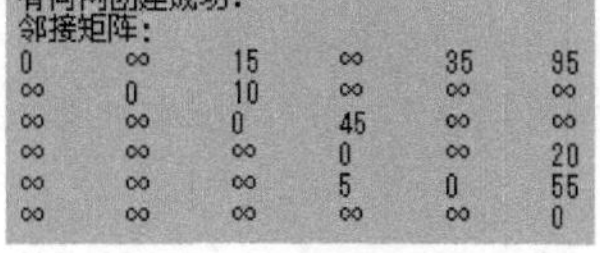

(b) 建立有向网的邻接矩阵 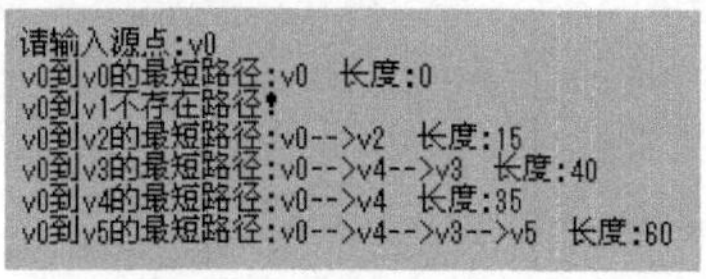 (c) 输出 v_0 的单源最短路径及其长度

图 8.46 按迪杰斯特拉算法求单源最短路径

4. 算法分析

分析迪杰斯特拉算法，可以看到算法包括了两个并列的 for 循环：第 1 个 for 循环初始化辅助数组，时间复杂度为 $O(n)$，其中 n 是图中顶点个数；第 2 个 for 循环是 2 重嵌套循环，进行最短路径的求解工作，在数组 d 中查找当前最短路径长度的最小值，然后对辅助数组 d、path 和 s 进行修正，时间复杂度为 $O(n^2)$。由此迪杰斯特拉算法的时间复杂度为 $O(n^2)$。

若采用邻接表存储有向图，虽然修正 d 的时间可以减少，但在数组 d 中选择当前最短路径长度最小值的时间不变，所以算法时间复杂度仍为 $O(n^2)$。

有时候人们只希望求得从源点到某一个特定顶点的最短路径，这个问题的时间复杂度也为 $O(n^2)$。

8.6.3　引例中按距离、飞行时间、票价查询最优航线的解决

有了迪杰斯特拉算法，便可以求单源最短路径，进而实现引例 8.2 所要求的按距离、飞行时间、票价查询最优航线的功能。

1. 类型定义

在 8.4.2 小节中我们建立了 graph_airlinequery.h 文件，在该文件中继续添加 3 种类型定义：航线距离的图类型、航线时间的图类型和航线票价的图类型。

```
//按距离求最优航线的图类型定义
typedef int DEdgeType;              //按距离(Distance)，边的权值设为整型
typedef struct{
  VexType vexs[MaxV];               //顶点表
  DEdgeType edges[MaxV][MaxV];      //邻接矩阵
  int vexnum, edgenum;              //当前存储的图的顶点数和边数
}DAMGraph;                          //DAMGraph是按距离(Distance)以邻接矩阵存储的图类型

//按时间求最优航线的图类型定义
typedef struct{
  int h;                           //hour, 小时
  int m;                           //minute, 分
}TEdgeType;                         //按飞行时间(Time)，边权的值设包含h和m的结构体类型
typedef struct{
  VexType vexs[MaxV];              //顶点表
  TEdgeType edges[MaxV][MaxV];     //邻接矩阵
  int vexnum, edgenum;             //当前存储的图的顶点数和边数
}TAMGraph;                          //TAMGraph是按飞行时间(Time)以邻接矩阵存储的图类型

//按票价求最优航线的图类型定义
typedef int PEdgeType;             //按票价(Price)，边的权值设为整型
typedef struct{
  VexType vexs[MaxV];              //顶点表
  PEdgeType edges[MaxV][MaxV];     //邻接矩阵
  int vexnum, edgenum;             //当前存储的图的顶点数和边数
}PAMGraph;                          //PAMGraph是按票价(Price)以邻接矩阵存储的图类型
```

2. 最优航线计算

建立头文件 ShorestPath_Distance.h、ShorestPath_Time.h、ShorestPath_Price.h，分别实现按距离、时间和票价查询最优航线所需的各个功能函数。这里以 ShorestPath_Distance.h 为例

说明如何实现计算距离最少的最优航线，ShorestPath_Time.h 和 ShorestPath_Price.h 是类似的。

在 ShorestPath_Distance.h 文件中引入标准库头文件 stdio.h、stdlib.h、string.h，并添加函数 CreateN_Distance 和函数 AMPrint_Distance。函数 CreateN_Distance 根据图 8.47 所示的"航线信息.txt"文件中航线距离信息来创建航线距离网的邻接矩阵存储，该邻接矩阵存储结构可以由函数 AMPrint_Distance 输出。

```
/*-----初始化：为航线系统建模，建立并输出图的邻接矩阵-----*/

//根据 fp 中存储航线信息，按距离为航线系统建模，建立图的邻接矩阵 G
void CreateN_Distance(DAMGraph &G, FILE *&fp);

void AMPrint_Distance(DAMGraph &G); //输出航线系统距离图的邻接矩阵 G
```

```
8
旧金山 洛杉矶 丹佛 芝加哥 波士顿 纽约 亚特兰大 迈阿密
14
旧金山 洛杉矶 349
旧金山 丹佛 957
旧金山 芝加哥 1855
旧金山 纽约 2534
洛杉矶 丹佛 834
洛杉矶 纽约 2451
丹佛 芝加哥 908
芝加哥 波士顿 860
芝加哥 纽约 722
芝加哥 亚特兰大 606
亚特兰大 纽约 760
亚特兰大 迈阿密 595
迈阿密 纽约 1090
纽约 波士顿 191
```

图 8.47　"航线信息.txt"文件中的航线距离信息

在 ShorestPath_Distance.h 中添加函数 ShorestPath_Distance 和 ShorestPathPrint_Distance。函数 ShorestPath_Distance 采用迪杰斯特拉算法求起点站到其余各站的距离最小的最优航线。在此基础上，函数 ShorestPathPrint_Distance 输出起点站到终点站的距离最小的最优航线。

```
/*----------航线查询二：按距离求解并输出最优航线----------*/

//采用迪杰斯特拉算法求顶点序号为 v0 的起点站到其余各站的距离最小的最优航线
//G 是航线系统距离图的邻接矩阵存储，v0 是起点站顶点的序号，path 返回最短路径数组
//d 返回最短路径长度数组，s 返回指示最短路径是否存在的标志数组
void ShorestPath_Distance(DAMGraph &G, int v0, int *&path, DEdgeType *&d, bool *&s);

//输出顶点序号为 v0 的起点站到顶点序号为 vt 的终点站的距离最小的最优航线
//G 是航线系统距离图的邻接矩阵存储，v0 是起点站顶点的序号，vt 是终点站顶点的序号
//path 是最短路径数组，d 是最短路径长度数组，s 是指示最短路径是否存在的标志数组
void ShorestPathPrint_Distance(DAMGraph &G, int v0, int vt, int *path, DEdgeType
*d, bool *s);
```

3. 最优航线计算结果

建立 BestAirlineQuery.cpp 文件实现系统的菜单功能。引入标准库头文件 stdio.h、stdlib.h、string.h，引入类型定义的头文件 graph_airlinequery.h，以及 ShorestPath_Transit.h、ShorestPath_Distance.h、ShorestPath_Time.h 和 ShorestPath_Price.h 四个头文件，调用其中的函数实现最优航线查询功能。

执行程序得到图 8.27 所示的菜单。选择菜单号"1"为航线系统建模，建立图的邻接矩阵，如图 8.48 所示。

	(a) 按航线是否存在建立邻接矩阵		(b) 按距离建立邻接矩阵

(c) 按飞行时间建立邻接矩阵		(d) 按票价建立邻接矩阵

图 8.48　航线系统建模

选择菜单号"2"，输入起点站"洛杉矶"和终点站"迈阿密"，然后依次选择菜单号"3""4""5"和"6"，得知洛杉矶到迈阿密中转次数最少、距离最短、花时间最少和总票价最少的航线，如图 8.49 所示。

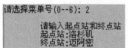

(a) 输入起点站和终点站	(b) 中转次数最少的航线	(c) 距离最短的航线

(d) 时间最少的航线		(e) 票价最低的航线

图 8.49　最优航线查询

8.6.4　弗洛伊德算法

1. 算法思想

有了单源最短路径问题的讨论，求每对顶点之间的最短路径问题并不困难，只需每次选择一个顶点为源点，重复执行迪杰斯特拉算法 n 次，便可求得任意一对顶点之间的最短路径，总的执行时间为 $O(n^3)$。这里介绍另一种弗洛伊德（Floyd）算法来求所有顶点之间的最短路径。该算法虽然运行时间也是 $O(n^3)$，但在形式上更直接。在实现弗洛伊德算法时，仍使用邻接矩阵表示图。

假设有向网 $G=(V, E)$ 有 n 个顶点 $v_0, v_1, v_2, \ldots, v_i, \ldots, v_{n-1}$。给定 V 的子集 S，对于两个不同的顶点 $v_i, v_j \in V$，若有从 v_i 到 v_j 的中间只经过 S 中顶点的路径，即从 v_i 到 v_j 的内点全部属于 S 的路径，那么在这些路径中有最短路径，称为从 v_i 到 v_j 的当前最短路径，该当前最短路径具有一定的长度；如果从 v_i 到 v_j 没有中间只经过 S 中顶点的路径相通，那么可以认为从 v_i 到 v_j 的当前最短路径长度为无穷大。注意，经过 S 中顶点可能只经过 S 中部分顶点，并非必须经过 S 中的所有顶点。弗洛伊德算法的基本思想见表 8.8。集合 S 的初始状态为空集，然后依次向 S 中加入顶点 $v_0, v_1, v_2, \ldots, v_i, \ldots, v_{n-1}$，不断求出从 v_i 到 v_j 中间只经过 S 中顶点的当前最短路径，直至 $S=V$。$S=V$ 时，便求得从 v_i 到 v_j 经过 $S=V$ 中顶点的最短路径，也就是图 G 中 v_i 到 v_j 的最短路径。算法构造一系列矩阵 $D^{(-1)}$, $D^{(0)}$, $D^{(1)}$, ..., $D^{(n-1)}$ 保存各条最短路径的长度，以及矩阵 $P^{(-1)}$, $P^{(0)}$, $P^{(1)}$, ..., $P^{(n-1)}$ 保存各条最短路径。对于 $S=\{v_0, v_1, v_2, ..., v_k\}$，相应矩阵为 $D^{(k)}$ 和 $P^{(k)}$：$D^{(k)}$ 中的第 i 行第 j 列元素 $D^{(k)}[i][j]$ 表示从 v_i 到 v_j 只经过 $S=\{v_0, v_1, v_2, ..., v_k\}$ 中顶点的当前最短路径长度；$P^{(k)}[i][j]$ 表示从 v_i 到 v_j 只经过 $S=\{v_0, v_1, v_2, ..., v_k\}$ 中顶点的当前最短路径上 v_j 的直接前驱，此时 v_i 到 v_j 当前最短路径可从 $P^{(k)}[i][j]$ 经反向追溯创建。注意，当 $D^{(k)}[i][j]$ 为无穷大时，即从 v_i 到 v_j 的当前最短路径不存在，则令 $P^{(k)}[i][j]$ 为 -1。

表 8.8　弗洛伊德算法思想示意

集合 S 状态变化	v_i 到 v_j 的当前最短路径 ○→●→●……→●→○ 内点用实心圆点表示	构造一系列 n 阶方阵 D	构造一系列 n 阶方阵 P
初始状态 $S=\{\ \}$	$\{\ \}$ 中的内点	$D^{(-1)}$：图的邻接矩阵	$P^{(-1)}$：$P^{(-1)}[i][j]$ 是图中 v_i 的直接前驱
$S=\{v_0\}$	$\{v_0\}$ 中的内点	$D^{(0)}$	
$S=\{v_0, v_1\}$	$\{v_0, v_1\}$ 中的内点	$D^{(1)}$	
……	……	……	……
$S=\{v_0, v_1, ..., v_{k-1}\}$	$\{v_0, v_1, ..., v_{k-1}\}$ 中的内点	$D^{(k-1)}$	$P^{(k-1)}$
$S=\{v_0, v_1, ..., v_k\}$	$\{v_0, v_1, ..., v_k\}$ 中的内点	$D^{(k)}$：$D^{(k)}[i][j]$ 是从 v_i 到 v_j 的当前最短路径的长度	$P^{(k)}$：$P^{(k)}[i][j]$ 从 v_i 到 v_j 的当前最短路径上 v_j 的直接前驱
……	……	……	……
终止状态 $S=\{v_0, v_1, ..., v_{n-1}\}=V$	$\{v_0, v_1, ..., v_{n-1}\}$ 中的内点	$D^{(n-1)}$：$D^{(n-1)}[i][j]$ 是图中 v_i 到 v_j 的最短路径的长度	$P^{(n-1)}$：$P^{(n-1)}[i][j]$ 是图中 v_i 到 v_j 的最短路径上 v_j 的直接前驱

求解时首先计算 $D^{(-1)}$ 和 $P^{(-1)}$；然后从 $D^{(-1)}$ 和 $P^{(-1)}$ 出发，按 2）中的递推规则依次计算出 $D^{(0)}$, $D^{(1)}$, $D^{(2)}$, ..., $D^{(n-1)}$，以及 $P^{(0)}$, $P^{(1)}$, $P^{(2)}$, ..., $P^{(n-1)}$。

1）计算 $D^{(-1)}$ 和 $P^{(-1)}$

S 最初是不含任何顶点的空集。$D^{(-1)}[i][j]$ 表示从 v_i 直接到达到 v_j、中间不经过任何顶点的最短路径的长度，也就是说，$D^{(-1)}[i][j]$ 是从 v_i 邻接到 v_j 的边的长度，所以 $D^{(-1)}$ 就是图 G 的邻接矩阵。$P^{(-1)}[i][j]$ 存储 v_j 的直接前驱：若 v_i 到 v_j 间有弧，则 $P^{(-1)}[i][j]=i$，否则 $P^{(-1)}[i][j]=-1$。

以图 8.50（a）所示的带权有向图 G 为例进行说明。图 G 的邻接矩阵如图 8.50（b）所示。

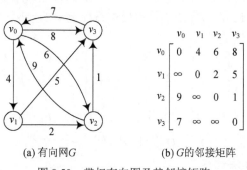

(a) 有向网 G　　　　　　(b) G 的邻接矩阵

图 8.50　带权有向图及其邻接矩阵

图 G 的 $D^{(-1)}$ 和 $P^{(-1)}$ 如下。$D^{(-1)}$ 即图 G 邻接矩阵。

$$D^{(-1)} = \begin{bmatrix} 0 & 4 & 6 & 8 \\ \infty & 0 & 2 & 5 \\ 9 & \infty & 0 & 1 \\ 7 & \infty & \infty & 0 \end{bmatrix} \qquad P^{(-1)} = \begin{bmatrix} -1 & 0 & 0 & 0 \\ -1 & -1 & 1 & 1 \\ 2 & -1 & -1 & 2 \\ 3 & -1 & -1 & -1 \end{bmatrix}$$

2）计算 $D^{(k)}$ 和 $P^{(k)}$

一般情况下，已有 $D^{(-1)}, D^{(0)}, D^{(1)}, ..., D^{(k-1)}$，如何计算 $D^{(k)}$ 呢？同时，如何由已有的 $P^{(-1)}, P^{(0)}, P^{(1)}, ..., P^{(k-1)}$ 计算出 $P^{(k)}$ 呢？当 S 中增加了顶点 v_k，从 v_i 到 v_j 只经过 $S=\{v_0, v_1, v_2, ..., v_k\}$ 中顶点的最短路径 L 只可能是以下两种情况之一。

①情况一：路径 L 经过顶点 v_k。见图 8.51（a），此时路径 L 由两段组成，一段是从 v_i 到 v_k 只经过 $\{v_0, v_1, v_2, ..., v_{k-1}\}$ 中顶点的最短路径，长度为 $D^{(k-1)}[i][k]$；一段是从 v_k 到 v_j 只经过 $\{v_0, v_1, v_2, ..., v_{k-1}\}$ 中顶点的最短路径，长度为 $D^{(k-1)}[k][j]$。故路径 L 长度为 $D^{(k-1)}[i][k]+D^{(k-1)}[k][j]$，路径 L 上 v_j 前一个顶点是 $P^{(k-1)}[k][j]$。

②情况二：路径 L 不经过顶点 v_k。见图 8.51（b），此时路径 L 的内点仍然只属于 $\{v_0, v_1, v_2, ..., v_{k-1}\}$，长度为 $D^{(k-1)}[i][j]$，路径上 v_j 前一个顶点是 $P^{(k-1)}[i][j]$。

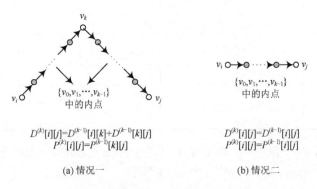

图 8.51　最短路径 L 的可能情况示意

从 v_i 到 v_j 只经过 $S=\{v_0, v_1, v_2, ..., v_k\}$ 中顶点的最短路径应该取上述两种情况中较短的一条，故 $D^{(k)}[i][j]$ 和 $P^{(k)}[i][j]$ 按如下规则计算：若 $D^{(k-1)}[i][k]+D^{(k-1)}[k][j]<D^{(k-1)}[i][j]$，那么 $D^{(k)}[i][j]=D^{(k-1)}[i][k]+D^{(k-1)}[k][j]$，$P^{(k)}[i][j]=P^{(k-1)}[k][j]$；否则 $D^{(k)}[i][j]=D^{(k-1)}[i][j]$，$P^{(k)}[i][j]=P^{(k-1)}[i][j]$。

对于图 G，当空集 S 中增加了顶点 v_0，$S=\{v_0\}$，那么 $D^{(0)}[i][j]$ 应该是从顶点 v_i 到 v_j 中间只可能经过 v_0 的最短路径的长度，$P^{(0)}[i][j]$ 是该最短路径上 v_j 的前驱。在 $D^{(-1)}$ 和 $P^{(-1)}$ 的基础上，根据上述计算规则可得 $D^{(0)}$ 和 $P^{(0)}$ 如下。

$$D^{(0)} = \begin{bmatrix} 0 & 4 & 6 & 8 \\ \infty & 0 & 2 & 5 \\ 9 & 13 & 0 & 1 \\ 7 & 11 & 13 & 0 \end{bmatrix} \qquad P^{(0)} = \begin{bmatrix} -1 & 0 & 0 & 0 \\ -1 & -1 & 1 & 1 \\ 2 & 0 & -1 & 2 \\ 3 & 0 & 0 & -1 \end{bmatrix}$$

同样，可依次计算出 $D^{(1)}$、$D^{(2)}$、$D^{(3)}$，以及 $P^{(1)}$、$P^{(2)}$、$P^{(3)}$。

2. 辅助数据结构和算法过程

由 $D^{(k-1)}$ 和 $P^{(k-1)}$ 即可计算出 $D^{(k)}$ 和 $P^{(k)}$。实现弗洛伊德算法只需一个二维数组 D 来记录最短路径长度和一个二维数组 P 来记录最短路径，每次在原数组上更新即可。

弗洛伊德算法过程如下：

（1）初始化。

二维数组 D 初始化为图 G 的邻接矩阵；对于二维数组 P 初始化如下：若 v_i 到 v_j 有边，则 P[i][j]=i，否则 P[i][j]=−1。

（2）在 S 中依次加入顶点 v_0, v_1, v_2, ..., v_i, ..., v_{n-1}，每加入一个顶点便修正二维数组 D 和 P。当加入顶点 v_k 后 S={v_0, v_1, v_2, ..., v_k}，对 D 和 P 作如下修正：若 D[i][k]+D[k][j]<D[i][j]，则 D[i][j]更新为 D[i][k]+D[k][j]，P[i][j]更新为 P[k][j]，否则 D[i][j]和 P[i][j]不变。

对图 8.50（a）所示的图 G 按弗洛伊德算法求解每对顶点间的最短路径，算法执行过程中二维数组 D 和 P 的变化过程如图 8.52 所示。其中 S 中每加入一个顶点，数组中更新的元素用下划线指示。

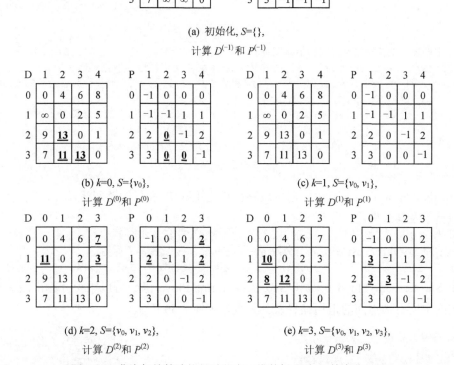

图 8.52 弗洛伊德算法执行过程中二维数组 D 和 P 的变化过程

3. 算法实现

函数 ShortestPath_Floyd 实现了弗洛伊德算法。

```
/*****************************************************/
/* 函数功能：按弗洛伊德算法求得图中每对顶点之间的      */
/*           最短路径                                */
/* 函数参数：G 是图的邻接矩阵存储结构                  */
/*           D 返回最短路径长度矩阵                   */
/*           P 返回最短路径矩阵                      */
```

```
/* 函数返回值：空                                           */
/**************************************************/
void ShortestPath_Floyd(AMGraph &G, EdgeType **&D, int **&P){
//用 Floyd 算法求得图 G 中每对顶点之间的最短路径
    int n=G.vexnum;                              //n 为 G 中顶点个数
    int i,j,k;

    D=new int*[G.vexnum];
    for(i=0;i<G.vexnum;i++)
        D[i]=new int[G.vexnum];

    P=new int*[G.vexnum];
    for(i=0;i<G.vexnum;i++)
        P[i]=new int[G.vexnum];

/*---初始化---*/
    for(i=0; i<G.vexnum; i++)
        for (j=0; j<G.vexnum; j++){
            D[i][j]=G.edges[i][j];
            if (i!=j && D[i][j]<infinity) P[i][j]=i;//若 i 到 j 有弧，则置 j 的前驱为 i
            else P[i][j]=-1;                    //若 i 到 j 有弧，则置 j 的前驱为-1
        }

/*---主循环，求各对顶点之间的最短路径---*/
    for(k=0; k<G.vexnum; k++)    //在从 i 到 j 可能经过的顶点集合 S 中加入 k
        for(i=0; i<G.vexnum; i++)  //求从 i 经{0,1,2,…,k}中若干顶点到 j 的最短路径
            for(j=0; j<G.vexnum; j++)
                if(D[i][k]+D[k][j]<D[i][j]){//从 i 经 k 到 j 的一条路径更短
                    D[i][j]=D[i][k]+D[k][j];  //更新 D[i][j]
                    P[i][j]=P[k][j];          //更改 j 的前驱为 k
                }//end of if(D[i][k]+D[k][j]<D[i][j])
} //end of ShortestPath_Floyd
```

ShorestPathPrint_Floyd 函数根据最短路径长度矩阵 D 和最短路径矩阵 P，输出任意两点间的最短路径及其长度。

```
//输出图 G 中按弗洛伊德算法求得的每对顶点之间的最短路径及其长度
//G 是图的邻接矩阵存储结构，D 是最短路径长度矩阵，P 是最短路径矩阵
void ShorestPathPrint_Floyd(AMGraph &G, int **&D, int **&P);
```

调用 ShortestPath_Floyd 函数和 ShorestPathPrint_Floyd 函数可以求得并输出图 8.50（a）所示有向网中所有顶点间的最短路径及其长度，如图 8.53 所示。

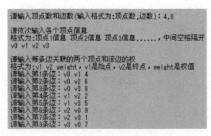

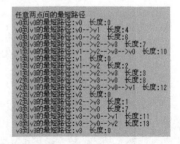

(a) 输入有向网信息　　　　　(b) 建立有向网的邻接矩阵　　　(c) 输出任意两点间的最短路径及其长度

图 8.53　按弗洛伊德算法求所有顶点之间的最短路径

4. 算法分析

ShortestPath_Floyd 函数由一个初始化二重循环和一个路径修正的三重循环组成。弗洛伊德算法的时间复杂是 $O(n^3)$。

8.6.5 引例中医院选址问题的解决

有了弗洛伊德算法，便可以求图中所有顶点之间的最短路径，进而得到引例 8.3 中的医院选址方案。

1. 创建村庄道路交通网

建立 HospitalAddressSelect.cpp 文件来完成寻找医院选址方案的任务。在该文件中引入头文件 stdio.h、stdlib.h、string.h 和 amgraph.h。

在 HospitalAddressSelect.cpp 文件中添加函数 CreateCN 和函数 AMPrint。函数 CreateCN 采用邻接矩阵存储结构，创建图 8.43 所示的村庄道路交通网，函数 AMPrint 输出邻接矩阵。

```
//创建村庄道路交通网的邻接矩阵存储 G
//若创建成功返回 OK，若网不连通，创建失败返回 ERROR
int CreateCN(AMGraph &G);

void AMPrint(AMGraph &G);  //输出网的邻接矩阵 G
```

2. 寻找医院选址方案

创建了村庄道路交通图，根据 8.6.1 节中的分析，要寻找医院选址方案，首先要求图中每对顶点（村庄）之间的最短路径，这个任务可以由弗洛伊德算法来完成，故添加实现弗洛伊德算法的 ShortestPath_Floyd 函数。然后在此基础上确定医院的地址，这部分计算由函数 AddressSelect 完成。AddressSelect 函数首先在每个顶点到其他顶点的最短路径中，选出最长的一条，因为有 6 个村庄，所以有 6 条路径；然后在这 6 条路径中找出最短的一条，它的出发点就是医院应建立的村庄。将函数 ShortestPath_Floyd 和函数 AddressSelect 加入 HospitalAddressSelect.cpp 文件。

```
//按弗洛伊德算法求得图 G 中每对顶点之间的最短路径
//G 是图的邻接矩阵存储结构，D 返回最短路径长度矩阵，P 返回最短路径矩阵
void ShortestPath_Floyd(AMGraph &G, EdgeType **&D, int **&P);

//根据参数 G、D 和 P 确定医院地址并输出
//G 是图的邻接矩阵存储结构，D 是最短路径长度矩阵，P 是最短路径矩阵
void AddressSelect(AMGraph G, EdgeType **&D, int **&P);
```

在 main 函数中调用 CreateCN、AMPrint 和 ShortestPath_Floyd 和 AddressSelect 四个函数，便可得到并输出医院选址方案。

3. 医院选址方案计算结果

运行程序，输入引例 8.3 中的小镇道路情况信息，程序根据输入信息建立连通网，最终得到医院选址方案，如图 8.54 所示。注意，满足要求的医院地址可能有多个，这里仅输出其中一个。可以修改 AddressSelect 函数以输出全部选址方案，请有兴趣的读者自行完成。

(a) 输入村庄信息

(b) 输入村庄间道路信息

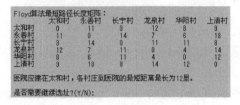

(c) 创建连通网   (d) 选址问题计算结果

图 8.54 选址问题求解

8.7 拓 扑 排 序

8.7.1 拓扑排序和课程计划制定

除了最简单的情况之外，所有的工程都可以划分为若干个称为活动（activities）的子工程。当每个活动都完成时，整个工程也就完成了。例如，对于引例 8.4 的课程计划制定问题，完成专业课程学习的过程可以看作工程，而学习每一门课程则是活动。可以用有向图清楚地表示

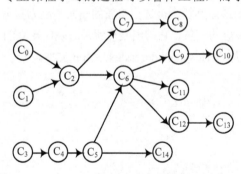

图 8.55 课程修读的 AOV 网

课程之间的优先关系，其中顶点表示课程学习活动，弧表示课程学习活动之间的优先关系，图中存在边$<v_i, v_j>$当且仅当课程 v_i 是课程 v_j 的先修课程。表 8.4 所示的课程优先关系可以通过图 8.55 所示的有向图表示。用顶点表示活动，用弧表示活动间的优先关系的有向无环图（Directed Acyclic Graph，DAG），称为顶点表示活动的网（Activity On Vertex Network），简称为 AOV 网。图 8.55 是表 8.4 所示课程优先关系的 AOV 网。

在 AOV 网 G 中，若从顶点 v_i 到 v_j 存在一条有向路径，则称顶点 v_i 为顶点 v_j 的前驱，顶点 v_j 为顶点 v_i 的后继；若$<v_i, v_j>$是 G 中的一条边，则称顶点 v_i 为顶点 v_j 的直接前驱，顶点 v_j 为顶点 v_i 的直接后继。图 8.55 中，C_0 和 C_1 是 C_2 的直接前驱；C_0 和 C_1 是 C_7 的前驱，但不是直接前驱；C_9、C_{11} 和 C_{12} 是 C_6 的直接后继；C_{10} 是 C_6 的一个后继，但不是直接后继。如果一个 AOV 网表示一个可行的工程，那么它必然是有向无环图 DAG，其中不能存在回路。若存在回路，那么就存在一个顶点是其自身的前驱，从而由该顶点代表的活动必须在其本身开始之前完成，这显然是不可能的。只有不存在这种不一致性，工程才是可行的。

AOV 网中的顶点（活动）可以排成一个称为拓扑序列的线性序列。拓扑序列（topological

order）是由 AOV 网中所有顶点形成的一个线性序列，对任意两个顶点 v_i 和 v_j，如果 v_i 是 v_j 的前驱，则在拓扑序列中 v_i 排在 v_j 的前面。可以按拓扑序列完成各个活动，从而最终完成工程。图 8.55 所示的课程修读 AOV 网的一个拓扑序列就给出了一种能够满足计算机专业要求的课程学习安排。一个 AOV 网的拓扑序列可能并不唯一。图 8.55 所示 AOV 网的拓扑序列有若干种，这里给出其中两种：

C_0，C_1，C_2，C_3，C_4，C_5，C_6，C_7，C_8，C_9，C_{10}，C_{11}，C_{12}，C_{13}，C_{14}

C_0，C_1，C_3，C_2，C_4，C_7，C_6，C_5，C_8，C_9，C_{11}，C_{12}，C_{14}，C_{10}，C_{13}

那么，如何找到给定 AOV 网的拓扑序列呢？更进一步地，如何让计算机来完成寻找拓扑序列的任务呢？下面介绍拓扑排序算法。

8.7.2 拓扑排序算法

1. 算法思想

把活动排列成拓扑序列的算法过程是非常直观的。首先列出图中一个没有前驱的顶点；然后删除这个顶点及其所有出边。重复上述两个步骤，直到全部顶点都被列出，或者图中剩下的顶点都有前驱而不能将其删除为止。如果是第 2 种情况，表明图中包含有回路，而这样的工程是不可行的。原因在于环路上的任一活动开始的先决条件必然是自己，显然是矛盾的。如果设计出这样的工程图，工程无法进行。所以，拓扑排序可以用于检测一个有向图中是否存在回路。

图 8.56 给出了一个 AOV 网产生拓扑序列的过程。有时候，没有前驱的顶点有多个，此时可以任选一个列出，选择的顶点不同，得到的拓扑序列也不同。

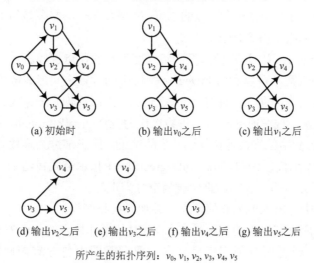

(a) 初始时   (b) 输出v_0之后   (c) 输出v_1之后

(d) 输出v_2之后   (e) 输出v_3之后   (f) 输出v_4之后   (g) 输出v_5之后

所产生的拓扑序列：v_0, v_1, v_2, v_3, v_4, v_5

图 8.56 AOV 网拓扑序列产生过程

2. 辅助数据结构和算法过程

实现拓扑排序首先要确定 AOV 网的存储表示。存储表示方式的选择依赖于所执行的操作，在拓扑排序问题中，主要有两个操作：（1）判断顶点是否有前驱；（2）删除顶点及其所有出边。对于第 1 个操作，可以为每个顶点 v_i 设立一个计数器 InDegree[i]，保存顶点 v_i 的入度，从而方便查找入度为 0 的顶点，入度为 0 的顶点不存在前驱。同时，还需要使用堆栈来专门存放入度为 0 的顶点，供选择和输出入度为 0 的顶点。对于第 2 个操作，如果 AOV 网采用邻接表存储，通过使顶点 v_i 的边表上所有顶点的前驱计数值减 1，便可以完成删除 v_i 的所有出边。在排序过程中，并不需要改变原 AOV 网，边的删除操作体现在顶点入度的动态变化中。一旦一个顶点的入度变为 0，即其直接前驱全部输出，就将该顶点加入栈中。此外，用数组 order 保存所求得的一个拓扑序列，topoorder[i]代表在拓扑序列中的第 i 个活动的编号。

　　这里结合图 8.57（a）所示的 AOV 网说明拓扑排序算法。采用邻接表结构创建图 8.57（a）所示的 AOV 网，按<v_0, v_1>、<v_0, v_2>、<v_0, v_3>、<v_1, v_2>、<v_1, v_4>、<v_2, v_4>、<v_2, v_5>、<v_3, v_4>、<v_3, v_5>依次输入弧，建立如图 8.57（b）所示网的邻接表。

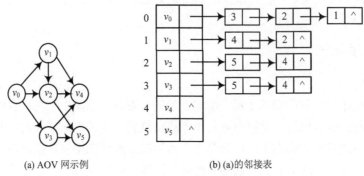

(a) AOV 网示例　　　　　　　　　　(b) (a)的邻接表

图 8.57　AOV 网及其邻接表

拓扑排序过程如下。

（1）计算每个顶点的入度，存于 InDegree 数组中。

　　函数 CalInDegree 用于计算每个顶点的入度，并保存在一维整型数组 InDegree 中。图 8.58（a）中的初始化数组列出了每个顶点的入度。

（2）检查 InDegree 数组中顶点的入度，将入度为 0 的顶点进栈。

　　堆栈不需要专门创建，可以利用 InDegree 数组中的闲置空间形成链接堆栈来保存入度为 0 的顶点。一旦顶点 v_k 入度为 0，便将其压入链接堆栈中，即顶点 v_k 成为新的栈顶元素。设指针 top 指向栈顶元素，栈空时 top=-1，进栈操作为 InDegree[k]=top; top=k。

　　图 8.58（a）中的初始化堆栈是执行这一步的结果。阴影部分为堆栈元素。此时栈中只有一个顶点 v_0，top=0 指示栈顶为顶点 v_0，InDegree[0]=-1 指示链式栈结束。

（3）重复步骤（3.1）和（3.2），直到栈为空时为止。

（3.1）不断从栈中弹出入度为 0 的顶点 v_j 并加入拓扑序列。

（3.2）并将 v_j 的所有邻接点的入度减 1，若此时某个邻接点的入度为 0，便令其进栈。

　　到栈空结束时，或者所有顶点都已列出，或者因图中包含有向回路，顶点未能全部列出。

　　对图 8.57（a）所示的 AOV 网执行拓扑排序算法，InDegree 数组状态变化如图 8.58 所示。图 8.58（b）中，入度为 0 的顶点 v_0 出栈，按 v_0 的边表依次将 v_0 的邻接点 v_3、v_2 和 v_1 入度减 1，其中 v_3 和 v_1 入度减 1 后变为 0，故先后入栈。此时栈顶为 1，链接到 InDegree[1]=3，3 为栈底，故 InDegree[3]=-1。

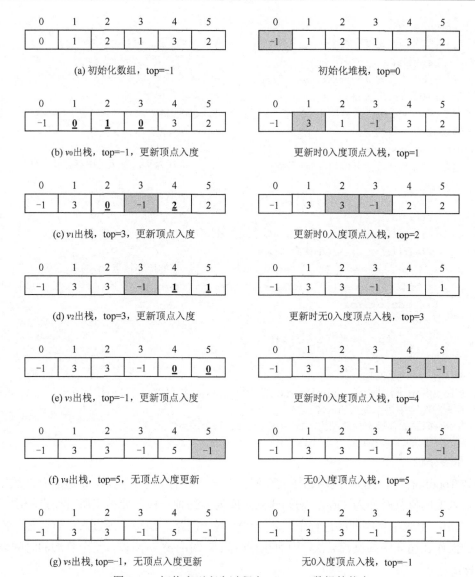

图 8.58　拓扑序列产生过程中 InDegree 数组的状态

3. 算法实现

函数 TopoSort 实现了拓扑排序算法。

```
/****************************************************/
/* 函数功能：求 AOV 网的一个拓扑序列               */
/* 函数参数：G 表示有向图的邻接表存储结构          */
/*          topoorder 返回拓扑序列                 */
/* 函数返回值：int 类型，成功返回 OK               */
/*          若 G 不是 AOV 网，返回 ERROR          */
/****************************************************/
int TopoSort(ALGraph &G, int *&topoorder){
//求 AOV 网的一个拓扑序列
    int n=G.vexnum;
    int *InDegree=new int[n];
    int i,j,k,top=-1;
```

```
    EdgeNode *p;
/*---1:计算各顶点入度存入 InDegree 数组---*/
    CalInDegree(G, InDegree);
/*---2:将图中入度为 0 的顶点进栈---*/
    for (i=0; i<n; i++)
       if (InDegree[i]==0){InDegree[i]=top;top=i;}
/*---3:生成拓扑序列---*/
    for (i=0; i<n; i++){
       if (top==-1) return ERROR;              //若堆栈为空，表示图中存在有向环
       else{
          j=top;top=InDegree[j];               //入度为 0 的顶点出栈
          topoorder[i]=j;
          for (p=G.adjlist[j].firstedge; p!=NULL; p=p->nextedge){
          //检查以顶点 vj 为尾的所有邻接点
             k=p->adjvex; InDegree[k]--;    //将 vj 的出邻接点 vk 的入度减 1
             if (!InDegree[k]){InDegree[k]=top;top=k;}  //顶点 vk 入度为 0 时进栈
          } //end of for
       } //end of else
    } //end of for (i=0; i<n; i++)
    return OK;
}//end of TopoSort
```

函数 TopoSort 调用函数 CalInDegree 来计算以邻接表存储的有向图中每个顶点的入度。

```
//计算有向图 G 中每个顶点的入度
//G 表示有向图的邻接表存储结构，InDegree 返回每个顶点的入度
void CalInDegree(ALGraph &G, int *&InDegree);
```

4. 算法分析

函数 TopoSort 中，AOV 网用邻接表存储。对一个具有 n 个顶点，e 条边的有向图来说，求各顶点入度的执行时间为 O(e)；初始建立入度为零的顶点栈，要检查所有顶点一次，执行时间为 O(n)；生成拓扑序列的过程中，若 AOV 网无回路，则每个顶点入、出栈各一次，入度减 1 的操作在循环中共执行 e 次，因而执行时间是 O($n+e$)。所以，整个算法的时间复杂度是 O($n+e$)。

8.7.3　引例中课程计划制定问题的解决

利用拓扑排序可以解决引例 8.4 要求的课程计划制定问题。

1. 创建课程修读的 AOV 网

建立 TopoSort.h 文件，在该文件中引入标准库头文件 stdio.h、stdlib.h 和 string.h，并实现制定课程计划需要的各个函数功能。

在 TopoSort.h 文件中添加函数 CreateAOV 和函数 ALPrint。函数 CreateAOV 采用邻接表存储结构创建课程修读的 AOV 网，该邻接表存储结构可以由函数 ALPrint 输出。函数 CreateAOV 根据用户输入的课程修读优先关系建立 AOV 网，调用已经实现的函数 TopoSort 来判断所建立的有向图是否存在回路,若不存在回路则将其拓扑序列通过参数 topoorder 返回，否则说明 AOV 网创建失败。

```
//创建课程修读的 AOV 网的邻接表 G
//G 返回 AOV 网的邻接表存储结构，topoorder 返回 AOV 网的拓扑序列
```

```
//AOV 网创建成功则函数返回 OK，若不是 AOV 网则函数返回 ERROR
int CreateAOV(ALGraph &G, int *&topoorder);

void ALPrint(ALGraph &G);                              //输出图 G 的邻接表
void CalInDegree(ALGraph &G, int *&InDegree);          //计算有向图 G 中每个顶点的入度
int TopoSort(ALGraph &G, int *&topoorder);             //求 AOV 网的一个拓扑序列
```

2. 课程安排方案计算

要制定符合课程修读优先关系的课程计划，只要找到课程修读的 AOV 网的一种拓扑序列即可。如前所述，创建 AOV 网时函数 CreateAOV 调用函数 TopoSort 来判断所建立的有向图是否是 AOV 网，若是则通过参数 topoorder 返回该 AOV 网的拓扑序列。在 TopoSort.h 文件中添加函数 TopoOrderPrint 来输出数组 topoorder 中的拓扑序列，即课程安排方案。

```
void TopoOrderPrint(ALGraph &G, int *&topoorder);            //输出 AOV 网的拓扑序列
```

建立 CourseArrange.cpp 文件来完成制定课程计划的任务。在该文件中引入头文件 stdio.h、stdlib.h、string.h，以及 algraph.h 和 TopoSort.h。

在 CourseArrange.cpp 文件中添加 main 函数。在 main 函数中调用 CreateAOV、ALPrint 和 TopoOrderPrint 三个函数，便可得到课程安排方案。

课程计划制定程序的运行过程见图 8.59。首先输入课程修读信息，然后程序据此创建课程修读的 AOV 网，这里 AOV 网以邻接表表示。调用函数 TopoSort 执行拓扑排序算法得到课程的拓扑序列，即满足要求的一种课程修读安排。

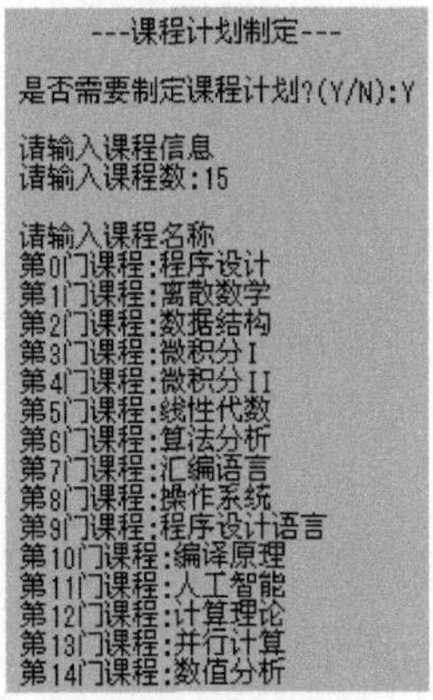

(a) 输入课程门数和课程名称

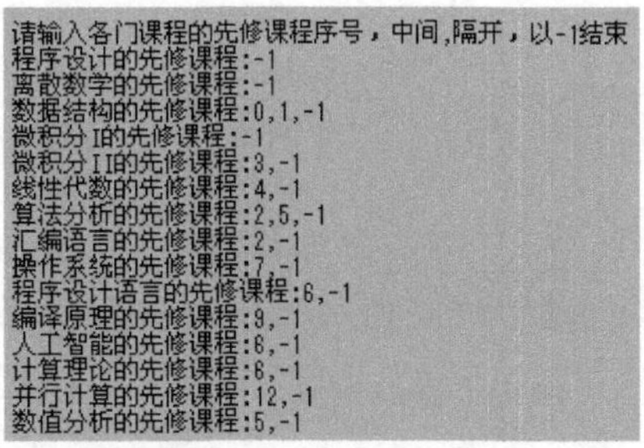

(b) 输入各门课程的先修课程

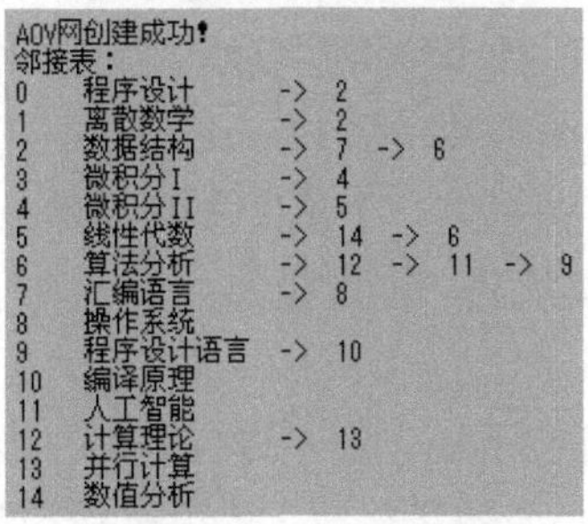

(c) 课程修读的 AOV 网的邻接表表示

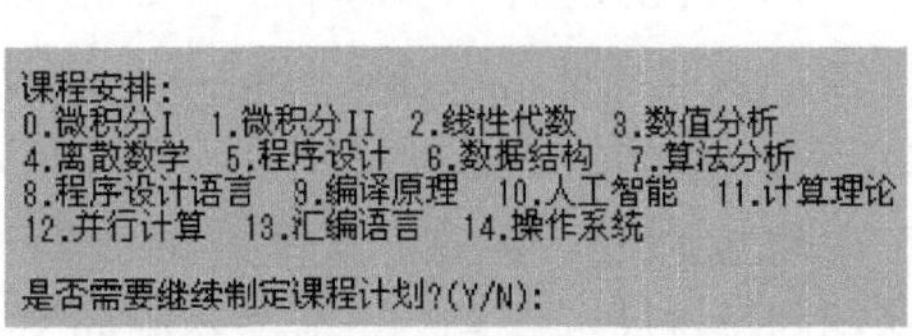

(d) 课程计划结果输出

图 8.59　按拓扑排序算法制定课程计划

8.8 关 键 路 径

8.8.1 AOE 网和关键路径

边表示活动的网络（Activity On Edge Network）简称 **AOE 网**，是一个与 AOV 网密切相关的活动网络。网中的有向边表示在一个工程中所需完成的活动或任务，而顶点表示事件，用来标识某些活动的完成。因此，当一个事件发生时，就表明触发该事件的所有活动都已经完成。对于引例 8.5 中的工程，可以用图 8.60（a）所示的 AOE 网表示。包括 11 个活动 a_0, a_1, a_2,…, a_{10}，以及 9 个事件：v_0, v_1, v_2,…, v_8。其中，事件 v_0 表示整个工程开始，v_8 表示整个工程完成。其他部分事件的说明如图 8.60（b）所示。每个事件（$i=1,2,…,8$）表示以该事件顶点为弧头（终点）的弧（有向边）所代表的活动都已经完成，以该事件顶点为弧尾（终点）的弧所代表的活动可以开始。例如，事件 v_1 发生表示活动 a_0 已经完成，活动 a_3 可以开始；事件 v_4 发生表示活动 a_3 和 a_4 已经完成，活动 a_6 和 a_7 都可以开始。与每个活动相对应的边上的权值表示完成该活动所需要的时间。例如，完成活动 a_0 需要 5 天，完成活动 a_{10} 需要 4 天。一般情况下，这些时间只是估计值。在工程开始后，活动 a_0、a_1 和 a_2 可以同时进行；而只有各自对应的事件 v_1、v_2 和 v_3 发生后，活动 a_3、a_4 和 a_5 才能开始。在事件 v_4 发生后，即活动 a_3 和 a_4 完成后，活动 a_6 和 a_7 可以开始。

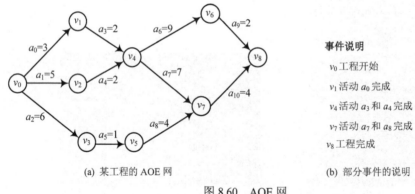

（a）某工程的 AOE 网　　　　　　　　　　（b）部分事件的说明

事件说明

v_0 工程开始

v_1 活动 a_0 完成

v_4 活动 a_3 和 a_4 完成

v_7 活动 a_7 和 a_8 完成

v_8 工程完成

图 8.60　AOE 网

AOE 网对于评价许多工程的执行情况非常有用。这些评估包括确定完成工程所需的最短时间，以及对活动的评价。缩短某些活动的持续时间可以减少整个工程的完成时间。

由于整个工程只有一个工程开始事件和一个工程完成事件，所以在 AOE 网中只有一个入度为 0 的顶点用于表示这个开始事件，该顶点称为源点；只有一个出度为 0 的顶点用于表示这个完成事件，该顶点称为汇点。图 8.60（a）中，源点是 v_0，汇点是 v_8。

在 AOE 网中有些活动必须按先后顺序进行，例如，活动 a_0 和 a_3；有些活动可以并行进行，例如，活动 a_6 和 a_7。因此，从源点到汇点的路径可能不止一条，这些路径的长度，即路径上所有活动的持续时间之和，可能是不同的。但是只有当各条路径上的所有活动都完成了，整个工程才算完成。所以完成整个工程所需的最短时间是从源点到汇点的最长路径的长度。
关键活动（critical path）就是一条具有最长路径长度的路径。一个 AOE 网中的关键路径可能不止一条。例如，在图 8.60（a）所示的 AOE 网中，关键路径有两条，分别是 $(v_0, v_1, v_4, v_6, v_8)$

和$(v_0, v_1, v_4, v_7, v_8)$，路径长度为 18，这意味着这个工程至少需要 18 天才能完成。关键路径上的所有活动都是**关键活动**，关键活动不按期完成会影响整个工程的进度。在图 8.60（a）中，两条关键路径上的关键活动分别是(a_0, a_3, a_6, a_9)和(a_0, a_3, a_7, a_{10})。分析关键路径的目的在于找出关键活动，找到关键活动，便可对其给予足够的重视，投入较多的人力和物力，以确保工程按期完成，甚至进一步争取提前完成。

那么，给定某个工程的 AOE 网，如何计算工程的工期，找到工程的关键活动呢？更进一步地，如何让计算机来完成寻找关键活动的任务呢？下面介绍关键路径算法。

8.8.2 关键路径算法

1. 算法思想

设一个 AOE 网包含 n 个事件和 e 个活动，其中，源点是事件 v_0，汇点是事件 v_{n-1}。为求关键路径，先定义几个有关的量。

（1）事件 v_i 的可能的最早发生时间 $ve(i)$：从源点到顶点 v_i 的最长路径的长度，叫作事件 v_i 的最早发生时间。之所以这样定义是因为进入事件 v_i 的每一活动都结束后 v_i 才能发生。

求 $ve(i)$ 的值可从源点开始按拓扑顺序向汇点递推。通常将工程的源点事件 v_0 的最早发生时间定义为 0，即

$ve(0)=0$；

$ve(i)=\text{Max}\{ve(k)+w<k, i>\}$ $v_k \in T(v_i)$, $1 \leq i \leq n-1$

其中，$T(v_i)$ 是所有以 v_i 为头的弧$<v_k, v_i>$的弧尾的集合，$w<k, i>$表示弧$<v_k, v_i>$对应的活动的持续时间。

求 $ve(i)$ 时 v_k 和 v_i 关系示意如图 8.61 所示。此时 v_k 是 v_i 的直接前驱，在拓扑序列中 v_k 在 v_i 之前。由于按拓扑顺序从源点向汇点递推，到计算 $ve(i)$ 时，对于所有的 $v_k \in T(v_i)$，$ve(k)$ 均已计算完毕，故可以得到 $ve(i)$。

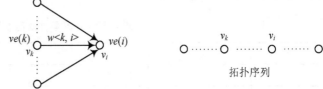

图 8.61 计算 $ve(i)$ 时 v_k 和 v_i 关系示意

对图 8.60（a）所示的 AOE 网，按拓扑序列 $v_0, v_1, v_2, v_4, v_6, v_3, v_5, v_7, v_8$ 计算事件的最早发生时间，计算过程如表 8.9 所示。

表 8.9 计算事件最早发生时间

顶点 v_i	v_i 前驱	最早发生时间 $ve(i)$
v_0	无	$ve(0)=0$
v_1	v_0	$ve(1)=\text{Max}\{ve(0)+w<0, 1>\}=\text{Max}\{0+3\}=\text{Max}\{3\}=3$
v_2	v_0	$ve(2)=\text{Max}\{ve(0)+w<0, 2>\}=\text{Max}\{0+5\}=\text{Max}\{5\}=5$
v_4	v_1, v_2	$ve(4)=\text{Max}\{ve(1)+w<1, 4>, ve(2)+w<2, 4>\}=\text{Max}\{3+2, 5+2\}=\text{Max}\{5, 7\}=7$
v_6	v_4	$ve(6)=\text{Max}\{ve(4)+w<4, 6>\}=\text{Max}\{7+9\}=\text{Max}\{16\}=16$
v_3	v_0	$ve(3)=\text{Max}\{ve(0)+w<0, 3>\}=\text{Max}\{0+6\}=\text{Max}\{6\}=6$
v_5	v_3	$ve(5)=\text{Max}\{ve(3)+w<3, 5>\}=\text{Max}\{6+1\}=\text{Max}\{7\}=7$
v_7	v_5	$ve(7)=\text{Max}\{ve(4)+w<4, 7>, ve(5)+w<5, 7>\}=\text{Max}\{7+7, 7+4\}=\text{Max}\{14, 11\}=14$
v_8	v_6, v_7	$ve(8)=\text{Max}\{ve(6)+w<6, 8>, ve(7)+w<7, 8>\}=\text{Max}\{16+2, 14+4\}=\text{Max}\{18, 18\}=18$

（2）事件 v_i 的允许的最迟发生时间 $vl(i)$：在保证整个工程不推迟完成的前提下，事件 v_i 允许的最迟发生时间。为了不拖延工期，v_i 的最迟发生时间不得迟于其后继事件 v_k 的最迟发生时间。

通常将工程的汇点事件 v_{n-1} 的最迟发生时间定义为 $ve(n-1)$。在求出 $ve(i)$ 的基础上，可从汇点开始，按逆拓扑顺序向源点递推，求出 $vl(i)$：

$vl(n-1)=ve(n-1)$

$vl(i)=\text{Min}\{vl(k)-w<i, k>\}$ $v_k \in H(v_i), 0 \leq i \leq n-2$

其中，$H(v_i)$ 是所有以 v_i 为尾的弧 $<v_i, v_k>$ 的弧头的集合，$w<i, k>$ 表示弧 $<v_i, v_k>$ 对应的活动的持续时间。

求 $vl(i)$ 时 v_k 和 v_i 关系示意如图 8.62 所示。此时 v_k 是 v_i 的直接后继，在拓扑序列中 v_k 在 v_i 之后。由于按拓扑顺序从汇点向源点递推，到计算 $vl(i)$ 时，对于所有的 $v_k \in H(v_i)$，$vl(k)$ 均已计算完毕，故可以得到 $vl(i)$。

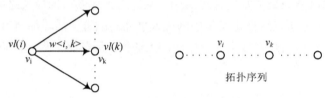

图 8.62　计算 $vl(i)$ 时 v_k 和 v_i 关系示意

对图 8.60（a）所示的 AOE 网按拓扑序列 $v_0, v_1, v_2, v_4, v_6, v_3, v_5, v_7, v_8$ 计算事件的最迟发生时间，计算过程如表 8.10 所示。

表 8.10　计算事件最迟发生时间

顶点 v_i	v_i 后继	最迟发生时间 $vl(i)$
v_8	无	$ve(8)=18$
v_7	v_8	$ve(7)= \text{Min}\{ve(8)-w<7, 8>\}= \text{Min}\{18-4\}= \text{Min}\{14\}=14$
v_5	v_8	$ve(5)= \text{Min}\{ve(7)-w<5, 7>\}= \text{Min}\{14-4\}= \text{Min}\{10\}=10$
v_3	v_6, v_7	$ve(3)= \text{Min}\{ve(5)-w<3, 5>\}= \text{Min}\{10-1\}= \text{Min}\{9\}=9$
v_6	v_4	$ve(6)= \text{Min}\{ve(8)-w<6, 8>\}=\text{Min}\{18-2\}= \text{Min}\{16\}=16$
v_4	v_4	$ve(4)= \text{Min}\{ve(6)-w<4, 6>, ve(7)-w<4, 7>\}= \text{Min}\{16-9, 14-7\}= \text{Min}\{7, 7\}=7$
v_2	v_7	$ve(2)= \text{Min}\{ve(4)-w<2, 4>\}= \text{Min}\{7-2\}= 5$
v_1	v_5	$ve(1)= \text{Min}\{ve(4)-w<1, 4>\}= \text{Min}\{7-2\}= 5$
v_0	v_1, v_2, v_3	$ve(0)= \text{Min}\{ve(1)-w<0, 1>, ve(2)-w<0, 2>, ve(3)-w<0, 3>\}$ $= \text{Min}\{5-5, 5-3, 9-6\}= \text{Min}\{0, 2, 3\}=0$

（3）活动 $a_k=<v_i, v_j>$ 可能的最早开始时间 $e(k)$：事件 v_i 发生了，活动 a_k 便可以开始，所以 a_k 的最早开始时间等于事件 v_i 的最早发生时间 $ve(i)$，即 $e(k)= ve(i)$。

（4）活动 $a_k=<v_i, v_j>$ 允许的最迟开始时间 $l(k)$：活动 a_k 的开始时间必须保证不延误事件 v_j 的最迟发生时间。所以活动 a_k 允许的最迟开始时间 $l(k)$ 等于事件 v_j 的最迟发生时间减去活动 a_k 的持续时间 $w<i, j>$，即 $l(k)=vl(j) - w<i, j>$。

（5）活动 $a_k=<v_i, v_j>$ 的松弛时间（时间余量）$r(k)$：a_k 的最迟开始时间与最早开始时间之差，即 $r(k)=l(k)-e(k)$。

显然，对于活动 a_k，若时间余量 $r(k)=0$，即最迟开始时间 $l(k)$ 等于最早开始时间 $e(k)$，则该活动为关键活动。若 a_k 是关键活动，那么它必须在它可能的最早开始时间立即开始，毫不拖延才能保证不影响工程按期完成，也就是说 v_{n-1} 在 $vl(n-1)$ 时完成。否则由于 a_k 的延误，整个工程将延期。表 8.11 列出了对图 8.60（a）所示 AOE 网求关键活动的计算过程。图 8.63 是删除非关键活动后由关键活动构成的图。

表 8.11　求关键活动

活动 a_k	$<v_i, v_j>$	最早开始时间 $e(k)$	最迟开始时间 $l(k)$	时间余量 $r(k)$
a_0	$<v_0, v_1>$	$e(0)=ve(0)=0$	$l(0)=vl(1)-w<0, 1>=5-5=0$	0
a_1	$<v_0, v_2>$	$e(1)=ve(0)=0$	$l(1)=vl(2)-w<0, 2>=5-3=2$	2
a_2	$<v_0, v_3>$	$e(2)=ve(0)=0$	$l(2)=vl(3)-w<0, 3>=9-6=3$	3
a_3	$<v_1, v_4>$	$e(3)=ve(1)=5$	$l(3)=vl(4)-w<1, 4>=7-2=5$	0
a_4	$<v_2, v_4>$	$e(4)=ve(2)=3$	$l(4)=vl(4)-w<2, 4>=7-2=5$	2
a_5	$<v_3, v_5>$	$e(5)=ve(3)=6$	$l(5)=vl(5)-w<3, 5>=10-1=9$	3
a_6	$<v_4, v_6>$	$e(6)=ve(4)=7$	$l(6)=vl(6)-w<4, 6>=16-9=7$	0
a_7	$<v_4, v_7>$	$e(7)=ve(4)=7$	$l(7)=vl(7)-w<4, 7>=14-7=7$	0
a_8	$<v_5, v_7>$	$e(8)=ve(5)=7$	$l(8)=vl(7)-w<5, 7>=14-4=10$	3
a_9	$<v_6, v_8>$	$e(9)=ve(6)=16$	$l(9)=vl(8)-w<6, 8>=18-2=16$	0
a_{10}	$<v_7, v_8>$	$e(10)=ve(7)=7$	$l(10)=vl(8)-w<7, 8>=18-4=14$	7

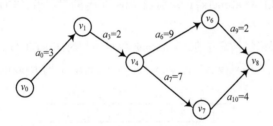

图 8.63　删除非关键活动后的图

2. 辅助数据结构和算法过程

关键路径算法的实现要基于拓扑排序，因为事件的最早和最迟发生时间是在拓扑排序的基础上计算得到的。AOE 网的存储结构采用邻接表。以图 8.60（a）所示的 AOE 网为例，说明关键路径算法的实现。该 AOE 网的邻接表如图 8.64 所示。

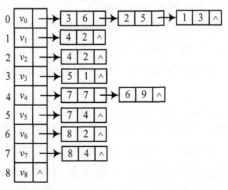

图 8.64　图 8.62(a)所示 AOE 网的邻接表

算法的实现需要引入以下辅助数据结构。

（1）一维数组 topoorder：topoorder[i]记录拓扑序列中第 i 个顶点的序号。

（2）定义事件记录类型如下。

```
typedef struct{
    VexType data;        //事件信息
    int ve, vl;          //ve 是事件的最早发生时间，vl 是事件的最晚发生时间
}EventRecord;            //事件记录
```

各个事件的信息存储在动态分配的数组 etime 中。

```
EventRecord *etime; //事件的时间表
```

etime[i].ve 记录事件 v_i 的最早发生时间，etime[i].vl 记录事件 v_i 的最迟发生时间。

（3）定义活动记录类型如下。

```
typedef char ActType[15];        //活动信息的数据类型
typedef struct{
    ActType data;                //活动信息
    int v1,v2;                   //活动关联的两个事件
    int e, l, r;                 //活动最早最迟余量
    bool crifl; //关键活动标志(critical activity flag)，true 表示是关键活动，
                //false 表示不是
}ActRecord; //活动记录
```

各个活动信息存储在动态分配的数组 atime 中。

ActRecord *atime;　　　//活动的时间表

atime[k].e、atime[k].l 和 atime[k].r 分别表示活动 a_k 的最早开始时间、最迟开始时间和时间余量。

假设拓扑排序的结果已经被记录在 topoorder 数组中。对图 8.60（a）所示的 AOE 网执行算法 TopoSort 后，得到其拓扑序列$(v_0, v_1, v_2, v_4, v_6, v_3, v_5, v_7, v_8)$，此时 topoorder 数组如图 8.65 所示。

0	1	2	3	4	5	6	7	8
0	1	2	4	6	3	5	7	8

图 8.65　拓扑排序后的 topoorder 数组

关键路径算法分为 3 部分：计算事件的最早发生时间、计算事件的最迟发生时间、求出关键活动。

1）计算事件的最早发生时间

（1）初始化。

初始化每个事件的最早发生时间 etime[i].ve=0。

（2）根据 topoorder 数组中的值，从前往后按拓扑次序依次求每个事件的最早发生时间。对于 topoorder[i]（i=0,1,2,...,8），取得拓扑序列中的顶点序号 k=topoorder[i]。然后用指针 p 依次指向 k 的每个邻接顶点，取得每个邻接顶点的序号 j=p->adjvex，依次修正更新顶点 v_j 的最早发生时间 ve[j]。

```
if(etime[j].ve<etime[k].ve+p->weight)  etime[j].ve=etime[k].ve+p->weight;
```

邻接表中结点的顺序决定了扫描顶点的顺序。计算事件最早发生时间时 etime 数组中 ve 的变化情况如图 8.66 所示。初始时，所有顶点的最早发生时间都为 0，见图 8.66（a）。在处理 v_0 的邻接表中的所有顶点时，所有邻接于 v_0 的顶点 v_1、v_2 的和 v_3 的最早发生时间被更新，见图 8.66（b）。在处理顶点 v_1 时，etime[4].ve 的值更新为 5。需要指出的是，这并不是 etime[4].ve

的最终值，因为 v_4 的所有前驱的 ve 值此时还并没有全部计算出来，例如顶点 v_2 的 ve 值还没有计算出来。但是没有关系，等处理完 v_4 的所有前驱便得到 v_4 的 ve 值。最后，计算出 etime[8].ve 的值为 18，这是关键路径的长度。

2）计算将事件的最迟发生时间

（1）初始化。

初始化每个事件的最迟发生时间 etime[i].vl=etime[n-1].ve。此处，etime[n-1].ve 为 18。

（2）根据 topoorder 数组中的值，从前往后按拓扑次序依次求每个事件的最早发生时间。对于 topoorder[i]，取得拓扑序列中的顶点序号 k=topoorder[i]（i=8,7,…,1,0）。然后用指针 p 依次指向 k 的每个邻接顶点，取得每个邻接顶点的序号 j=p->adjvex，更新顶点 v_k 的最迟发生时间 etime[k].vl。

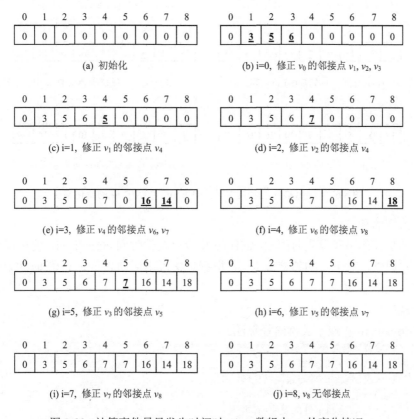

图 8.66 计算事件最早发生时间时 etime 数组中 ve 的变化情况

```
if(etime[k].vl>etime[j].vl-p->weight) etime[k].vl=etime[j].vl-p->weight;
```

计算事件最迟发生时间时 etime 数组中 vl 的变化情况如图 8.67 所示。初始时，所有顶点的最迟发生时间都为 18，见图 8.67（a）。v_8 的无邻接顶点，不需处理，见图 8.67（b）。在处理 v_7 时，扫描 v_7 的边表，按邻接于 v_7 的顶点 v_8 的最迟发生时间 etime[8].vl 更新 v_7 的最迟发生时间 etime[6].vl，见图 8.67（c）。最后在处理顶点 v_0 时，v_0 有 3 个邻接顶点 v_1、v_2 的和 v_3，按 etime[1].vl、etime[2].vl 和 etime[3].vl 更新 etime[0].vl，计算出源点事件最迟发生时间 etime[0].vl 的值为 0，见图 8.67（j）。

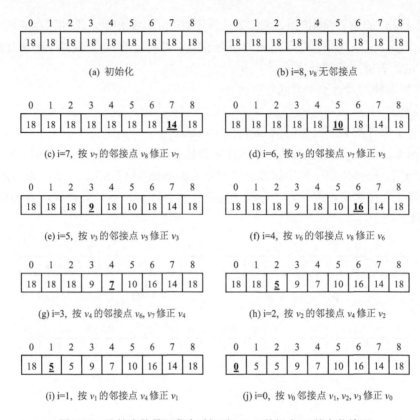

图 8.67　计算事件最迟发生时间时 etime 数组中 vl 的变化情况

（3）求关键活动。

有了各个事件的最早发生时间 etime[i].ve 和最迟发生时间 etime[i].vl，便可以求出关键活动。扫描 v_i 的边表，对于 v_i 的邻接顶点 v_j，根据定义求出活动 $a_k=<v_i, v_j>$ 的时间余量，若时间余量为 0 便是关键活动。

3. 算法实现

函数 CriticalPath 实现了关键路径算法。

```
/*****************************************************/
/* 函数功能：求 AOE 网的关键活动                        */
/* 函数参数：G 表示 AOE 网的邻接表存储结构               */
/*topoorder 存储 AOE 网的拓扑序列                      */
/*          etime 返回事件的发生时间                   */
/*          atime 返回活动的开始时间和关键活动           */
/* 函数返回值：空                                     */
/*****************************************************/
void CriticalPath(ALGraph &G, int *&topoorder, EventRecord *&etime, ActRecord
*&atime){
//求 AOE 网 G 的关键活动

    int n=G.vexnum;                          //n 为顶点个数
    int i,j,k;
    EdgeNode *p;

/*---1:求事件的最早发生时间---*/
    //初始化
```

```
    int earliest=0;                                      //置源点事件的最早发生时间为 0

    for (i=0; i<n; i++)                                  //初始化每个事件的最早发生时间为 0
      etime[i].ve=earliest;
    //按拓扑次序求每个事件的最早发生时间
    for (i=0; i<n; i++){
      k=topoorder[i];
      for (p=G.adjlist[k].firstedge; p!=NULL; p=p->nextedge){
      //依次更新 k 的所有邻接顶点的最早发生时间
        j=p->adjvex;
        if(etime[j].ve<etime[k].ve+p->weight)//更新顶点 j 的最早发生时间 ve[j]
          etime[j].ve=etime[k].ve+p->weight;
      }//end of for (p=G.adjlist[k].firstedge; p!=NULL; p=p->nextedge)
    }//end of for (i=0; i<n; i++)

/*---2:求事件的最迟发生时间---*/
    //初始化
    int latest=etime[n-1].ve;                            //置汇点事件的最迟发生时间为 ve[n-1]
    for (i=0; i<n; i++)                                  //初始化每个事件的最迟发生时间为 latest
      etime[i].vl=latest;

    //按逆拓扑次序求每个事件的最迟发生时间
    for (i=0; i<n; i++){
      k=topoorder[n-i-1];   //取得拓扑序列中的顶点序号 k
      for (p=G.adjlist[k].firstedge; p!=NULL; p=p->nextedge){
      //按 k 的所有邻接顶点更新 k 的最迟发生时间
        j=p->adjvex;                                     //j 为邻接顶点的序号
        if(etime[k].vl>etime[j].vl-p->weight)  //更新顶点 k 的最迟发生时间 vl[k]
          etime[k].vl=etime[j].vl-p->weight;
      } //end of for (p=G.adjlist[k].firstedge; p!=NULL; p=p->nextedge)
    } //end of for (i=0; i<n; i++)

/*---3:求关键活动---*/
    for(i=0; i<n; i++){                                  //每次循环针对 vi 为开始点的所有活动
      for (p=G.adjlist[i].firstedge; p!=NULL; p=p->nextedge){
      //依次判断 vi 为开始点的所有活动是否为关键活动
        j=p->adjvex;                                     //j 为 i 的邻接顶点的序号
        k=0;
        while(atime[k].v1!=i||atime[k].v2!=j) k++;
        atime[k].e=etime[i].ve;                          //计算活动<vi, vj>的最早开始时间
        atime[k].l=etime[j].vl-p->weight;                //计算活动<vi, vj>的最迟开始时间
        atime[k].r=atime[k].l-atime[k].e;                //计算活动<vi, vj>的时间余量
        if(atime[k].r==0)                //若为关键活动,则置 crifl 标志为 true,否则为 false
          atime[k].crifl=true;
        else
          atime[k].crifl=false;
      } //end of for (p=G.adjlistvertices[i].firstarc; !p; p=p->nextarc)
    }//end of for(i=0; i<n; i++)
} //end of CriticalPath
```

4. 算法分析

在算法 CriticalPath 中,求每个事件的最早和最迟发生时间,以及活动的最早和最迟开始时间时,都要对所有顶点及每个顶点边表中所有的边结点进行检查,因此,关键路径算法的时间复杂度为 O($n+e$)。

8.8.3　引例中工程工期计算问题的解决

利用关键路径算法，可以解决引例 8.5 的工程工期计算问题。

1. 创建工程 AOE 网的邻接表存储

建立 CriticalPath.h 文件，来实现计算工程工期需要的各个函数功能。在该文件中添加下列头文件 stdio.h、stdlib.h、string.h 和 TopoSort.h。

在 TopoSort.h 文件中添加事件记录类型定义和活动记录类型定义。

```
typedef char ActType[15];              //活动信息的数据类型

typedef struct{                        //事件记录类型
    VexType data;                      //事件信息
    int ve, vl;                        //事件的最早、最晚时间
}EventRecord;                          //事件记录

typedef struct{                        //活动记录类型
    ActType data;                      //活动信息
    int v1,v2;                         //活动关联的两个事件
    int e, l, r;                       //活动最早、最迟余量
    bool crifl;            //关键活动标志(critical activity flag)，true 表示是关键活动
                                       //false 表示不是
}ActRecord;                            //活动记录
```

在 CriticalPath.h 文件中添加函数 CreateAOE 和函数 ALPrint_Net。函数 CreateAOE 创建工程 AOE 网的邻接表存储，该邻接表存储结构可以由函数 ALPrint_Net 输出。函数 CreateAOE 根据用户输入的工程信息建立 AOE 网，调用已经实现的函数 TopoSort 来判断所建立的有向网是否存在回路，若不存在回路则将其拓扑序列通过参数 topoorder 返回，否则 AOE 网创建失败。

```
//创建工程 AOE 网的邻接表存储。G 返回 AOE 网的邻接表存储结构
//topoorder 存储 AOE 网的拓扑序列，etime 返回事件信息，atime 返回活动信息
int CreateAOE(ALGraph &G, int *&topoorder, EventRecord *&etime, ActRecord
*&atime);

void ALPrint_Net(ALGraph &G);          //输出网 G 的邻接表
```

2. 工程工期计算

要计算工程工期以及求关键活动，只要对工程 AOE 网调用已经实现的 CriticalPath 函数即可。在 CriticalPath.h 文件中添加 CriticalPath 函数。如前所述，事件的发生时间通过参数 etime 返回，活动的开始时间和关键活动通过 atime 返回。在 CriticalPath.h 文件中添加函数 CriticalPath_Print 来根据 etime 和 atime 中的信息输出工程工期和关键活动。

```
//求 AOE 网 G 的关键活动
void CriticalPath(ALGraph &G, int *&topoorder, EventRecord *&etime, ActRecord
*&atime);

//输出 AOE 网 G 的工期及关键活动
//G 表示网的邻接表存储结构，etime 是事件记录，atime 是活动记录
void CriticalPath_Print(ALGraph &G, EventRecord *&etime, ActRecord *&atime);
```

建立 ProjectDurationCompute.cpp 文件来完成计算工程工期的任务。在该文件中引入标准库头文件 stdio.h、stdlib.h 和 string.h，以及 algraph.h 和 CriticalPath.h 以便能调用其中已实现的函数功能。

在 ProjectDurationCompute.cpp 文件中添加 main 函数。在 main 函数中调用 CreateAOE、CriticalPath 和 CriticalPath_Print 三个函数，便可得到工程的事件和活动的相关时间，以及关键活动。

工程工期计算程序的运行过程见图 8.68 和图 8.69。首先输入事件、活动信息，然后程序据此建立 AOE 网的邻接表存储。调用函数 CriticalPath 执行关键路径算法，求出事件的最早和最迟发生时间，以及活动的最早和最迟开始时间，最终得到关键活动 $a_0, a_3, a_6, a_7, a_9, a_{10}$。要缩短工期，应当在这 6 个关键活动上投入更多的人力、物力。

(a) 输入事件信息

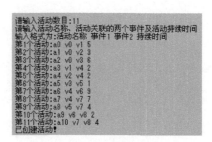
(b) 输入活动信息

图 8.68　项目工期计算输入

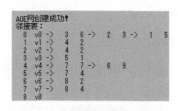
(a) 创建 AOE 网

(b) 事件的最早和最迟发生时间

(c) 活动的最早和最迟开始时间

(d) 关键活动

图 8.69　项目工期计算结果

值得指出的是，不是任一关键活动加速就一定能使整个工程提前完成。在存在多条关键路径的情况下，只有加快那些处在所有关键路径上的公共关键活动的进度，才能提前完成整个工程。而且这些关键活动的加速是有限度的，即不能改变关键路径。关于 AOE 网络，最后需要说明的是，拓扑排序只能检测出网络中的有向环路，但是网络可能还有其他缺陷，如存在从源点无法达到的顶点，如图 8.70 中的 v_5。当对这样的网络进行关

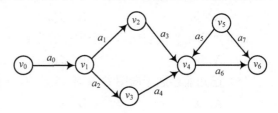
图 8.70　包含不可达活动的 AOE 网

键路径分析时，就会有若干顶点的最早发生时间为 0。由于假定所有活动的持续时间都大于 0，所以只能有源点的最早发生时间为 0。因此，还可以利用关键路径分析去检测工程计划中的这种缺陷。

小　结

本章介绍了图的相关知识，本章知识结构如图 8.71 所示。

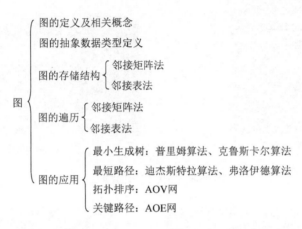

图 8.71　第 8 章图的知识结构

作为一种最一般的数据结构，图可以采用邻接矩阵和邻接表存储结构在计算机内表示。深度优先遍历和广度优先遍历是图的两种重要运算。

图的应用非常广泛。普里姆算法和克鲁斯卡尔算法用于求最小生成树。迪杰斯特拉算法用于求单源最短路径。弗洛伊德算法用于所有顶点间的最短路径。拓扑排序和关键路径可用于设计工程实施方案。

习　题

1．选择题

（1）在一个有向图中，所有顶点的度数之和等于图的边数的（　　　）倍。

  A．1　　　　　　　　B．3/2　　　　　　　C．2　　　　　　　D．4

（2）具有 n 个顶点的有向连通图至少有（　　　）条边。

  A．n　　　　　　　B．$n-1$　　　　　　C．$n+1$　　　　　D．$2n$

（3）如果用邻接矩阵表示 n 个顶点的连通图，那么该矩阵至少有（　　　）个非零元素。

  A．n　　　　　　　B．$2(n-1)$　　　　　C．$n/2$　　　　　D．n^2

（4）如果用邻接表表示 n 个顶点的连通网，那么该邻接表至少有（　　　）个边结点。

  A．n　　　　　　　B．$2(n-1)$　　　　　C．$n/2$　　　　　D．n^2

（5）已知非连通无向图 G 共有 45 条边，则该图至少有（　　　）个顶点。

  A．8　　　　　　　　B．9　　　　　　　　C．10　　　　　　　D．11

（6）若从无向图的某个顶点出发进行一次广度优先搜索可以访问图中所有顶点，则该图（　　）。

A．必是连通图　　　　　　　　　　　B．必是非连通图

C．可能不是连通图　　　　　　　　　D．可能是非连通图

（7）图的深度优先遍历类似于二叉树的（　　）。

A．先序遍历　　　　B．中序遍历　　　　C．后序遍历　　　　D．层次遍历

（8）通常借助（　　）来实现图的深度优先遍历算法。

A．栈　　　　　　　B．队列　　　　　　C．树　　　　　　　D．图

（9）图的广度优先遍历类似于二叉树的（　　）。

A．先序遍历　　　　B．中序遍历　　　　C．后序遍历　　　　D．层次遍历

（10）通常借助（　　）来实现图的广度优先遍历算法。

A．栈　　　　　　　B．队列　　　　　　C．树　　　　　　　D．图

（11）图的 DFS 生成树的树高（　　）BFS 生成树的树高。

A．小于　　　　　　　　　　　　　　B．等于

C．小于或相等　　　　　　　　　　　D．大于或相等

（12）已知连通图 G 的邻接矩阵和顶点表如图 8.72 所示，则从顶点 a 出发按深度优先遍历的结果是（　　），按广度优先遍历的结果是（　　）。

A．$abdecfg$　　　　　　　　　　　B．$abecfdg$

C．$abcgdef$　　　　　　　　　　　D．$abgcdef$

	0	1	2	3	4	5	6
0	0	1	1	0	0	0	1
1	1	0	0	1	1	0	0
2	1	0	0	0	1	1	0
3	0	1	0	0	0	0	0
4	0	1	1	0	0	0	1
5	0	0	1	0	0	0	0
6	1	0	0	0	1	0	0

	0	1	2	3	4	5	6
	a	b	c	d	e	f	g

(a) 邻接矩阵　　　　　　　　　　　　　(b) 顶点表

图 8.72　连通图 G 的邻接矩阵和顶点表

（13）图 8.73 所示是一个无向图的邻接表，从顶点 a 出发按深度优先遍历的结果是（　　），按广度优先遍历的结果是（　　）。

A．$abced$　　　　　　　B．$adecb$

C．$abcde$　　　　　　　D．$abdce$

（14）判断一个有向图是否有环可以采用（　　）方法。

A．深度优先遍历　　　B．求最短路径

C．拓扑排序　　　　　D．求关键路径

（15）下面（　　）算法适合构造一个稠密图 G 的最小生成树。

A．Prim 算法　　　　　　　　　　　B．Kruskal 算法

　　　　C．Floyd 算法　　　　　　　　　D．Dijkstra 算法

2．应用题

（1）已知如图 8.74 所示的无向图，请给出：

① 每个顶点的度；

② 邻接矩阵；

③ 邻接表。

（2）已知如图 8.75 所示的有向网，请给出：

① 每个顶点的出度、入度和度；

② 邻接矩阵；

③ 邻接表和逆邻接表。

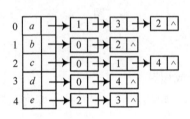

图 8.73　无向图的邻接表

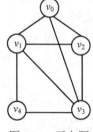

图 8.74　无向图

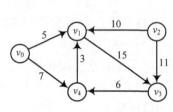

图 8.75　有向网

　　（3）已知如图 8.76 所示的无向网，请分别用 Prim 算法和 Kruskal 算法求出它的最小生成树，写出最小生成树的生成过程。

　　（4）已知图的邻接矩阵如图 8.77 所示。从顶点 2 出发进行遍历，要求：

① 写出深度优先遍历的顶点访问序列，并画出深度优先生成树。

② 写出广度优先遍历的顶点访问序列，并画出广度优先生成树。

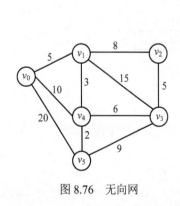

图 8.76　无向网

	0	1	2	3	4	5	6	7	8
0	0	1	1	1	0	0	0	0	0
1	1	0	0	0	1	1	0	0	0
2	1	0	0	0	1	0	0	1	0
3	1	0	0	0	1	0	0	0	0
4	0	1	1	1	0	0	1	0	1
5	0	1	0	0	0	0	0	0	0
6	0	0	0	0	1	0	0	1	0
7	0	0	1	0	0	0	1	0	1
8	0	0	0	0	1	0	0	1	0

图 8.77　邻接矩阵

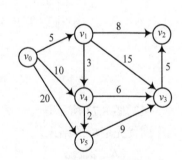

图 8.78　有向网

　　（5）已知如图 8.78 所示的有向网，请用迪杰斯特拉算法求出从顶点 v_0 到其他各顶点的最短路径，完成表 8.12。

表 8.12　迪杰斯特拉算法求有向网中 v_0 的单源最短路径

	初始化	i=1	i=2	i=3	i=4	i=5
S						
d[0], path[0]						
d[1], path[1]						
d[2], path[2]						
d[3], path[3]						
d[4], path[4]						
d[5], path[5]						

（6）已知如图 8.79 所示的 AOE 网，请问：

① 这个工程可能的最早结束时间？

② 每个活动的最早开始时间和最迟开始时间？

③ 哪些活动是关键活动？

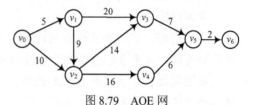

图 8.79　AOE 网

3．算法设计题

（1）设计算法：

① 将图的邻接矩阵表示法转换为邻接表表示。

② 将图的邻接表表示转换为邻接矩阵表示。

③ 将有向图 G 的邻接表表示转换为逆邻接表表示。

（2）设计一个算法判断无向图中是否存在回路。

（3）给定有向图 G 和 G 中的顶点 v，定义 v 的偏心度为：$\max\{$从 w 到 v 的最短距离$|w$ 是 G 中所有顶点$\}$。如果 v 是 G 中具有最小偏心度的顶点，则称顶点 v 是 G 的中心点。设计一个算法求图的中心点。

（4）给定以邻接矩阵方式存储的有向图 G，以及 G 中顶点 u 和 v，基于图的深度优先搜索策略设计一个算法判别图 G 中是否存在从 u 到 v 的路径。

（5）给定以邻接表方式存储的无向连通图 G 和 G 中顶点 v，基于图的广度优先搜索策略设计一个算法求出 v 到其他每个顶点的最短路径及其长度。路径长度以边数为单位计算。

上机实验题

1．分别以邻接矩阵和邻接表作为存储结构，实现无向图和有向图的以下基本操作：

（1）增添一个新顶点 v，InsertVex(G , v)；

（2）删除顶点 v 及其相关的边，DeleteVex(G , v)；

（3）增加一条边(v, w)（$<v, w>$），InsertEdge(G , v, w)；

（4）删除一条边(v, w)（$<v, w>$），DeleteEdge(G , v, w)。

2．分别以邻接矩阵和邻接表作为存储结构，设计非递归算法实现从顶点 v 出发的深度优先搜索。

3．以邻接表为存储结构，实现图的广度优先遍历。

第9章 查 找

内容提要

查找是数据处理中重要操作之一，它在数据集合中寻找满足某种条件的记录，或者说数据元素。在本章中我们将学习查找的基本概念、若干重要查找算法的设计与实现，以及用查找解决实际应用问题。

学习目标

能力目标：能结合具体应用场景采用查找方法解决实际数据处理问题，实现网购时的手机商品选择、火车票信息查询和学生课程成绩管理中的查找相关功能，以及手机通讯录。

知识目标：了解查找的基本概念，熟练掌握顺序查找、折半查找等各种查找算法，以及它们的时间复杂度和空间复杂度。

9.1 引 例

到现在为止已经介绍了几种基本的数据结构，包括线性表、树、图结构，并讨论了这些结构的存储映象，以及定义在其上的相应运算。在这些运算中，查找和排序是两种最常见的运算。所谓查找，就是在数据集合中寻找满足某种条件的记录，或者说数据元素。很多处理非数值数据的应用需要查找。

图9.1显示了在教务管理系统中查找某位教师的教学任务。

(a) 计算机工程学院教学任务

(b) 按姓名查找教师的教学任务

图9.1 教务管理系统中的教师教学任务查找

图 9.2 显示了在快递公司网站根据单号查询物流动态。

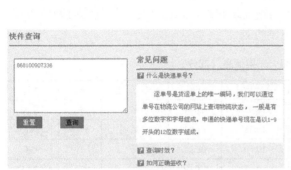

(a) 输入快递单号　　　　　　　　　　　　　　(b) 快件跟踪记录

图 9.2　快件查询

此外，在学生成绩表中查找学生成绩记录，在图书馆的书目文件中查找书籍，以及人们日常所用的搜索引擎、手机通讯录、"找朋友"等移动应用都涉及查找技术。

考虑引例 9.1～9.4。

引例 9.1：手机选择

假设网上华为专卖店系统中已有华为手机信息，见表 9.1。现在为了方便顾客选择手机，要求实现 5 个主要功能：（1）商品信息显示；（2）按价格升序显示商品信息；（3）按价格降序显示商品信息；（4）按销量降序显示商品信息；（5）按型号查找手机，获取手机的详细描述。

表 9.1　手机信息（部分）

商品编号	产品型号	RAM（GB）	ROM（GB）	尺寸（英寸）	价格（元）	总销量	收藏	描　　述
160020	NXT-AL10	3	32	6	3199	1523	5035	华为 Mate8 全网通版，麒麟 950 芯片，高性能与长续航的结合
160019	NXT-TL00	3	32	6	2999	1190	7236	华为 Mate8 移动 4G 版，麒麟 950 芯片，高性能与长续航的结合
160016	CRR-UL00	3	64	5.5	4199	1842	7447	华为 Mate S 臻享版，移动/联通双 4G，强劲内核，优雅弧屏
160014	CRR-CL20	3	128	5.5	4899	1531	2630	华为 Mate S 压感版，电信 4G，智能压感技术，从平面到三维崭新突破
160012	EVA-AL10	4	64	5.2	3688	2216	8655	华为 P9 全网通，指纹识别，徕卡双摄像头
160011	DAV-703L	3	64	6.8	3388	181	3338	华为 P8 Max 移动/联通双 4G 商务手机，高清大屏，分屏显示，长续航
...	...	...	...	...	...	...	...	

引例 9.2：火车票信息查询

假设系统中已有南京到上海的火车票信息，见表 9.2。要求实现一个火车票信息查询系统，能提供 5 个主要功能：（1）按车次查询；（2）按始发站和终点站查询；（3）在已知始发站和终点站的前提下按发车时间段查询；（4）在已知始发站和终点站的前提下按到达时间段查询；（5）在已知始发站和终点站的前提下按票价范围查询。

表 9.2   南京到上海火车票信息（部分）

车次	出发站	到达站	出发时间	到达时间	历时	当日到达	余票	票价
1227	南京	上海	14:18	18:02	03:44	是	有	40.5
D291	南京南	上海虹桥	14:08	15:38	01:30	是	有	89.5
D2281	南京	上海虹桥	07:45	10:10	02:25	是	有	93.0
G299	南京南	上海	10:48	12:27	01:39	是	有	139.5
G7003	南京	上海	08:00	09:39	01:39	是	有	139.5
G7033	南京南	上海	05:54	07:52	01:58	是	有	144.5
G7127	南京	上海虹桥	09:13	11:07	01:54	是	有	139.5
K1151	南京	上海	14:24	18:30	04:06	是	有	46.5
T7785	南京	上海南	12:09	15:57	03:48	是	有	73.5
Z163	南京	上海	08:50	11:28	02:38	是	有	46.5
…	…	…	…	…	…	…	…	…

引例 9.3：学生课程成绩管理

假设现有某大学计算机系学生数据结构课程的成绩，见表 9.3。要求实现一个学生课程成绩管理系统，能提供 6 个主要功能：（1）导入学生名单（通过 txt 文件导入）；（2）输入平时成绩和期末成绩（通过 txt 文件导入）；（3）按平时成绩和期末成绩以及它们所占的百分比实现计算总评成绩；（4）按学号查询成绩；（5）按总评成绩分数段查询；（6）学生成绩修改。

表 9.3   数据结构课程成绩（部分）

学号	姓名	性别	平时成绩	期末成绩	总评成绩
2015132001	杨雪	女	80	71	—
2015132002	陈文斌	男	70	60	—
2015132003	唐佳慧	女	85	77	—
2015132004	朱文钦	男	71	52	—
2015132005	张家宝	男	95	90	—
2015132006	沈九威	男	75	68	—
2015132007	何旭	男	95	87	—
2015132008	马蓉	女	85	79	—
…	…	…	…	…	…

引例 9.4：手机通讯录

假设通讯录中已有表 9.4 中的联系人信息，要求实现手机通讯录信息，能提供 4 个主要功能：（1）按拼音排序显示联系人姓名；（2）按姓名查找联系人；（3）添加联系人；（4）删除联系人。

表 9.4 手机通讯录联系人信息

姓名	手机号	住址
朱丽丽	158 xxxx 1290	荣亨逸都 21-甲-603
章蕾	159 xxxx 0682	紫金苑 10-乙-202
罗春风	138 xxxx 1453	中意宝第 5-乙-1003
柳华阳	158 xxxx 1235	锦阳花苑 7-丙-801
刘秉璋	136 xxxx 6170	香江华庭 9-丁-1201
许明	185 xxxx 4147	陈渡新苑 2-丁-301
陈琳	186 xxxx 8022	丽景花园 8-丙-601
蒋敏娟	152 xxxx 5751	青山湾 18-乙-702
陈俊才	151 xxxx 6086	世纪明珠苑 18-甲-901
林志华	138 xxxx 2768	怡康花园 21-丁-1101

9.2 查找的基本概念

查找（Search）就指在数据集合中寻找满足某种条件的记录，也称为检索或者搜索。首先说明与查找有关的基本概念。

由同一类型的记录构成的集合称为**查找表**。用以标识查找表中一个记录的某个数据项称为关键字。若一个关键字可以唯一标识一个记录，则称其为**主关键字**（Primary Key）。查找表中，不同记录有不同的主关键字值。若一个关键字用以识别若干记录，则称其为**次关键字**（Secondary Key）。在这种条件下，我们再给查找下一个明确的定义：根据给定的某个值，在查找表中确定一个关键字值与给定值相等的记录，若表中存在这样的记录，则称**查找成功**，查找结果可以返回整个记录，也可以指示该记录在表中的位置；若这样的记录不存在，则称**查找失败**或查找不成功，返回相关指示信息。

由于查找的主要运算是关键字的比较，通常用**平均查找长度**（Average Search Length，ASL）来衡量查找算法的性能。所谓在查找成功时的平均查找长度，是指为确定查找对象在查找表中的位置所执行的关键字比较次数的期望值。对于含有 n 个记录的查找表，查找成功时的平均查找长度 ASL_S 如下：

$$ASL_S = p_1 c_1 + p_2 c_2 + \cdots + p_n c_n = \sum_{i=1}^{n} p_i c_i \left(\sum_{i=1}^{n} p_i = 1 \right)$$

其中，p_i 是查找第 i 个记录的概率，c_i 是找到第 i 个记录所需的关键字比较次数。使用的查找方法不同，c_i 也不同。假设每个记录的查找概率都相等，即 $p_i = \dfrac{1}{n}$，则在等概率情形下 ASL_S 为

$$ASL_S = \frac{1}{n} \sum_{i=1}^{n} c_i$$

查找失败时的平均查找长度用 ASL_F 表示。本章中若无特别说明，ASL 便是指查找成功时的平均查找长度 ASL_S。

如果在查找的同时对表做修改，如插入、删除等，这样的表称为动态查找表，否则称为静态查找表。

在集合结构中，记录除了同属于一个集合的联系之外没有其他特殊关系。所以，查找、

插入、删除指定关键字的记录等运算是集合上最基本的运算。类似于"查找第 i 个记录""查找第 i 个结点的双亲"这类与记录间的次序有关的运算，在集合上是无意义的。为了便于查找的执行，需要把集合中相互之间无联系的记录组织成某种数据结构。例如，把教师信息记录集合组织成表 9.5 的线性表结构。除了线性表结构，还可以组织成其他诸如树、散列表等结构。查找表的组织方式不同，相应的查找方法也不同。

表 9.5　教师记录线性表

工号	姓名	出生年月	性别	学院	联系电话
14112	林秉璋	1960.03.27	男	计算机工程	151 xxxx 5328
14101	朱鉴富	1973.02.12	男	计算机工程	135 xxxx 7916
14113	王益君	1979.07.21	女	计算机工程	159 xxxx 0861
14125	于胜	1970.05.20	男	计算机工程	152 xxxx 3889
14210	李卫	1965.05.22	男	计算机工程	135 xxxx 9607
14115	苏秋茹	1973.07.18	女	计算机工程	158 xxxx 0092
14116	李烨	1976.08.18	女	计算机工程	152 xxxx 1671
14114	何志敏	1974.03.16	男	计算机工程	135 xxxx 7785
14137	顾春生	1970.09.05	男	计算机工程	139 xxxx 2925
14198	罗红芬	1980.08.22	女	计算机工程	189 xxxx 4868

9.3　线性表的查找

在表的组织方式中，线性表是最简单的一种。本节介绍两种在线性表上进行查找的方法，分别是顺序查找和折半查找。因为不考虑在查找的同时对表做修改，故这两种查找操作是在静态查找表上实现的。

查找与数据的存储结构有关，线性表有顺序和链式两种存储结构。本节只介绍以顺序表作为存储结构时实现的顺序查找算法。

9.3.1　顺序查找

顺序查找（Sequential Search）是最简单的查找方法。它的基本思路是：从表的一端开始，顺序扫描线性表，依次将扫描到的记录的关键字值和给定值 k 相比较，若当前记录的关键字值与 k 相等，则查找成功；若扫描结束后，仍未找到关键字值等于 k 的记录，则查找失败。线性表可以是顺序表或链表。查找实现与存储结构有关，这里以顺序表作为线性表存储结构介绍顺序查找法的实现。

顺序表的有关数据类型定义如下。

```
#define MAXSIZE 20000          //顺序表可能的最大长度
typedef int KeyType;
typedef int InfoType;          //定义其他数据项类型
typedef struct {
   KeyType key;                //关键字项
   InfoType otherdata;         //其他数据域，InfoType 视应用情况而定，下面不处理它
}RecordType;                   //记录类型
typedef struct {               //定义顺序表
   RecordType r[MAXSIZE+1];    //存储顺序表，r[0]闲置、缓存或用作哨兵单元
   int length;                 //查找表实际长度
```

```
}SqList;                                      //顺序查找表
```
SeqSearch 函数实现了基于顺序表的顺序查找算法。

```
/*************************************************/
/* 函数功能：在顺序表中顺序查找指定关键字值的记录      */
/* 函数参数：L 是存储记录的顺序表，k 表示关键字值       */
/* 函数返回值：int 类型，若成功则返回该记录在表中的位置  */
/*          若失败则返回 0                         */
/*************************************************/
int SeqSearch(SqList L, KeyType k){
//SeqSearch: Sequential Search，顺序查找
//在顺序表 L 中顺序查找关键字值等于 k 的记录，若成功则返回该记录在表中的位置，否则返回 0
  int i,n;
  i=1;
  n=L.length;
  while ((i<=n) && (L.r[i].key!=k))  i++;
  if (i<=n) return i;
  else return 0;
}
```

在上述顺序查找实现中，循环条件 i<=n 判断查找是否越界。为提高查找效率，可以通过设置监视哨来省去越界判断的步骤。把给定的关键字值存放在 L.r[0]中，从后往前查找，在查找失败的情形下将在与 L.r[0].key 比较时停止。L.r[0]称为监视哨，起到防止越界的作用。ImprovedSeqSearch 函数实现了设置了监视哨的改进的顺序查找算法。

```
/*************************************************/
/* 函数功能：在顺序表中顺序查找指定关键字值的记录      */
/* 函数参数：L 是存储记录的顺序表，k 表示关键字值       */
/* 函数返回值：int 类型                            */
/*若成功则返回该记录在表中的位置                     */
/*若失败则返回 0                                  */
/*************************************************/
int ImprovedSeqSearch(SqList L, KeyType k){
//设置监视哨
//在顺序表 L 中顺序查找关键字值等于 k 的记录，若成功则返回该记录在表中的位置，否则返回 0
  int i;
  L.r[0].key=k;  i=L.length;
  while (L.r[i].key!=k)  i--;              //从后往前查找
  return i;
}
```

采用平均查找长度来分析设置监视哨的顺序查找算法的性能。假设表长为 n，即表中有 n 个记录，那么查找第 i 个记录需进行 $n-i+1$ 次比较，即 $c_i=n-i+1$。又假设每个记录的查找概率相等，即 $p_i=\dfrac{1}{n}$，则查找成功时顺序查找算法的平均查找长度为：

$$\text{ASL}_\text{S} = \frac{1}{n}\sum_{i=1}^{n} c_i = \frac{1}{n}\sum_{i=1}^{n}(n-i+1) = \frac{1}{2}(n+1)$$

查找失败时需要与包括 L.r[0].key 在内的 $n+1$ 个关键字值比较，关键字比较次数为 $n+1$。

9.3.2 折半查找

折半查找法（Half-Interval Search）又称为**二分查找法**（Binary Search），这种方法要求查找表必须是按关键字大小有序排列的顺序表，而不能是链表。在下面的讨论中，假设有序表

是递增有序的。折半查找的基本思想是：将表中间位置记录的关键字与查找关键字比较，如果两者相等，则查找成功；否则利用中间位置记录将表分成前、后两个子表，如果中间位置记录的关键字大于查找关键字，则进一步查找前子表，否则进一步查找后子表。重复以上过程，直到找到满足条件的记录使查找成功，或直到子表不存在为止，此时查找不成功。

具体实现时，分别用 low 和 high 表示当前查找区间的下界和上界，r[low..high]是当前的查找区间，确定查找区间的中间位置 mid=(low+high)/2。然后将表中间位置记录的关键字 r[mid].key 与查找关键字 k 比较：

（1）若 r[mid].key=k，则查找成功；

（2）若 r[mid].key>k，则由表的递增有序性可知 r[mid..high].key 均大于 k，因此若表中存在关键字值 k 的记录，则该记录必定在位置 mid 左边的子表 r[low..mid-1]中，故新的查找区间是左子表 r[low..mid-1]。low 保持不变，high 更新为 mid-1。

（3）若 r[mid].key<k，则由表的递增有序性可知 r[low.. mid].key 均小于 k，因此若表中存在关键字 k 的记录，则该记录必定在位置 mid 右边的子表 r[mid+1..high]中，故新的查找区间是右子表 r[mid+1..high]。high 保持不变，low 更新为 mid+1。

下一次查找是针对新的查找区间进行的。从初始查找区间 r[0..n]开始，重复以上过程，直到找到满足条件的记录，此时查找成功；或查找区间为空，此时查找不成功。

图 9.3（b）和（c）分别给出了用折半查找法查找 23 和 88 的具体过程。当 high<low 时，表示查找区间为空，查找失败。

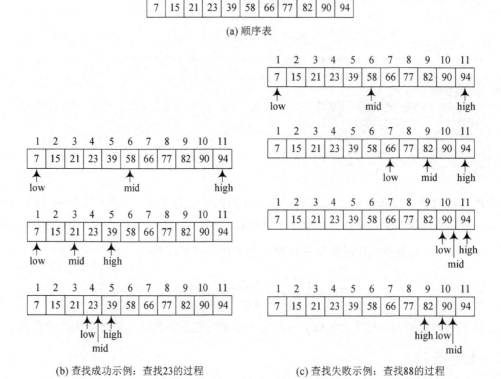

(a) 顺序表

(b) 查找成功示例：查找23的过程　　　　(c) 查找失败示例：查找88的过程

图 9.3　折半查找示例

BinSearch 函数实现了折半查找算法。

```
/*******************************************************/
/* 函数功能: 在有序表中折半查找指定关键字值的记录        */
/* 函数参数: L 是存储记录的有序表, k 表示关键字值        */
/* 函数返回值: int 类型, 若成功则返回该记录在表中的位置   */
/*            若失败则返回 0                           */
/*******************************************************/
int BinSearch(SqList L, KeyType k){
//BinSearch:Binary Search,折半查找
//在有序表 L 中折半查找关键字值等于 k 的记录, 若找到返回该记录在表中的位置, 否则返回 0

  int low, high, mid;
  low=1; high=L.length;                //置区间初值

  while(low<=high){
    mid=(low+high)/2;
    if (k==L.r[mid].key) return mid;   //找到待查记录, 返回记录位置
    else
      if (k<L.r[mid].key) high=mid-1;  //未找到, 继续在前半区间进行查找
      else low=mid+1;                  //未找到, 继续在后半区间进行查找
  }
  return 0;
}
```

折半查找法也可以递归实现,有兴趣的读者可以自己设计实现。

下面用平均查找长度来分析折半查找算法的性能。折半查找过程可用一棵称为判定树的二叉树描述。判定树中每一结点对应表中一个记录,但结点值不是记录的关键字,而是记录在表中的位置序号。根结点对应当前区间的中间记录,左子树对应前一子表,右子树对应后一子表。图 9.4 为图 9.3 (a) 所示顺序表的判定树,图中方形结点称为判定树的外部结点,圆形结点称为内部结点。判定树的形态只与表记录个数 n 相关,而与输入实例中 $r[1..n].key$ 的取值无关。由于判定树的叶结点所在层次之差最多为 1,故 n 个结点的判定树的深度与 n 个结点的完全二叉树的深度相等,为 $\lfloor \log_2 n \rfloor + 1$。

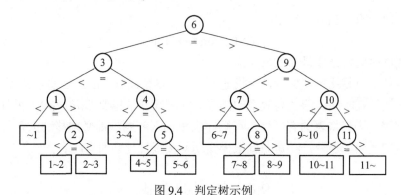

图 9.4 判定树示例

图 9.5 显示了查找 23 和 88 的过程。

查找 23 的过程见图 9.5 中带箭头实线所指路径,首先将 23 与 $r[6].key$ 比较,23 小于 $r[6].key$ 故走左分支,再与 $r[3].key$ 比较,23 大于 $r[3].key$ 故走右分支,与 $r[4].key$ 比较,23 等于 $r[4].key$,查找成功。共比较 3 次,为 $r[4].key$ 结点的深度。折半查找成功时,找到有序表中任一记录的

过程，对应从判定树根结点到该记录对应的内部结点的一条路径，而查找所做的比较次数恰为该记录对应结点在判定树中的层次数。此时关键字比较次数最多不超过判定树的深度。

查找 88 的过程见图 9.5 中带箭头虚线所指路径，走了一条从根结点到外部结点"9～10"的路径。折半查找失败时，走的是一条从根结点到外部结点的路径，和给定值进行比较的关键字个数等于该路径上内部结点的个数。此时关键字比较次数最多也不超过判定树的深度 $\lfloor \log_2 n \rfloor + 1$。

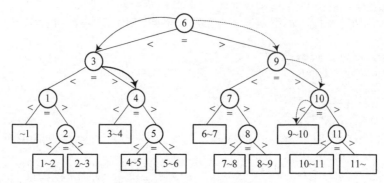

图 9.5　查找 23 和 88 的路径示意

利用判定树可以很方便地分析采用折半查找法查找顺序表时的平均查找长度 ASL。对于图 9.3（a）所示的关键字序列，查找成功时会找到图 9.4 所示的判定树中某个圆形结点，ASL_S 计算如下：

$$\text{ASL}_S = \frac{1 \times 1 + 2 \times 2 + 3 \times 4 + 4 \times 4}{11} = 3$$

借助于判定树，很容易得出折半查找的时间复杂度。为便于讨论，假定表的长度 $n=2^h-1$，则相应判定树必为深度是 h 的满二叉树，$h=\log_2(n+1)$。又假设每个记录的查找概率相等，则折半查找成功时的平均查找长度为：

$$\text{ASL}_S = \sum_{i=1}^{n} p_i c_i = \frac{1}{n} \sum_{j=1}^{h} \left(j \times 2^{j-1} \right) = \frac{n+1}{n} \log_2 (n+1) - 1$$

当 n 较大时，有下列近似结果：

$$\text{ASL}_S \approx \log_2(n+1) - 1$$

折半查找的时间复杂度是 $O(n\log_2 n)$。

折半查找的优点是比较次数少，查找速度快，平均性能好。但是它要求待查表为有序表，而排序本身需要消耗时间，即使高效率的排序算法时间开销也要 $O(n\log_2 n)$。另外，折半查找只适用于顺序表，为保持表的有序性，在顺序表里插入和删除都必须移动大量记录。因此，折半查找法特别适用于那种一经建立就很少变动而又查找频繁的有序表。

9.4　树表的查找

顺序查找和折半查找都以线性表作为查找表的组织形式。折半查找效率较高，但是它要求表中记录按关键字有序排列，且必须以顺序表而非链表作为存储结构。当插入、删除操作频繁时，为维护查找表的有序性需要大量移动表中记录。移动记录将引起额外时间开销，因此，折半查找适用于静态查找表。若要高效率地对动态查找表进行查找，可以将查找表组织成特殊的二叉树或树的形式，称为树表。本节讨论树表上的查找方法。

9.4.1 二叉排序树

9.3.2 节借助于判定树来分析折半查找的过程和性能。构造出类似于判定树的树型结构，不但能实现快速查找，还能方便地进行插入、删除等操作。二叉排序树是一种基于二叉树的动态查找结构，这里首先介绍它的定义和存储，然后依次介绍其上的查找、插入、生成和删除 4 种运算。

1. 二叉排序树的定义和存储

二叉排序树（Binary Sort Tree，BST）又称**二叉查找树**或**二叉搜索树**（Binary Search Tree，BST），其定义如下。

一棵二叉排序树或者是空树，或者是满足如下性质的二叉树：

（1）若它的左子树非空，则左子树上所有结点的值均小于根结点的值；

（2）若它的右子树非空，则右子树上所有结点的值均大于根结点的值；

（3）左、右子树本身又各是一棵二叉排序树。

上述性质简称二叉排序树性质或 BST 性质，故二叉排序树实际上是满足 BST 性质的二叉树。由上述 BST 性质可知以下 3 点：

（1）对于二叉排序树中任一结点 a，若 a 有左（右）子树，则左（右）子树中任一结点 b 的关键字必小（大）于 a 的关键字。

（2）二叉排序树中，各结点关键字值是唯一的。

需要指出的是，实际应用中可以按次关键字组织记录的二叉排序树，记录集中记录的次关键字值可能相同。所以可将二叉排序树定义中 BST 性质（1）里的"小于"改为"小于等于"，或将 BST 性质（2）里的"大于"改为"大于等于"，甚至可同时修改这两个性质。

（3）按中序遍历该树所得到的中序序列是一个递增有序序列。

图 9.6 所示的 3 棵二叉排序树中序序列均为有序序列：1，2，3，4，6，7。

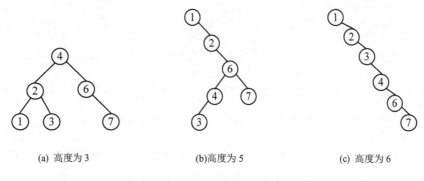

(a) 高度为 3   (b)高度为 5   (c) 高度为 6

图 9.6 二叉排序树示例

由图 9.6 可知，一组关键字可能有多棵深度和形态各异的二叉排序树。图 9.6 中的 3 棵二叉排序树皆是关键字集合{1, 2, 3, 4, 6, 7}的二叉排序树。

二叉排序树的存储结构定义如下。

```
typedef int KeyType;              //假定关键字类型为整数
typedef int InfoType;             //定义其他数据项类型

typedef struct {
    KeyType key;                  //关键字项
    InfoType otherdata;           //其他数据域,InfoType视应用情况而定,下面不处理它
}RecordType;                      //记录类型定义

typedef struct node {
    KeyType key;                  //关键字项
    InfoType otherdata;           //其他数据域,InfoType视应用情况而定,下面不处理它
    struct node *lchild, *rchild;    //左、右孩子指针
}BSTNode;                         //二叉排序树结点定义

typedef BSTNode *BSTree;          //BSTree是二叉排序树的类型
```

2. 二叉排序树的查找

在二叉排序树上进行查找和折半查找类似,也是一个逐步缩小查找范围的过程。给定关键字值 k,在二叉排序树上查找关键字值等于 k 的结点的基本过程如下:若二叉排序树是空树,不执行查找;若二叉排序树不是空树,则从根结点出发,当访问到树中某个结点时,分 3 种情况考虑:

(1) 该结点的关键字值等于 k,则查找成功;

(2) 该结点的关键字值小于 k,则继续查找该结点的左子树;

(3) 该结点的关键字值大于 k,则继续查找该结点的右子树。

函数 SearchBST 实现查找二叉排序树的递归算法。

```
/*****************************************************/
/* 函数功能:在二叉排序树上查找指定关键字值的结点         */
/* 函数参数:T 表示二叉排序树,k 表示关键字值             */
/* 函数返回值:BSTNode *类型                            */
/*         若查找成功则返回结点的指针                   */
/*         若查找失败则返回空指针                       */
/*****************************************************/
BSTNode *SearchBST(BSTree T, KeyType k){
//在二叉排序树 T 上查找关键字为 key 的结点,成功时返回该结点位置,否则返回 NULL
    if(T==NULL||k==T->key)    //递归终止条件
        return T;             //T 为空,查找失败;否则成功,返回找到的结点位置
    if(k<T->key)
        return SearchBST(T->lchild, k);    //继续在左子树中查找
    else
        return SearchBST(T->rchild, k);    //继续在右子树中查找
} //end of SearchBST
```

在图 9.7(a)所示的二叉排序树上进行查找。查找 52 的过程见图 9.7(b)中带箭头实线所指路径,此时查找成功。若查找成功,则是从根结点出发走了一条从根到待查结点的路径。查找 12 的过程见图 9.7(b)中带箭头虚线所指路径,此时查找失败。若查找失败,则是从根结点出发走了一条从根到某个叶子的路径。因此,查找过程中的关键字比较次数不超过树的深度。在等概率假设下,图 9.7 中二叉排序树查找成功的平均查找长度为:

$$ASL = \frac{1 \times 1 + 2 \times 2 + 3 \times 3 + 4 \times 3 + 5 \times 2 + 6 \times 1}{12} = 3.5$$

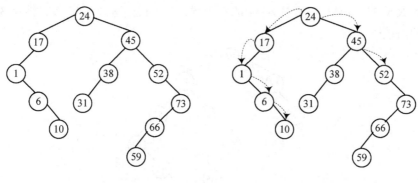

(a) 二叉排序树示例　　　　　　　　　　　(b) 查找52和12

图 9.7　二叉排序树查找过程

二叉排序树上的查找过程类似于借助于判定树的查找过程。但是，折半查找法查找长度为 n 的有序表，其判定树是唯一的，而含有 n 个结点的二叉排序树却不唯一。同样一组结点，所构成的二叉排序树的形态和深度可能不同。对于图 9.6 中的 3 棵二叉排序树，在等概率假设下，它们在查找成功时的平均查找长度分别为：

$$\mathrm{ASL}_a = \frac{1\times1+2\times2+3\times3}{6} = 2.33$$

$$\mathrm{ASL}_b = \frac{1\times1+2\times1+3\times1+4\times2+5\times1}{6} = 3.17$$

$$\mathrm{ASL}_c = \frac{1\times1+2\times1+3\times1+4\times1+5\times1+6\times1}{6} = 3.5$$

由此可见，在二叉排序树上进行查找的平均查找长度和二叉排序树的形态有关。在最坏情况下，n 个结点的二叉排序树棵是一棵深度为 n 的单支树，它的平均查找长度和单链表上的顺序查找相同，是 $(n+1)/2$。在最好情况下，二叉排序树在生成的过程中，树的形态比较匀称，最终得到的是一棵形态与判定树相似的二叉排序树，此时它的平均查找长度大约是 $\log_2 n$。可以证明，平均情况下二叉排序树的平均查找长度是 $\log_2 n$。

3. 二叉排序树的插入

在二叉排序树中插入新结点，要保证插入后仍满足 BST 性质。给定待插入记录 r，其关键字值为 r.key，插入过程是：若二叉排序树 T 为空，则为待插入记录申请一个新结点，并令其为根；若二叉排序树 T 不为空，则将 r.key 和根的关键字值 T->key 比较，分 3 种情况：

（1）若 r.key 与 T->key 相等，说明树中已存在结点，其关键字值等于 r 的关键字值，无需插入。

（2）若 r.key<T->key，将 r 插入根的左子树中。

（3）若 r.key>T->key，将 r 插入根的右子树中。

由于左右子树亦是二叉排序树，子树中的插入过程与上述树中的插入过程相同。如此进行下去，直到将 r 作为一个新的叶结点插入二叉排序树中，或者发现树中已有关键字值为 r.key 的结点为止。

在图 9.7（a）所示的二叉排序树上插入关键字值为 35 的结点，插入过程如图 9.8 所示。比较 35 与根结点 24，35 大于 24，所以 35 要插入 24 的右子树；比较 35 与 45，35 小于 45，所以 35 要插入 45 的左子树；比较 35 与 38，35 小于 38，所以 35 要插入 38 的左子树；比较

35 与 31，35 大于 31，所以 35 要插入 31 的右子树；31 的右子树为空，故将结点 35 作为根，35 成为 31 的右孩子。

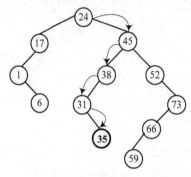

图 9.8　二叉排序树插入过程

InsertBST 函数实现了在二叉排序树中插入新记录的递归算法。

```
/*******************************************************/
/* 函数功能：在二叉排序树中插入新记录                  */
/* 函数参数：T 返回二叉排序树，r 表示要插入的记录       */
/* 函数返回值：BSTNode *类型                            */
/*            若记录插入成功则返回该结点指针            */
/*            若记录无需插入则返回空指针                */
/*******************************************************/
BSTNode *InsertBST(BSTree &T, RecordType r){
//在二叉排序树 T 中插入记录 r

    BSTNode *p;

    if (T==NULL){                        //找到插入位置，递归终止
      p=new BSTNode;                     //生成新结点*p
      p->key=r.key;                      //置*p 的关键字域
      p->otherdata=r.otherdata;          //置*p 的其他信息域
      p->lchild=p->rchild=NULL;          //*p 作为叶结点
      T=p;  //*p 链接到插入位置
      return p;
    }

    if (r.key==T->key) return NULL;    //无需插入
    else
      if (r.key<T->key) InsertBST(T->lchild, r);//插入左子树
      else InsertBST(T->rchild, r);   //插入右子树

} //end of InsertBST
```

在二叉排序树上插入记录时，时间主要消耗在查找上。所以插入运算的时间复杂度和查找一样，也是 $O(\log_2 n)$。

4. 二叉排序树的生成

二叉排序树的生成可以借助插入操作实现。从空二叉排序树开始，每输入一个结点数据，就调用一次插入算法，将它插入当前已生成的二叉排序树中，直至所有结点插入完毕，便生成了二叉排序树。对于关键字序列（4, 2, 6, 1, 3, 7），生成二叉排序树的过程如图 9.9 所示。

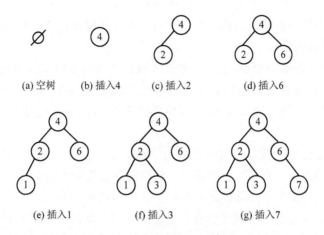

(a) 空树　　(b) 插入4　　(c) 插入2　　(d) 插入6

(e) 插入1　　　　　(f) 插入3　　　　　(g) 插入7

图 9.9　二叉排序树的生成过程

CreateBST 函数通过不断插入结点来生成二叉排序树。

```
/**************************************************/
/* 函数功能：创建一棵二叉排序树                    */
/* 函数参数：T 返回二叉排序树                      */
/* 函数返回值：空                                  */
/**************************************************/
void CreateBST(BSTree &T){
//不断读入记录并插入树中，直到所有记录读入完毕，生成二叉排序树 T

  T=NULL;                         //初始时 T 为空树

  KeyType FLAG=-1;
  RecordType r;

  printf("\n\t 请输入记录\n");
  printf("\t 请输入记录的关键字值:");
  scanf("%d",&r.key);

  while (r.key!=FLAG){            //自定义常量 FLAG 作为输入结束标志
    InsertBST(T, r);             //将记录 r 插入二叉排序树 T
    printf("\t 请继续输入记录的关键字值:");
    scanf("%d",&r.key);
  }
} //end of CreateBST
```

对于 n 个记录需要 n 次插入来生成二叉排序树，一次插入的时间复杂度是 $O(\log_2 n)$，所以二叉排序树的生成算法时间复杂度为 $O(n\log_2 n)$。

需要注意的是，对于同样一组记录，插入的先后次序不同，生成的二叉排序树的形态和深度可能不同。例如，由关键字序列(4, 2, 6, 1, 3, 7)和(4, 6, 2, 7, 3, 1)生成的二叉排序树如图 9.6（a）所示，由关键字序列(1, 2, 6, 4, 3, 7)生成的二叉排序树如图 9.6（b）所示，由关键字序列(1, 2, 3, 4, 6, 7)生成的二叉排序树如图 9.6（c）所示。

同一组结点，插入次序不同，生成的二叉排序树的深度和形态可能不同，相应的查找长度也不同。在最坏情况下，二叉排序树是通过把一个有序表的 n 个记录依次插入而生成的，此时所得的二叉排序树退化为一棵深度为 n 的单支树，此时平均查找长度最长；在最好情况下，生成的二叉排序树形态比较匀称，类似于判定树，此时平均查找长度最短。

5. 二叉排序树的删除

从二叉排序树中删除一个结点，不能把以该结点为根的子树都删去，而必须将因删除结点而断开的二叉链表重新链接起来，同时保证重新链接后树仍然满足 BST 性质，即仍然是二叉排序树。更进一步，要尽量避免重新链接后树的高度增加进而增加平均查找长度。

删除操作首先要进行查找，若树中找不到待删结点则返回，否则假设在查找过程结束时已经保存了待删除结点及其双亲结点的指针。指针变量 p 指向被删结点 P，指针变量 f 指向 P 的双亲结点 F。不失一般性，可设 P 是 F 的左孩子，如图 9.10 所示。

删除结点 P 时，应将 P 的子树（若有）仍连接在树上且保持 BST 性质不变。分 3 种情况处理：（1）P 为叶子结点，P_L 和 P_R 均为空树；（2）P 只有左子树 P_L 或者只有右子树 P_R；（3）P 的左子树和右子树均不空。

（1）P 为叶子结点，即 P_L 和 P_R 均为空树。

如图 9.11 所示。由于删去叶子结点不破坏整棵树的结构，只需将其双亲结点指向它的指针清零，再释放该叶子结点即可。通过语句 f->lchild=NULL 和 delete p 实现。

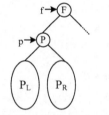

图 9.10　删除：待删除结点及其双亲　　　　图 9.11　删除：第 1 种情况

（2）P 只有左子树 P_L 或者只有右子树 P_R。

若 P 只有左子树 P_L，删除结点 P，会造成其左子树 P_L 和结点 F 断开。P_L 在 F 的左子树上，P_L 中结点的关键字值均小于结点 F 的关键字值。要把 P_L 链接到树上并保持 BST 性质，只需把 P_L 作为 F 的左子树，即取 P 的左孩子结点顶替它的位置，再释放 P。过程如图 9.12（a）所示，通过语句 f->lchild= p->lchild 和 delete p 实现。

若 P 只有右子树 P_R，可以取 P 的右孩子结点顶替它的位置，再释放 P。过程如图 9.12（b）所示，通过语句 f->lchild= p->rchild 和 delete p 实现。

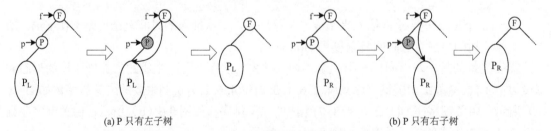

(a) P 只有左子树　　　　　　　　　　　　(b) P 只有右子树

图 9.12　删除：第 2 种情况

（3）P 的左子树和右子树均不空。

如图 9.13（a）所示，在删除结点 P 之前，该二叉排序树的中序序列为…$C_L C$…

$Q_LQS_LSPP_RF\cdots$。删除结点 P 后应仍然是二叉排序树,中序序列为$\cdots C_LC\cdots Q_LQS_LSP_RF\cdots$。可以有如下①和②两种处理方法。

①方法 1

见图 9.13(b),在 P 的左子树中寻找中序下的最后一个结点 S,令 P 的左子树为 F 的左子树,P 的右子树为 S 的右子树。如此得到的二叉排序树仍然保持 BST 性质。当 P_R 的高度比较大时,连接到结点 S 下后可能会增加整棵树的深度。通过下面语句实现:

```
f->lchild=p->lchild; s->rchild=p->rchild; delete p;
```

类似地,也可把 P 的右子树作为 F 的左子树。此时,在 P 的右子树中寻找中序下的第一个结点,把 P 的左子树作为该结点的左子树。

②方法 2

见图 9.13(c),在 P 的左子树中寻找中序下的最后一个结点 S,用 S 的值填补到被删结点中,再将 S 的左子树 S_L 作为 Q 的右子树。通过下面语句实现:

```
p->data=s->data; q->rchild=s->lchild; delete s;
```

类似地,也可以在 P 的右子树中寻找中序下的第一个结点去填补。

与方法 1 相比,方法 2 不会增加树的深度。因此,后面二叉排序树的删除算法采用方法 2。

根据上述讨论,图 9.14、图 9.15 和图 9.16 给出了二叉排序树删除的 3 种情况,图中有灰色阴影的是被删除结点。

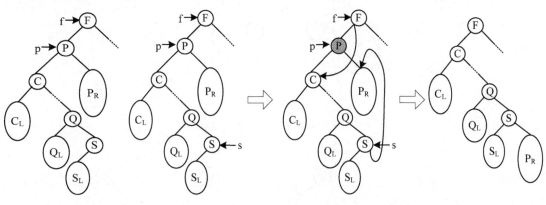

(a) P 的左子树和右子树均不空   (b) 方法一

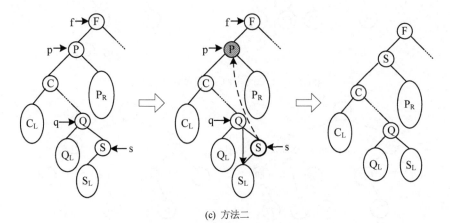

(c) 方法二

图 9.13 删除:第 3 种情况

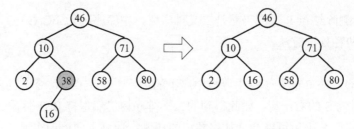

图 9.14　二叉排序树的删除：被删结点 38 只有左子树

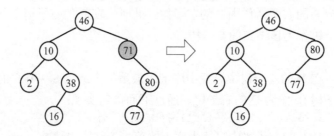

图 9.15　二叉排序树的删除：被删结点 71 只有右子树

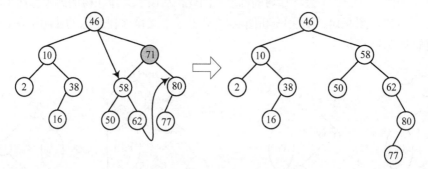

(a) 方法一：修改 46 的右子树和 62 的右子树

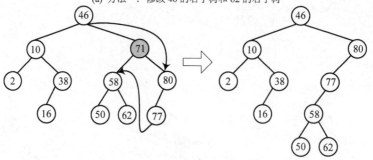

(b) 方法一：修改 46 的右子树和 77 的左子树

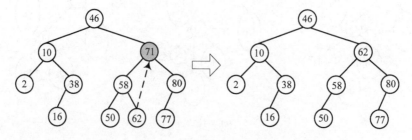

(c) 方法二：找中序直接前驱填补

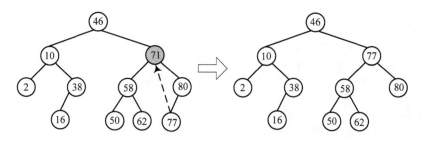

(d) 方法二：找中序直接后继填补

图 9.16 二叉排序树的删除：被删结点 71 左右子树均不空

函数 DeleteBST 从二叉排序树中删除指定关键字值的结点。首先在二叉排序树中查找指定关键字值的结点，若这样的结点不存在则不需要删除，否则删除找到的结点。

```
/*************************************************************/
/* 函数功能：从二叉排序树中删除指定关键字值的结点              */
/* 函数参数：T 返回二叉排序树，k 是关键字值                    */
/* 函数返回值：int 类型，若删除成功返回 1，否则返回 0           */
/*************************************************************/
int DeleteBST(BSTree &T, KeyType k){
                            //从二叉排序树 T 中删除关键字值等于 k 的结点
    BSTNode *p,*f,*s,*q;
    p=T; f=NULL;

/*---从根开始查找关键字值为 k 的结点*p---*/
    while(p && p->key!=k){      //找到关键字值等于 k 的结点*p，结束循环
      f=p; // *f 为*p 的双亲结点
      if(p->key>k) p=p->lchild;  //在*p 的左子树中查找
      else p=p->rchild;          //在*p 的右子树中查找
    }
    if(!p) return 0;            //找不到被删结点则返回

/*---考虑 3 种情况实现*p 的删除---*/
//第 1 种情况：*p 的左右子树均为空
    if (!p->lchild && !p->rchild){
      if (!f) T=NULL;          //被删结点为根结点
      else
        if (f->lchild==p) f->lchild=NULL;
        else f->rchild=NULL;
      delete p;
      return 1;                //删除结点，成功返回
    }

//第 2 种情况：*p 只有左子树或只有右子树
//第 2 种情况之*p 只有左子树
    if (p->lchild && !p->rchild){
      if (!f) T=p->lchild;     //被删结点为根结点
      else
        if (f->lchild==p) f->lchild=p->lchild;
        else f->rchild=p->lchild;
      delete p;
```

```
      return 1;
  }
//第 2 种情况之*p 只有右子树
  if (!p->lchild && p->rchild){
    if (!f) T=p->rchild;          //被删结点为根结点
    else
      if (f->lchild==p) f->lchild=p->rchild;
      else f->rchild=p->rchild;
    delete p;
    return 1;
  }

//第 3 种情况：*p 的左右子树均不空
  if (p->lchild && p->rchild){
    q=p; s=p->lchild;
    while (s->rchild){              //在*p 的左子树中查找其前驱结点，即最右下结点
      q=s;s=s->rchild;
    }                              //向右到尽头
    p->key=s->key;                 //s 指向*p 的前驱结点
    p->otherdata=s->otherdata;
    if (q!=p) q->rchild=s->lchild; //重接*q 的右子树
    else q->lchild=s->lchild;      //重接*q 的左子树
    delete s;
    //被删结点*p 被替代，不需再处理*f 的左右孩子
    return 1;
  }
} //end of DeleteBST
```

9.4.2　平衡二叉树

9.4.1 节中的分析表明，二叉排序树的形态取决于各个记录的插入次序。一般而言，二叉排序树的高度（深度）越小查找性能越好。如果输入的记录序列恰巧按其关键字大小有序，将产生如图 9.6（c）所示的二叉排序树。它虽然还是一棵二叉排序树，但是它在形式上已经退化成一个单链表了。在这样的树上查找操作所需要的时间就是 O(n)，与结点个数成正比。需要避免二叉排序树变得过于窄而高，最好能保证树的高度与树中结点数目 n 之间成 $\log_2 n$ 关系，从而提高查找效率。平衡二叉树便是这样一种特殊的二叉排序树，它能有效地控制树的高度，避免产生普通二叉排序树的退化树型。

1. 平衡二叉树的定义

一棵平衡二叉树（Balanced Binary Tree 或 Height-Balanced Tree）或者是空树，或者是具有下列性质的二叉排序树：

（1）左子树和右子树的高度之差的绝对值不超过 1。

（2）它的左子树和右子树都是平衡二叉树。

平衡二叉树由前苏联数学家 G.M.Adel'son-Vel'skii 和 E.M.Landis 提出的，所以又称 AVL 树。在图 9.17（a）所示的二叉排序树中，所有结点的左子树和右子树的高度之差的绝对值都不超过 1，因此它是一棵平衡二叉树。而在图 9.17（b）所示的二叉排序树中，根的右子树的高度为 2，根的左子树的高度为 4，两者高度之差的绝对值为 2，因此它不是一棵平衡二叉树。

在图 9.17 中每个结点旁边所注的数字给出该结点左子树的高度减去右子树的高度所得的高度差，在此称这个数字为结点的平衡因子。根据平衡二叉树的定义，任一结点的平衡因子只能取 1、0 和-1。如果一个结点的平衡因子的绝对值大于 1，则这棵二叉排序树就失去了平衡，就不是平衡二叉树了。

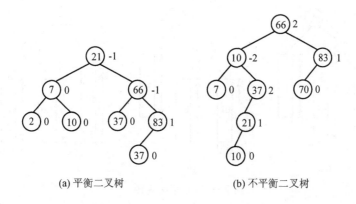

(a) 平衡二叉树   (b) 不平衡二叉树

图 9.17　平衡与不平衡的二叉树

对于给定的记录集合，可以构造一棵具有最佳树型的二叉排序树，即它具有最小高度。但是，也有可能得到一棵退化的树。要始终保持最佳树型是非常困难的，平衡二叉树是最佳二叉排序树和任意二叉排序树之间的折中。可以证明，一棵含有 n 个结点的平衡二叉树高（深）度与 $O(\log_2 n)$ 是同数量级的。平衡二叉树的查找方法与普通二叉排序树的查找完全一样，查找时间取决于树的高度（深度），因此，平均查找长度为 $O(\log_2 n)$。

2．平衡二叉树的插入

平衡二叉树的插入可先按普通二叉排序树的插入方法进行。但是，插入新结点可能会破坏树的平衡性，即树中某个结点的平衡因子的绝对值大于 1，这时需要对树重新平衡，使之仍然是一棵具有平衡性和排序性的平衡二叉树。首先需要找到插入新结点后失去平衡的最小子树的根结点，然后对它进行相应的调整，使之成为新的平衡子树。失去平衡的最小子树的根是离插入点最近，且平衡因子的绝对值大于 1 的结点。当失去平衡的最小子树被调整为平衡子树后，整个二叉排序树就又平衡了。在平衡调整过程中除失去平衡的最小子树外，其他结点不需要做任何调整。平衡二叉树插入结点的基本过程如下：

（1）按二叉排序树插入的方法插入结点。

（2）如果插入结点后未出现不平衡的结点，则插入完成，否则继续。

（3）找到失去平衡的最小子树。

（4）判断平衡调整的类型，作相应平衡化处理。

假定失去平衡的最小子树的根为 A，则平衡调整有 4 种情况：LL 平衡旋转、RR 平衡旋转、LR 平衡旋转和 RL 平衡旋转。

1）LL 平衡旋转

如果是因为在 A 的左孩子 B 的左子树上插入新结点，使 A 的平衡因子由 1 变成 2，则需要进行 LL 平衡旋转。图 9.18 是 LL 平衡旋转的例子，图中大写字母用来指明结点，矩形框表示结点的子树，字母 h 给出了子树的高度。其中图 9.18（a）为原始的平衡状态，图 9.18（b）

为插入结点 X 后不平衡的状态。为使树恢复平衡，从 A 沿刚才的插入路径连续取两个结点 A 和 B，以结点 B 为旋转轴，将结点 A 顺时针向下旋转成为 B 的右孩子，结点 B 代替原来结点 A 的位置，结点 B 原来的右孩子作为结点 A 的左孩子，从而使树又达到平衡。结果如图 9.18（c）所示。

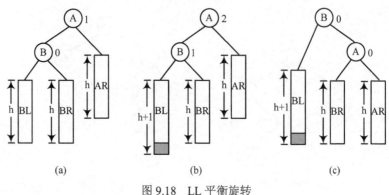

图 9.18　LL 平衡旋转

2）RR 平衡旋转

这种旋转和 LL 旋转是对称的。如果是因为在 A 的右孩子 B 的右子树上插入新结点，使 A 的平衡因子由-1 变成-2，则需要进行 RR 平衡旋转。图 9.19 是 RR 平衡旋转的例子。为使树恢复平衡，从 A 沿刚才的插入路径连续取两个结点 A 和 B，以结点 B 为旋转轴，将结点 A 逆时针向下旋转成为 B 的左孩子，结点 B 代替原来结点 A 的位置，结点 B 原来的左孩子作为结点 A 的右孩子，从而使二叉排序树又达到平衡。结果如图 9.19（c）所示。

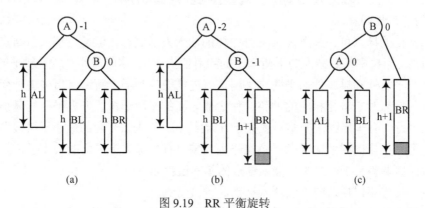

图 9.19　RR 平衡旋转

3）LR 平衡旋转

如果是因为在 A 的左孩子 B 的右子树上插入新结点，使 A 的平衡因子由 1 变成 2，则需要进行 LR 平衡旋转。图 9.20 是 LR 平衡旋转的例子。为使二叉排序树恢复平衡，则需要进行先逆时针后顺时针的平衡旋转，即先将 A 的左孩子 B 的右孩子 C 向逆时针方向旋转代替 B 的位置，再以结点 C 为旋转轴，将结点 A 向顺时针方向旋转成为 C 的右孩子，结点 C 代替原来结点 A 的位置，结点 C 原来的左孩子转为结点 B 的右孩子，结点 C 原来的右孩子转为结点 A 的左孩子，从而使二叉排序树又达到平衡。

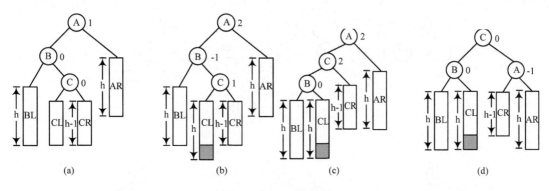

图 9.20　LR 平衡旋转

4）RL 平衡旋转

如果是因为在 A 的右孩子 B 的左子树上插入新结点，使 A 的平衡因子由−1 变成−2，则需要进行 RL 平衡旋转。图 9.21 是 RL 平衡旋转的例子。为使树恢复平衡，则需要进行先顺时针后逆时针的平衡旋转，即先将 A 的右孩子 B 的左孩子 C 向顺时针方向旋转代替 B 的位置，再以结点 C 为旋转轴，将结点 A 向逆时针方向旋转成为 C 的左孩子，结点 C 代替原来结点 A 的位置，结点 C 原来的左孩子转为结点 A 的右孩子，结点 C 原来的右孩子转为结点 B 的左孩子，从而使二叉排序树又达到平衡。

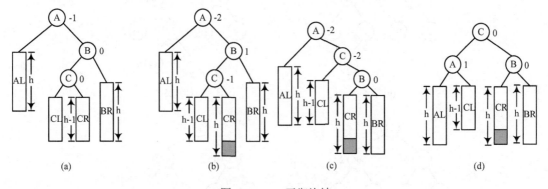

图 9.21　RL 平衡旋转

3. 平衡二叉树的生成

平衡二叉树的生成与普通二叉排序树相同，从空树开始，不断地插入结点就可建立平衡二叉树。对于关键字序列(10, 37, 21, 66, 83, 7, 2, 44, 25, 48)，图 9.22 给出了从空树开始按此顺序插入结点并进行调整的过程。

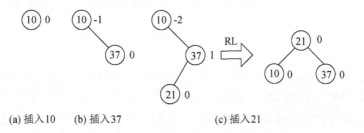

(a) 插入10　　(b) 插入37　　　　　(c) 插入21

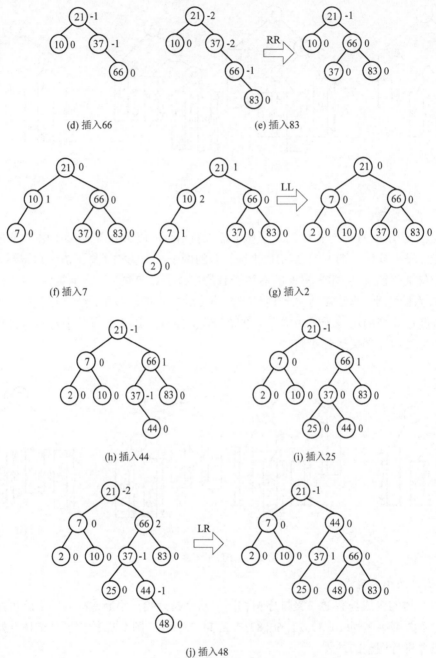

(d) 插入66

(e) 插入83

(f) 插入7

(g) 插入2

(h) 插入44

(i) 插入25

(j) 插入48

图 9.22 平衡二叉树的生成过程

9.4.3 B-树

当记录集合足够小可以在驻留在计算机内存中时，查找给定关键字值的记录在内存中进行，称为**内查找**（Internal Search）。内存中的记录集合组织成二叉树平衡树能够获得很好的性能。但是，当文件很大以致内存容纳不下时，它们必须存放在外存中，如磁盘、磁带等。在外存中查找给定关键字值的记录称为**外查找**（External Search）。在文件检索系统中大量使用是 B-树或 B+树做文件索引，以提高查找效率。

1. *m* 叉查找树

对于磁盘上的大文件也可以用树型结构表示，但此时的链接域（即指针域）的值已不是内存地址，而是磁盘存储器的地址。如果将一个由 $N=10^6$ 个记录组成的磁盘文件组织成一棵平衡二叉树，其高度约为 $\log_2 N = \log_2 106 \approx 20$。这也就是说，为了查找一个记录，可能需要存取磁盘 20 次，这是不能接受的。我们知道，磁盘的读写时间远慢于内存访问的时间。典型的磁盘存取时间是 1～10ms，而典型的内存存取时间是 10～100ns。内存存取速度比磁盘快 1 万至百万倍。因此，设法减少磁盘存取操作的次数是外搜索算法设计应充分考虑的问题。

采用**多叉树**（multiway tree）代替二叉树，在一个结点中存放多个而不是一个记录。这样若以结点作为内外存交换的单位，一次访问磁盘可以读取多个记录，从而提高查找效率。*m* **叉查找树**（m-way search tree）的定义如下。

m 叉查找树或者是一棵空树，或者是一棵满足下列特性的树：

（1）根结点最多有 *m* 棵子树，并具有如下结构；

$$(n, p_0, k_1, p_1, k_2, p_2, \ldots, k_n, p_n)$$

其中，p_i 是指向子树的指针，k_i 是记录的关键字，$0 \le i \le n < m$。

（2）$k_i < k_{i+1}$，$0 \le i < n$。

（3）在 p_i 所指子树中，所有记录的关键字值都大于 k_i 且小于 k_{i+1}，$0 < i < n$。

（4）在 p_0 所指子树中，所有记录的关键字值都小于 k_1，在 p_n 所指子树中所有记录的关键字值都大于 k_n。

（5）p_i 所指的子树也是 *m* 叉查找树。

从上述定义可知，一个多叉搜索树的结点中，最多存放 *m*-1 个记录和 *m* 个指向子树的指针。每个结点中记录按关键字值递增排序。一个记录的关键字值大于它的左子树上所有结点中记录的关键字值，小于它的右子树上所有结点中记录的关键字值。每个结点中包含的记录个数总是比它所包含的指针数少 1，空树除外。所以这是一种查找树。

图 9.23（a）和（b）分别给出了一个多叉查找树结点的结构及示例。图 9.24 给出了一棵四叉查找树，图中的小方块表示空树，也称为失败结点。失败结点不包含记录，它是当所查找的关键字值不在树中时到达的结点。图 9.24 中，根结点有两个孩子，树的各个结点中关键字值有序排列，结点最多有 4 个孩子，所以是四叉树。

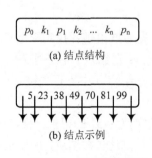

图 9.23　多叉查找树结点

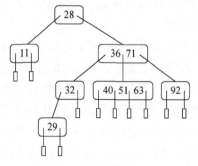

图 9.24　四叉搜索树

要从图 9.24 所示的四叉查找树中查找关键字值为 51 的记录，应从根结点开始，首先从磁盘读入根结点，并在该结点中进行查找，51 比 28 大，则沿着 28 右边的子树向下查找，并再从 36 和 71 中间的子树上找到 51。再如，查找关键字值为 23 的记录，23 小于根结点中的 28，沿 28 左边的子树向下查找，23 大于 11，沿 11 右边的子树查找，到达失败结点，说明关键字值为 23 的记录不存在。

如果每个结点只有一个记录，则高（深）度为 h 的查找树只有 h 个元素。所以，m 叉查找树也会像普通二叉排序树一样产生退化的树型。对于退化的查找树每次访问磁盘只能读取一个记录，而对存储在磁盘上的查找树进行查找、插入和删除操作的时间主要取决于访问磁盘的次数，所以应当避免产生退化树型。

2．B-树的定义

1970 年，R.Bayer E.Mereight 提出了一种外查找树，称为 B-树（B-tree）。B-树是一种特殊的多叉平衡树，不会产生退化树型。它在修改，包括插入和删除过程中需执行简单的平衡算法。B-树的一些改进形式已成为索引文件的有效结构，得到了广泛的应用。B-树的定义如下。

一棵 m 阶 B-树（B-tree of order m）是一棵 m 叉查找树，它或者是空树，或者是满足下列特性的树：

（1）根结点至少有两个孩子。

（2）除根结点和失败结点外的所有结点至少有 $\lceil m/2 \rceil$ 个孩子。

（3）所有的失败结点都位于同一层。

由特性（2）可知，除根结点和失败结点外的所有结点至少有 $\lceil m/2 \rceil -1$ 个记录。B-树是一种多叉查找树，它通过限制每个结点中记录的最少数目，以及要求所有的失败结点都在同一层上，来防止产生退化树型。事实上，失败结点被视为查找失败时才能达到的结点，它们都作为外部结点存在，并非 B-树上的结点，指向它们的指针都为空值。如图 9.25 所示是一棵 4 阶 B-树，所有失败结点都在同一层上；而如图 9.24 所示不是 B-树。

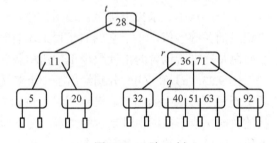

图 9.25　4 阶 B-树

3．B-树的查找

B-树的查找和 m 叉查找树的查找相同，是一个在结点内查找和按某一条路径向下查找交替进行的过程。

在图 9.25 所示的 B-树中查找关键字值为 51 的记录，首先通过根指针找到根结点 t，进行关键字的比较；51>28，因此沿 28 的右侧指针找到下一层结点 r；在结点 r 中进行关键字比较：51>36 且 51<71，沿 36 的右侧指针找到下一层结点 q；最后在结点 q 中进行关键字比较，找到 51，查找成功，返回结点地址及在结点中的关键字序号。

如果查找关键字值为 68 的记录，前面的过程和查找关键字值为 51 的记录一样，在结点 q 中做关键字比较：68>63，沿 63 的右侧指针向下一层查找，结果到达失败结点，所以查找失败。

由查找过程可知，在 B-树中按关键字值查找记录的时间总量由两部分组成：一部分是从磁盘中读入结点所用时间，另一部分是在结点中查找给定关键字值的记录所用时间。时间主要消耗在从磁盘中读入结点，因此，查找时间取决于访问磁盘的次数。它与 B-树的高度 h 直接有关。提高 B-树的阶数 m，可以减少树的高度，进而减少磁盘访问次数。但是，m 受到内存可使用空间的限制，当 m 很大超出内存工作区容量时，结点不能一次读入内存，会增加读盘次数和增加结点内查找的难度。因此，必须加以权衡，选择合适的 m 值。

性质 设一棵 B-树的记录总数是 n，失败结点的总数是 n_f，则有 $n=n_f-1$。

B-树中每个非失败结点中包含的记录数目比它所包含的指针数少 1。设非失败结点总数为 n_s，所有非失败结点包含的指针总数为 t，则有 $n=t-n_s$，即 $t=n+n_s$。而非失败结点的指针总数 t 等于除根结点以外，失败结点数目和非失败结点数目之和，即 $t=n_s+n_f-1$。所以 $n_s+n_f-1=n+n_s$，因此，$n=n_f-1$，即树中记录总数是失败结点总数减 1。

结点所在的最大层次是 B-树的高度（不计失败结点）。那么包含 n 个元素的 m 阶 B-树的最大高度是多少呢？

定理 一棵 m 阶 B-树中记录总数是 n，则其高度 h 满足

$$h \leqslant 1+\log_{\lceil m/2 \rceil} \frac{n+1}{2} \tag{9-1}$$

由性质 9.1，对于含有 n 个记录的 B-树，失败结点总数为 $n+1$。B-树第 1 层为根结点。根结点至少有 2 个孩子，所以第 2 层至少有 2 个结点。除根以外，每个非失败结点至少有 $\lceil m/2 \rceil$ 个孩子，所以第 3 层至少有 $2 \times \lceil m/2 \rceil$ 个结点，……，依次类推，第 $h+1$ 层至少有 $2 \times (\lceil m/2 \rceil)^{h-1}$ 个结点。不妨设第 $h+1$ 层是失败结点，则有

$$n+1 \geqslant 2 \times (\lceil m/2 \rceil)^{h-1} \tag{9-2}$$

从而得到式（9-1）。

这就是说，在含有 n 个记录的 B-树上查找一个关键字，从根开始到关键字所在结点的路径上，不计失败结点涉及的结点数不超过 $1+\log_{\lceil m/2 \rceil}((n+1)/2)$，这也是 B-树的最大高度。

B-树查找需执行的磁盘访问次数最多是 $1+\log_{\lceil m/2 \rceil}((n+1)/2)$。B-树中每个结点可以看作一个有序表，结点内查找在内存中进行，可以采用顺序查找、折半查找等内查找算法进行。

4. B-树的插入

在 m 阶 B-树中插入一个记录，首先检查树中是否已存在相同关键字值的记录，如果存在，则不需插入，否则查找必定终止在失败结点处。在该失败结点的上一层叶结点中插入新记录。如果插入后该叶结点中的记录数不超过 $m-1$，则插入成功，否则需作结点分裂。

例如，在图 9.25 所示的 4 阶 B-树中插入 60，如图 9.26 所示。首先查找新记录的插入位置，在叶子结点的记录 51 和 63 之间。插入 60 后，如图 9.26（a）所示，叶结点 q 中包含 4 个记录，超过了 4 阶 B-树的结点容量。此时作结点分裂，如图 9.26（b）所示，创建一个新的 B-树结点 q'，将图 9.26（a）所示结点，即原来 q 结点一分为三，拆分点在位置 $\lceil m/2 \rceil$ 处。后一半记录和指针存放到新结点 q' 中，前半部分记录和指针仍然保存在 q 中。但是，位于 $\lceil m/2 \rceil$ 处的 51，连同指向新结点 q' 的指针一起，存放到双亲结点 r 中，如图 9.26（c）所示。

下面给出另一个 B-树插入的例子，如图 9.27 所示。在图 9.27（a）所示的 3 阶 B-树中插入 55，查找失败，终止于 q 结点中的 40 和 63 之间的失败结点，因此应将 55 和一个空指针插在 q 结点的 40 和 63 之间，如图 9.27（b）和（c）所示。结点 q 在插入新记录 55 后已产生溢出，需要分裂，分裂出现在结点 q 的第 2 个记录 55 处，如图 9.27（d）所示。分裂后，原结

点 q 分成 3 部分，前一部分记录仍留在结点 q 中，后一部分记录建立一个新结点 q' 来存储它们，设 q' 是新结点的地址，那么记录 55 和指针 q' 将插入原 q 结点的双亲 r 中，如图 9.27（e）所示。结点 r 还要再分裂，产生新结点 r'，55 和指针 r' 将插入原 r 结点的双亲结点 t，即根结点中，如图 9.27（f）和（g）所示，插入后的 B-树如图 9.27（h）所示。

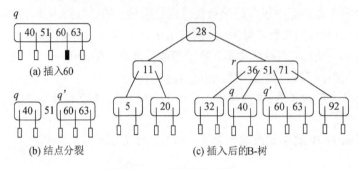

图 9.26 B-树的插入示例一

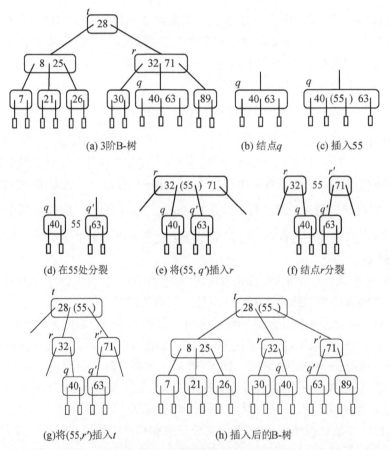

图 9.27 B-树的插入示例二

综合 B-树的插入示例一和示例二，可以得到在 B-树中插入记录的基本过程：

（1）按给定关键字值在 B-树中查找记录，若查找成功，表示所找记录已经存在，不需插入，否则在查找失败处的叶结点中插入新记录和一个空指针。

（2）若新记录（和一个指针）插入后，结点 q 未溢出，即结点中的记录个数未超过 $m-1$

（指针数未超过 *m*），则插入成功。

（3）若插入新记录（和一个指针）后，结点 *q* 溢出，则进行结点分裂操作，将结点一分为三。分裂发生在位置 $\lceil m/2 \rceil$ 处。关键字值 $k_{\lceil m/2 \rceil}$ 之前的记录保留在原来的结点中，在它之后的记录存放在新创建的结点 *q'* 中，而关键字值为 $k_{\lceil m/2 \rceil}$ 的记录和 *q'* 的地址将插入结点 *q* 的双亲结点中。由于在该双亲结点中新增了一个记录和一个指针，须检查其溢出问题，同样按步骤（2）和（3）进行处理。

（4）如果按照步骤（3）的原则，根结点 *q* 产生分裂，根结点没有双亲，那么分裂产生的两个结点 *q* 和 *q'* 的指针以及关键字值为 $k_{\lceil m/2 \rceil}$ 的记录应组成一个新的根结点，B-树高度增加 1。只要从根结点到新记录插入结点的路径上至少有一个结点未满，B-树不会长高。

B-树结点的分裂方式如图 9.28 所示。

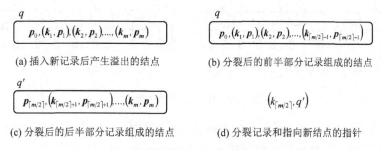

(a) 插入新记录后产生溢出的结点　(b) 分裂后的前半部分记录组成的结点
(c) 分裂后的后半部分记录组成的结点　(d) 分裂记录和指向新结点的指针

图 9.28　B-树结点的分裂示意

B-树的生成过程是从空树起，在查找过程中逐个插入记录而得到的。

5. B-树的删除

从 B-树上删除一个指定记录同插入操作一样，是从叶子结点开始。如果被删除的记录不在叶子结点中，那么由它右边子树上的最小记录取代之，即由大于被删除记录的最小记录取代之。这种"替代"使得删除操作成为从 B-树的叶结点中删除一个记录。

图 9.29 是从图 9.25 所示的 4 阶 B-树上删除一个关键字值为 28 的记录的过程。由于 28 不在叶子结点中，必须首先用 32 替代 28，如图 9.29（a）所示。

替代以后，现在从结点 *p* 中删除 32 和一个空指针，如图 9.29（b）所示。删除后，结点 *p* 中的记录个数不足 B-树规定的下限数，即至少 $\lceil m/2 \rceil -1$ 个记录，从而发生下溢。解决这一问题的做法首先是检查其左、右两侧的兄弟结点中的记录个数，若左侧兄弟有多余的记录，则从左侧兄弟"借"一个记录，否则，若右侧兄弟有多余的记录，则从右侧兄弟"借"一个记录。这种借是采用图 9.29（c）的旋转方式实现的：将双亲结点 *r* 中的记录 36 移至结点 *p*，*p* 的右侧兄弟中的记录 40 移至双亲结点 *r*，记录 40 的左侧指针应移到结点 *p* 中，成为记录 36 的右侧指针，显然也是结点 *p* 的最右边的指针。可以作这样约定：当一个结点在删除记录后发生下溢，则采取先左后右的次序，先检查其左侧兄弟是否有多余记录（至少 $\lceil m/2 \rceil$ 个记录），若是，则采用上述旋转方式借记录，否则再检查右侧兄弟是否有多余记录，若是，则向其右兄弟借，如图 9.29（d）所示。

但如果一个 B-树结点发生下溢时，其左、右两侧兄弟都恰好只有 $\lceil m/2 \rceil -1$ 个记录，那么，只能采用"连接"的方式解决此类下溢问题。连接方法解决 B-树结点下溢是当左右两侧兄弟都没有多余记录时所采用的方法。

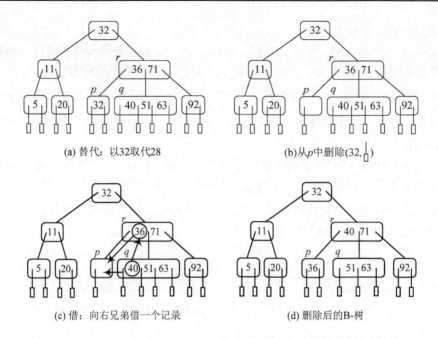

(a) 替代：以32取代28　　　　　　　(b)从p中删除(32, ⊥)

(c) 借：向右兄弟借一个记录　　　　　(d) 删除后的B-树

图 9.29　B-树的删除示例一

图 9.30 是从图 9.29（d）所示 B-树上删除 20 的过程。从结点 s 中删除 20 和一个空指针后，结点 s 发生下溢，其唯一的左侧兄弟 s' 没有多余记录，此时只能将结点 s 与 s'，以及其双亲结点中分割它们的记录 11，组成一个结点。不妨假定保留结点 s'，而将 11，以及结点 s 中全部记录和指针都移到结点 s' 中，然后撤销结点 s，如图 9.30（b）所示。这也意味着从结点 u 中删除 11 和指向 s 的指针。由于 11 和一个指针被删除，结点 u 发生下溢，此时需从其右侧兄弟 r 借。我们已经看到，借是旋转进行的，结点 t 的 32 移到结点 u，结点 r 中的 40 移到结点 t 中，r 的最左边子树成为 u 的最右边子树，如图 9.30（c）所示。

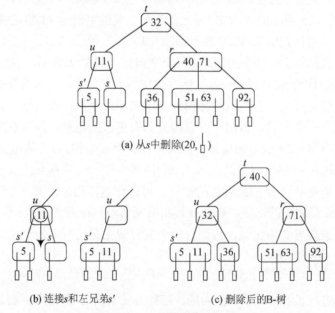

(a) 从s中删除(20, ⊥)

(b) 连接s和左兄弟s'　　　　　(c) 删除后的B-树

图 9.30　B-树的删除示例二

综合 B-树的删除示例一和示例二，可以得到在 B-树中删除记录的基本过程：

（1）查找被删除的记录，如果不存在要删除的记录，则删除操作失败终止。如果查找成功，且被删除的记录在叶子结点中，则从该叶子结点中删除该记录；如果被删除的记录不在叶子结点中，那么用它的右侧子树上的最小记录取代之（必定在叶子结点中），然后从叶子结点中删除该替代记录。

（2）如果删除记录后，当前结点中包含至少 $\lceil m/2 \rceil -1$ 个记录，删除操作成功结束。

（3）如果删除记录后，当前结点中包含不足 $\lceil m/2 \rceil -1$ 个记录，则称发生下溢。处理的方法首先是借记录：如果其左侧兄弟有至少 $\lceil m/2 \rceil$ 个记录，则可以向其左兄弟"借"一个记录；否则如果其右侧兄弟有多余记录，则向其右侧兄弟借。借记录是旋转进行的，具体做法如图 9.29（c）所示。

（4）如果删除记录后，当前结点产生下溢，且左、右两侧兄弟结点都只有 $\lceil m/2 \rceil$ 个记录，则只能进行"连接"。若当前结点有左侧兄弟，则将该结点与其左侧兄弟连成一个结点，否则与右侧兄弟连接。连接是将两个结点中的记录，连同它们的双亲结点中用来分割它们的记录组合成一个结点，另一个结点将撤销。这意味着从其双亲结点中删除分割记录和一个指向被撤销的结点的指针，这可能导致双亲结点的下溢，所以需继续检查其双亲结点。应按（2）、（3）、（4）所述方法处理，从双亲结点中删除记录的问题。

（5）如果由于连接操作，导致根结点中的一个记录被删除，并且根结点只包含一个记录，则其中的记录被删除后，根结点成为不含任何记录的空结点，那么两个结点连接后被保留的那个结点将成为 B-树新的根结点，这时，B 树变矮。如果 B-树本来只有一个根结点，且该根结点只包含一个记录，那么当这唯一的记录被删除后，B-树便成为空树。

9.4.4 B+树

1. B+树的定义

B+树（B+ tree）可以看作 B-树的一种变体，它用于建立多级索引，在实现文件索引结构方面比 B-树使用得更普遍。

B+树与 B-树的最显著的区别是 B+树只在叶子结点中存储记录。非叶结点存储索引项。每个索引项为：（关键字值，指向子树的指针），叶子结点存储实际记录。叶子结点中可能存储多于或少于 m 个记录，只是简单地要求叶子结点的磁盘块存储足够的记录，以保持该块至少半满，B+树的叶子结点组成数据文件。如图 9.31 所示是 B+树的示意图，R_{12} 代表关键字值为 12 的记录。

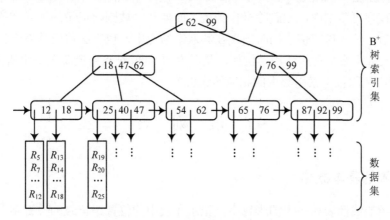

图 9.31 B+树索引文件结构示意图

一棵 *m* 阶 B+树或者是空树，或者是满足下列特性的树：

（1）每个非叶结点最多有 *m* 个孩子；

（2）除根结点以外的非叶结点至少有 $\lceil m/2 \rceil$ 个孩子；

（3）有 *n* 个孩子的非叶结点必须有 *n* 个关键字值；

（4）根结点至少有两个孩子；

（5）所有叶子结点均在同一层上。

因此，每个 B+树结点的结构如下，其中，p_i 是指向子树的指针，k_i 是子树 p_i 上的最大关键字值，$k_i<k_{i+1}$，$0\leq i<n<m$。

$$n, (p_0, k_0), (p_1, k_1), ..., (k_{n-1}, p_{n-1})$$

如图 9.31 所示是一棵 3 阶 B+树。

2. B+树的查找、插入和删除

B+树的查找、插入和删除操作的算法基本上与普通 B-树的相应操作相同。

1）B+树的查找

通常在 B+树中有两个头指针：一个指向 B+树的根结点，一个指向关键字值最小的叶子结点。由此，可以对 B+树进行两种查找操作：一种是对叶子结点之间的链表进行顺序查找；另一种是从根结点开始，进行自顶向下，直至叶子结点的随机查找。在随机查找过程中，如果非叶结点中的某个关键字值等于给定值，查找并不停止，而是继续沿相应指针向下，一直查到叶子结点上的这个关键字值，才能找到记录。因此，对 B+树进行随机查找，不论查找成功与否，都走了一条从根到叶子结点的路径。

2）B+树的插入

在 B+树上插入一个记录首先应当搜索包含该记录的叶子结点。如果该叶结点未满，则直接将该记录插入后操作结束。如果叶子结点已满，则叶子结点应进行分裂，建立一个新叶子结点，将前一半记录复制到新结点中，然后将指向新结点的指针和前一半记录的最大关键字值构成一个索引项，插到上一层结点中。在父结点中插入一个索引项的过程与上面相同，同样也可能引起结点分裂。与 B-树相同，结点分裂可能向上传播，最坏情况下，可能到达根结点，从而造成整个 B+树的层数增高。

3）B+树的删除

从 B+树中删除一个记录类似于 B-树。从叶子结点中删除一个记录后，如果该结点的关键字值数目仍在许可范围内，则删除操作结束。即使此时被删除记录的关键字值是当前结点的最大关键字值，该关键字值也同时出现在其双亲结点中，也不必修改其双亲结点中的该关键字值，因为它并不影响索引作用。例如，从图 9.31 的叶结点中删除关键字值为 18 的记录 R_{18}，不需要同时删除位于索引集中的相应的索引项。

9.5　散　列　表

9.5.1　散列表的基本概念

在前面介绍的线性表和树表的查找中，记录在表中的位置跟记录的关键字之间不存在确定关系，因此在这些表中查找记录时需进行一系列的关键字比较。这一类查找方法是建立在

"比较"的基础上，查找的效率取决于比较的次数。

散列表（Hash Table）是表示集合和字典的另一种有效方法，它提供了一种完全不同的存储和查找方式。散列表查找在记录的存储位置 *addr* 与记录的关键字 *key* 之间建立一种对应关系 *H*，使每个关键字值和一个唯一的存储位置对应，即 *addr*=*H*(*key*)。查找时只需要根据记录的关键字 *key* 就能计算出存储位置 *H*(*key*)，从而直接取得该记录，避免了多次比较。这个把关键字映射到存储位置的函数 *H* 称为**散列函数**（Hash Function），而这样建立的查找表称为散列表，也称为哈希表或杂凑表。散列表是根据关键字直接访问记录的数据结构，它建立了关键字和存储位置之间的一种直接映射关系。这里的存储位置可以是数组的下标、索引或内存地址等。

现在有 *n*=7 个不同的标识符组成标识符集合{acos, asin, atan, cos, exp, fabs, sin, sqrt}，其中每个标识符表示一个 C 语言库函数。假设散列表表长为 26，散列函数必须把所有可能出现的标识符映射到 0～25 中的某个整数。可以构造一个非常简单的散列函数：字符 a～z 分别编号为数字 0～25，取标识符首字符编号作为该标识符在散列表中的位置。一个记录关键字的散列函数值给出了该记录在表中的位置。遗憾的是，在实际建表中我们看到，

H(acos)=H(asin)=H(atan) =0,

H(sin)=H(sqrt)=19

不同标识符的散列地址相同，这种现象给建表造成了困难。

散列函数可能会把两个或两个以上的不同关键字值映射到同一存储位置，即 $key_1 \neq key_2$，而 H(key_1)=H(key_2)，这种情况称为**冲突**（collision）。具有相同散列函数值的关键字，对该散列函数来说称为**同义词**（synonym），key_1 和 key_2 互称为同义词。在 C 语言库函数标识符的例子中，acos、asin 和 atan 是同义词，sin 和 sqrt 是同义词。

理想情况下，我们希望设计出的散列函数既计算简单，同时最好不产生冲突。但是遗憾的是，一般情况下关键字集合往往比地址空间大得多，冲突是不可避免的。所以，要设计出实用的散列表必须考虑处理冲突的方法。下面 9.5.2 节介绍散列函数的构造方法，9.5.3 节介绍冲突处理的方法。

9.5.2　散列函数的构造方法

在构造散列函数时，必须注意以下几点：

（1）散列函数的定义域必须包含全部要存储的关键字，而值域的范围则依赖于散列表的大小或地址范围。

（2）散列函数计算出来的地址应该能等概率、均匀地分布在整个地址空间，从而减少冲突的发生。

（3）散列函数应尽量简单，能够在较短时间内就计算出任意关键字对应的散列地址。

下面介绍 5 种常用的散列函数：直接地址法、除留余数法、数字分析法、平方取中法和折叠法。

1）直接地址法

直接取关键字的某个线性函数值为散列地址，散列函数为：

$$H(\text{key})=a*key+b$$

式中的 a 和 b 是常数。这种方法计算最简单，并且不会产生冲突。它适合关键字的分布

基本连续的情况，若关键字分布不连续、空位较多，将造成存储空间的浪费。

2）除留余数法

这是一种最简单、最常用的方法，假定散列表表长为 m，利用以下公式把关键字转换成散列地址。散列函数为：

$$H(key)=key\%p$$

除留余数法的关键是选好 p，使得每一个关键字通过该函数转换后等概率地映射到散列空间上的任一地址，从而尽可能减少冲突的可能性。通常 p 取一个不大于 m 但最接近或等于 m 的质数。

3）数字分析法

设关键字是 r 进制数（如十进制数），而 r 个数码在各位上出现的频率不一定相同：可能在某些位上分布均匀些，每种数码出现的机会均等；而在某些位上分布不均匀，只有某几种数码经常出现。这时应选取数码分布较为均匀的若干位作为散列地址。如图 9.32 所示的一组 6 位十进制数关键字，在第 4、5、6 位上各个数字分布相对均匀些，所以取这几位为散列函数值。当然，选取的位数需要根据散列表的大小来确定。这种方法适合于已知的关键字集合，如果更换了关键字，就需要重新构造新的散列函数。

①	②	③	④	⑤	⑥
8	5	3	1	6	7
8	5	3	7	3	2
8	5	2	7	3	
8	5	7	7	9	5
8	5	3	4	4	6
8	5	3	5	8	1
8	5	2	3	5	1
8	5	3	6	9	8
8	5	3	7	5	5

图 9.32　数字分析法关键字示例

4）平方取中法

顾名思义，取关键字的平方值的中间几位作为散列地址。具体取多少位要看实际情况而定。这种方法得到的散列地址与关键字的每一位都有关系，使得散列地址分布比较均匀。适用于关键字的每一位取值都不够均匀或均小于散列地址所需的位数。平方取中法在符号表应用中被广泛采用。如表 9.6 所示例子中关键字的内部码采用八进制表示。

表 9.6　平方取中法示例

关键字的内码	内码的平方	散列函数值
0100	0010000	010
1100	1210000	210
1200	1440000	440

5）折叠法

折叠法将关键字从左至右分割成位数相同的几部分（最后一部分的位数可以短一些），然后取这几部分的叠加和作为散列地址。该方法适用于关键字位数很多，且每一位上数字分布大致均匀的情况。有两种叠加方法：移位叠加和边界叠加。

（1）移位叠加：将各部分的最后一位对齐相加。

（2）边界叠加：从一端向另一端沿各部分分界来回折叠，然后对齐相加。

```
    1 5 3            1 5 3
    2 6 4            4 6 2
    4 8 7            4 8 7
  +   2 5          +   5 2
  ─────────        ─────────
  [1] 1 2 9        [1] 1 5 4
  (a) 移位叠加      (b) 边界叠加
```

图 9.33　折叠法求散列地址

设关键字 key=15326448725，若散列地址取 3 位数，则可对 key 按 3 位一组来分割。关键字分为 4 段：

153　264　487　25

移位叠加和边界叠加的计算结果分别如图 9.33（a）和（b）所示。若计算结果超出地址位数，则舍去最高位，仅保留低 3 位作为散列函数值。

9.5.3 处理冲突的方法

应该注意到，任何设计出来的散列函数都不可能绝对地避免冲突，为此，必须考虑在发生冲突时应该如何进行处理，即为产生冲突的记录寻找下一个"空"的 Hash 地址。解决冲突也称为溢出处理技术。有两种常用的冲突解决方法：**开放地址法**（Open Addressing）和**拉链法**（Separate Chaining）。这两种方法采用不同的数据结构表示散列表。

1. 开放地址法

当发生冲突时，在冲突位置的前后附近寻找可以存放记录的空闲单元。用此法解决冲突，要产生一个探测序列，沿着此序列去寻找可以存放记录的空闲单元。只要散列表足够大，空闲单元总能找到。

开放地址法的一般形式为：$H_i=(H(key)+d_i)\%m$ $i=1,2,\dots,k(1{\leqslant}k{\leqslant}m-1)$。其中，$H(key)$为散列函数值，$m$ 为散列表表长，d_i 为增量序列。初始位置是 $H(key)$，当发生冲突后，后续的探测位置依次是 $H_1, H_2, \dots, H_{m-1}$，H_i表示发生冲突后第 i 次探测的散列地址。形成探测序列的方法有多种，这里介绍线性探测法和二次探测法。

1）线性探测法

产生探测序列最简单的方法是线性探测法。当发生冲突时，从发生冲突的存储位置的下一个存储位置开始依次顺序探测空闲单元，即增量序列 $d_i=1,2,\dots,m-1$。当探测到表尾地址 $m-1$ 时，下一个探测地址是表首地址 0，当表未填满时一定能找到一个空闲单元。

给定关键字序列(32, 27, 36, 14, 81, 33, 97, 40, 68, 24, 23, 92)，散列表表长 $m=13$，按散列函数 $H(key)=key\%13$ 和线性探测处理冲突构造所得的散列表如图 9.34 所示。初始时，散列表为空表，然后按关键字序列依次把关键字插入表中。

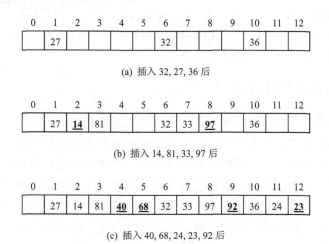

0	1	2	3	4	5	6	7	8	9	10	11	12
	27					32				36		

(a) 插入 32, 27, 36 后

0	1	2	3	4	5	6	7	8	9	10	11	12
	27	**14**	81			32	33	**97**		36		

(b) 插入 14, 81, 33, 97 后

0	1	2	3	4	5	6	7	8	9	10	11	12
	27	14	81	**40**	**68**	32	33	97	**92**	36	24	**23**

(c) 插入 40, 68, 24, 23, 92 后

图 9.34 用线性探测法得到的散列表

对于 32、27、36，$H(32)=32\%13=6$，$H(27)=27\%13=1$，$H(36)=36\%13=10$，没有冲突，分别直接插入第 6、1、10 号单元。此时散列表如图 9.34（a）所示。

对于 14，$H(14)=14\%13=1$，发生冲突，用线性探测法解决冲突：$H_1=(H(14)+1)\%13=2$，2 号单元为空，将 14 填入散列表的 2 号单元。对于 81 和 33，$H(81)=81\%13=3$，$H(33)=33\%13=7$，没有冲突，分别直接插入第 3、7 号单元。对于 97，$H(97)=97\%13=6$，发生冲突，用线性探测

法解决冲突：$H_1=(H(97)+1)\%13=7$，冲突，再探测，$H_2=(H(97)+2)\%13=8$，8 号单元为空，将 97 填入散列表的 8 号单元。此时散列表如图 9.34（b）所示。

再依次插入 40, 68, 24, 23, 92。对于 40，$H(40)=40\%13=1$，发生冲突，用线性探测法解决冲突：$H_1=(H(40)+1)\%13=2$，冲突，再探测，$H_2=(H(40)+2)\%13=3$，冲突，再探测，$H_3=(H(40)+3)\%13=4$，4 号单元为空，将 40 填入表中 4 号单元。68、24、23、92 类似处理，最终生成如图 9.34（c）所示的关键字序列的散列表。

线性探测法可能使第 i 个散列地址的同义词存入第 $i+1$ 个散列地址，这样本应存入第 $i+1$ 个散列地址的记录就去争夺第 $i+2$ 个散列地址的记录的地址，……，从而造成大量元素在相邻的散列地址上"聚集"（或堆积）起来，大大降低了查找效率。

2）二次探测法

二次探测法又称平方探测法，探测序列 $d_i=1^2, -1^2, 2^2, -2^2, ..., k^2, -k^2$，其中 $k \leqslant m/2$。

二次平方探测法是一种较好的处理冲突的方法，可以避免出现"堆积"问题，它的缺点是不能探测到散列表上的所有单元，但至少能探测到一半单元。

2. 拉链法

不同的关键字可能会通过散列函数映射到同一地址，解决冲突的一种最自然的方法是为每个散列地址建立一个单向链表，称为拉链法，也称为链地址法。每个单向链表由其散列地址唯一标识，表中存储所有具有该散列值的同义词。表长为 m 的散列表有 m 个单向链表，需要为每个单向列表创建一个头结点。

给定关键字序列(32, 27, 36, 14, 81, 33, 97, 40, 68, 24, 23, 92)，散列表表长 $m=13$，按散列函数 $H(key)=key\%13$ 和拉链法处理冲突构造所得的散列表如图 9.35 所示。

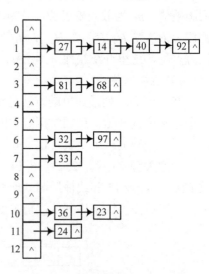

图 9.35　用拉链法得到的散列表

9.5.4　散列表的查找及其分析

这里讨论按开放地址法解决冲突的散列表实现。需要指出的是，在开放地址的情形下，不能随便物理删除散列表中已有记录，因为这会隔离探测序列后面的记录，从而影响以后的记录搜索过程。若想删除一个记录时，可以给它做一个删除标记，进行逻辑删除。但这样做的副作用是，在执行多次删除后，表面上看起来散列表很满，实际上有许多位置没有利用。为了提高性能，需要定期重新组织散列表，把有删除标记的记录物理删除。因此，开放地址法常用于静态散列表。而对于用拉链法解决冲突的散列表，散列地址为 i 的同义词链表的头指针存放在散列表的第 i 个单元中，因而查找、插入和删除操作主要在同义词链中进行，适用于经常进行插入和删除的情况。

按开放地址法解决冲突的散列表的存储表示如下。

```
//------开放地址法散列表的存储表示------
#define OK 1
#define ERROR 0
#define NULLKEY  -32768        //单元为空的标记
#define m 13 //散列表的表长
```

```
typedef int KeyType;
typedef int InfoType;

typedef struct{
   KeyType  key;                //关键字项
   InfoType otherinfo;          //其他数据项
}RecordType, HashTable[m];
```

　　散列表的查找过程与构造散列表的过程基本一致。实现时，用变量 *addr* 保存当前的探测地址。给定记录的关键字值 *k*，*addr* 初始化为该记录的散列地址 *H*(*k*)，即 *addr*=*H*(*k*)；查找过程中用一定的冲突处理方法计算"下一个散列地址"，并把 *addr* 更新为此地址。在查找一个记录时，当遇到 *addr* 位置是空值，或者查找完表中全部记录，重新回到位置 *H*(*k*)时，表示查找失败。

　　函数 H 是散列函数。SearchHT 函数调用散列函数 H 计算散列地址，采用线性探测法处理冲突，从而实现散列表查找。

　　散列函数 H 实现如下。

```
/***********************************************/
/* 函数功能：哈希函数                          */
/* 函数参数：k 表示关键字值                    */
/* 函数返回值：int 类型，记录在散列表中的位置  */
/***********************************************/
int H(KeyType k){           //哈希函数
   return k%m;              //除数留余法
}
```

　　SearchHT 函数实现如下。

```
/**************************************************/
/* 函数功能：在散列表中查找指定关键字值的记录        */
/* 函数参数：HT 表示散列表，k 表示关键字值           */
/* 函数返回值：int 类型                             */
/*           若查找成功则返回记录在散列表的位置       */
/*           若查找失败则返回-1                     */
/**************************************************/
int SearchHT(HashTable HT, KeyType k){
//在散列表 HT 中查找关键字值为 k 的记录，若查找成功，返回散列表的单元编号，否则返回-1

   int addr;
   addr=H(k);   //根据散列函数 H 计算散列地址

   if (HT[addr].key==NULLKEY)  return -1;     //addr 单元为空，则查找记录不存在
   if (HT[addr].key==k)  return addr;

   addr=(addr+1)%m;               //按照线性探测法计算下一个散列地址
   while (HT[addr].key!=NULLKEY && addr!=H(k)){
      //若单元为空，或重新回到位置 H(k)，则查找记录不存在
      if (HT[addr].key==k)       //若单元中记录关键字值为 k，则查找成功
         return addr;
      addr=(addr+1)%m;   //计算下一个散列地址
   }
   return -1;
} //end of SearchHash
```

采用前面介绍的冲突处理方法,当产生冲突后,散列表的查找过程仍然是查找记录的关键字与表中记录的关键字进行比较的过程。所以,仍用平均查找长度来衡量散列表查找效率。查找过程中有 3 个因素影响关键字的比较次数:散列函数、冲突解决方法和散列表的装填因子。装填因子 $\alpha=\dfrac{n}{m}$,其中 n 是填入表中的记录个数,m 是散列表长度。α 标志着散列表的装满的程度。当填入表中的记录越多,α 就越大,产生冲突的可能性就越大。例如,图 9.34 所示的例子中,散列表长度是 13,而填入表中的记录个数为 12,那么此时的装填因子 $\alpha=12/13=0.9167$,再填入最后一个关键字产生冲突的可能性就非常大。也就是说,散列表的平均查找长度取决于装填因子,而非查找集合(表)中的记录个数。

假定散列函数是"均匀"的,即对于同一组随机的关键字,产生冲突的可能性相同,那么影响平均查找长度的因素只有冲突解决方法和装填因子。可以证明,在等概率情况下,采用几种不同方法处理冲突时,散列表查找成功和查找失败的平均查找长度如表 9.7 所示。由表 9.7 可见,散列表的平均查找长度是 α 的函数,而不是记录个数 n 的函数。因此,设计散列表时不管 n 有多大,总可以选择一个合适的装填因子 α,从而将平均查找长度限定在一个范围之内。为了做到这一点,通常将散列表的空间设置得比查找集合大,这样虽然会耗费一些空间,但可以提升查找效率。

表9.7 各种冲突解决方法的平均查找长度

冲突解决方法		平均查找长度	
		查找成功	查找失败
开放地址法	线性探测法	$\dfrac{1}{2}\left(1+\dfrac{1}{1-\alpha}\right)$	$\dfrac{1}{2}\left(1+\dfrac{1}{(1-\alpha)^2}\right)$
	二次探测法	$-\dfrac{1}{\alpha}\log_e(1-\alpha)$	$\dfrac{1}{1-\alpha}$
拉链法(链地址法)		$1+\dfrac{\alpha}{2}$	$\alpha+e^{-\alpha}$

对于具体的散列表,通常通过直接计算求其平均查找长度 ASL。

1. 线性探测法处理冲突时 ASL 的计算

如前所述,设散列表表长为 13,关键字序列为(32, 27, 36, 14, 81, 33, 97, 40, 68, 24, 23, 92),按散列函数 H(key)=key%13 和线性探测处理冲突构造所得的散列表 HT 如图 9.36 所示。

0	1	2	3	4	5	6	7	8	9	10	11	12
	27	14	81	40	68	32	33	97	92	36	24	23

图 9.36 用线性探测法得到的散列表 HT

要查找一个关键字值为 k 的记录,首先用散列函数计算 $H_0=H(k)$,然后进行比较,比较的次数和创建散列表时放置此关键字的比较次数是相同的。

给定值 27 的查找过程为:首先求得散列地址 H(27)=27%13=1,HT[1]不空且 HT[1]=27,查找成功,返回记录在表中的单元序号 1。

给定值 97 的查找过程为:首先求得散列地址 H(97)=97%13=6,因 HT[6]不空且 HT[6]≠97,

则找第 1 次冲突处理后的地址 H_1=(H(97)+1)%16=(6+1)%13=7，而 HT[7]不空且 HT[7] $\neq$ 97，则找第 2 次冲突处理后的地址 H_2=(H(97)+2)%13=(6+2)%13=8，HT[8]不空且 HT[8]=97，查找成功，返回记录在表中的单元标号 8。

给定值 51 的查找过程为：先求散列地址 H(51)=51%13=12，HT[12]不空且 HT[12] $\neq$ 51，则找下一地址 H_1=(12+1)%13=0，由于 HT[0]是空记录，故表中不存在关键字为 51 的记录。

首先分析查找成功时的情况。各个关键字查找成功时的比较次数如图 9.37 所示。

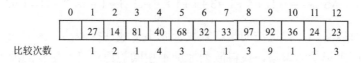

	0	1	2	3	4	5	6	7	8	9	10	11	12
		27	14	81	40	68	32	33	97	92	36	24	23
比较次数		1	2	1	4	3	1	1	3	9	1	1	3

图 9.37　查找成功时的比较次数

例如，查找 32 时，计算散列函数 H(32)=32%13=6，比较 HT[6].key 和 32，HT[6]=32，查找成功，关键字比较次数为 1 次。同样，当查找关键字 27、81、33、36、24 时，均需比较 1 次即查找成功。

当查找关键字 14 时，计算散列函数 H(14)=1，比较 HT[1]和 14，HT[1] $\neq$ 14，则找第 1 次冲突处理后的地址 H_1=(1+1)%16=2，比较 HT[2]和 14，HT[2].key=14，查找成功，返回记录在表中的序号 2。关键字比较次数为 2 次。

当查找 40 时，需比较 4 次；当查找 68、97、23 时，均需比较 3 次；查找 92 时，需比较 9 次才能查找成功。

假定各个记录的查找概率相等，采用线性探测法处理冲突，散列表 HT 查找成功时的平均查找长度为：

$$\text{ASL}_\text{S}=\frac{1}{12}\times\left(1\times6+2\times1+3\times3+4\times1+9\times1\right)=2.5$$

现在分析查找失败时的情况。查找失败时有两种情况：

（1）单元为空；

（2）按处理冲突的方法探测一遍后仍未找到。假设散列函数的取值个数为 r，则 0 到 $r-1$ 相当于 r 个查找失败的入口，从每个入口进入后，直到确定查找失败为止，其关键字的比较次数就是与该入口对应的查找失败的查找长度。

在上例中，散列函数的取值个数为 13，有 0～12 总共 13 个查找失败的入口，对每个入口依次进行计算。假设待查找的关键字不在表中，若计算散列函数 H(key)=0，HT[0]为空，比较 1 次即确定查找失败。若 H(key)=1，HT[1]非空，则从 HT[1]依次向后比较直到 HT[12]，再回到 HT[0]进行比较，总共比较 13 次才能确定查找失败。类似地，对 H(key)=2,3,…,12 进行分析，可得查找失败的平均查找长度为：

$$\text{ASL}_\text{F}=\frac{1}{13}\times\left(1+13+12+11+10+9+8+7+6+5+4+3+2\right)=7$$

2. 拉链法处理冲突时 ASL 的计算

在上例中，采用拉链法处理冲突时，对于图 9.35 中所示的每个单链表中的第 1 个结点的关键字，如 27、81、32、33、36、24，查找成功时只需要比较 1 次；对于第 2 个结点的关键字，如 14、68、97、23，查找成功时需比较 2 次；对于第 3 个结点的关键字 40，查找成功时需比较 3 次；对于第 4 个结点的关键字 92，则需比较 4 次才能查找成功。这时查找成功时的平均查找长度为：

$$ASL_S=\frac{1}{12}\times(1\times6+2\times4+3\times1+4\times1)=1.75$$

考虑待查的关键字不在表中的情况。若计算散列函数 H(key)=0，HT[0]的指针域为空，比较 1 次即可确定查找失败。若 H(key)=1，HT[1]所指的单链表包括 4 个结点，比较 5 次才可确定查找失败。类似地，对 H(key)=2,3,…,12 进行分析，可得查找失败的平均查找长度为：

$$ASL_F=\frac{1}{13}\times(1+5+1+3+1+1+3+2+1+1+3+2+1)=1.92$$

从计算结果可以看出，拉链法的平均查找长度小于线性探测法。因为线性探测法在处理冲突的过程中易产生记录的聚集，使得散列地址不相同的记录又产生新的冲突，从导致很长的探测序列；而拉链法处理冲突时散列地址不同的记录在不同的链表中，不会发生类似于线性探测法的情况。另外，拉链法的结点空间是动态申请的，无需事先确定表的大小，故更适用于表长不确定的情况。同时，拉链法也便于实现插入和删除操作。

9.6　引例的解决

9.6.1　手机选择中查找相关问题的解决

建立 mobilephonedata.txt 文件，存储华为手机信息，如图 9.38 所示。

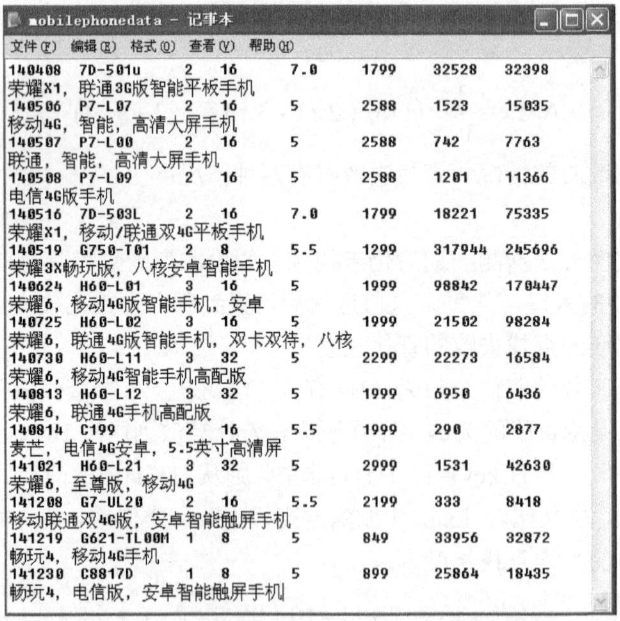


```
140408  7D-501u     2  16   7.0   1799   32528   32398
荣耀X1，联通3G版智能平板手机
140506  P7-L07      2  16   5     2588   1523    15035
移动4G，智能，高清大屏手机
140507  P7-L00      2  16   5     2588   742     7763
联通，智能，高清大屏手机
140508  P7-L09      2  16   5     2588   1201    11366
电信4G版手机
140516  7D-503L     2  16   7.0   1799   18221   75335
荣耀X1，移动/联通双4G平板手机
140519  G750-T01    2  8    5.5   1299   317944  245696
荣耀3X畅玩版，八核安卓智能手机
140624  H60-L01     3  16   5     1999   98842   170447
荣耀6，移动4G版智能手机，安卓
140725  H60-L02     3  16   5     1999   21502   98284
荣耀6，联通4G版智能手机，双卡双待，八核
140730  H60-L11     3  32   5     2299   22273   16584
荣耀6，移动4G智能手机高配版
140813  H60-L12     3  32   5     1999   6950    6436
荣耀6，联通4G手机高配版
140814  C199        2  16   5.5   1999   290     2877
麦芒，电信4G安卓，5.5英寸高清屏
141021  H60-L21     3  32   5     2999   1531    42630
荣耀6，至尊版，移动4G
141208  G7-UL20     2  16   5.5   2199   333     8418
移动联通双4G版，安卓智能触屏手机
141219  G621-TL00M  1  8    5     849    33956   32872
畅玩4，移动4G手机
141230  C8817D      1  8    5     899    25864   18435
畅玩4，电信版，安卓智能触屏手机
```

图 9.38　mobilephonedata.txt 文件中的手机信息

按引例 9.1 提出的功能，设计如图 9.39 所示的菜单。

选择菜单号“1”显示手机信息，如图 9.40 所示。将 mobilephonedata.txt 中的手机信息显示出来即可。

菜单号“5”功能如图 9.41 所示，输入手机型号，若查找成功就显示这种型号手机的详细信息，否则提示这种型号的手机不存在。

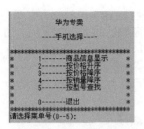

图 9.39　手机选择菜单

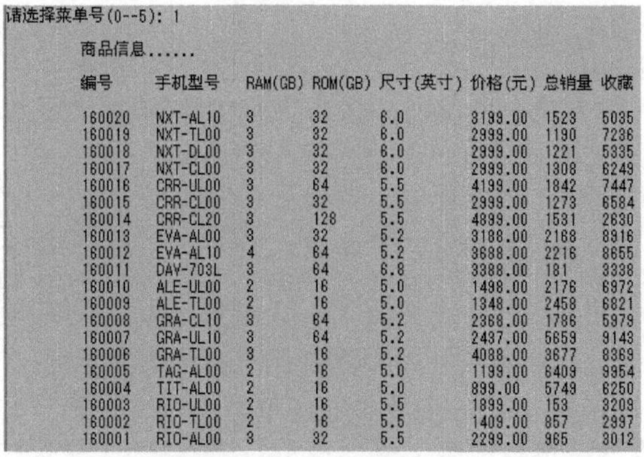

请选择菜单号(0--5): 1

商品信息......

编号	手机型号	RAM(GB)	ROM(GB)	尺寸(英寸)	价格(元)	总销量	收藏
160020	NXT-AL10	3	32	6.0	3199.00	1523	5035
160019	NXT-TL00	3	32	6.0	2999.00	1190	7236
160018	NXT-DL00	3	32	6.0	2999.00	1221	5335
160017	NXT-CL00	3	32	6.0	2999.00	1308	6249
160016	CRR-UL00	3	64	5.5	4199.00	1842	7447
160015	CRR-CL00	3	32	5.5	2999.00	1273	6584
160014	CRR-CL20	3	128	5.5	4899.00	1531	2630
160013	EVA-AL00	3	32	5.2	3188.00	2168	8916
160012	EVA-AL10	4	64	5.2	3688.00	2216	8655
160011	DAV-703L	3	64	6.8	3388.00	181	3338
160010	ALE-UL00	2	16	5.0	1498.00	2176	6972
160009	ALE-TL00	2	16	5.0	1348.00	2458	6821
160008	GRA-CL10	3	64	5.2	2368.00	1786	5979
160007	GRA-UL10	3	64	5.2	2437.00	5659	9143
160006	GRA-TL00	3	16	5.2	4088.00	3677	8369
160005	TAG-AL00	2	16	5.0	1199.00	6409	9954
160004	TIT-AL00	2	16	5.0	899.00	5749	6250
160003	RIO-UL00	2	16	5.5	1899.00	153	3209
160002	RIO-TL00	2	16	5.5	1409.00	857	2997
160001	RIO-AL00	3	32	5.5	2299.00	965	3012

图 9.40　手机信息显示

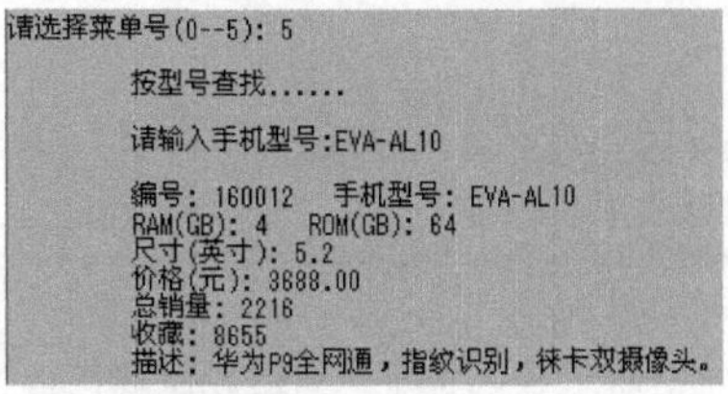

(a) 查找 EVA-AL10 型号手机，查找成功

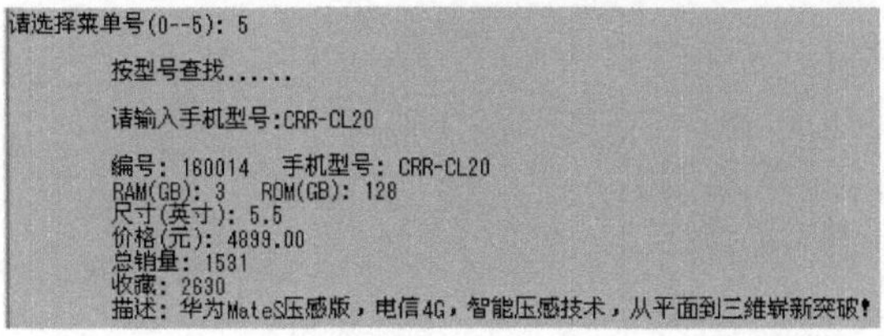

(b) 查找 CRR-CL20 型号手机，查找成功

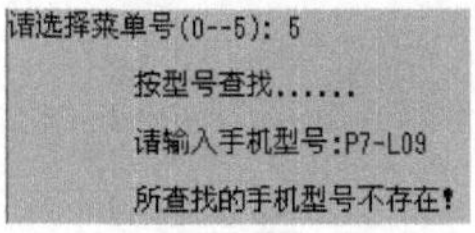

(c) 查找 P7-L09 型号手机，查找失败

图 9.41　按型号查找手机

建立头文件 MobilePhoneSelect.h，引入标准库头文件 stdio.h、stdlib.h、string.h，并定义手机的记录类型、存放手机信息的顺序表。

```
#define MAXSIZE 2000                    //顺序表最大长度

typedef  struct{                        //定义每个记录的结构
   char ID[15];                         //手机编号,关键字项
   char model[30];                      //手机型号
   int ram;                             //运行内存 RAM(单位:GB)
   int rom;                             //机身内存 ROM(单位:GB)
   float size;                          //尺寸(单位:英寸)
   float price;                         //价格
   long salesvol;                       //总销量 sales volume
   long collection;                     //收藏
   char description[300];               //描述
}RecordType;                            //记录类型
```

```
typedef struct{                        //定义顺序表的结构
    RecordType r[MAXSIZE+1];           //存储顺序表，r[0]闲置、缓存或用作监视哨单元
    int length;                        //顺序表的长度
}SqList;
```

　　然后在 MobilePhoneSelect.h 文件中添加 4 个函数 ReadFile、ModelSearch、ListPrint 和 InfoPrint，实现菜单号 "1" 和 "5" 的功能。

```
void ReadFile(SqList &L, char *file);    //读取文件 file 中手机商品信息，存入顺序表 L
int ModelSearch(SqList &L, char m[]);    //采用顺序查找在 L 中查找型号为 m 的手机
void ListPrint(SqList &L);               //输出 L 中的所有手机记录（不输出手机描述）
void InfoPrint(SqList &L, int pos);      //输出顺序表 L 中的手机记录 L[pos]
```

　　ModelSearch 函数利用顺序查找法实现按型号查找手机。手机型号是字符串类型，可以调用 string 库函数 strcmp 函数来完成型号比较。

```
/******************************************************/
/* 函数功能：在顺序表中顺序查找指定型号的手机          */
/* 函数参数：L 表示存储手机信息记录的顺序表            */
/*          m 表示手机型号                            */
/* 函数返回值：int 类型                               */
/*          若查找成功则返回记录在表中的位置           */
/*          若查找失败则返回 0                         */
/******************************************************/
int ModelSearch(SqList &L, char m[]){
//在顺序表 L 中顺序查找关键字值等于 m 的记录，若成功则返回该记录在表中的位置，否则返回 0
    int i;

    strcpy(L.r[0].model, m);              //设置监视哨
    i=L.length;
    while (strcmp(L.r[i].model, m)!=0) i--;   //从后往前查找

    return i;
}
```

9.6.2　火车票信息查询中查找相关问题的解决

　　建立 TrainTicketData.txt 文件，存储南京到上海的火车票信息，如图 9.42 所示。记录结构为：车次，始发站，终点站，发车时间，到达时间，历时，是否当日到达，是否有座，票价。火车票已按车次排序，排序规则为：首字母不同则首字母大的在前，首字母相同则后面数字大的在前。例如：1217<1461<D321<D2205<G299<G597<G7595 <K75<K8481<T109<Z39<Z281。

　　按引例 9.2 提出的功能，设计如图 9.43 所示的菜单。

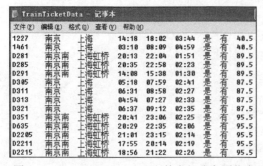

图 9.42　TrainTicketData.txt 文件中部分车票信息

图 9.43　火车票信息查询菜单

选择菜单号"1"按车次查询火车票信息，如图 9.44 所示。输入车次，若查找成功就显示该车次信息，否则提示车次不存在。

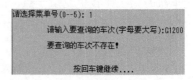

(a) 车次查找成功   (b) 车次没找到

图 9.44　车次查询

菜单号"2"功能如图 9.45（a）所示，这里始发站输入南京，终点站输入上海虹桥，便显示南京到上海虹桥的全部车次信息，如图 9.45（b）所示。

(a) 输入始发站和终点站   (b) 显示南京站到上海虹桥站的车次信息

图 9.45　按始发站和终点站查询

建立头文件 TrainTicketSelect.h，引入标准库头文件 stdio.h、stdlib.h、string.h，并定义火车票的记录类型、存放火车票信息的顺序表。

```
#define MAXSIZE 2000              // 顺序表最大长度

typedef  struct{                 //定义每个记录的结构
    char number[15];             //车次
    char start[15];              //出发站
    char end[15];                //终点站
    char time1[15];              //出发时间
    char time2[15];              //到达时间
    char tcost[15];              //历时，time cost，到达时间减去出发时间
    bool aday;                   //是否当日到达
    bool hasticket;              //是否有余票
    float price;
}RecordType;                     //记录类型

typedef struct{                  //定义顺序表的结构
    RecordType r[MAXSIZE+1];     //存储顺序表，r[0]闲置、缓存或用作监视哨单元
    int length;                  //顺序表的长度
}SqList;
```

在 TrainTicketSelect.h 中添加 5 个函数 ReadFile、NumSearch、StartEndSearch、ListPrint 和 InfoPrint，实现菜单号"1"和"2"的功能。StartEndSearch 函数按指定始发站和终点站查

找车次，采用顺序查找实现；NumSearch 函数查找指定的车次，采用折半查找实现。始发站和终点站是字符串类型，可以调用 string 库函数 strcmp 函数完成比较。车次也是字符串类型，但是车次的大小比较更复杂一点，故编写函数 strtoint 和 numcmp 以进行车次比较。

```
void ReadFile(SqList &L, char *file); //根据文件 file，建立存储车次信息记录的顺序表 L

//L 表示存储车次信息记录的有序表，k 表示查询的车次
//在 L 中折半查找车次 k。若查找成功则返回记录在表中的位置，否则返回 0。调用 numcmp 实现
int NumSearch(SqList &L, char k[]);
//比较两个车次 num1 和 num2 的大小。调用 strtoint 实现
//若 num1<num2 则返回-1，若 num1=num2 则返回 0，若 num1>num2 则返回 1
int numcmp(char num1[], char num2[]);
int strtoint(char *s); //数字字符串 s 转换为整数并通过函数返回，如"99"转换为 99

//L 表示存储车次信息记录的有序表，start 表示始发站，end 表示终点站
//在 L 中顺序查找始发站为 start、终点站为 end 的车次，并将车次信息通过 Ls 返回
void StartEndSearch(SqList &L, SqList &Ls, char start[], char end[]);

void ListPrint(SqList &lt, int p1, int p2); //lt 是存储车次信息记录的顺序表，
                                            //输出 lt[p1..p2]中的记录
void InfoPrint(SqList &L, int pos); //L 表示存储车次信息记录的顺序表，输出车次记录
                                    //L[pos]
```

这里给出 NumSearch 函数的实现。

```
/************************************************/
/* 函数功能：在有序表中折半查找指定车次          */
/* 函数参数：L 表示存储车次信息记录的有序表       */
/*           k 表示查询的车次                    */
/* 函数返回值：int 类型                          */
/*           若查找成功则返回记录在表中的位置     */
/*           若查找失败则返回 0                  */
/************************************************/
int NumSearch(SqList &L, char k[]){
//在有序表 L 中折半查找关键字值等于 k 的记录，若找到返回该记录在表中的位置，否则返回 0

  int low, high, mid;
  low=1; high=L.length;                              //置区间初值
  while(low<=high){
    mid=(low+high)/2;
    if (numcmp(k, L.r[mid].number)==0) return mid; //找到待查记录，返回记录位置
    else
      if (numcmp(k, L.r[mid].number)<0) high=mid-1;//未找到，继续在前半区间进行查找
      else low=mid+1; //未找到，继续在后半区间进行查找
  }
  return 0;
}
```

9.6.3　学生课程成绩管理中查找相关问题的解决

按引例 9.3 提出的功能，设计如图 9.46 所示的菜单。

建立 StudentNameData.h 文件，存储学生名单，如图 9.47 所示。建立 StudentMarkData.txt 文件，存储学生平时成绩和期末成绩，如图 9.48 所示。

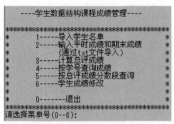
图 9.46　课程成绩管理菜单

图 9.47　部分学生名单

图 9.48　部分学生平时成绩和期末成绩

选择菜单号"1"和"2"导入学生名单、平时和期末成绩，如图 9.49 和图 9.50 所示。

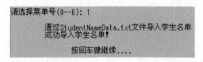
图 9.49　导入学生名单

图 9.50　导入学生平时成绩和期末成绩

选择菜单号"3"，输入平时成绩和期末成绩所占百分比，以便计算出总评成绩，显示在TotalMark.txt 文件中，如图 9.51 所示。

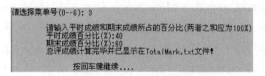
(a) 输入平时成绩和期末成绩所占百分比

(b) 部分学生总评成绩

图 9.51　计算总评成绩

选择菜单号"4"按学号查询学生成绩，如图 9.52 所示。输入学号，若查找成功就显示该学生成绩信息，否则提示学号不存在。

选择菜单号"6"按修改学生成绩，如图 9.53 所示。输入学号，首先查找该学号，若查找成功就修改该学生成绩，否则提示学号不存在。修改学生成绩的功能需要以查找为基础。

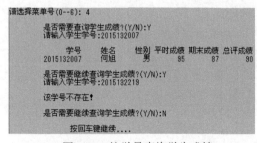
图 9.52　按学号查询学生成绩

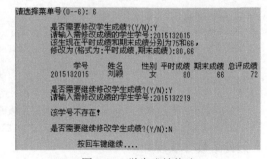
图 9.53　学生成绩修改

采用散列查找实现学生课程成绩管理中的查找功能。建立头文件 CourseGradeManage.h，引入标准库头文件 stdio.h、stdlib.h、string.h 和 math.h。首先定义学生成绩的记录类型、存放学生成绩信息的散列表。定义散列表长 200。

```
#define ERROR 0
#define OK 1
#define NULLKEY  -1            //关键字项学号是正数，将-1作为单元为空的标记
#define MAXSIZE 200            //散列表长度

typedef  struct{              //定义每个记录的结构
  long sno;                   //学号，关键字项
  char sname[15];             //姓名
  char gender[5];             //性别
  int rgrade;                 //平时成绩
  int fgrade;                 //期末成绩
  int tmark;                  //总评成绩
}RecordType;                  //记录类型

typedef struct{               //定义散列表的结构
  RecordType r[MAXSIZE+1];    //存储散列表
  int length;                 //散列表中实际存放的记录数
}HashTable;
```

简单起见，假定一个系学生的人数不超过 200 人，对学生按 001～200 进行编号，将该编号作为学号最后 3 位。取学生学号的最后 3 位为散列地址，由于学号最后 3 位不会重复，散列地址不会发生冲突，故不用考虑冲突处理。散列函数 H 求散列地址。然后通过 5 个函数 ReadFile_SName、ReadFile_SMark、TotalMarkCompute、MarkQuery_SNo 和 MarkModify_SNo 实现菜单 1、2、3、4、6 的功能。MarkQuery_SNo 函数根据输入的学号查找学生成绩，使用散列函数 H，根据输入的学号可以直接求得地址，从而找到学生记录。MarkModify_SNo 函数首先根据输入的学号查找学生记录，找到后再修改学生成绩，其中的查找实现和 MarkQuery_SNo 中完全一样。

```
int H(long k);                    //散列函数

//读取 StudentNameData.txt 文件中的学生名单信息，构造散列表 HT
void ReadFile_SName(HashTable &HT);

//读取 StudentMarkData.txt 文件中的学生平时成绩和期末成绩，写入散列表 HT
void ReadFile_SMark(HashTable &HT);

//根据散列表 HT 中的成绩，按平时成绩百分比 p1%和期末成绩百分比 p2%计算总评成绩
//并将总评成绩在 TotalMark.txt 文件中显示
void TotalMarkCompute(HashTable &HT, float p1, float p2);

void MarkQuery_SNo(HashTable &HT);    //在散列表 HT 中按学号查询学生成绩

//按学号修改学生成绩，p1 和 p2 分别是计算总评成绩时的平时成绩百分比和期末成绩百分比
void MarkModify_SNo(HashTable &HT, float p1, float p2);
```

散列函数 H 实现如下。

```
int H(long k){                //散列函数
   return k%1000;             //取长整型整数 k 的最后 3 位为散列地址
}
```

这里给出 ReadFile_SName 和 MarkQuery_SNo 这两个函数的实现。

```
/******************************************************/
/* 函数功能：读取文件中的学生名单信息，构造散列表        */
```

```
/* 函数参数：HT 表示存储学生成绩记录的散列表                    */
/* 函数返回值：空                                              */
/**********************************************************/
void ReadFile_SName(HashTable &HT){
//读取 StudentNameData.txt 文件中的学生名单信息，构造散列表 HT
    int i,k;
    RecordType sturec;
    //散列表初始化
    for(i=0;i<=MAXSIZE;i++)
        HT.r[i].sno=NULLKEY;
    FILE *fp=fopen("StudentNameData.txt", "r");  //打开文件
    if(fp!=NULL){ //判断文件打开是否成功
        k=1;
        while (!feof(fp)){ //循环读取文件，直到文件尾
            fscanf(fp, "%ld %s %s\n", &sturec.sno, sturec.sname, sturec.gender);
            i=H(sturec.sno); //散列函数求存储地址，取学号最后 3 位
            HT.r[i].sno=sturec.sno;
            strcpy(HT.r[i].sname, sturec.sname);
            strcpy(HT.r[i].gender, sturec.gender);
            k++;
        }
        HT.length=k-1;
        fclose(fp);
    } //end of if(fp!=NULL)
} //end of ReadFile_SName


/**********************************************************/
/* 函数功能：在散列表中按学号查询学生成绩                      */
/* 函数参数：HT 表示存储学生成绩记录的散列表                    */
/* 函数返回值：空                                              */
/**********************************************************/
void MarkQuery_SNo(HashTable &HT){
//在散列表 HT 中按学号查询学生成绩
    int i;
    long sno;
    char querychoice = 'N';
    printf("\n\t 是否需要查询学生成绩?(Y/N):");
    flushall();
    scanf("%c", &querychoice);

    while(querychoice=='Y'){
        printf("\t 请输入学生学号:");
        scanf("%ld", &sno);
        i=H(sno);
        if (MAXSIZE<i||HT.r[i].sno==NULLKEY||HT.r[i].sno!=sno)
            printf("\n\t 该学号不存在! \n");
        else{
            printf("\n\t %10s %8s %8s %8s %8s %8s","学号","姓名","性别","平时成绩",
"期末成绩","总评成绩");
            printf("\n\t %10ld %8s %8s %8d %8d %8d\n", HT.r[i].sno, HT.r[i].sname,
HT.r[i].gender, HT.r[i].rgrade, HT.r[i].fgrade, HT.r[i].tmark);
        }
```

```
        printf("\n\t 是否需要继续查询学生成绩?(Y/N):");
        flushall();
        scanf("%c", &querychoice);
    } //end of while(querychoice=='Y')
    return;
} //end of MarkQuery_SNo
```

9.6.4　手机通讯录的解决

按引例 9.4 提出的手机通讯录功能，设计如图 9.54 所示的菜单。

从如图 9.55 所示的 MPAddressBook.txt 文件中读取联系人信息，建立二叉排序树，实现
图 9.54 菜单中的功能：将联系人按姓名拼音排序，按姓名查找联系人，插入联系人和删
除联系人。

选择菜单号"1"按姓名拼音次序显示联系人，如图 9.56 所示。

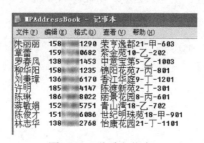
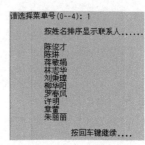

图 9.54　手机通讯录菜单　　　　图 9.55　联系人信息　　　　图 9.56　显示联系人

选择菜单号"2"按姓名查找联系人，若查找成功则返回联系人信息，否则提示联系人不
存在，如图 9.57 所示。选择菜单号"3"可以添加联系人，选择菜单号"4"可以删除联系人。

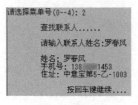
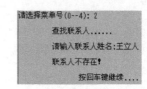

(a) 联系人查找成功　　　　　　　(b) 联系人没找到

图 9.57　查找联系人

采用二叉排序树实现手机通讯录。建立 MPAddressBook.h 文件，引入标准库头文件 stdio.h、
stdlib.h、string.h。首先定义联系人的记录类型、存放联系人信息的二叉排序树；然后通过 5
个函数 InsertBST、CreateBST、SearchBST、PrintAddBook、PrintPerson 实现菜单功能。9.4.1
节已介绍了二叉排序树的创建、插入和查找操作。这里的不同之处在于：一是从 txt 文件中读
入记录来创建二叉排序树；二是二叉排序树的结点存放的是联系人信息。以 9.4.1 节中的代码
为基础，结合手机通讯录的实际应用情况，很容易实现我们需要的菜单功能。

```
typedef  struct{              //定义每个记录的结构
    char name[15];            //姓名
    char phonenum[15];        //手机号
    char address[100];        //住址
}RecordType;                  //记录类型
```

```
typedef struct node {
  char name[15];                    //姓名
  char phonenum[15];                //手机号
  char address[100];                //住址
  struct node *lchild, *rchild;     //左右孩子指针
}BSTNode;                           //二叉排序树结点定义
typedef BSTNode *BSTree;           //BSTree 是二叉排序树的类型

BSTNode *InsertBST(BSTree &T, RecordType r); //在二叉排序树 T 中插入记录 r
void CreateBST(BSTree &T, char *file); //从文件 file 中读联系人信息，建立二叉排序树 T
BSTNode *SearchBST(BSTree &T, char k[]); //按姓名 k[]在二叉排序树 T 中查找联系人
void PrintAddBook(BSTree &T);      //通过中序遍历二叉树，实现按姓名拼音升序输出联系人
void PrintPerson(BSTNode *&p);     //输出一个联系人的信息
```

最后建立 MPAddressBook.ccp 文件，引入标准库头文件 stdio.h、stdlib.h、string.h，以及头文件 MPAddressBook.h 实现菜单操作。

小　　结

本章介绍了查找的相关知识，本章知识结构如图 9.58 所示。

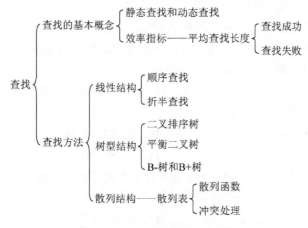

图 9.58　第 9 章查找的知识结构

查找是数据处理中常用操作之一。为了提高查找效率，将查找表组织成不同的数据结构。本章介绍了线性表、树表和散列表这 3 种查找表的查找方法。

线性表的查找主要包括顺序查找和折半查找。顺序查找在最坏情况和最好情况下的时间复杂度都为 $O(n)$，折半查找都是 $O(\log_2 n)$。折半查找虽然有很好的时间性能，但是它只适用于有序顺序表，插入元素和删除元素的运算很费时。

当查找表组织成树表时，插入或删除元素很方便。二叉排序树的查找性能在形态均匀时最好，在单支树形态时退化为与顺序查找相同。平衡二叉树克服了二叉排序树的缺点，通过平衡调整确保树的深度始终是 $\log_2 n$。B-树查找是适用于磁盘搜索的外查找算法。B+树是 B-树的变形，更适用于外查找。

散列表也属于线性结构，但它与线性表的查找有本质区别。散列表中，散列函数将元素映射到不同的地址上，在记录的关键字和记录在散列表中的位置之间建立起对应关系。散列

函数构造和冲突处理是散列查找法中的两个重要问题。冲突处理方法通常有开放地址法和拉链法两大类。

习　题

1．选择题

（1）采用何种存储结构的线性表适合于顺序查找？（　　）

    A．顺序存储结构或链式存储结构　　B．只有顺序存储结构

    C．只有链式存储结构　　　　　　　　D．压缩存储结构

（2）对 n 个记录的有序单链表做顺序查找，若每个记录的查找概率相同，平均查找长度为（　　）。

    A．$(n-1)/2$　　　　　　B．$n/2$　　　　C．$(n+1)/2$　　　　　　D．n

（3）适用于折半查找的查找表是（　　）。

    A．链表方式存储且表中记录无序　　B．链接表式存储且表中记录有序

    C．顺序方式存储且表中记录无序　　D．顺序方式存储且表中记录有序

（4）对有序的顺序表可做顺序查找，也可做折半查找。下面说法中正确的是（　　）。

    A．折半查找一定比顺序查找快

    B．大部分情况下折半查找比顺序查找快

    C．折半查找是否比顺序查找快取决于表是递增的还是递减的

    D．当表递减时折半查找比顺序查找慢

（5）折半查找有序表(5, 7, 11, 14, 22, 31, 52, 68, 77, 100)。现要查找 58，则它将依次与表中（　　）比较大小，查找结果是失败。

    A．22, 68, 30, 50　　　　　　　　　　B．30, 88, 70, 50

    C．20, 50　　　　　　　　　　　　　　D．30, 88, 50

（6）假设一个有序表有 34 个记录，在该有序表上进行折半查找，当查找失败时至少需要比较（　　）次关键字。

    A．3　　　　　　　B．4　　　　　　　C．5　　　　　　　　　D．6

（7）折半查找与二叉排序树的时间性能（　　）。

    A．相同，数量级都是 $O(n\log_2 n)$　　B．相同，数量级都是 $O(\log_2 n)$

    C．有时不相同　　　　　　　　　　　　D．完全不同

（8）以下列 4 种序列构造二叉排序树，用（　　）构造的二叉排序树与用其他 3 个序列构造的不同。

    A．(9, 6, 8, 3, 15, 12, 18)　　　　　　　B．(9, 15, 12, 18, 6, 3, 8)

    C．(9, 3, 6, 8, 15, 12, 18)　　　　　　　D．(9, 6, 3, 8, 15, 18, 12)

（9）描述折半查找过程的判定树是一棵（　　）。

    A．平衡二叉树　　　　　　　　　　　　B．满二叉树

    C．完全二叉树　　　　　　　　　　　　D．最小生成树

（10）在如图 9.59 所示的平衡二叉树中，插入关键字 7 后得到新的平衡二叉树，在新平衡二叉树中结点 5 的左、右孩子分别是（　　）。

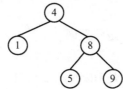

图 9.59 平衡二叉树

 A. 1 和 7　　　　B. 4 和 7　　　　C. 4 和 8　　　　D. 4 和 9

（11）根据定义要求，下列关于 m 阶 B-树的叙述中错误的是（　　）。

 A. 根结点至多有 m 棵子树　　　　B. 所有叶结点都在同一层上

 C. 各结点中关键字是有序的　　　　D. 叶结点之间通过指针链接

（12）已知一棵 5 阶 B-树共有 53 个关键字，则树的最大高度为（　　），最小高度为（　　）。

 A. 2　　　　　　B. 3　　　　　　C. 4　　　　　　D. 5

（13）下列关于 B-树和 B+树的叙述中错误的是（　　）。

 A. B-树和 B+树都能有效地支持随机检索

 B. B-树和 B+树都能有效地支持顺序检索

 C. B-树和 B+树都是平衡的多叉树

 D. B-树和 B+树都可用于文件的索引结构

（14）散列查找一般适用于（　　）情况下的查找。

 A. 查找表为链表　　　　　　　　B. 关键字集合与地址集合之间存在对应关系

 C. 查找表为有序表　　　　　　　D. 关键字集合比地址集合大得多

（15）若有 s 个关键字互为同义词，若采用线性探测法处理冲突，那么将这 s 个关键字填入散列表至少要进行（　　）次探测。

 A. $s-1$　　　　B. s　　　　　C. $s+1$　　　　D. $s(s+1)/2$

（16）为了提高散列表的查找效率，可以采取的措施有（　　）。

① 设计冲突少的散列函数

② 处理冲突时避免产生聚集（堆积）现象

③ 增大装填因子

 A.只有①　　　　B. 只有②　　　　C. ①和②　　　　D. ①和③

（17）若采用链地址法构造散列表，散列函数为 H(k)=k mod 13，则需（①）个链表；链表的链首指针构成一个指针数组，数组的下标范围为（②）。

① A. 13　　　B. 14　　　　　C. 12　　　　　D. 任意

② A. 0 至 13　　B. 1 至 13　　　C. 0 至 12　　　D. 1 至 12

（18）采用线性探测法处理冲突，可能要探测多个位置，在查找成功的情况下，所探测的这些位置上的关键字（　　）。

 A. 不一定都是同义词　　　　　　B. 一定都是同义词

 C. 一定都不是同义词　　　　　　D. 都相同

（19）假定散列表采用链地址法处理冲突，在查找成功的情况下，探测的位置上的关键字（　　）。

 A. 一定都是同义词

B. 一定都不是同义词

C. 可能是同义词也可能不是同义词

D. 都相同

（20）设哈希表长为 14，哈希函数是 H(key)=key%11，表中已有数据的关键字为 15, 38, 61, 84，共 4 个。现要将关键字为 49 的元素加到表中，用二次探测法解决冲突，则放入的位置是（　　）。

    A. 8　　　　　　B. 3　　　　　　C. 5　　　　　　D. 9

2. 应用题

（1）假设有有序表(2, 5, 9, 17, 22, 34, 45, 56, 69, 78, 88, 100)，在该有序表上进行折半查找，请回答下列问题：

① 画出描述折半查找过程的判定树。

② 若查找 56，需依次与哪些记录比较？

③ 若查找 95，需依次与哪些记录比较？

④ 假定每个记录的查找概率相等，求查找成功时的平均查找长度。

（2）在一棵空的二叉排序树中依次插入关键字序列为 21, 16, 26, 20, 25, 11, 22, 18, 30, 14。

① 请画出所得到的二叉排序树。

② 删除结点 21，请画出删除结点后的二叉排序树。

（3）已知有长度为 11 的表(Jenny, Lisa, Mary, Herry, Ken, John, Jerry, Susan, Bush, Linda, Tony)，请回答下列问题：

① 按表中记录顺序构造一棵二叉排序树，画出二叉排序树，并求其在等概率情况下查找成功的平均查找长度。

② 若对表中记录先进行排序构成有序表，求在等概率的情况下对此有序表进行折半查找时查找成功的平均查找长度。

③ 按表中记录顺序构造一棵平衡二叉排序树，并求其在等概率的情况下查找成功的平均查找长度。

（4）设散列表的地址范围为 0～16，散列函数 H(k)=k%17。采用线性探测法处理冲突，由关键字序列(10, 24, 32, 17, 31, 30, 46, 47, 40, 63, 49)构造散列表，回答下列问题：

① 画出散列表；

② 若查找关键字 63，需要依次与哪些关键字进行比较？

③ 若查找关键字 60，需要依次与哪些关键字比较？

④ 假定每个关键字的查找概率相等，求查找成功时的平均查找长度。

（5）假设有关键字序列(32, 13, 49, 24, 38, 21, 4, 12)，若散列函数 H(k)=k mod 17，散列地址空间为 0～16。

① 用线性探测法处理冲突，要求构造散列表，并求出等概率情况下查找成功时的 ASL_S 和查找失败时的 ASL_F。

② 用二次探测法处理冲突，要求构造散列表，并求出等概率情况下查找成功时的 ASL_S 和查找失败时的 ASL_F。

③ 用链地址法作为处理冲突，要求构造散列表，并求出等概率情况下查找成功时的 ASL_S 和查找失败时的 ASL_F。

（6）已知有如图 9.60 所示的 3 阶 B-树。

①在该 B-树中依次插入 28 和 91，画出两次插入后的 B-树。

② 在①得到的 B-树中依次删除 63 和 40，画出两次删除后的 B-树。

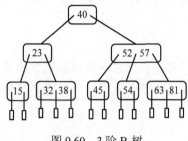

图 9.60　3 阶 B-树

3．算法设计题

（1）写出折半查找的递归算法。

（2）设计一个算法，判别给定二叉树是否是二叉排序树。

上机实验题

1．编程实现二叉排序树查找的非递归算法。

2．设散列表表长 13，散列函数 h(k)=k mod 11，采用拉链法解决冲突，要求：

（1）根据输入的关键字序列建立并输出散列表。

（2）编写函数解决散列表的插入和查找。

（3）设计一个菜单驱动程序，用关键字序列(62, 20, 75, 30, 55, 40, 45, 29)测试①和②。

第 10 章 内 部 排 序

内容提要

排序是数据处理中重要操作之一，它将一组杂乱无章的数据按一定的规律顺次排列。在本章中我们将学习排序的基本概念、若干重要内部排序算法的设计与实现，以及用排序解决实际应用问题。

学习目标

能力目标：能根据应用需求选择合适的排序方法解决实际数据处理问题，实现网购时的手机商品选择、火车票信息查询和学生课程成绩管理中的排序相关功能。

知识目标：了解排序的基本概念，熟练掌握各种内部排序算法，以及它们的时间复杂度和空间复杂度。

10.1 引   例

所谓排序，通俗地说就是将一组杂乱无章的数据按一定的规律顺次排列。排序是数据处理中经常遇到的一种重要操作，特别是在事务处理中，排序占很大比重。将学生成绩单按成绩从高到低排序、将磁盘上的文件按日期排序、将电话簿按姓氏拼音或笔画排序等均属于排序问题。在电子商务网站购书时，人们可以根据销量、好评、出版时间、价格等对商品进行排序，从而方便购买，如图 10.1 所示。此外，有时为了提高查找效率，需要事先对一些数据进行排序，如折半查找。由此可见，排序是程序设计中的一种基础性操作，研究和掌握各种排序方法非常重要。

图 10.1 网购商品排序示例

回顾第 9 章中的引例 9.1～9.4，引例 9.4 手机通讯录已采用二叉排序树完全实现，但是引例 9.1～9.3 还有部分功能没有实现，具体如下。

引例 9.1：手机选择

功能 2、3、4 尚未实现：（2）按价格升序显示商品信息；（3）按价格降序显示商品信息；（4）按销量降序显示商品信息。

引例 9.2：火车票信息查询

功能 3、4、5 尚未实现：（3）在已知始发站和终点站的前提下按发车时间段查询；
（4）在已知始发站和终点站的前提下按到达时间段查询；（5）在已知始发站和终点站的
前提下按票价范围查询。

引例 9.3：学生课程成绩管理

功能 5 尚未实现：（5）按总评成绩分数段查询。

要完成上述功能，需要我们具备各种排序算法的知识，这就是第 10 章的主题。

10.2　排序的基本概念

设有 n 个记录的序列$(R_1, R_2, ..., R_n)$，其相应关键字的序列是$(K_1, K_2,..., K_n)$，即 K_i 是 R_i 的
关键字。所谓**排序**（Sort），就是找出当前下标序列$(1, 2, ..., n)$的一种排列 $p(1), p(2), ..., p(n)$，
使得相应关键字满足如下的非递减（或非递增）关系，即：$K_{p(1)} \leq K_{p(2)} \leq ... \leq K_{p(n)}$
$(K_{p(n)} \leq K_{p(n-1)} \leq ... \leq K_{p(1)})$，这样就得到一个按关键字有序的记录序列：$(R_{p(1)}, R_{p(2)}, ..., R_{p(n)})$。

对于排序前序列中的两个记录 R_i 和 R_j，$K_i=K_j$ 且 $i<j$，也就是说 R_i 和 R_j 的关键字相等且在
序列中 R_i 领先于 R_j。若经过排序后得到的序列中 R_i 仍领先于 R_j，则称所用的排序方法是**稳定
的**；反之，经过排序后得到的序列中 R_i 可能不领先于 R_j 了，则称所用的排序方法是**不稳定的**。
例如，原来按学号排列的序列((14821211，陈俊，86), (14821212，李明，86), (14821210，华卉，
92))，现在按照成绩从高到低进行排序。若用稳定的排序算法，则结果为((14821210，华卉，92)，
(14821211，陈俊，86), (14821212，李明，86))；若不用稳定的排序算法,则结果可能为((14821210,
华卉，92), (14821212，李明，86), (14821211，陈俊，86))。在应用排序的某些场合，如选举和比
赛等，对排序的稳定性有特殊要求。证明一种排序方法是稳定的，要从算法本身的步骤中加
以证明；说明排序方法是不稳定的，只需给出一个反例。

根据排序时数据所占用存储器的不同，可将排序分为**内部排序**和**外部排序**。如果待排序
记录数据量相对于内存而言较小，整个排序过程可以在内存中进行，则称为内部排序；如果
待排序记录数据量较大，不能全部放入内存，排序过程中需访问外存，则称为外部排序。本
章仅讨论内部排序。

内部排序方法很多，各有其优缺点和适用场合。待排序记录序列可以采用顺序存储，也
可以采用链式存储。本章采用顺序存储方式，用一个一维数组 r 存储序列中各记录，存储结
构定义如下。

```
#define MAXSIZE 20000          //顺序表可能的最大长度

typedef int KeyType;           //定义关键字类型为整型
typedef int InfoType;          //定义其他数据项类型

typedef struct{                //定义每个记录的结构
  KeyType key;                 //关键字项
  InfoType otherdata;          //其他数据域，InfoType 视应用情况而定，下面不处理它
}RecordType;                   //记录类型

typedef struct{                //定义顺序表的结构
  RecordType r[MAXSIZE+1];     //存储顺序表，r[0]闲置、缓存或用作监视哨单元
```

```
    int length;                          //表实际长度
  }SqList;
```

简单起见，定义关键字类型为整型，讨论时忽略记录的其他部分，把精力集中在排序算法上。并规定将记录序列按关键字非递减顺序排序。

排序的时间复杂度是衡量排序算法好坏的重要标准。以顺序表方式存储待排序记录，排序的时间主要消耗在记录关键字的比较和移动上，因此应尽可能减少比较和移动次数，以提高排序算法的效率。一般按平均情况估算排序算法的时间代价，还常估算最好和最坏情况的时间代价。除了时间代价外，还要考虑排序算法的附加存储空间。

10.3　插　入　排　序

10.3.1　直接插入排序

直接插入排序（Straight Insertion Sort）的思想非常简单，将待排序序列中第一个记录作为一个有序序列，然后将剩下的 $n-1$ 个记录依次按关键字大小插入该有序序列，每插入一个记录后依然保持该序列有序，经过 $n-1$ 趟排序后初始序列变为有序。在直接插入排序中，确定插入位置采用顺序查找法，可以从后往前或从前往后查找。这里从后往前查找插入位置。

将一个记录插入有序表中，当待插入记录小于表中记录时，就将该记录后移一个位置，继续比较、移动，直到待插入记录大于等于表中记录或者前面没有记录可比较时结束，这时就将待插入记录存入刚后移的记录的位置即可。设有待排序序列(38, 27, 61, 38, 78, 53, 20, 31)，其直接插入排序过程如图 10.2 所示。在第 5 趟将 53 插入时，由于 53 小于表中的 78，因此 78 后移一个位置；同理 61 也往后移动了一个位置；而 53 大于等于 38，故 38 不再后移，将 53 存入原来 61 的位置，本趟插入过程结束。

```
              1   2   3   4   5   6   7   8
    初始序列: (38) 27  61  38  78  53  20  31
    第1趟: (27  38)  61  38  78  53  20  31
    第2趟: (27  38  61)  38  78  53  20  31
    第3趟: (27  38  38  61)  78  53  20  31
    第4趟: (27  38  38  61  78)  53  20  31
    第5趟: (27  38  38  53  61  78)  20  31
    第6趟: (20  27  38  38  53  61  78)  31
    第7趟: (20  27  31  38  38  53  61  78)
    排序结果: (20  27  31  38  38  53  61  78)
```

图 10.2　直接插入排序过程

BInsertSort 函数实现了直接插入排序算法。方便起见，在寻找插入位置之前可将待插入记录存入 r[0]作为哨兵。

```
  /**********************************************************/
  /* 函数功能: 对一个记录序列进行直接插入排序             */
  /* 函数参数: L返回记录序列的有序表                      */
  /* 函数返回值: 空                                       */
  /**********************************************************/
```

```
void InsertSort(SqList &L){
//直接插入排序
  int i,j;
  int n=L.length;

  for(i=1; i<n; i++){    //执行 n-1 趟
    j=i+1;                         //第 i 趟排序时待插入记录为 r[i+1]，即 r[j]
    L.r[0]=L.r[i+1];               //将待插入记录复制为哨兵
    while (L.r[0].key<L.r[j-1].key){  //从后往前查找插入位置
      L.r[j]=L.r[j-1]; j--;        //记录 r[j-1] 后移，j 指针前移
    }
    L.r[j]= L.r[0];                //待插入记录存入找到的插入位置
  }
}
```

直接插入排序算法必须进行 $n-1$ 趟。最好情况下初始序列有序，执行 $n-1$ 趟，但每一趟只能比较一次，移动记录两次，总的比较次数是 $(n-1)$，移动记录次数是 $2(n-1)$。因此最好情况下的时间复杂度就是 $O(n)$。

最坏情况下，初始序列非递增。第 i 趟排序时，最多比较 i 次，移动记录 $i+2$ 次，因此需要的比较次数 N_C 和移动次数 N_M 分别为

$$N_C = \sum_{i=1}^{n-1} i = \frac{n(n-1)}{2}$$

$$N_M = \sum_{i=1}^{n-1} (i+2) = \frac{(n+4)(n-1)}{2}$$

故最坏情况下的时间复杂度为 $O(n^2)$。

直接插入排序算法执行时间与记录的初始排列有关。若待排序序列中出现各种可能排列的概率相同，则可取上述最好情况和最坏情况的平均情况。在平均情况下，直接插入排序需要的比较次数和移动次数均约为 $n^2/4$。因此直接插入排序在平均情况下的时间复杂度为 $O(n^2)$。

直接插入排序只需要一个记录的辅助空间 r[0]，所以空间复杂度为 $O(1)$。

直接插入排序是稳定的排序算法。从图 10.2 中第 3 趟排序可以看出，当为排在后面的 38 寻找插入位置时，是将表中大于 38 的记录向后移一个位置。但是当比较到表中的 38 时，38 不大于 38，就将 38 插在 38 的后面。所以直接插入排序是稳定的。

10.3.2 折半插入排序

在直接插入排序中，采用顺序查找法查找当前记录在已排好序的序列中的插入位置。采用顺序查找法寻找插入位置，大量时间消耗在关键字间的比较。除了顺序查找法，在有序子序列中插入当前记录时，还可以采用折半查找法寻找插入位置，从而减少比较次数，提高效率。由此进行的插入排序称为**折半插入排序**（Binary Insertion Sort）。

BInsertSort 函数实现了折半插入排序算法。

```
/***************************************************/
/* 函数功能：对一个记录序列进行折半插入排序         */
/* 函数参数：L 返回记录序列的有序表                 */
/* 函数返回值：空                                   */
/***************************************************/
void BInsertSort (SqList &L ){
```

```
//折半插入排序
    int low, high, m;
    int n=L.length;
    int i,j;

    for (i=2; i<=n; i++){
      L.r[0]=L.r[i];                              //将待插入的记录暂时存到监视哨中
      low=1; high=i-1;                            //置查找区间初值
      while (low<=high){                          //在r[low..high]中折半查找插入的位置
        m=(low+high)/2;                           //折半
        if(L.r[0].key<L.r[m].key) high=m-1;       //插入位置在前一子表
        else low=m+1;                             //插入位置在后一子表
      }
      for (j=i-1; j>=high+1; j--)
        L.r[j+1]=L.r[j];                          //记录后移
      L.r[high+1]=L.r[0];                         //将 r[0]即原 r[i]插入正确位置
    }
}
```

采用折半查找寻找插入位置,折半插入排序需要的关键字比较次数与待排序序列中记录的初始排列无关,仅依赖于记录个数。在第 i 趟插入当前记录时,需要经过 $\lfloor \log_2 i \rfloor +1$ 次关键字比较,才能确定它的插入位置。因此需要的比较次数 N_C 是

$$N_C = \sum_{i=1}^{n-1} \left(\lfloor \log_2 i \rfloor +1 \right) \approx \log_2 n! + (n-1)$$

由于 $\log_2 n!$ 和 $n\log_2 n$ 是等价无穷大,故记录比较的执行时间是 $O(n\log_2 n)$。

折半插入排序的记录移动次数依赖于记录的初始排列。在最好情况下,初始序列已经是正序的,折半插入排序的执行时间主要消耗在记录比较上,故时间复杂度为 $O(n\log_2 n)$。在最坏情况下,初始序列逆序,折半插入排序的执行时间主要消耗在记录移动上,时间复杂度为 $O(n^2)$。在平均情况下,折半插入排序的执行时间也主要消耗在记录移动上,时间复杂度为 $O(n^2)$。

对于找到插入位置后记录移动次数来说,折半插入排序与直接插入排序相同,依赖于记录的初始排列。但是寻找插入位置时折半查找比顺序查找快,所以就平均性能来说折半插入排序比直接插入排序要好。当 n 较大时,折半插入排序总比较次数比直接插入排序的最坏情况要好得多,但比其最好情况要差。在初始序列已经有序或接近有序时,直接插入排序比折半插入排序执行的比较次数要少。

和直接插入排序一样,折半插入排序只需要一个记录的辅助空间 r[0],所以空间复杂度为 $O(1)$。

折半插入排序是稳定的排序算法。

10.3.3　希尔排序

希尔排序(Shell Sort)是以它的发明者 D.L.Shell 的名字来命名的。希尔排序也称为**缩小增量排序**(Diminishing Increment Sort)。当待排序序列的关键字基本有序时,直接插入排序效率较高。希尔排序利用了直接插入排序的最佳时间特性,在不相邻的记录之间进行比较和交换,试图将待排序列变成基本有序状态,然后再用插入排序来完成最后的排序工作。

希尔排序也是一种插入排序方法,实际上是一种分组插入方法。其基本思想是:先取一

个小于 n 的整数 d_1 作为第一个增量，把全部记录分成 d_1 个组。所有距离为 d_1 的倍数的记录放在同一个组中。先在各组内进行直接插入排序；然后，取第二个增量 $d_2<d_1$ 重复上述的分组和排序，直至所取的增量 $d_t=1(d_t<d_{t-1}<…<d_2<d_1)$，即所有记录放在同一组中进行直接插入排序为止。

这里取 $d_1 = \dfrac{n}{2}$，$d_{i+1} = \left\lfloor \dfrac{d_i}{2} \right\rfloor$，也就是说，每次后一个增量是前一个增量的 1/2。设待排序序列为(28, 41, 61, 83, 78, 7, 26, <u>28</u>, 55, 35)，希尔排序过程如图 10.3 所示。第 1 趟排序时增量 $d_1=5$，整个表被分成 5 组：(28, 7)，(41, 26)，(61, <u>28</u>)，(83, 55)，(78, 35)，各组采用直接插入排序后结果分别为(7, 28)，(26, 41)，(<u>28</u>, 61)，(55, 83)，(35, 78)。第 2 趟排序时增量 $d_2=2$，整个表被分成 2 组：(7, <u>28</u>, 35, 41, 83)，(26, 55, 28, 61, 78)，各组采用直接插入排序后结果分别为 (7, <u>28</u>, 35, 41, 83)，(26, 28, 55, 61, 78)。第 3 趟排序时增量 $d_2=1$，整个表为 1 组，采用直接插入排序后整个表变为有序，最终结果为 (7, 26, <u>28</u>, 28, 35, 41, 55, 61, 78, 83)。

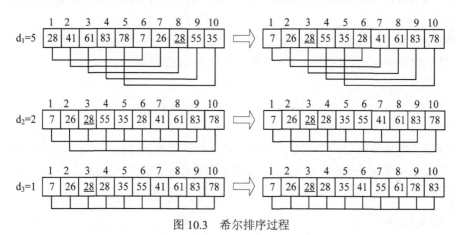

图 10.3　希尔排序过程

取 $d_1 = \dfrac{n}{2}$，$d_{i+1} = \left\lfloor \dfrac{d_i}{2} \right\rfloor$，ShellSort 函数实现了希尔排序算法。

```
/***************************************************/
/* 函数功能：对一个记录序列进行希尔排序            */
/* 函数参数：L 返回记录序列的有序表               */
/* 函数返回值：空                                  */
/***************************************************/
void ShellSort(SqList &L){
//希尔排序
  int i, j, d, n;

  n=L.length;
  d=n/2;                          //增量置初值

  while (d>0){
   for (i=d+1; i<=n; i++){        //对所有相隔 d 位置的所有记录组采用直接插入排序
    L.r[0]=L.r[i];
    j=i-d;
    while(j>=0 && L.r[0].key<L.r[j].key){  //对相隔 d 位置的记录进行排序
     L.r[j+d]= L.r[j];
```

```
        j=j-d;
      }
    L.r[j+d]=L.r[0];
  }//end of for (i=d+1; i<=n; i++)
  d=d/2;
} //end of while (d>0)
} //end of ShellSort
```

因为希尔排序的执行时间与所取增量序列有关，分析希尔排序的时间复杂度是很困难的。到目前为止增量的选取无一定论，但无论增量序列如何取，最后一个增量必须等于 1。如果增量 d_i 按照上述取法，则经过 $t=\log_2(n-1)$ 次后，$d_t=1$。希尔算法的时间复杂度难以分析，一般认为其平均时间复杂度约为 $O(n^{1.3})$。

希尔排序的速度通常比直接插入排序快。原因在于当增量大于 1 时，关键字较小的记录不是一步一步地移动，而是跳跃式地前进，每次对子序列的处理使得待排序列更加有序，在进行最后一趟增量为 1 的插入排序中，序列已基本有序，只要做记录的少量比较和移动即可完成排序。

希尔排序和前面两种排序方法一样，也只需要一个辅助空间 r[0]，空间复杂度为 O(1)。由于排序过程中记录跳跃式地移动，所以希尔排序是不稳定的。

10.4　交 换 排 序

交换排序主要是根据记录关键字的大小，通过记录交换来进行排序。交换排序的特点是：将关键字较大的记录向序列的后部移动，关键字较小的记录向序列的前部移动。这里介绍两种交换排序方法，它们是冒泡排序和快速排序。

10.4.1　冒泡排序

冒泡排序（Bubble Sort）是通过交换两个记录实现的。每个记录 r[i] 被看作重量为 r[i].key 的气泡。冒泡排序的思想是：第 1 趟在序列 r[1]～r[n] 中从后往前进行两个相邻记录的比较，若后者小，则交换，比较 $n-1$ 次；第 1 趟排序结束，r[1]～r[n] 中最小元素被交换到 r[1] 中，好像轻气泡上浮；第 2 趟排序在子序列 r[2]～r[n-1] 中进行，第 2 趟排序结束，r[2]～r[n] 中最小记录被交换到 r[2] 中；第 3 趟排序在子序列 r[3]～r[n-1] 中进行；如此进行下去，进行 $n-1$ 趟排序后结束。

设有一组关键字序列(38, 29, 9, 22, 48, <u>38</u>)，这里 $n=6$，即有 6 个记录。冒泡排序第 1 趟排序的各次比较和交换如图 10.4 所示；各趟排序过程如图 10.5 所示，图中灰色部分表示有序区。

BubbleSort 函数实现了冒泡排序算法。

```
/****************************************************/
/* 函数功能：对一个记录序列进行冒泡排序              */
/* 函数参数：L 返回记录序列的有序表                  */
/* 函数返回值：空                                    */
/****************************************************/
void BubbleSort(SqList &L){
//冒泡排序
```

```
    int i,j,n;
    n=L.length;
    for (i=1; i<n; i++)
        for (j=n;j>i;j--)                //比较，找出本趟最小关键字的记录
        if (L.r[j].key<L.r[j-1].key){
        //r[j]与 r[j-1]进行交换，将最小关键字记录前移
            L.r[0]=L.r[j]; L.r[j]= L.r[j-1]; L.r[j-1]= L.r[0];
        }
}//end of BubbleSort
```

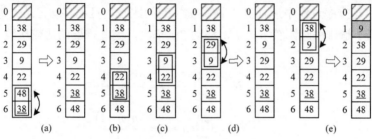

图 10.4　冒泡排序第 1 趟排序过程

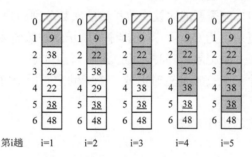

图 10.5　冒泡排序各趟排序结果

　　在有些情况下，在第 i（$i<n$-1）趟时已排好序了，但仍需执行后面几趟的比较。实际上，一旦某一趟比较时不出现任何记录交换，说明已排好序了，就可以结束。如图 10.5 中，在第 4 趟排序时没有进行记录交换，说明序列已经有序。可以改进上面的冒泡排序算法，设置标志 flag，指示在每一趟的内循环中是否发生记录交换。一旦某趟没有交换，则结束排序。

　　ImprovedBubbleSort 函数实现了改进的冒泡排序算法。

```
/*****************************************************/
/* 函数功能：对一个记录序列进行改进的冒泡排序        */
/* 函数参数：L 返回记录序列的有序表                  */
/* 函数返回值：空                                    */
/*****************************************************/
void ImprovedBubbleSort(SqList &L)
//改进的冒泡排序，设置标志 flag，对顺序表 L 做冒泡排序
    int i,j;
    bool flag;
    int n=L.length;

    for(i=1; i<n; i++){
      flag=false;              //flag 初始化为 false
      for(j=n; j>i; j--)       //比较，找出本趟最小关键字的记录
```

```
        if (L.r[j].key<L.r[j-1].key) {
            //r[j]与 r[j-1]进行交换，将最小关键字记录前移
            L.r[0]=L.r[j]; L.r[j]=L.r[j-1]; L.r[j-1]=L.r[0];
            if(!flag)    flag=true;  //flag 置为 true，表示本趟排序发生了交换
        }
     if (!flag) return; //如果本趟排序没有发生交换，则不再执行下一趟排序，排序结束
    }
} //end of BubbleSort
```

冒泡排序的比较次数和移动次数与初始排列有关。最好情况下，即初始序列有序，只需进行一趟排序，在排序过程中进行 $n-1$ 次关键字间的比较，且不移动记录。最坏情况下，需 $n-1$ 趟排序，第 i 趟排序时比较 $n-i$ 次，移动 $3(n-i)$ 次，因此需要的比较次数 N_C 和移动次数 N_M 分别是

$$N_C = \sum_{i=1}^{n-1}(n-i) = \frac{n(n-1)}{2}$$

$$N_M = 3\sum_{i=1}^{n-1}(n-i) = \frac{3n(n-1)}{2}$$

故最坏情况下的时间复杂度为 $O(n^2)$。

在平均情况下，冒泡排序需要的比较次数和移动次数分别约为 $n^2/4$ 和 $3n^2/4$。因此冒泡排序在平均情况下的时间复杂度为 $O(n^2)$。冒泡排序移动记录次数较多，算法平均性能比直接插入排序差。当记录数目较多且记录无序时，不宜采用冒泡排序。

冒泡排序只有在两个记录交换位置时需要一个辅助空间用于暂存记录，故空间复杂度为 $O(1)$。

冒泡排序是一种稳定的排序方法。

10.4.2　快速排序

在冒泡排序过程中，只对相邻的两个记录进行比较，因此每次交换两个相邻记录时只能消除一个逆序。**快速排序**（Quick Sort）在冒泡排序的基础上进行改进，可以通过两个不相邻记录的一次交换来消除多个逆序，从而加快排序速度。

快速排序的基本思想是：在待排序的 n 个记录中，任取一个记录作为枢轴（pivot），通常取第一个记录作为枢轴。枢轴也称为分割元素或支点，设其关键字为 pk。如图 10.6 所示，把所有关键字小于等于 pk 的记录交换到前面，把所有关键字大于等于 pk 的记录交换到后面，结果将待排序记录分成两个子表，枢轴放置在分界处的位置，

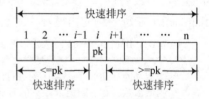

图 10.6　快速排序示意

至此完成了一次划分。然后，再分别对左、右子表快速排序，直至每一子表为空或只有一个记录时，排序结束。快速排序可以用递归实现。

设有待排序序列(38, 27, 61, 11, 78, 83, 20, <u>38</u>)，第 1 趟快速排序如图 10.7 所示。取原序列中的第 1 个记录 38 为枢轴，第 1 趟排序结束后，小于等于 38 的元素均被调整到 38 左边，大于等于 38 的元素均被调整到 38 右边。为实现这一过程，用两个下标变量 low 和 high 分别指向原序列（待排序列）的第 1 个和最后一个记录，另用两个变量 i 和 j 作为游动指针，初始化为 i=low，j=high+1，见图 10.7（a）。简单起见，总是取待排序序列中第 1 个记录作为枢轴。

先让 i 从左向右扫描，直到找到第 1 个大于等于枢轴的记录时结束；再让 j 从右向左扫描，直到找到第 1 个小于等于枢轴的记录时结束；此时若 i<j，则交换 r[i]和 r[j]。继续扫描，直到 i 大于等于 j 时结束。此时，待排序序列中小于等于枢轴的记录被调整到左子表，大于等于枢轴的记录被调整到右子表，再通过交换 r[low]和 r[j]将枢轴移到左右子表分界处。然后对左子表和右子表分别进行快速排序。快速排序各趟排序过程如图 10.8 所示。

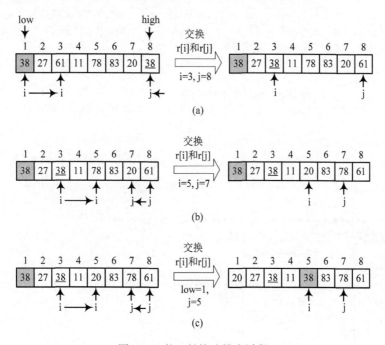

图 10.7 第 1 趟快速排序过程

初始序列： (38 27 61 11 78 83 20 <u>38</u>)
第1趟： (20 27 <u>38</u> 11) 38 (83 78 61)
第2趟： (11) 20 (<u>38</u> 27) 38 (83 78 61)
第3趟： 11 20 (27) <u>38</u> 38 (83 78 61)
第4趟： 11 20 27 <u>38</u> 38 83 (78 61)
第5趟： 11 20 27 <u>38</u> 38 83 78 (61)

图 10.8 快速排序各趟排序结果

QSort 函数对记录序列的子序列 r[low..high]进行快速排序。QuickSort 函数调用 QSort 函数实现了对待排序序列的快速排序。

```
/*****************************************************/
/* 函数功能：对一个记录序列的子序列进行快速排序          */
/* 函数参数：r 是顺序存储的记录序列                     */
/*          low 是子序列下界，high 是子序列上界         */
/* 函数返回值：空                                     */
/*****************************************************/
void QSort(RecordType r[], int low, int high){
//对 r[low..high]进行快速排序
```

```
    int i,j;
    KeyType pk=r[low].key; //取待排序序列第 1 个记录 r[low]作为枢轴记录，记下其关键字

    if(low<high){  //若待排序列多于一个记录，则继续快速排序
      i=low; j=high+1;

      do{
        do i++; while(i<=high && r[i].key<pk); //i 指针从左往右找第 1 个大于等于枢轴的记录
        do j--; while(j>=low && r[j].key>pk); //j 指针从右往左找第 1 个小于等于枢轴的记录
        if (i<j){ //若 i<j，则交换两个记录
            r[0]=r[i]; r[i]=r[j]; r[j]=r[0];  //利用 r[0]交换 r[i]和 r[j]
        }
      } while (i<j); //i<j，则继续本趟排序
      r[0]=r[low]; r[low]=r[j]; r[j]=r[0];   //利用 r[0]交换枢轴记录 r[low]和 r[j]

      QSort(r, low, j-1);                     //对左端序列快速排序
      QSort(r, j+1, high);                    //对右端序列快速排序
  } //end of if(low<high)
} //end of QSort

/************************************************/
/* 函数功能：对一个记录序列进行快速排序            */
/* 函数参数：L 返回记录序列的有序表               */
/* 函数返回值：空                               */
/************************************************/
void QuickSort(SqList &L){
//快速排序
  int n=L.length;
  QSort(L.r,1,n);                             //以初始序列为待排序序列开始快速排序
} //end of QuickSort
```

　　划分长度为 s 的记录表的时间消耗取决于 i 和 j 这两个指针要向中间移动多久才能相遇。一般来说，如果子数组长度为 s，那么两个下标变量一共要走 s 步，因此划分的时间代价为 $O(s)$。当每个轴值都将记录表分成相等的两部分时，出现了快速排序的最佳情况。最上层原始待排序记录表中有 n 个记录，第 2 层分割的表是两个长度各为 n/2 的子表，第 3 层分割的子表是 4 个长度为 n/4 的子表，……，依次类推，快速排序一直将表分割下去，直至表中只有一个记录。最佳情况下，长度为 n 的记录表分割层次大约为 $\log_2 n$。每一层中，所有子表的划分的时间代价和为 $O(n)$，于是整个算法的最好时间代价为 $O(n\log_2 n)$。

　　最坏情况是初始序列正序或逆序，此时每次分割的两个子序列中有一个为空，一次划分只得到一个比上一次少一个记录的子序列。这时快速排序效率最低，时间复杂度为 $O(n^2)$。在最坏情况下，这与上一节介绍的 3 种简单排序算法具有相同的时间复杂度。例如，对于(15, 20, 25, 30, 35, 40)或(40, 35, 30, 25, 20, 15)的排序都属于快速排序的最坏情况。

　　在平均情况下，可以证明快速排序的时间复杂度为 $O(n\log_2 n)$。就平均性能而言，它是基于关键字比较的内部排序算法中速度最快者，快速排序亦因此而得名。快速排序适合记录多、初始记录无序的情形。

　　待排序的第 1 个记录 r[low]可能是最大或最小记录，实现快速排序时如果总是将 r[low]作为枢轴，可能导致最坏情况的发生。为避免发生最坏情况，可以采用其他方法选取枢轴，

下面是 3 种常用方法：

（1）将 r[(low+high)/2]作为分割元素，与 r[low]交换；

（2）选 low 到 high 间的随机整数 k，将 r[k]与 r[low]交换；

（3）取 r[low]、r[(low+high)/2]和 r[high]之中间值与 r[low]交换。

快速排序是递归的，递归函数在实现时需要用一个系统栈存放相关信息。对于不同的序列，嵌套递归调用的深度是不同的。例如，对于序列（38, 27, 61, 11, 78, 83, 20, 38），嵌套递归调用的层次最大为 3 层，但对于序列（15, 20, 25, 30, 35, 40），嵌套递归调用层次最大为 5 层。最大嵌套递归调用层次与记录表分割的层次一致。对于 n 个记录的序列，嵌套递归调用层次可达 n-1 层，这就是说，最坏情况下快速排序需要的附加堆栈存储空间为 O(n)。最好情况下，最大嵌套递归调用层次为 $\log_2 n$，即最好情况下快速排序的空间复杂度为 O($\log_2 n$)。

快速排序是不稳定的排序方法。

10.5　选　择　排　序

选择排序（Selection Sort）的基本思想是：每一趟从待排序序列中选出关键字最小的记录，顺序放在已排好序的子序列的最后，直到全部记录排序完毕。常用的选择排序方法有直接选择排序和堆排序。

10.5.1　简单选择排序

简单选择排序（Simple Selection Sort）也称为**直接选择排序**（Straight Selection Sort）。它的基本思想是：将初始序列 r[1]~r[n]作为待排序序列，第 1 趟在待排序序列 r[1]~r[n]中找到关键字最小的记录，与该序列中第 1 个记录 r[1]交换，这样子序列 r[1]有序。第 2 趟排序在待排序子序列 r[2]~r[n]中进行，从中找到关键字最小的记录，与 r[2]交换。第 i 趟排序在待排序子序列 r[i]~r[n]中找到最小记录，与该子序列中第 1 个记录 r[i]交换。经过 n-1 趟排序后初始序列有序。注意，当待排序子序列只剩一个记录时，不必再选择，故排序趟数是 n-1。

对于待排序序列(38, 27, 61, 38, 78, 83, 20, 11)，简单选择排序的各趟排序过程如图 10.9 所示。图中阴影表示每趟选择出来的最小记录。

```
              1   2   3   4   5   6   7   8
   初始序列:  38  27  61  38  78  83  20  11
   第1趟:    (11) 27  61  38  78  83  20  38
   第2趟:    (11  20) 61  38  78  83  27  38
   第3趟:    (11  20  27) 38  78  83  61  38
   第4趟:    (11  20  27  38) 78  83  61  38
   第5趟:    (11  20  27  38  38) 83  61  78
   第6趟:    (11  20  27  38  38  61) 83  78
   第7趟:    (11  20  27  38  38  61  78) 83
   排序结果:  (11  20  27  38  38  61  78  83)
```

图 10.9　简单选择排序过程

SimpleSelectSort 函数实现了简单选择排序算法。

```
/***************************************************/
/* 函数功能：对一个记录序列进行简单选择排序          */
/* 函数参数：L 返回记录序列的有序表                 */
/* 函数返回值：空                                  */
/***************************************************/
void SimpleSelectSort(SqList &L){
//简单选择排序

    int n=L.length;
    int i,j,min;

    for(i=1; i<n; i++){   //执行 n-1 趟

      min=i; //待排序子序列中的最小记录初始化为第 1 个记录
      for(j=i+1; j<=n; j++) //扫描待排序子序列
      //如果扫描到一个比当前最小记录更小的记录，则更新当前最小记录
        if(L.r[j].key<L.r[min].key) min=j;
      if(min!=i){ //最小记录与待排序序列中第 1 个记录交换
        L.r[0]=L.r[i]; L.r[i]=L.r[min]; L.r[min]=L.r[0];
      }
    } //end of for(i=1; i<n; i++)

}//end of SimpleSelectSort
```

无论初始排列如何，简单选择排序都必须执行 n-1 趟。经过一趟排序后，就能确定一个记录的最终位置。在第 i 趟排序中选出关键字最小的记录，需做 $n-i$ 次比较，因此需要的比较次数 N_C 为：

$$N_C = \sum_{i=1}^{n-1}(n-i) = \frac{n(n-1)}{2}$$

最好情况下，初始序列为正序，排序过程中不需要交换记录；最坏情况下，初始序列为逆序，排序过程中需要交换记录 n-1 次，由于交换 1 次需 3 次移动记录，故共需移动记录 $3(n-1)$ 次。简单选择排序的执行时间主要消耗在关键字的比较上，因此其最好、最坏和平均情况的时间复杂度都是 $O(n^2)$。简单选择排序只需要 1 个辅助存储空间用于记录交换，故空间复杂度为 $O(1)$。由于简单选择排序以"交换记录"来实现"目前最小记录到位"，就有可能改变关键字相同记录的先后顺序，所以它是不稳定的排序算法。

尽管从最多比较次数来看，简单选择排序与冒泡排序差不多，但在简单选择排序中移动元素次数明显比冒泡排序多。

10.5.2　堆排序

简单选择排序中，为了从 r[1..n]中选出关键字值最小的记录，必须进行 n-1 次比较，然后在 r[2..n]中选出关键字值最小的记录，又需要做 n-2 次比较。事实上，后面的 n-2 次比较中，有许多比较可能在前面的 n-1 次比较中已经做过，但由于前一趟排序时未保留这些比较结果，所以后一趟排序时又重复执行了这些比较操作。**堆排序**（Heap Sort）通过树型结构保存部分比较结果，从而减少比较次数，提高排序效率。

n 个关键字序列 $K_1, K_2, ..., K_n$ 称为堆，当且仅当该序列满足如下性质（简称为堆性质）：

（1）$K_i \leqslant K_{2i}$ 且 $K_i \leqslant K_{2i+1}$ 或（2）$K_i \geqslant K_{2i}$ 且 $K_i \geqslant K_{2i+1}$（$1 \leqslant i \leqslant n$）

可以将存储此序列的数组 r[1..n]看作一棵完全二叉树的存储结构。满足性质（1）的堆实质上是满足如下性质的完全二叉树：树中任一非叶结点的关键字值均小于等于其左右孩子结点（若存在）的关键字值。称满足性质（1）的堆为小根堆。满足性质（2）的堆实质上是满足如下性质的完全二叉树：树中任一非叶结点的关键字值均大于等于其左右孩子结点（若存在）的关键字值。称满足性质（2）的堆为大根堆。

例如，关键字序列(8, 13, 45, 22, 28, 68)满足堆性质（1），是小根堆，如图 10.10（a）所示；关键字序列(68, 45, 28, 22, 13, 8)满足堆性质（2），是大根堆，如图 10.10（b）所示。

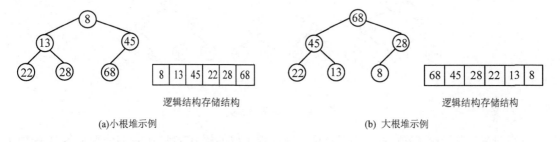

逻辑结构存储结构   逻辑结构存储结构

(a)小根堆示例   (b) 大根堆示例

图 10.10　堆示例

堆的根结点亦称为堆顶。由堆的定义可知，小根堆堆顶的关键字值是堆里所有结点关键字值最小者；大根堆堆顶的关键字值是堆里所有结点关键字值最大者。堆中任一子树亦是堆。

堆排序是一树型选择排序。堆排序将记录数组 R[1..n]看作一棵完全二叉树的顺序存储结构，利用大根堆（或小根堆）堆顶记录的关键字值最大（或最小）这一特征，使得选取关键字值最大（或最小）的记录变得简单。堆排序基本思想如下：

（1）对表中记录利用堆的调整算法形成初始堆。

（2）输出堆顶记录。

（3）对剩余记录重新调整形成堆。

（4）重复执行步骤（2）和（3），直到输出所有记录。

这里讨论利用大根堆的堆排序实现记录按关键字值非递减排列。按上述过程，输出记录的逆序即是按关键字值非递减的记录序列。步骤（1）和（3）都涉及堆调整。这里的堆调整是这样一个问题：一棵完全二叉树不一定是堆，但是树根的左子树和右子树都是堆，如何调整使得该完全二叉树成为堆呢？堆调整由 Heapify 函数实现，函数 BuildHeap 通过调用 Heapify 实现构造初始堆，函数 HeapSort 通过调用 BuildHeap 和 Heapify 实现堆排序。首先介绍 Heapify 函数的实现，在此基础上实现函数 BuildHeap，最终实现 HeapSort 函数。

1. 堆调整实现

如上所述，堆调整函数 Heapify 对一棵树根的左、右子树都是堆的完全二叉树进行调整，使之成为堆。

图 10.11 给出了两个堆调整的实例。图 10.11（a）中，根 37 的左、右子树均已是堆。37 有两个孩子结点 66 和 75，较大者为 75，将 37 与 75 交换，此时树成为堆。图 10.11（b）中，根 37 的左、右子树均已是堆。37 有两个孩子结点 75 和 66，较大者为 75，将 37 与 75 交换。

此时树根 75 为所有结点中最大者，而以 37 为根的子树不是堆，故再将 37 与较大的孩子结点交换。37 的两个孩子都是 48，与第 1 个 48 交换，此时树成为堆。

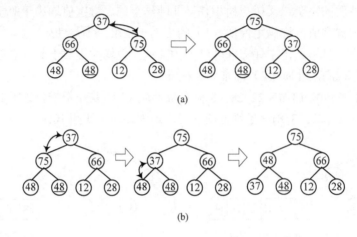

图 10.11　堆调整示例

　　r[s]的左、右子树（若存在）均已是堆，这两棵子树的根 r[2s]和 r[2s+1]分别是各自子树中关键字值最大的结点。若 r[s].key 大于等于两个孩子结点 r[2s]和 r[2s+1]的关键字值，则 r[s]未违反堆性质，以 r[s]为根的树已是堆，无须调整。否则，必须将 r[s]和它的两个孩子结点中关键字值较大者 r[large]进行交换，即 large 为 2s 或 2s+1 且满足 r[large].key=max(r[2s].key, r[2s+1].key)。交换后有可能使结点 r[large]违反堆性质，同样由于该结点的两棵子树（若存在）仍然是堆，故可重复上述的调整过程，对以 r[large]为根的树进行调整。不断进行上述过程直至当前被调整的结点已满足堆性质，或者该结点已是叶子为止。这种调整方法称为"筛选法"，因为调整过程就像过筛子一样，把较小的关键字逐层筛下去，而将较大的关键字逐层选上来。

　　Heapify 函数实现堆调整。

```
/*******************************************************/
/* 函数功能: 对一个记录序列的子序列进行堆调整          */
/* 函数参数: L 返回堆调整后的顺序表                    */
/*           s 是子序列下界，m 是子序列上界            */
/* 函数返回值: 空                                      */
/*******************************************************/
void Heapify(SqList &L, int s, int m){
//堆调整
//r[s]的左右子树是堆，将 r[s..m]调整为以 r[s]为根的大根堆
    int i,large;
    i=2*s;

    while(i<=m){                    //沿 key 值较大的孩子结点向下筛选

        //置 large 为 key 值较大的记录的下标
        if ((i<m)&&(L.r[i].key<L.r[i+1].key)) large=i+1;
        else large=i;

        if (L.r[s].key>=L.r[large].key)  break; //筛选结束，跳出循环
        else{                           //交换当前记录和 key 值较大的记录
        //0 号单元不存放记录，可存放临时记录
```

```
    L.r[0]=L.r[s]; L.r[s]=L.r[large]; L.r[large]=L.r[0];
    s=large; i=2*s;
    }
  }//end of while
}//end of Heapify
```

2. 构造初始堆

要将无序的初始记录序列 r[l..n]调整为一个大根堆，就必须将它所对应的完全二叉树中以每一结点为根的子树都调整为堆。

显然只有一个结点的树是堆，而在完全二叉树中，所有序号大于 $\lfloor n/2 \rfloor$ 的结点都是叶子，因此以这些结点为根的子树均已是堆。这样，只需利用筛选法，从最后一个分支结点 $\lfloor n/2 \rfloor$ 开始，依次将以序号为 $\lfloor n/2 \rfloor$、$\lfloor n/2 \rfloor -1$、…、1 的结点作为根的子树都调整为堆即可。

对于关键字序列(22, 29, 9, 38, 48, 38)，在建堆过程中完全二叉树及其存储结构的变化情况如图 10.12 所示。

BuildHeap 函数将待排序序列建成大根堆。对于无序序列 r[1..n]，从 $i=n/2$，反复调用筛选法 BuildHeap(L, i, n)，依次将以 r[i], r[i-1], ..., r[1]为根的子树调整为堆。

```
/*************************************************/
/* 函数功能：把一个记录序列建成大根堆             */
/* 函数参数：L 返回大根堆                         */
/* 函数返回值：空                                 */
/*************************************************/
void BuildHeap(SqList &L){
//把无序序列 L.r[1..n]建成大根堆
    int i,n;
    n=L.length;

    for (i=n/2; i>=1; i--)    //反复调用 Heapify
      Heapify(L,i,n);
} //end of BuildHeap
```

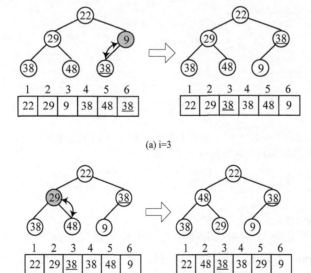

(a) i=3

(b) i=2

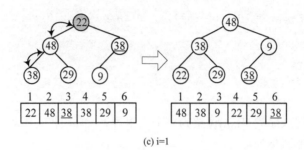

(c) i=1

图 10.12　初始堆建立过程

3. 堆排序

具体实现堆排序时,首先调用 Heapify 函数将初始记录序列 r[1..n]建成大根堆,将关键字值最大的记录 r[1],即堆顶记录和 r[1..n]中最后一个记录 R[n]交换,交换后 R[n]是 R[1..n]中关键字值最大的记录,子表 r[n]有序,而子表 r[1..n-1]中 r[1]的左右子树仍然是堆。然后调用 Heapify 函数用"筛选法"对 r[1..n-1]调整,使之成为大根堆,将关键字值最大的记录 r[1],即堆顶记录和 r[1..n-1]中最后一个记录 r[n-1]交换,交换后 r[n-1]是 r[1..n-1]中关键字值最大的记录和全部记录中关键字值次大的记录,子表 r[n-1..n]有序,而子表 r[1..n-2]中 R[1]的左右子树仍然是堆。重复上述处理步骤直到子表 r[2..n]有序,此时待调整子表 r[1]只有一个记录不再需要调整。

对于关键字序列(22, 29, 9, 38, 48, 38)进行堆排序,排序过程中完全二叉树及其存储结构的变化情况如图 10.13 所示。

HeapSort 函数实现堆排序算法。

```
/**********************************************/
/* 函数功能:对一个记录序列进行堆排序          */
/* 函数参数:L 返回记录序列的有序表           */
/* 函数返回值:空                            */
/**********************************************/
void HeapSort(SqList &L){
//堆排序
//对 L.r[1..n]进行堆排序,用 r[0]做暂存单元
    int i;
    int n=L.length;

    BuildHeap(L);              //将 L.R[1-n]建成初始堆

    for (i=n; i>1; i--){       //对当前子表 R[1..i]进行堆排序,共做 n-1 趟
     //利用 r[0]将堆顶记录和堆中最后一个记录交换
      L.r[0]=L.r[1]; L.r[1]=L.r[i]; L.r[i]=L.r[0];
      Heapify(L,1,i-1);        //将 L.r[1..i-1]重新调整为堆,仅有 R[1]可能违反堆性质
    }
} //end of HeapSort
```

堆排序的时间主要由建立初始堆和排序过程中反复重建堆这两部分的时间开销构成,它们均是通过调用 Heapify 实现的。因为堆是一棵完全二叉树,故 Heapify 函数的执行时间不超过 $O(\log_2 n)$,构造堆的时间最多是 $O(n\log_2 n)$。在排序过程中反复重建堆时,除最后一趟的堆顶元素无需再调整外,其余 $n-1$ 个元素均要向下调整一次,花费时间 $O(\log_2 n)$。堆排序的最坏

时间复杂度是 $O(n\log_2 n)$。实验研究表明，堆排序的平均性能较接近于最坏性能。堆排序仅需一个供交换用的辅助存储空间，故辅助空间为 $O(1)$。该排序是不稳定的排序方法。

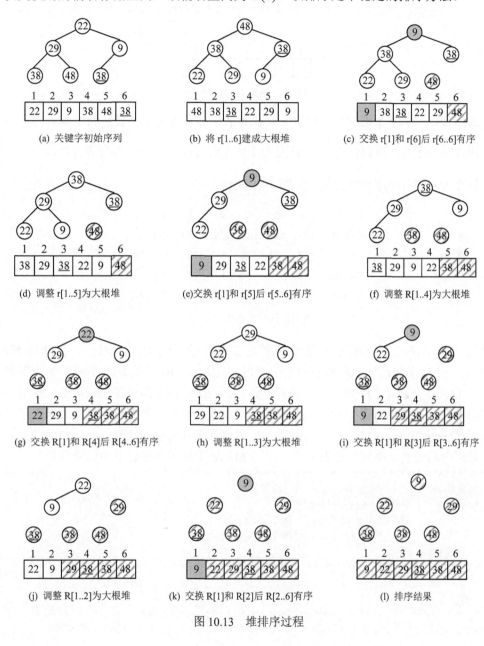

图 10.13 堆排序过程

10.6 归并排序

归并排序（Merge Sort）是一类与插入排序、交换排序、选择排序不同的另一种排序方法。归并的含义是将两个或两个以上的有序表合并成一个新的有序表。归并排序有**多路归并排序**（k-way merge sort）、**两路归并排序**（two-way merge sort），这里仅讨论两路归并排序。两路归并将两个有序表合并成一个新的有序表，如图 10.14 所示。

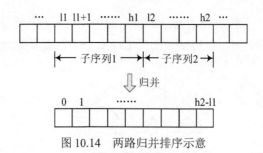

图 10.14 两路归并排序示意

两路归并排序的基本思想是：将有 n 个元素的序列看成是 n 个长度为 1 的有序子序列，然后两两合并子序列，得到 $\left\lfloor \dfrac{n+1}{2} \right\rfloor$ 个长度为 2 或 1 的有序子序列；再两两合并，……直到得到一个长度为 n 的有序序列时结束，如图 10.15 所示。

	1	2	3	4	5	6	7
初始序列:	(38)	(27)	(61)	(<u>38</u>)	(78)	(83)	(20)
第1趟:	(27	38)	(<u>38</u>	61)	(78	83)	(20)
第2趟:	(27	38	<u>38</u>	61)	(20	78	83)
第3趟:	(20	27	38	<u>38</u>	61	78	83)

图 10.15 归并排序过程

首先实现记录序列中两个相邻子序列的合并。假设(r[l1], r[l1+1], …, r[h1])和(r[l2], r[l2+1], …, r[h2])是数组 r 中相邻的两个子序列，其中 l1、h1 分别是子序列 1 的下界和上界 (l1<=h1)；l2、h2 分别是子序列 2 的下界和上界 (l2<=h2)。由于两个子序列相邻，有 h1+1=l2，因此它们中的记录总数为 j2-i1+1。为实现两个子序列的合并，需要分配能存放两个子序列的临时数组（temp[0], temp[1],…, temp[h2-l1]），以保存合并的中间结果，一趟归并结束后，再将临时数组中的元素"倒回"数组 L 中。函数 Merge 实现两个相邻子序列的合并。

```
/***************************************************/
/* 函数功能：对记录序列的两个子序列进行归并          */
/* 函数参数：r 是顺序存储的记录序列                  */
/*           l1 和 h1 分别是子序列 1 的下界和上界    */
/*           l2 和 h2 分别是子序列 2 的下界和上界    */
/* 函数返回值：空                                    */
/***************************************************/
void Merge(RecordType r[], int l1, int h1, int l2, int h2){
//一趟归并
  RecordType *list=new RecordType[h2-l1+1]; //分配能存放两个子序列的临时数组
  int i=l1,j=l2,k=0;      //i,j 是两个子序列的游动指针，k 是 list 的游动指针

  while (i<=h1&&j<=h2)  //若两个子序列都不空，则循环
    if(r[i].key<=r[j].key) list[k++]=r[i++]; //将 r[i]和 r[j]中较小的存入 list[k]
    else list[k++]=r[j++];
  while (i<=h1) list[k++]=r[i++]; //若第 1 个子序列还有剩余记录，则将其存入 list
  while (j<=h2) list[k++]=r[j++]; //若第 2 个子序列还有剩余记录，则将其存入 list
  for (i=0; i<k; i++) r[l1++]=list[i]; //将临时数组中的元素倒回 r
  delete []list;
} //end of Merge
```

有 Merge 函数作为基础，可以方便地实现两路合并排序。首先令子序列中的记录个数

size=1，然后求出相邻两个子序列的下标 l1, h1, l2, h2，调用子函数 Merge(L, l1, h1, l2, h2) 将它们合并；在所有 size=1 的相邻子序列合并完成后，将 size 扩大 1 倍。继续这一过程，直到 size 大于或等于 n 时结束。函数 MergeSort 实现归并排序。函数 MergeSort 中第 2 个 while 循环用于控制同 size 大小的子序列两两合并，若 l1+size-1≥n，则说明数组 L 中只剩一个子序列，无需再进行合并，这趟 size 大小的子序列合并结束。

```
/***************************************************/
/* 函数功能：对一个记录序列进行归并排序            */
/* 函数参数：L 是存储记录序列的顺序表             */
/* 函数返回值：空                                 */
/***************************************************/
void MergeSort(SqList &L){
//归并排序

  int l1, h1, l2, h2;    //i1、j1 是子序列 1 的下、上界，i2、j2 是子序列 2 的下、上界
  int size=1;            //子序列中记录个数，初始化为 1
  int n=L.length;
  while (size<n){
   l1=1;
   while (l1+size-1<n){    //若 l1+size-1<n，则说明存在两个子序列，需再两两合并
    l2=l1+size;           //确定子序列 2 的下界
    h1=l2-1;              //确定子序列 1 的上界
    if (l2+size-1>n)
      h2=n;               //子序列 2 中不足 size 个记录，置其上界 h2=n
    else
      h2=l2+size-1;       //子序列 2 中有 size 个记录，置其上界 h2=l2+size-1
    Merge(L.r, l1, h1, l2, h2); //合并相邻两个子序列
    l1=h2+1;              //确定下一次合并第 1 个子序列的下界
   } //end of while (l1+size-1<n)
   size*=2;
  } //end of while (size<n)
} //MergeSort
```

对归并算法的分析非常直观。设 i 为两个有序子表的总长度，归并过程要花费 $O(i)$ 时间。第 1 趟归并可以认为是对 n 个长度为 1 的子表进行归并，第 2 趟是对 $n/2$ 个长度为 2 的子表归并，再下一趟是对 $n/4$ 个长度为 4 的子表归并，……最后一趟是对 2 个长度为 $n/2$ 的子表归并，共进行 $\log_2 n$ 趟。显然，对 n 个长度为 1 的子表归并，需要 n 步；对 $n/2$ 个长度为 2 的子表归并，需要 n 步，……依此类推。在所有 $\log_2 n$ 趟归并中，每一趟都需要 $O(n)$ 的时间开销，因此总时间代价为 $O(n\log_2 n)$。这个时间代价并不依赖于待排序表中元素的相对顺序。因此归并排序的最佳、平均、最差时间复杂度均是 $O(n\log_2 n)$。

10.7 基 数 排 序

到目前为止，讨论的排序方法都是针对一个关键字，且都是基于关键字的比较和移动两种操作实现的。本节讨论的基数排序与前面介绍的排序方法完全不同，它是借助于多关键字的思想进行排序的。本节首先说明多关键字排序，然后介绍借助于多关键字排序思想的基数排序。

10.7.1 多关键字排序

先看一个扑克牌例子。扑克牌共有 54 张牌，其中有 52 张正牌，有花色和面值两个属性，

设其大小关系如下：

（1）花色：梅花<方块<红心<黑心

（2）面值：2<3<4<5<6<7<8<9<10<J<Q<K<A

对扑克牌按花色、面值进行升序排序，即两张牌若花色不同，不论面值怎样，花色低的那张牌小于花色高的，只有在同花色情况下，大小关系才由面值的大小确定。将花色和面值看成关键字，则扑克牌排序就是一种多关键字排序。为得到排序结果，我们讨论两种方法：

（1）先对花色排序，将牌分为 4 组：梅花组、方块组、红心组和黑心组；再对每个组分别按面值进行排序；最后，将 4 个组连接起来即可。

（2）先按 13 种面值将牌分为 13 组：2 组，3 组，…，K 组，A 组。将牌按面值依次放入对应组，分成 13 堆；再在每一面值组中将牌按花色排序；然后依次将每一面值组中的牌取出分别放入对应花色组：将 2 组中牌取出分别放入对应花色组，再将 3 组中牌取出分别放入对应花色组，……，这样，4 个花色组中均按面值有序；最后，将 4 个花色组依次连接起来即可。

一般情况下，设有 n 个记录的序列 $(R_1, R_2, ..., R_n)$，每个记录包含 d 个关键字 $(K^0, K^1, …, K^{d-1})$，其中 K^0 称为最主位关键字，K^{d-1} 称为最次位关键字。若对于序列中任两个记录 R_i 和 $R_j(1 \leqslant i < j \leqslant n)$，存在 $l(0 \leqslant l \leqslant d-1)$，使得当 $s=0,1,2,…,l-1$ 时有 $K_i^s = K_j^s$ 且 $K_i^l \leqslant K_j^l$，则称序列对关键字 $(K^0, K^1, …, K^{d-1})$ 有序。

多关键字排序按照从最主位关键字到最次位关键字或从最次位关键字到最主位关键字的顺序逐次排序，分最主位优先和最次位优先两种方法。

（1）**最主位优先**（Most Significant Digit first）法，简称 MSD 法，即先按 K^0 排序分组，同一组中记录，关键字 K^0 相等，再对各组按 K^1 排序分成子组，之后，对后面的关键字继续这样的排序分组，直到按最次位关键字 K^{d-1} 对各子表排序后。再将各组连接起来，便得到一个有序序列。扑克牌先按花色排序再按面值排序属于 MSD 法。

（2）**最次位优先**（Least Significant Digit first）法，简称 LSD 法：先从 K^{d-1} 开始排序，再对 K^{d-2} 进行排序，依次重复，直到对 K^0 排序后便得到一个有序序列。扑克牌先按面值排序再按花色排序属于 LSD 法。

10.7.2　基数排序

1. 基本思想

单关键字排序可以借助于多关键字思想进行：将一个关键字拆分成若干项，每项看作一个"关键字"，从而单关键字的排序可采用 MSD 或 LSD 方法按多关键字排序进行。**基数排序**（Radix Sort）就是一种按 LSD 排序的方法，它通过"分配"和"收集"两种运算实现单关键字排序。第 i 个记录的单关键字值 K_i 可以分解为 d 项 $K_i^0, K_i^1, …, K_i^{d-1}$，其中最高位项是 K_i^0，最低位项是 K_i^{d-1}，每项有 radix 种取值，radix 称为基数。如整数 3567 可按基数 radix=10 分解为 4 项 3、5、6、7，字符串 "*efhgj*" 可按基数 radix=26 分解为 5 项 e、f、h、g、j。

基数排序先按最低位 K^{d-1} 将记录序列中的 n 个记录"分配"到 0 到 radix-1 个队列中，再按队列顺序"收集"到记录序列，完成第 1 趟排序；第 2 趟排序按 K^{d-2} 将序列中的 n 个记录"分配"到 0 到 radix-1 个队列，再按队列顺序"收集"到记录序列，依此不断进行直到最后一趟按 K^0 "分配"和"收集"完成后，排序结束。

对序列(378, 209, 163, 930, 689, 284, 605, 209, 007, 183)采用基数排序，这里 $d=3$，radix=10。

记录序列用链表存储。使用 10 个队列以便完成"分配"和"收集"。定义 10 个队列的队头和队尾指针分别为 $f[i]$ 和 $r[i](i=0,1,\dots,9)$，它们分别指向第 i 位分量 K^i 队列的队头和队尾。图 10.16 给出了上述 10 个记录基数排序的各趟排序过程。首先对最低位个位进行"分配"和"收集"，再顺序进行十位和百位的"分配"和"收集"，即可将序列排成有序序列。

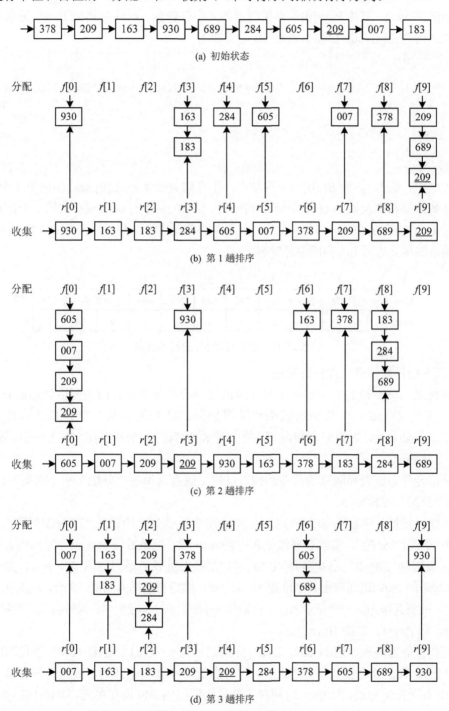

图 10.16 基数排序过程示意

2. 辅助数据结构和算法过程

为实现基数排序，引入静态链表、队头和队尾指针数组作为辅助数据结构。

1）静态链表

为 *n* 个记录的关键字序列建立带表头结点的单循环静态链表。静态链表中每个结点有两个域 keys[d]和 next。其中 keys[d]保存关键字的 *d* 个分解项，next 是指向下一个记录结点的指针。结点结构 SLListNode 和静态链表 SL 定义如下。

```
typedef int KeyItemType;

typedef struct SLListNode{   //static link list node，静态链表结点
  KeyItemType  *keys;
  int next;
}SLListNode, *SLList;

SLList SL;                   //静态链表 SL
```

在上例中，d=3。其中 SL[0]为表头结点，不存储关键字，SL[0].next 指向第 1 个关键字。关键字序列的静态链表如图 10.17 所示。初始时，SL[0].next 的 next 域存放第 1 个结点 378 的单元序号 1，中间结点的 next 域存放下一个结点的单元序号，最后一个结点 183 的 next 域存放表头结点的单元序号 0，构成循环链表。

k	0	1	2	3	4	5	6	7	8	9	10
keys		378	209	163	930	689	284	605	209	007	183
next	1	2	3	4	5	6	7	8	9	10	0

图 10.17　静态链表 SL 的初始状态

2）队头指针数组和队尾指针数组

队列仍采用静态链式队列，但不另外申请序列的存储空间，而是利用静态链表 SL 的存储空间，只定义 radix 个队列的队头和队尾指针。队列的队头和队尾指针分别为 f[j]和 r[j](j=0,1,…, radix-1)，它们分别指向第 i 位分量 K^i 队列的队头和队尾。在上例中，radix=10，需要 10 个队列。

这里结合静态链表和队列的存储结构，以第 1 趟为例说明"分配"和"收集"过程。

（1）"分配"过程如下：

第 1 趟对最低位个位（i=0）进行分配，首先将个位数为 8 的记录 378 分配到队头指针 f[8]的队列中。所谓"分配"，实际是修改链表中的 next 域，记录并没有真正分配到链表中去。初始时，队头指针 f[8]=0。当从头结点 SL[0]扫描静态链表，遇到 378 时，k=1，先通过语句 j=SL[k].keys[i]（i=0）语句取出其个位数 8，即 j=8；然后将它插入 f[8]的队列。这时由于 f[8]=0 为空队列，故将其作为第一个记录入队，由语句 f[j]=k 完成，即 f[8]=1；同时将队尾指针指向 378 所在单元，即 r[8]=1，如图 10.18 所示。

继续扫描静态链表，遇到 209，k=2，先通过语句 j=SL[k].keys[i]（i=0）语句取出其个位数 9，即 j=9；然后将它插入 f[9]的队列。这时由于 f[9]=0 为空队列，故将其作为第 1 个记录入队，由语句 f[j]=k 完成，即 f[9]=2；同时将队尾指针指向 209 所在单元，即 r[9]=2，如图 10.19（a）所示。同理，当扫描到 689 时，k=5，j=9，f[9]的队列中已有记录，f[9]≠0，故执行语句 SL[r[9]].next=k，将 689 插入队尾，即 SL[2].next=5，最后重置队尾指针 r[9]=5，如图 10.19（b）

所示。在扫描静态链表时，遇到的关键字个位数若是 j，就将它插入 f[j]为队头的队列。一遍扫描结束后，f[9]为队头的队列见图 10.19（c）。一遍扫描结束后就可将静态链表中的关键字分配到相关队列中，如图 10.20（a-2）所示。图 10.20（a-3）所示为 10 个队列的队头和队尾指针。

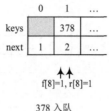

378 入队

图 10.18 第 1 趟分配时个位数为 8 的关键字分配到队列

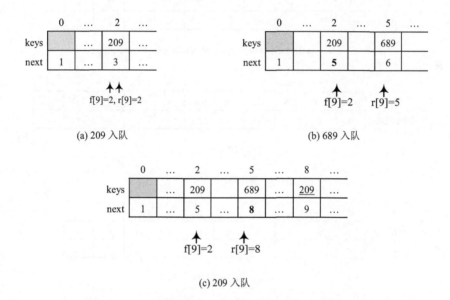

(a) 209 入队   (b) 689 入队

(c) 209 入队

图 10.19 第 1 趟分配时个位数为 9 的关键字分配到队列

（2）"收集"过程如下：

收集过程中从队列收集记录到静态链表，实际上链表中记录的位置并不改变，而是通过修改 next 域进行重新链接。

以第 1 趟为例，收集时从 0 号队列开始找第 1 个非空队列，跳过空队列；第 1 个非空队列的队头记录作为链表的第 1 个结点，记下第 1 个非空队列的队尾指针；再顺序找下一个非空队列，将下一个非空队列的头结点接到前个队列的队尾，重新构成静态链表。例如，首先找到第 1 个非空队列 f[0]，就将该队列的队头记录 930 的单元序号 3 存入表头结点 SL[0]的 next域，f[0]只有一个记录。继续寻找当找到下一个非空队列 f[3]时，就将该队列的队头记录 163的单元编号 3 存入前个队列的队尾指针 r[0]=4 所指向的记录 930 的 next 域；最后再将最后一个队列的队尾结点 209 的 next 域置成表头结点的单元序号 0，构成循环链表，如图 10.20（a-4）所示的 next-收集。

图 10.20 给出了各趟排序过程中静态链表 SL、队头指针数组 f 和队尾指针数组 r 存储内容的变化。

j	0	1	2	3	4	5	6	7	8	9
f[j]	0	0	0	0	0	0	0	0	0	0
r[j]	-	-	-	-	-	-	-	-	-	-

(a-1) 初始化队头指针

	0	1	2	3	4	5	6	7	8	9	10
		378	209	163	930	689	284	605	209	007	183
next-分配	1	2	5	10	5	8	7	8	9	10	0

(a-2) 分配后的 next

j	0	1	2	3	4	5	6	7	8	9
f[j]	4	0	0	3	6	7	0	9	1	2
r[j]	4	0	0	10	6	7	0	9	1	8

(a-3) 分配后 10 个队列的队头和队尾指针

	0	1	2	3	4	5	6	7	8	9	10
keys		378	209	163	930	689	284	605	209	007	183
next-收集	4	2	5	10	3	8	7	9	0	1	6

(a-4) 收集后的 next

(a) $i=0$，第 1 趟分配和收集过程

j	0	1	2	3	4	5	6	7	8	9
f[j]	0	0	0	0	0	0	0	0	0	0
r[j]	-	-	-	-	-	-	-	-	-	-

(b-1) 初始化队头指针

	0	1	2	3	4	5	6	7	8	9	10
keys		378	209	163	930	689	284	605	209	007	183
next-分配	4	2	8	10	3	8	5	9	0	2	6

(b-2) 分配后的 next

j	0	1	2	3	4	5	6	7	8	9
f[j]	7	0	0	4	0	0	3	1	10	0
r[j]	8	0	0	4	6	7	3	1	5	8

(b-3) 分配后 10 个队列的队头和队尾指针

	0	1	2	3	4	5	6	7	8	9	10
keys		378	209	163	930	689	284	605	209	007	183
next-收集	7	10	8	1	3	0	5	9	4	2	6

(b-4) 收集后的 next

(b) $i=1$，第 2 趟分配和收集过程

j	0	1	2	3	4	5	6	7	8	9
f[j]	0	0	0	0	0	0	0	0	0	0
r[j]	-	-	-	-	-	-	-	-	-	-

(c-1) 队头指针初始化

	0	1	2	3	4	5	6	7	8	9	10
keys		378	209	163	930	689	284	605	209	007	183
next-分配	7	10	8	1	3	0	5	9	4	2	6

(c-2) 分配后的 next

j	0	1	2	3	4	5	6	7	8	9
f[j]	9	3	2	1	0	0	7	0	0	4
r[j]	9	10	6	1	6	7	5	1	5	4

(c-3) 分配后 10 个队列的队头和队尾指针

	0	1	2	3	4	5	6	7	8	9	10
keys		378	209	163	930	689	284	605	209	007	183
next-收集	9	7	8	10	0	4	1	5	6	3	2

(c-4) 收集后的 next

(c) $i=2$, 第 3 趟分配和收集过程

图 10.20　基数排序过程中静态链表 SL、队头指针数组 f 和队尾指针数组 r 的变化过程

3. 基数排序实现

CreateSLList、DestroySLList 和 RadixSort 三个函数实现基数排序。RadixSort 调用 CreateSLList 为待排序记录序列 L 创建并初始化静态链表 SL，排序结束后调用 DestroySLList 释放静态链表。

CreateSLList 函数实现如下。

```
/****************************************************/
/* 函数功能：创建并初始化静态链表                   */
/* 函数参数：L 是存储记录序列的顺序表               */
/*           SL 返回静态链表                        */
/*           radix 是基数，d 是关键字分解项数       */
/* 函数返回值：空                                   */
/****************************************************/
void CreateSLList(SqList &L, SLList &SL, int radix, int d){
//为待排序列 L 创建并初始化静态链表 SL

   int i,j;
   int n=L.length;
   KeyType k;

   SL=new SLListNode[n+1];
   for(i=1;i<=n;i++){
     k=L.r[i].key;
     SL[i].keys=new KeyItemType[d];
```

```
       for(j=0;j<d;j++){
         SL[i].keys[j]=k%10;
         k=k/10;
       }
     }

   for(i=0;i<=n;i++)
     if (i==n) SL[i].next=0;
     else SL[i].next=i+1;
} //end of CreateSLList
```

DestroySLList 函数实现如下。

```
/**********************************************/
/* 函数功能：销毁静态链表                        */
/* 函数参数：SL 是静态链表                        */
/*           n 是静态链表中元素的个数              */
/* 函数返回值：空                                */
/**********************************************/
void DestroySLList(SLList &SL, int n){
//销毁静态链表 SL
   int i;
   for(i=1;i<=n;i++)
      delete SL[i].keys;
   delete SL;
} //end of DestroySLList
```

基数排序函数 RadixSort 实现如下。

```
/**********************************************/
/* 函数功能：对一个记录序列进行基数排序             */
/* 函数参数：L 是存储记录序列的顺序表               */
/* 函数返回值：空                                */
/**********************************************/
void RadixSort(SqList &L){
//基数排序
   SLList SL; //静态链表 SL
   int tail;
   int *f, *r;
   int radix=10, d=3;
   int i,j,k;

   CreateSLList(L, SL, radix, d);
   f=new int[radix]; //队头指针数组
   r=new int[radix]; //队尾指针数组

   for (i=0; i<d; i++){ //共进行 d 趟排序
      //将静态链表中的元素分配到相应队列
      for (j=0; j<radix; j++) f[j]=0; //初始化队头指针数组，置队头指针为 0
      for (k=SL[0].next; k; k=SL[k].next){
        j=SL[k].keys[i];              //取出关键字的第 i 位数
        if (!f[j]) f[j]=k;            //作为链式队列的头结点
        else SL[r[j]].next=k;         //插入链式队列的队尾
        r[j]=k; //置队尾指针
```

```
        }
                      //从队列中收集元素到静态链表中
        for (j=0; !f[j]; j++);          //从 0 号队列开始找第 1 个非空队列，跳过空队列
        SL[0].next=f[j];                //第 1 个非空队列的队头元素作为静态链表的第 1 个结点
        tail=r[j];                      //记下第 1 个非空队列的队尾指针
        while (j<radix-1) {
          for (j++; (j<radix-1)&&(!f[j]); j++);
          if (f[j]){
              SL[tail].next=f[j];       //j 队列非空，将其头指针接到前个队列的队尾
              tail=r[j];                //记下 j 队列的队尾
          }
        } //end of while
        SL[tail].next=0;                //构成静态循环链表
  } //end of for(i=0; i<d; i++)
  SqList temp;
  for(i=1; i<=L.length; i++)
     temp.r[i]=L.r[i];
  j=SL[0].next;
  for(i=1; i<=L.length; i++){
     L.r[i]=temp.r[j];
     j=SL[j].next;
  }
  delete f;
  delete r;
  DestroySLList(SL, L.length);
} //end of RadixSort
```

4. 算法分析

该算法对 n 个记录共进行 d 趟排序，每趟"分配"需将记录放入 radix 个队列，"收集"需要收集 n 个记录，因此每趟"分配"和"收集"的时间代价是 O(radix+n)，从而总时间代价也就是算法的时间复杂度为 O(d×(radix+n))。此外，排序中要另外从数组 L 生成长度为(n+1)的 L 数组，队头指针 f 和队尾指针 r 各需要 radix 个空间，故基数排序需要(n+2×radix)个附加空间。基数排序只有等到排序结束时才能确定元素的最终位置。它是稳定的排序方法。

10.8 内部排序方法的比较讨论

本章介绍的几种排序方法并没有一种是最好的。有的方法适用于 n 较小的情况，而另一些方法则适用于 n 较大的情况。当输入序列部分有序时，插入排序可以很好地工作。且由于这种方法的额外空间开销较低，所以当 n 较小时，这种方法是最好的排序方法。如果考察排序算法在最坏情况下的事件性能，归并排序是最好的，但归并排序比堆排序的空间开销更大，也比快速排序的空间开销大一些。如果考虑排序算法的平均时间性能，快速排序是最好的，但在最坏情况下其时间复杂度为 O(n^2)。基数排序的时间性能取决于关键字的规模和基数的选择。各种内部排序方法的比较如表 10.1 所示。

表 10.1　各种内部排序方法的比较

排序方法		时间复杂度			空间复杂度	稳定性
		最好情况	最坏情况	平均情况		
插入排序	直接插入排序	O(n)	O(n^2)	O(n^2)	O(1)	稳定
	折半插入排序	O($n\log_2 n$)	O(n^2)	O(n^2)	O(1)	稳定
	希尔排序			O($n^{1.3}$)	O(1)	不稳定
交换排序	冒泡排序	O(n)	O(n^2)	O(n^2)	O(1)	稳定
	快速排序	O($n\log_2 n$)	O(n^2)	O($n\log_2 n$)	O($\log_2 n$)	不稳定
选择排序	简单选择排序	O(n^2)	O(n^2)	O(n^2)	O(1)	不稳定
	堆排序	O($n\log_2 n$)	O($n\log_2 n$)	O($n\log_2 n$)	O(1)	不稳定
归并排序		O($n\log_2 n$)	O($n\log_2 n$)	O($n\log_2 n$)	O(n)	稳定
基数排序		O($d(n+rd)$)	O($d(n+rd)$)	O($d(n+rd)$)	O($n+rd$)	稳定

10.9　引例的解决

10.9.1　手机选择中排序相关问题的解决

现在来实现手机选择中与排序有关的功能 2、3、4。选择菜单号“2”按价格升序显示商品信息，见图 10.21；选择菜单号“3”可以按价格降序显示商品信息；选择菜单号“4”可以按销量降序显示商品信息。

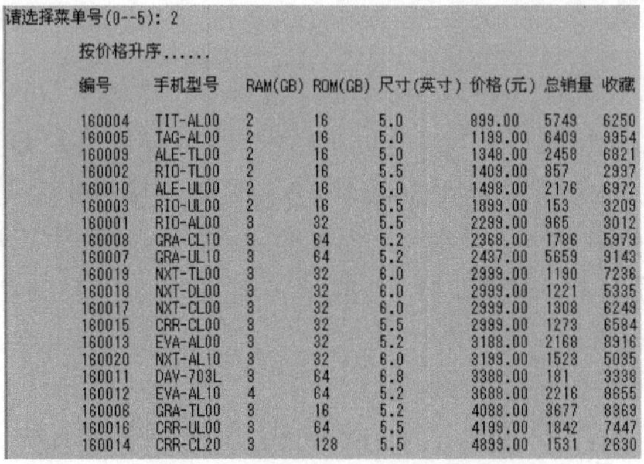

```
请选择菜单号(0--5): 2
        按价格升序......
        编号     手机型号   RAM(GB) ROM(GB) 尺寸(英寸) 价格(元) 总销量 收藏

        160004   TIT-AL00   2       16      5.0        899.00   5749   6250
        160005   TAG-AL00   2       16      5.0        1199.00  6409   9954
        160009   ALE-TL00   2       16      5.0        1348.00  2458   6821
        160002   RIO-TL00   2       16      5.5        1409.00  857    2997
        160010   ALE-UL00   2       16      5.0        1498.00  2176   6972
        160003   RIO-UL00   2       16      5.5        1899.00  153    3209
        160001   RIO-AL00   3       32      5.5        2299.00  965    3012
        160008   GRA-CL10   3       64      5.2        2368.00  1786   5979
        160007   GRA-UL10   3       64      5.2        2437.00  5659   9143
        160019   NXT-TL00   3       32      6.0        2999.00  1190   7236
        160018   NXT-DL00   3       32      6.0        2999.00  1221   5335
        160017   NXT-CL00   3       32      6.0        2999.00  1308   6249
        160015   CRR-CL00   3       32      5.5        2999.00  1273   6584
        160013   EVA-AL00   3       32      5.2        3188.00  2168   8916
        160020   NXT-AL10   3       32      6.0        3199.00  1523   5035
        160011   DAV-703L   3       64      6.8        3388.00  181    3338
        160012   EVA-AL10   4       64      5.2        3688.00  2216   8655
        160006   GRA-TL00   3       16      5.2        4088.00  3677   8369
        160016   CRR-UL00   3       64      5.5        4199.00  1842   7447
        160014   CRR-CL20   3       128     5.5        4899.00  1531   2630
```

图 10.21　按价格升序显示商品信息

在 MobilePhoneSelect.h 中添加 PriceSort_Asc、PriceSort_Desc 和 SalesSort_Desc 3 个函数实现排序。PriceSort_Asc 函数采用折半插入排序实现手机记录按价格升序排序；PriceSort_Desc 采用直接插入排序实现手机记录按价格降序排序；SalesSort_Desc 采用希尔排序实现手机记录按销量降序排序。

```
void PriceSort_Asc(SqList &L);   //采用折半插入排序实现手机记录按价格升序排序
void PriceSort_Desc(SqList &L);  //采用直接插入排序实现手机记录按价格降序排序
void SalesSort_Desc(SqList &L);  //采用希尔排序实现手机记录按销量降序排序
```

这里给出 PriceSort_Asc 函数的实现。

```
/**********************************************************************/
/* 函数功能：采用折半插入排序将手机顺序表按价格升序排序                 */
```

```
/* 函数参数：L 返回按价格升序排序的手机记录有序表                      */
/* 函数返回值：空                                                    */
/**********************************************************************/
void PriceSort_Asc(SqList &L){
//采用折半插入排序将手机记录按价格升序排序

  int low, high, m;
  int n=L.length;
  int i,j;

  for (i=2; i<=n; i++){
    L.r[0]=L.r[i];                    //将待插入的记录暂时存到监视哨中
    low=1; high=i-1;                  //置查找区间初值
    while (low<=high){                //在 r[low..high]中折半查找插入的位置
      m=(low+high)/2;                 //折半
      if(L.r[0].price<L.r[m].price) high=m-1; //插入位置在前一子表
      else low=m+1;                   //插入位置在后一子表
    }
    for (j=i-1; j>=high+1; j--)
      L.r[j+1]=L.r[j];                //记录后移
    L.r[high+1]=L.r[0];               //将 r[0]即原 r[i]插入正确位置
  }
} //end of PriceSort_Asc
```

至此，手机选择菜单中的功能已全部完成。最后建立 MobilePhoneSelect.cpp 文件，引入标准库头文件 stdio.h、stdlib.h、string.h，以及 MobilePhoneSelect.h，实现菜单操作。

10.9.2　火车票信息查询中排序相关问题的解决

现在来实现火车票信息查询中与排序有关的功能 3、4、5。9.6.2 节中已选择了南京站到上海虹桥站的火车。现在选择菜单号"3"，输入最早和最迟出发时间，按出发时间升序显示满足条件的车次信息，如图 10.22 所示；选择菜单号"4"，输入最早和最迟到达时间，按到达时间升序显示满足条件的车次信息，如图 10.23 所示；选择菜单号"5"，输入票价范围，按票价升序显示满足条件的车次信息，如图 10.24 所示。

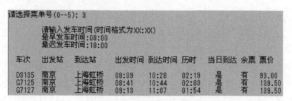

图 10.22　按发车时间查询

图 10.23　按到达时间查询

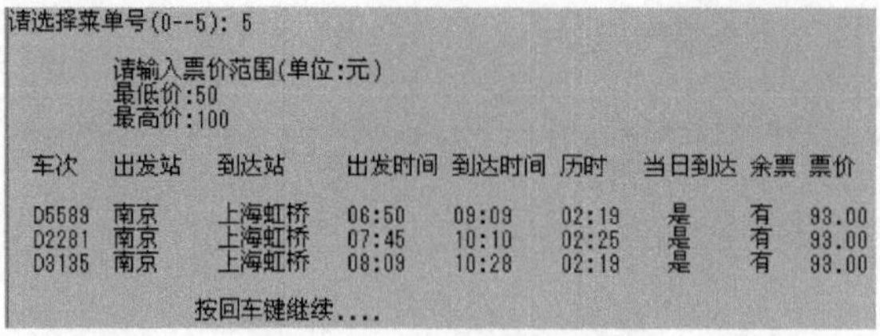

图 10.24 按票价查询

在 9.6.2 节中，我们看到选择菜单号"2"输入始发站和终点站，程序把满足条件的记录存放在另一个顺序表 Ls 中。现在按发车时间段、到达时间段和票价范围查询，便可在 Ls 上操作。以票价范围查询为例，首先对 Ls 中的火车票记录按票价升序排序，然后在 Ls 上查询用户要求票价范围内的车票。按发车时间段和到达时间段查询也是如此。在 TrainTicketSelect.h 文件中添加排序和查找函数。采用快速排序将 Ls 中的记录按出发时间升序排序；采用堆排序将 Ls 中的记录按到达时间升序排序；采用归并排序将 Ls 中的记录按票价升序排序。

```
//采用快速排序将 Ls 中火车票信息按发车时间 time1 升序排序。调用 QSort 实现。
void Time1Sort(SqList &Ls);
//对记录序列 r 的子序列进行快速排序。low 是子序列下界，high 是子序列上界。
void QSort(RecordType r[], int low, int high);

//采用堆排序将 Ls 中火车票信息按到达时间 time2 升序排序。调用 Heapify 和 BuildHeap 实现。
void Time2Sort(SqList &Ls);
//对记录序列 Ls 的子序列进行堆调整。s 是子序列下界，m 是子序列上界。
void Heapify(SqList &Ls, int s, int m);
void BuildHeap(SqList &Ls);  //将记录序列 Ls 建成大根堆

//采用归并排序将 Ls 中火车票信息按票价 price 升序排序。调用 Merge 实现。
void PriceSort(SqList &Ls);
//一趟归并。对记录序列 r 的两个子序列 r[l1..h1]和 r[l2..h2]进行归并。
void Merge(RecordType r[], int l1, int h1, int l2, int h2);

//在 Ls 中查找出发时间在 early 和 late 之间的车次信息。Ls 已经按发车时间升序排序。
//查找成功函数返回 1，否则返回 0。符合条件的记录是 Ls[pos1..pos2]。
int StartTimeSearch(SqList &Ls, char early[], char late[], int &pos1, int &pos2);

//在 Ls 中查找到达时间在 early 和 late 之间的车次信息。Ls 已经按到达时间升序排序。
//查找成功函数返回 1，否则返回 0。符合条件的记录是 Ls[pos1..pos2]。
int EndTimeSearch(SqList &Ls, char early[], char late[], int &pos1, int &pos2);

//在 Ls 中查找票价在 lowprice 和 highprice 之间的车次信息。Ls 已经按票价升序排序。
//查找成功函数返回 1，否则返回 0。符合条件的记录是 Ls[pos1..pos2]。
int PriceSearch(SqList &Ls, float lowprice, float highprice, int &pos1, int
&pos2);
```

这里给出 StartTimeSearch 函数的实现。

```
/*************************************************************/
/* 函数功能：按发车时间段在有序表中查询火车票信息              */
/* 函数参数：Ls 是存储火车票记录的有序表                      */
/*          表中火车票记录按发车时间升序排序                  */
/*          early 表示最早发车时间                           */
/*          late 表示最迟发车时间                            */
/*          pos1 返回所查询的火车票记录序列的下界             */
```

```
/*           pos2 返回所查询的火车票记录序列的上界            */
/* 函数返回值：int 类型，查找成功返回 1，否则返回 0          */
/**********************************************************/
int StartTimeSearch(SqList &Ls, char early[], char late[], int &pos1, int &pos2){
//在 Ls 中查找出发时间在 early 和 late 之间的火车票信息
//Ls 已经按发车时间升序排序，符合条件的记录是 Ls[pos1..pos2]
   int i;
   if(strcmp(early,late)>0) return 0;
   i=1;
   while (i<=Ls.length){
     if(strcmp(Ls.r[i].time1,early)>=0) break;
     i++;
   }
   if (i>Ls.length) return 0;
   else pos1=i;
   i=1;
   while (i<=Ls.length){
     if(strcmp(Ls.r[i].time1,late)>0) break;
     i++;
   }
   pos2=i-1;
   return (pos2>=pos1)?1:0;
} //end of StartTimeSearch
```

至此，火车票信息查询菜单中的功能已全部完成。最后建立 TrainTicketSelect.cpp 文件，引入标准库头文件 stdio.h、stdlib.h、string.h，以及 TrainTicketSelect.h，实现火车票信息查询菜单的操作。

10.9.3　学生课程成绩管理中排序相关问题的解决

在第 9 章中已经实现了学生课程成绩管理中的大部分功能，现在来实现按总评成绩分数段查询的功能。我们希望输入分数段[score1, score2]后，系统能显示总评成绩在该分数段中的所有学生信息，如图 10.25 所示。

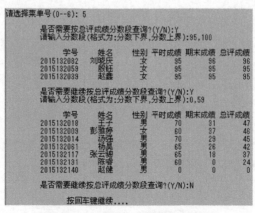

图 10.25　按总评成绩分数段查询

为了方便实现分数段查询功能，建立存储学生课程成绩信息的散列表的总评成绩降序索引 L。在 CourseGradeManage.h 文件中添加索引记录类型定义。

```
typedef struct{                //定义每个记录的结构
  long sno;                    //学号
```

```
    int tmark;                      //总评成绩
}TMRecordType;                      //索引记录类型

typedef struct{                     //定义顺序表的结构
    TMRecordType r[MAXSIZE+1];      //存储顺序表，r[0]闲置、缓存或用作监视哨单元
    int length;                     //顺序表的长度
}SqList;
```

//采用基数排序将总评成绩索引 L 中的记录按总评成绩降序排序，定义静态链表类型
```
typedef int KeyItemType;
typedef struct SLListNode{          //静态链表结点
    KeyItemType  *keys;
    int next;
}SLListNode, *SLList;
```

在 CourseGradeManage.h 文件中添加 TMSort、Index_TMark 和 MarkQuery_TMark 三个函数。索引记录包含学号 sno 和总评成绩 tmark 两项。采用基数排序将索引 L 按总评成绩降序排序。要输出某个分数段中的学生成绩情况，首先在索引 L 中取得学生学号，然后由学生学号取得学生成绩记录的散列地址，即可找到并输出学生成绩记录。

//为待排序列 L 创建并初始化静态链表 SL，radix 是基数，d 是关键字分解项数
```
void CreateSLList(SqList &L, SLList &SL, int radix, int d);
void DestroySLList(SLList &SL, int n);  //销毁静态链表 SL，n 是静态链表中元素的个数
```
//采用基数排序将 L 中记录按总评成绩降序排序。调用 CreateSLList 和 DestroySLList 函数实现
```
void TMSort(SqList &L);
```

//建立散列表 HT 的总评成绩降序索引 L。调用 TMSort 函数实现
```
void Index_TMark(HashTable &HT, SqList &L);
```

//已有散列表 HT 和总评成绩降序索引 L，按总评成绩分数段查询
```
void MarkQuery_TMark(HashTable &HT, SqList &L);
```

Index_TMark 函数和 MarkQuery_TMark 函数实现如下。
```
/****************************************************/
/* 函数功能：创建散列表的总评成绩降序索引            */
/* 函数参数：HT 表示散列表                           */
/*           L 返回按总评成绩降序的索引              */
/* 函数返回值：空                                    */
/****************************************************/
//建立散列表 HT 的总评成绩降序索引 L
void Index_TMark(HashTable &HT, SqList &L){
    int i,j;

    j=1;
    for(i=1; i<=MAXSIZE; i++)
        if(HT.r[i].sno!=NULLKEY){
            L.r[j].sno=HT.r[i].sno;
            L.r[j].tmark=HT.r[i].tmark;
            j++;
        }

    L.length=j-1;
    TMSort(L);
    return;
} //end of Index_TMark
```

```
/****************************************************/
/* 函数功能：按总评成绩分数段查询                    */
/* 函数参数：HT 表示散列表                           */
/*           L 表示按总评成绩降序的索引              */
/* 函数返回值：空                                    */
/****************************************************/
//已有散列表 HT 和总评成绩降序索引 L，按总评成绩分数段查询
void MarkQuery_TMark(HashTable &HT, SqList &L){

    int i,j1,j2,k;
    int m1, m2;
    char querychoice = 'N';

    printf("\n\t 是否需要按总评成绩分数段查询?(Y/N):");
    flushall();
    scanf("%c", &querychoice);

    while(querychoice=='Y'){

      printf("\t 请输入分数段(格式为:分数下界,分数上界):");
      scanf("%d,%d", &m1, &m2);

      if(m1>m2||m1<0||m2>100)
         printf("\n\t 分数段输入错误! ");
      else{
         j1=1;
         while(j1<=L.length && L.r[j1].tmark>m2) j1++;
         j2=L.length;
         while(j2>=1 && L.r[j2].tmark<m1) j2--;
         if (j1>L.length || j2<1)
             printf("\n\t 该分数段内无学生! ");
         else{//输出该分数段内学生成绩信息
             printf("\n\t %10s %8s %8s %8s %8s %8s","学号","姓名","性别","平时成绩","期末成绩","总评成绩");
             for(k=j1;k<=j2;k++){
                 i=H(L.r[k].sno);
                 printf("\n\t %10ld  %8s  %8s  %8d  %8d  %8d", HT.r[i].sno,
HT.r[i].sname, HT.r[i].gender, HT.r[i].rgrade, HT.r[i].fgrade, HT.r[i].tmark);
             } //end of for
         } //end of else
      } //end of else

      printf("\n\n\t 是否需要继续按总评成绩分数段查询?(Y/N):");
      flushall();
      scanf("%c", &querychoice);

    } //end of while(querychoice=='Y')

    return;
} //end of MarkQuery_TM
```

至此，学生课程成绩管理菜单中的功能已全部完成。最后，建立 CourseGradeManage.cpp 文件，引入标准库头文件 stdio.h、stdlib.h、string.h，以及 CourseGradeManage.h，实现菜单操作。

小　结

本章介绍了内部排序的相关知识，本章知识结构如图 10.26 所示。

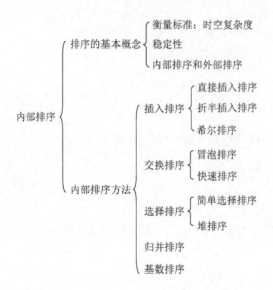

图 10.26　第 10 章内部排序的知识结构

本章讨论了 9 种排序算法，其中直接插入排序、折半插入排序、冒泡排序的平均和最坏情况的时间复杂度均为 $O(n^2)$，堆排序和两路归并排序的最好、最坏和平均情况的时间复杂度均为 $O(\log_2 n)$，快速排序最好和平均情况的时间复杂度为 $O(\log_2 n)$，最坏退化为 $O(n^2)$。

9 种排序算法各有应用场合，有的适合元素较少的序列，有的适合元素较多的序列；有的偏爱基本有序，有的偏爱基本无序；有的是稳定的排序方法，有的则是不稳定的；有的时间复杂度好，但要多花费存储空间。应该根据需要，综合考虑、选择排序算法。

习　题

1. 选择题

（1）采用直接插入排序方法对 5 个不同的记录进行排序，最多需要比较（　　）次。

　　A. 8　　　　　　　B. 10　　　　　　　C. 15　　　　　　　D. 25

（2）对有 n 个记录的顺序表作直接插入排序，在最坏情况和最好情况下分别需要比较（　　）次。

　　A. $n(n-1)/2$ 和 $n-1$　　　　　　　　B. $n(n-1)/2$ 和 n

　　C. $n(n+1)/2$ 和 $n-1$　　　　　　　　D. $n(n-1)/2$ 和 n

（3）对同一待排序序列分别作直接插入排序和折半插入排序，有可能（　　）。

　　A. 两者的排序总趟数不同　　　　　B. 两者的记录移动次数不同

　　C. 两者使用的辅助空间大小不同　　D. 两者的记录比较次数不同

（4）对下列 4 个待排序序列按从小到大作直接插入排序，比较次数最少的是（　　）。

A. (100, 38, 46, 96, 86, 52, 27, 75)　　B. (27, 38, 52, 46, 86, 75, 96, 100)

C. (38, 46, 27, 52, 75, 100, 96, 86)　　D. (96, 75, 86, 52, 27, 38, 100, 46)

(5)对待排序序列(25, 19, 17, 18, 30, 9, 14)作希尔排序,一趟排序后结果是(25, 9, 14, 18, 30, 19, 17),该趟排序的增量是（　　）。

A. 1　　　　　　B. 2　　　　　　C. 3　　　　　　D. 4

(6)对有 n 个记录的序列按关键字从大到小进行冒泡排序,（　　）所需比较次数最多。

A. 当序列按关键字从大到小有序时　B. 当序列按关键字从小到大有序时

C. 当序列中记录无序时　　　　　　D. 当序列中记录基本有序时

(7)下列（　　）情况下快速排序最易发挥长处。

A. 待排序序列完全无序

B. 待排序序列已基本有序

C. 待排序序列中记录关键字的最小值与最大值相差

D. 待排序序列中有多个关键字值相同的记录

(8)对有 n 个记录的序列作快速排序,最坏情况下的时间复杂度是（　　）。

A. O(n)　　　B. O(nlog₂n)　　C. O(n³)　　　D. O(n²)

(9)对待排序序列(35, 68, 45, 27, 29, 73)作快速排序,以第 1 个记录为枢轴作一次划分后序列为（　　）。

A. 27, 29, 35, 45, 68, 73　　　　B. 29, 27, 35, 68, 45, 73

C. 29, 27, 35, 45, 68, 73　　　　D. 29, 27, 35, 73, 45, 68

(10)对序列(25, 19, 17, 18, 30, 9, 14)经一趟排序后序列变成(19, 25, 17, 18, 30, 9, 14),采用的是（　　）排序。

A. 选择排序　　B. 快速排序　　C. 直接插入排序　　D. 冒泡排序

(11)对一待排序序列作两趟排序得到序列(14, 16, 19, 10, 12, 13, 28, 8, 9),这种排序可能是（　　）。

A. 冒泡排序　　　　　　　B. 直接插入排序

C. 简单选择排序　　　　　D. 堆排序

(12)序列（　　）是堆。

A.(8, 64, 23, 15, 86, 45)　　　　B. (86, 15, 23, 64, 8, 45)

C. (8, 45,15, 86, 23, 64)　　　　D. (8, 23, 15, 86, 45, 64)

(13)对待排序序列(16, 10, 8, 9, 21, 0, 8, 5)作堆排序,建立的初始小根堆是（　　）。

A. 0, 5, 9, 10, 21, 8, 16, 8　　　B. 0, 8, 16, 8, 5, 9, 21, 10

C. 0, 5, 8, 9, 21, 16, 8, 10　　　D. A、B、C 均不对

(14)已有大根堆序列(37, 25, 22, 24, 21),在该序列尾部插入新记录 30,并将序列调整为大根堆,调整过程中需要进行（　　）次比较。

A. 1　　　　　　B. 2　　　　　　C. 4　　　　　　D. 5

(15)下列关键字序列中,（　　）是堆。

A. 16, 72, 31, 23, 94, 53　　　　B. 94, 23, 31, 72, 16, 53

C. 16, 53, 23, 94, 31, 72　　　　D. 16, 23, 53, 31, 94, 72

(16)快速排序和堆排序分别属于（　　）。

　　　A. 插入排序和选择排序　　　　　　　B. 选择排序和交换排序

　　　C. 交换排序和选择排序　　　　　　　D. 交换排序和归并排序

（17）堆的形状是一棵（　　　）。

　　　A. 二叉排序树　　B. 完全二叉树　　C. 满二叉树　　　　　　D. 平衡二叉树

（18）对待排序序列(51, 84, 61, 43, 45, 89)用堆排序方法建立初始堆，结果是（　　　）。

　　　A. 84, 51, 61, 43, 45, 89　　　　　　B. 89, 84, 61, 43, 45, 51

　　　C. 89, 84, 61, 51, 45, 43　　　　　　D. 89, 61, 84, 45, 51, 43

（19）在（　　　）的一趟排序结束后，未必至少有一个记录被放到它的最终位置。

　　　A. 冒泡排序　　　　　　　　　　　　B. 希尔排序

　　　C. 堆排序　　　　　　　　　　　　　D. 快速排序

（20）（　　　）是不稳定的排序算法。

　　　A. 直接插入排序　　　　　　　　　　B. 冒泡排序

　　　C. 归并排序　　　　　　　　　　　　D. 希尔排序

（21）（　　　）是稳定的排序算法。

　　　A. 简单选择排序　　　　　　　　　　B. 快速排序

　　　C. 直接插入排序　　　　　　　　　　D. 堆排序

（22）从未排序序列中依次取出记录与已排序序列中的记录进行比较，将其放到已排序序列的正确位置上，这种排序方法称为（　　　）。

　　　A. 归并排序　　　　　　　　　　　　B. 冒泡排序

　　　C. 插入排序　　　　　　　　　　　　D. 选择排序

（23）不断从未排序序列中挑选记录，将其放入已排序序列（初始时为空）的一端，这种排序方法称为（　　　）。

　　　A. 归并排序　　　　　　　　　　　　B. 冒泡排序

　　　C. 插入排序　　　　　　　　　　　　D. 选择排序

（24）下列排序算法中，（　　　）对内存要求最大。

　　　A. 快速排序　　　　　　　　　　　　B. 堆排序

　　　C. 归并排序　　　　　　　　　　　　D. 希尔排序

（25）在下列排序算法中，平均情况下空间复杂度为 $O(n)$ 的是（　　　），最坏情况下空间复杂度为 $O(n)$ 的是（　　　）。

①希尔排序　　②堆排序　　③冒泡排序　　④归并排序　　⑤快速排序　　⑥基数排序

　　　A. ①④⑥　　　　　　　　　　　　　B. ②⑤

　　　C. ④⑤　　　　　　　　　　　　　　D. ④

2. 应用题

（1）设有待排序序列(24, 14, 28, 42, 39, 22, 28*, 32, 18, 29)，采用下列排序方法进行排序，对每种排序方法写出每趟排序后的关键字序列。

① 直接插入排序

② 折半插入排序

③ 希尔排序（增量选取 5, 3, 1）

④ 冒泡排序

⑤ 快速排序

⑥ 简单选择排序

⑦ 堆排序

⑧ 二路归并排序

（2）设有待排序的关键字序列(321, 156, 57, 46, 28, 7, 331, 33, 34, 63)，请按链式基数排序方法，列出每一趟分配和收集的过程。

3. 算法设计题

（1）设计一个算法，在采用单链表作为存储结构的待排序关键字序列上进行简单选择排序。

（2）编写双向冒泡排序算法，交替地从正反两个方向扫描，即第 1 趟把关键字最大的元素放在序列的最后面，第 2 趟把关键字最小的元素放在序列的最前面。如此反复进行。

（3）设计一个算法，判别给定的数据序列是否构成大根堆。

（4）设计二路归并排序的递归算法。

（5）设顺序表用数组 L 表示，记录存储在 L[1..n+m]中，前 n 个记录递增有序，后 m 个记录递增有序，设计一个算法，使得整个顺序表有序。并说明所设计算法的时间复杂度和空间复杂度。

（6）设计一个时间复杂度尽可能小的算法，在数组 L[1..n]中找出第 k 小的记录，即从小到大排序后处于第 k 个位置的记录。

（7）荷兰国旗问题：设有一个仅由红、白、蓝三种颜色的条块组成的条块序列，编写一个时间复杂度为 O(n)的算法，使得这些条块按红白蓝的顺序排好，即排成荷兰国旗图案。

上机实验题

1. 排序算法比较

（1）编写菜单驱动程序，以随机数发生器产生的随机数，验证本章中的所有排序算法。

（2）分析上述算法的时间复杂度。

（3）使用随机数发生器产生大数据集合，运行排序算法，使用系统时钟测量各算法所需的实际时间，并进行比较。系统时钟包含在 time.h 头文件中。

2. 设计一个算法整理整数序列，将负数排在前面，接着是 0，后面是正数。

参 考 文 献

陈慧南. 2008. 数据结构—使用 C++语言描述. 2 版. 北京：人民邮电出版社.

陈慧南. 2009. 数据结构学习指导和习题解析—C++语言描述. 北京：人民邮电出版社.

耿国华. 2011. 数据结构—用 C 语言描述. 北京：高等教育出版社.

李春葆. 2013. 数据结构教程. 4 版. 北京：清华大学出版社.

李春葆. 2013. 数据结构教程（第 4 版）学习指导. 北京：清华大学出版社.

萨特吉·萨尼. 2015. 数据结构、算法与应用. 2 版. 王立柱，刘志红，译. 北京：机械工业出版社.

苏仕华，魏韦巍，王敬生，等. 2010. 数据结构课程设计. 北京：机械工业出版社.

王红梅，胡明，王涛. 2007. 数据结构（C++版）. 北京：清华大学出版社.

王红梅，胡明，王涛. 2011. 数据结构（C++版）. 2 版. 北京：清华大学出版社.

王红梅，胡明，王涛. 2011. 数据结构（C++版）学习辅导与实验指导. 2 版. 北京：清华大学出版社.

严蔚敏，陈文博. 2011. 数据结构及应用算法教程（修订版）. 北京：清华大学出版社.

严蔚敏，李冬梅，吴伟民. 2011. 数据结构（C 语言版）. 北京：人民邮电出版社.

严蔚敏，李冬梅，吴伟民. 2015. 数据结构（C 语言版）. 2 版. 北京：人民邮电出版社.

严蔚敏，吴伟民，米宁. 2011. 数据结构题集（C 语言版）. 北京：清华大学出版社.

严蔚敏，吴伟民. 2011. 数据结构（C 语言版）. 北京：清华大学出版社.

殷人昆. 2012. 数据结构（C 语言描述）. 北京：清华大学出版社.

张乃孝. 2011. 算法与数据结构—C 语言描述. 3 版. 北京：高等教育出版社.

Cormen T H，Leiserson C E，Rivest R L，et al. 2013. 算法导论. 3 版. 殷建平，徐云，王刚，等译. 北京：机械工业出版社.

Drozdek A. 2014. C++数据结构与算法. 4 版. 徐丹，吴伟敏，译. 北京：清华大学出版社.

Horowitz E，Sahni S，Anderson-Freed S. 2006. 数据结构（C 语言版）. 李建中，张岩，李治军，译. 北京：清华大学出版社.

Lewis H R，Denenberg L. 2012. 数据结构与算法. 肖侬，李志刚，陈涛，译. 北京：中国电力出版社.

Mehlhorn K，Sanders P. 2014. 算法与数据结构. 葛秀慧，田浩，等译. 北京：清华大学出版社.

Rosen K H. 2005. 离散数学及其应用. 4 版. 袁崇义，屈婉玲，王捍贫，译. 北京：机械工业出版社.

Shaffer A C. 2013. 数据结构与算法分析（C++版）. 3 版. 张铭，刘晓丹，等译. 北京：电子工业出版社.

索　引